企业公司 Logo 设计

教育机构 Logo 设计

彩插——案例欣赏

企业名片设计

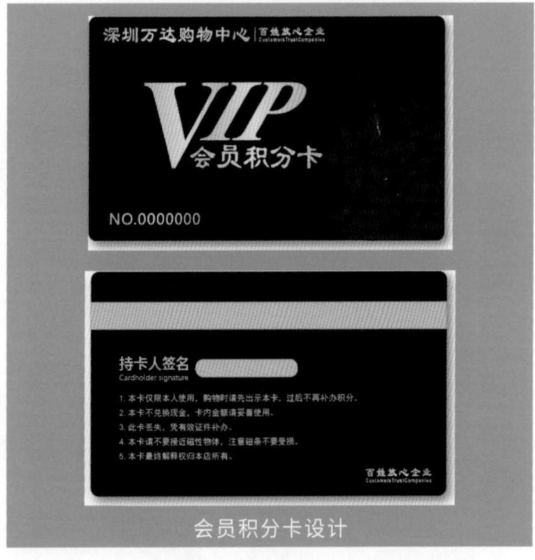

会员积分卡设计

可爱雪人插画设计

街道风景插画设计

家居折页设计

婚庆折页设计

企业画册内页

旅游画册内页

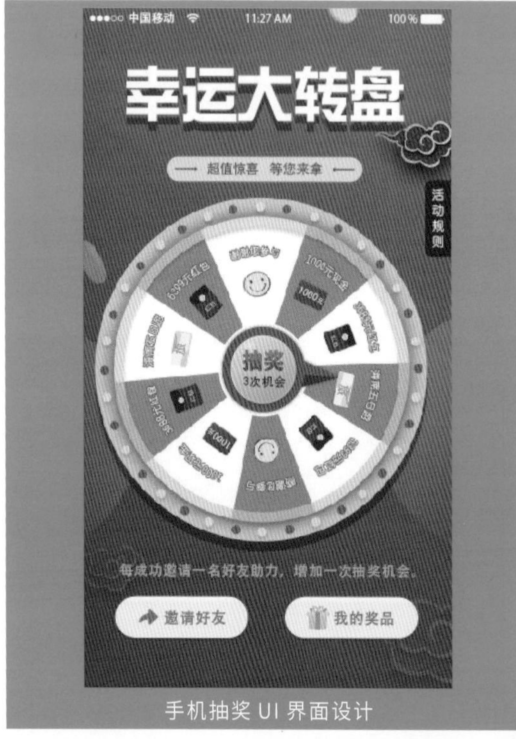

手机抽奖 UI 界面设计

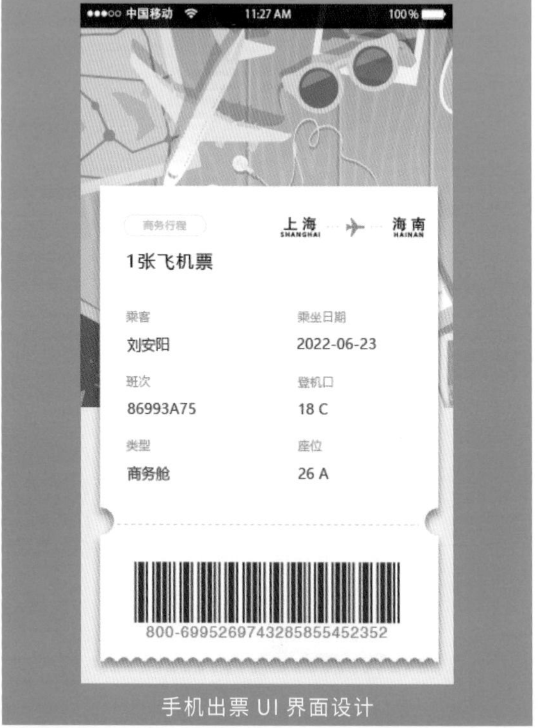

手机出票 UI 界面设计

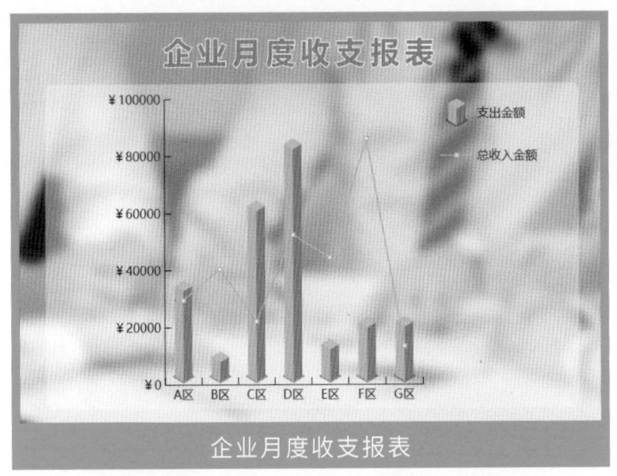

企业月度收支报表

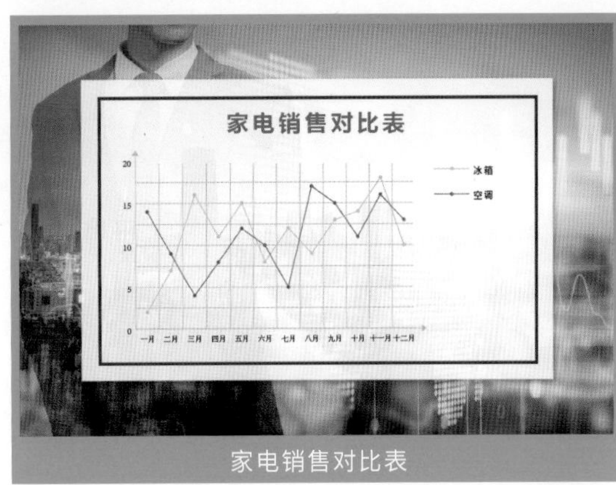

家电销售对比表

汽车海报设计

旅游海报设计

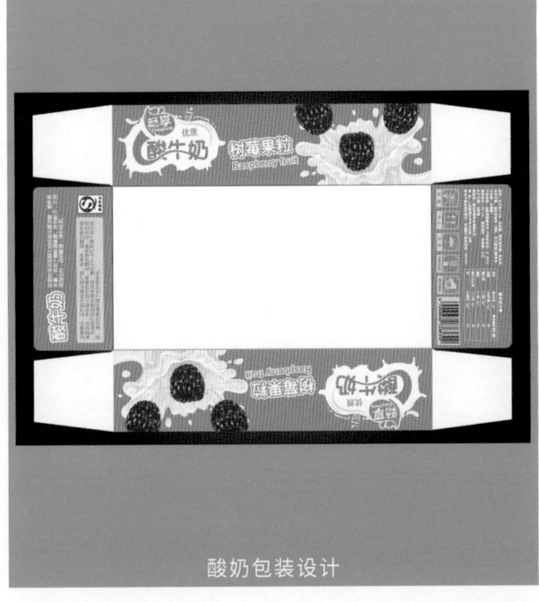

酸奶包装设计

企业展架设计

Adobe Illustrator CC 图形设计与制作案例实战

李秀秀　主编

清華大學出版社
北　京

内 容 简 介

本书以学以致用为写作出发点，系统并详细地讲解了 Illustrator CC 绘图软件的使用方法和操作技巧。

全书共分 9 章，包括企业公司 Logo 设计——Illustrator CC 的基本操作，企业名片设计——图形的绘制与编辑，可爱雪人插画设计——填充与描边，家居折页设计——文本的创建与编辑，企业画册内页设计——复合路径与图形变形，手机抽奖 UI 界面设计——效果和滤镜，企业月度收支报表设计——符号与图表，汽车海报设计——外观、图形样式和图层，课程设计。每章内容都围绕综合实例来介绍，便于提高和拓宽读者对 Illustrator CC 基本功能的掌握与应用。

本书内容翔实，结构清晰，语言流畅，实例分析透彻，操作步骤简洁实用，适合广大初学 Illustrator CC 的用户使用，也可作为各类高等院校相关专业的教材。

图书在版编目(CIP)数据

Adobe Illustrator CC图形设计与制作案例实战 / 李秀秀主编. —北京：清华大学出版社，2022.7

ISBN 978-7-302-60549-2

Ⅰ. ①A… Ⅱ. ①李… Ⅲ. ①图形软件 Ⅳ. ①TP391.412

中国版本图书馆CIP数据核字（2022）第062684号

责任编辑：李玉茹

封面设计：李　坤

责任校对：周剑云

责任印制：朱雨萌

出版发行：清华大学出版社

网　　址：http://www.tup.com.cn，http://www.wqbook.com

地　　址：北京清华大学学研大厦A座　　**邮　　编：**100084

社 总 机：010-83470000　　**邮　　购：**010-62786544

投稿与读者服务：010-62776969，c-service@tup.tsinghua.edu.cn

质量反馈：010-62772015，zhiliang@tup.tsinghua.edu.cn

印 装 者：天津鑫丰华印务有限公司

经　　销：全国新华书店

开　　本：185mm×260mm　　**印　　张：**16.25　　**插　　页：**2　　**字　　数：**395千字

版　　次：2022年8月第1版　　**印　　次：**2022年8月第1次印刷

定　　价：79.00元

产品编号：094874-01

前言

Illustrator 是 Adobe 公司推出的矢量图形制作软件，广泛应用于平面设计、印刷出版、专业插画设计、手机 UI 界面设计、海报排版、VI 设计以及包装设计等。作为最著名的矢量图形软件，Illustrator 以其强大的功能和体贴的用户界面，成为平面设计师不可或缺的软件之一。

本书内容

全书共分 9 章，包括企业公司 Logo 设计——Illustrator CC 的基本操作，企业名片设计——图形的绘制与编辑，可爱雪人插画设计——填充与描边，家居折页设计——文本的创建与编辑，企业画册内页设计——复合路径与图形变形，手机抽奖 UI 界面设计——效果和滤镜，企业月度收支报表设计——符号与图表，汽车海报设计——外观、图形样式和图层，课程设计等内容。

本书特色

本书以提高读者的动手能力为出发点，覆盖了 Illustrator 平面设计方方面面的技术与技巧。通过“案例精讲＋实战＋课后项目练习”的组织形式，由浅入深、由易到难，逐步引导读者系统地掌握软件的操作技能和相关行业知识。

海量的电子学习资源和素材

本书附带大量的学习资料和视频教程，下面截图给出了部分概览。

本书附带所有的素材文件、场景文件、效果文件、多媒体有声视频教学录像，读者在读完本书内容以后，可以调用这些资源进行深入学习。

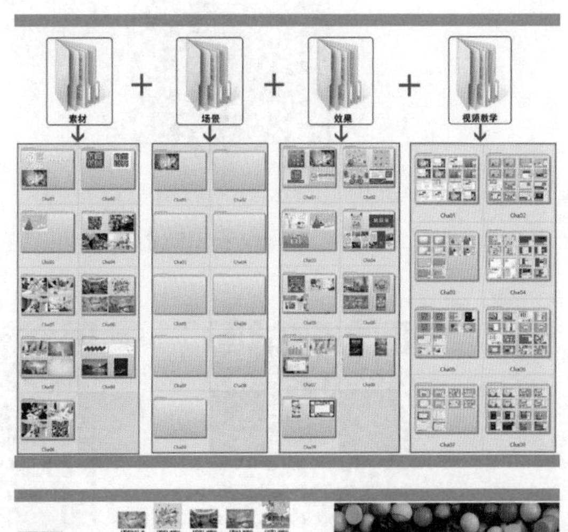

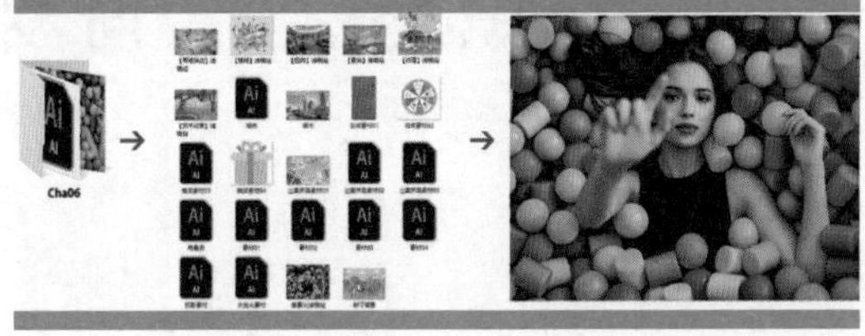

本书视频教学贴近实际，几乎手把手教学。

读者对象

（1）Illustrator 初学者。

（2）大中专院校和社会培训班平面设计及其相关专业的学生。

（3）平面设计从业人员。

衷心感谢在本书出版过程中给予我帮助的编辑老师，以及为这本书付出辛勤劳动的出版社的老师们。

在创作的过程中，由于时间仓促，错误在所难免，希望广大读者批评指正。

致谢

本书由 李秀秀编写，虽竭尽所能将最好的讲解呈现给读者，但难免有疏漏和不妥之处，敬请读者不吝指正。

编　者

扩展资源二维码

Adobe Illustrator CC 图形设计与制作案例实战 - 视频教学 .zip

索取课件二维码 .doc

场景 .zip

素材 .zip

效果 .zip

目录

第 1 章　企业公司 Logo 设计——Illustrator CC 的基本操作

第 2 章　企业名片设计——图形的绘制与编辑

第 3 章　可爱雪人插画设计——填充与描边

第 4 章 家居折页设计——文本的创建与编辑

第 5 章 企业画册内页设计——复合路径与图形变形

第 6 章 手机抽奖 UI 界面设计——效果和滤镜

第 1 章

企业公司 Logo 设计——Illustrator CC 的基本操作

本章导读：

Illustrator CC 是由 Adobe 公司开发的一款专业的矢量绘图软件，具有丰富的工具、控制面板和菜单命令等。本章将介绍如何新建、打开、置入、导出以及保存文件，了解对象对齐、分布和对象编组等一系列基础操作。

【案例精讲】
企业公司 Logo 设计

为了更好地完成本设计案例，现对制作要求及设计内容做如下规划，企业公司 Logo 效果如图 1-1 所示。

作品名称	企业公司 Logo 设计
作品尺寸	868px×550px
设计创意	本案例将通过【文字工具】、【圆角矩形工具】、【橡皮擦工具】来制作 Logo 效果
主要元素	企业公司 Logo
应用软件	Illustrator CC
素材	素材 \Cha01\ LOGO-1.png、LOGO-2.png
场景	场景 \Cha01\【案例精讲】企业公司 Logo 设计 .ai
视频	视频教学 \Cha01\【案例精讲】企业公司 Logo 设计 .mp4
企业公司 Logo 效果欣赏	匠品文化传媒 图 1-1

01 按 Ctrl+N 组合键，在弹出的【新建文档】对话框中将单位设置为【像素】，将【宽度】、【高度】分别设置为 868px、550px，将【颜色模式】设置为【RGB 颜色】，单击【创建】按钮。在工具箱中单击【矩形工具】，在画板中绘制一个矩形，在【属性】面板中将【宽】、【高】分别设置为 868px、550px，将 X、Y 分别设置为 434px、275px，将【填色】设置为 #e8e8e8，将【描边】设置为无，如图 1-2 所示。

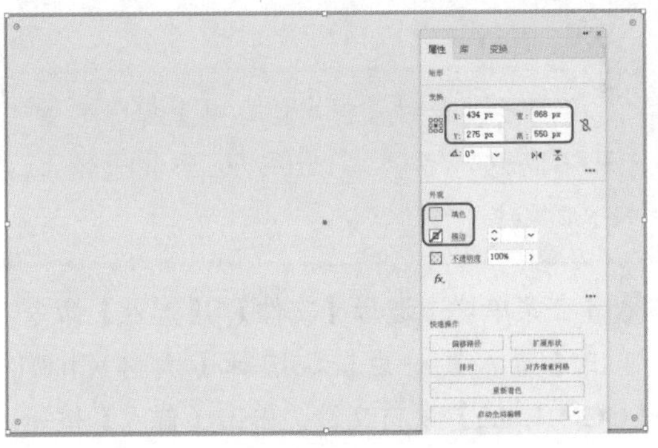

图 1-2

02 在画板中选择绘制的矩形，按 Ctrl+2 组合键将选中的矩形进行锁定，在工具箱中单击【圆角矩形工具】，在画板中绘制一个圆角矩形，在【变换】面板中将【宽】、【高】分别设置为 314px、302px，将 X、Y 分别设置为 438.5px、209.5px，将圆角半径分别设置为 5.7px、5.7px、11px、20px，在【颜色】面板中将【填色】设置为 #cd0000，将【描边】设置为无，效果如图 1-3 所示。

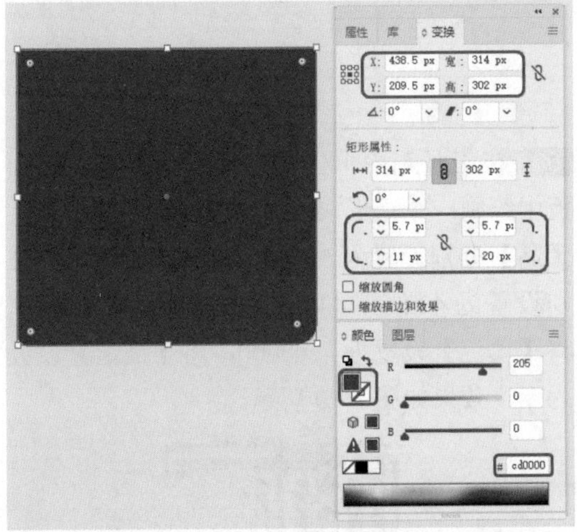

图 1-3

03 使用【圆角矩形工具】在画板中绘制一个圆角矩形，在【变换】面板中将【宽】、【高】分别设置为 20px、303px，将 X、Y 分别设置为 273px、211.5px，将圆角半径均设置为 3px，在【颜色】面板中将【填色】设置为 #cd0000，将【描边】设置为无，效果如图 1-4 所示。

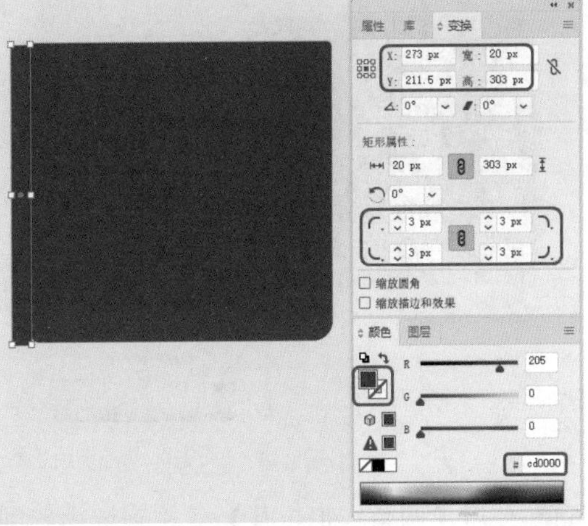

图 1-4

04 使用【圆角矩形工具】在画板中绘制一个圆角矩形，在【变换】面板中将【宽】、【高】分别设置为 331.6px、24px，将 X、Y 分别设置为 445px、46.6px，将圆角半径均设置为 12px，在【颜色】面板中将【填色】设置为 #cd0000，将【描边】设置为无，效果如图 1-5 所示。

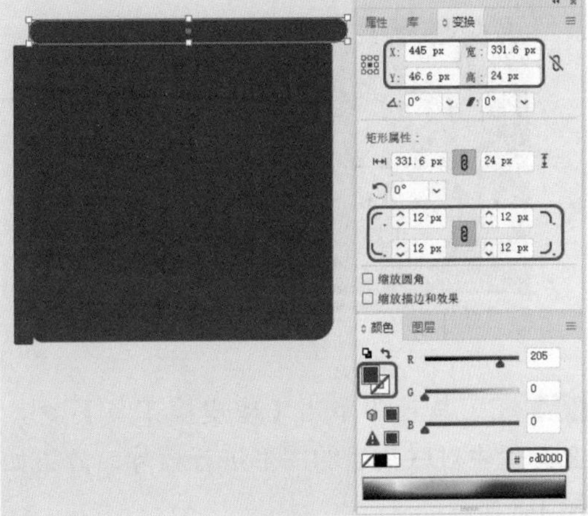

图 1-5

05 使用【圆角矩形工具】在画板中绘制一个圆角矩形，在【变换】面板中将【宽】、【高】分别设置为 11px、329px，将 X、Y 分别设置为 608.5px、212.5px，将圆角半径均设置为 5.5px，在【颜色】面板中将【填色】设置为 #cd0000，将【描边】设置为无，效果如图 1-6 所示。

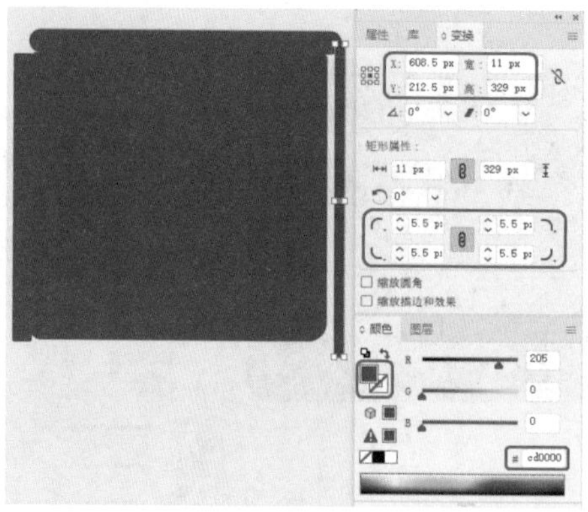

图 1-6

06 使用【圆角矩形工具】在画板中绘制一个圆角矩形，在【变换】面板中将【宽】、【高】分别设置为320px、15px，将X、Y分别设置为432px、374.5px，将圆角半径均设置为6px，在【颜色】面板中将【填色】设置为#cd0000，将【描边】设置为无，然后在画板中选择所有的红色圆角矩形，在【路径查找器】面板中单击【联集】按钮，如图1-7所示。

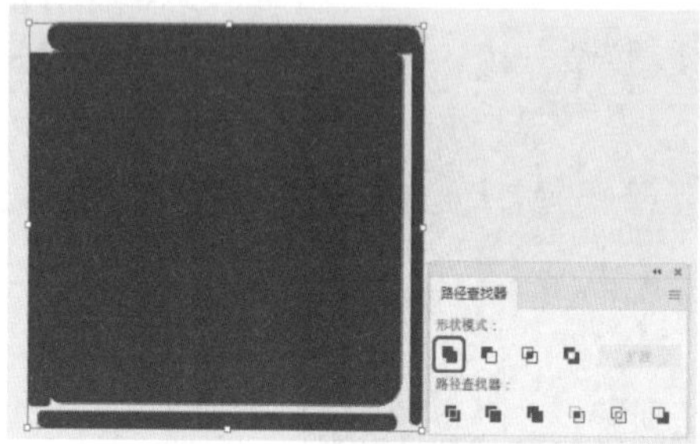

图 1-7

07 在工具箱中单击【橡皮擦工具】，在画板中对联集后的图形进行擦除，效果如图1-8所示。

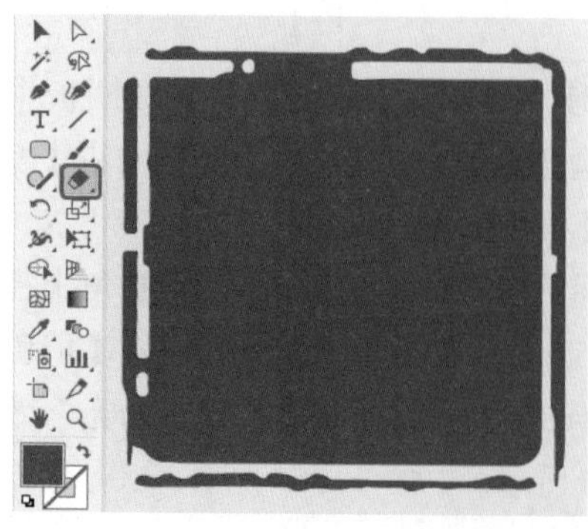

图 1-8

提示：若对【橡皮擦工具】擦除的效果不满意，可以按Ctrl+Z组合键撤销上一步操作。

08 在菜单栏中选择【文件】|【置入】命令，弹出【置入】对话框，选择【素材\Cha01\LOGO-1.png】素材文件，单击【置入】按钮，适当调整对象的大小及位置，在【属性】面板中单击【嵌入】按钮，如图1-9所示。

图 1-9

09 在工具箱中单击【矩形工具】，在画板中绘制一个矩形，在【变换】面板中将【宽】、【高】分别设置为565px、91px，将X、Y分别设置为422px、448px，在【颜色】面板中将【填色】设置为#cd0000，将【描边】设置为无，效果如图1-10所示。

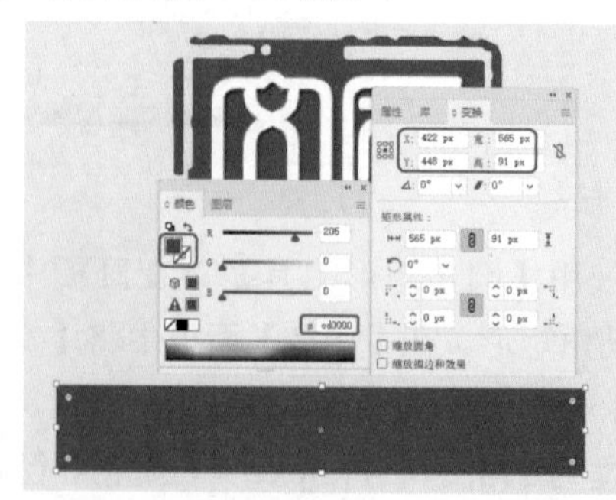

图 1-10

10 置入【素材\Cha01\LOGO-2.png】素材文件，并调整对象的大小及位置，在【属性】面板中单击【嵌入】按钮，效果如图1-11所示。

图 1-11

11 在【图层】面板中选择如图 1-12 所示的对象。

图 1-12

12 打开【外观】面板，单击【添加新效果】按钮，在弹出的下拉菜单中选择【风格化】|【投影】命令，如图 1-13 所示。

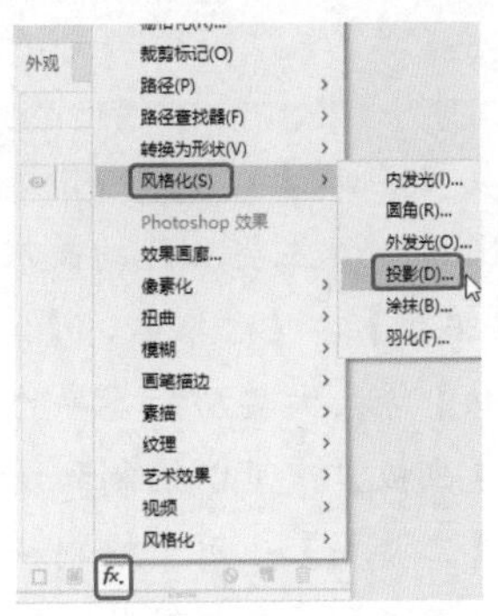

图 1-13

13 弹出【投影】对话框，将【模式】设置为【正片叠底】，将【不透明度】、【X 位移】、【Y 位移】、【模糊】分别设置为 50%、0px、5px、1px，将【颜色】设置为黑色，单击【确定】按钮，如图 1-14 所示。

图 1-14

知识链接：工作区概览

熟悉 Illustrator 的操作界面、工具箱、面板是深入学习后面知识的重要基础。本节主要讲解工作区概览，让设计师快速掌握 Illustrator 的工作环境。

Illustrator 的自定义工作区，可以使设计师随心所欲地对其调整以符合自己的工作习惯。它与 Photoshop CS6 有着相似的界面，可以让设计师更快地掌握界面操作，避免产生对软件的生疏感。下面将简单介绍操作界面、工具箱以及面板的不同作用。

默认情况下，Illustrator 工作区域包含菜单栏、控制面板、画板、工具箱、状态栏和面板，如图 1-15 所示。

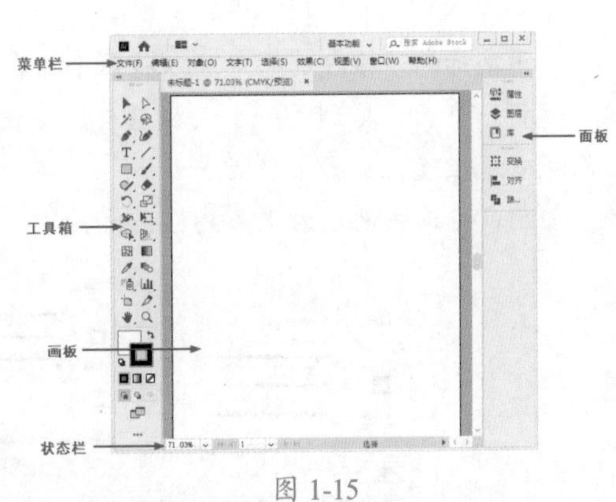

图 1-15

◎【菜单栏】：包含用于执行任务的命令。单击菜单栏中的各种命令，是实现 Illustrator 主要功能的最基本的操作方式。Illustrator 中文版的菜单栏包括【文件】、【编辑】、【对象】、【文字】、【选择】、【效果】、【视图】、【窗口】和【帮助】等几大类功能各异的菜单。单击菜单栏中的各个命令会弹出相应的下拉菜单。

◎【画板】：可以绘制和设计图稿。

◎【工具箱】：用于绘制和编辑图稿的工具。

◎【面板】：可帮助监控和修改图稿与菜单。

◎【状态栏】：显示当前缩放级别和各种信息，包括当前使用的工具、日期和时间、可用的还原和重做次数、文档颜色配置文件或被管理文件的状态。

◎ 使用控制面板可以快捷访问与选择对象相关的选项。默认情况下，控制面板停放在工作区域顶部。

Illustrator 把最常用的工具都放置在工具箱中，将功能近似的工具以展开的方式归类组合在一起，使操作更加灵活方便。把鼠标指针放在工具箱内的工具上停留几秒，会显示工具的快捷键。熟记这些快捷键会减少鼠标在工具箱和文档窗口间来回移动的次数，能帮助设计师提高工作效率。

工具图标右下角的小三角形表示有隐藏工具。单击右下角有小三角形的工具图标并按住左键不放，隐藏的工具便会弹出来，如图 1-16 所示。

面板可显示为 3 种视图模式，可以形象地称之为折叠视图、简化视图和普通视图，反复双击选项卡可完成 3 种视图的切换操作，如图 1-17 所示。

图 1-16　　图 1-17

用鼠标向外拖曳选项卡可以将多个组合的面板分为单独的面板，如图 1-18 所示。

将一个面板拖到另一个面板底部，当出现蓝色粗线框时松开鼠标，可以将两个或多个面板首尾相连，如图 1-19 所示。

用鼠标单击面板右上角的三条线按钮，可以打开隐藏菜单，如图 1-20 所示。

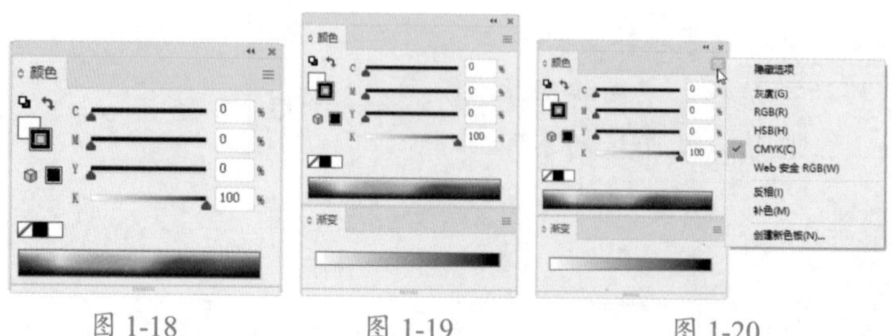

图 1-18　　图 1-19　　图 1-20

1.1 文档的基本操作

在 Illustrator 的【文件】菜单中包含有【新建】、【从模板新建】等用于创建文档的各种命令，下面就向大家介绍如何使用这些命令创建新文档。

1.1.1 新建 Illustrator 文档

在菜单栏中选择【文件】|【新建】菜单命令或按 Ctrl+N 组合键，弹出【新建文档】对话框，如图 1-21 所示。在该对话框中可以设置文件的名称、大小和颜色模式等选项，设置完成后单击【创建】按钮，即可新建一个空白文件。

◎ 【预设详细信息】：在该文本框中可以输入文件的名称，也可以使用默认的文件名称。创建文件后，文件名称会显示在文档窗口的标题栏中。在保存文件时，文档的名称也会自动显示在存储文件的对话框中。

◎ 【画板】：用户可以通过该选项设置画板的数量。

◎ 【宽度】/【高度】/【单位】/【方向】：可以输入文档的宽度、高度和单位，以创建自定义大小的文档。单击【方向】选项中的按钮，可以切换文档的方向。

◎ 【高级选项】：单击【高级选项】选项前面的按钮图标可以显示扩展的选项，包括【颜色模式】、【光栅效果】和【预览模式】。在【颜色模式】选项中可以为文档指定颜色模式，在【光栅效果】选项中可以为文档的光栅效果指定分辨率，在【预览模式】选项中可以为文档设置默认的预览模式。

图 1-21

【实战】打开 Illustrator 文档

本例讲解打开文件的基本操作。

素材	素材 \Cha01\ 打开文档素材 .ai
场景	无
视频	视频教学 \Cha01\【实战】打开 Illustrator 文档 .mp4

01 在菜单栏中选择【文件】|【打开】命令，在弹出的对话框中选择【素材 \Cha01\ 打开文档素材 .ai】素材文件，单击【打开】按钮，如图 1-22 所示。

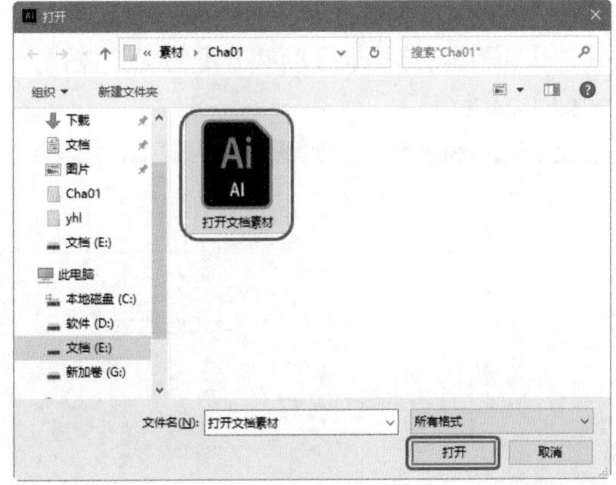

图 1-22

02 打开素材文件后的效果，如图 1-23 所示。

图 1-23

【实战】置入和导出文件

本例主要讲解置入文件和导出文件的方法。

素材	素材 \Cha01\ 置入和导出素材 .jpg
场景	无
视频	视频教学 \Cha01\【实战】置入和导出文件 .mp4

01 在菜单栏中选择【文件】|【新建】命令，在弹出的【新建文档】对话框中，将单位设置为【像素】，【宽度】和【高度】分别设置为 600px、406px，将【画板】设置为 1，其他采用默认选项即可，单击【创建】按钮，如图 1-24 所示。

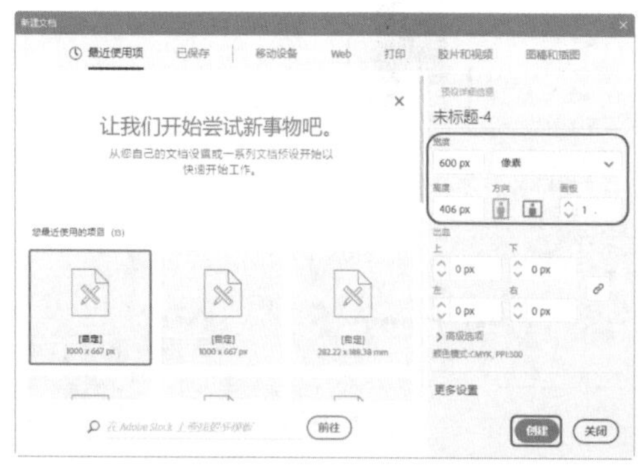

图 1-24

02 在菜单栏中选择【文件】|【置入】命令，弹出【置入】对话框，选择【素材 \Cha01\ 置入和导出素材 .jpg】素材文件，单击【置入】按钮，如图 1-25 所示。

图 1-25

03 在画板中单击鼠标左键，置入图片，调整图片的位置，如图 1-26 所示。

图 1-26

04 在菜单栏中选择【文件】|【导出】|【导出为】命令，如图 1-27 所示。

图 1-27

05 弹出【导出】对话框，设置保存路径，设置文件名，将【保存类型】设置为“JPEG（*.JPG）”，单击【导出】按钮，如图 1-28 所示。

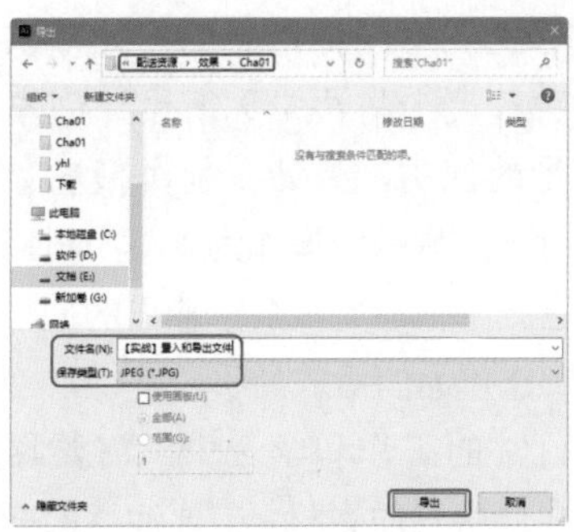

图 1-28

06 弹出【JPEG 选项】对话框，保持默认设置，单击【确定】按钮，如图 1-29 所示。

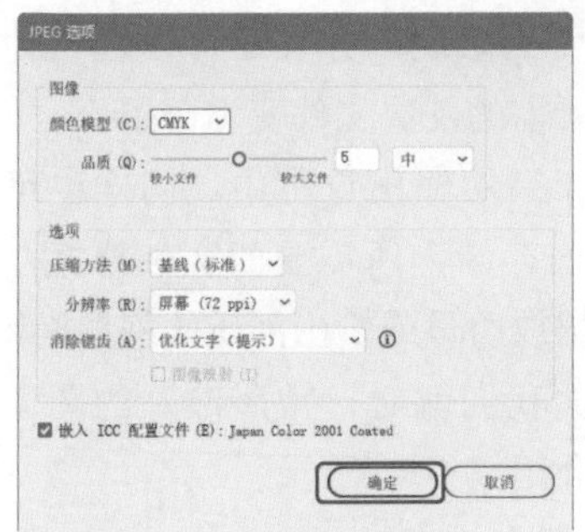

图 1-29

07 导出后，预览效果，如图 1-30 所示。

图 1-30

【实战】保存文件

本例将讲解如何保存文件。

素材	无
场景	场景 \Cha01\【实战】保存文件 .eps
视频	视频教学 \Cha01 \【实战】保存文件 .mp4

01 继续上一案例的操作，在菜单栏中选择【文件】|【存储为】命令，如图 1-31 所示。

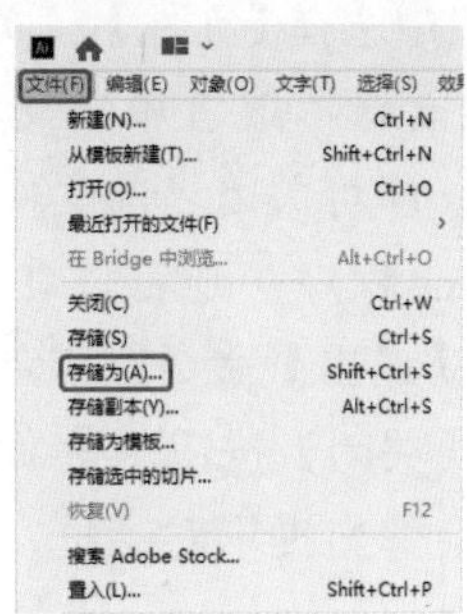

图 1-31

02 弹出【存储为】对话框，设置保存路径，设置文件名称，将【保存类型】设置为“Illustrator EPS（*.EPS）”，单击【保存】按钮，即可存储文件，如图 1-32 所示。

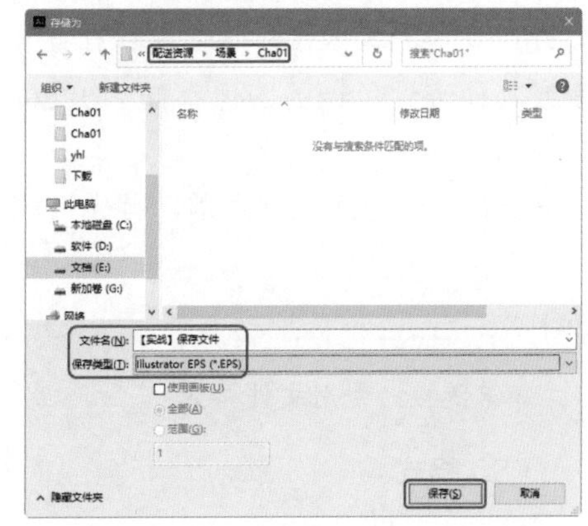

图 1-32

03 弹出【EPS 选项】对话框，保持默认设置，单击【确定】按钮，如图 1-33 所示。

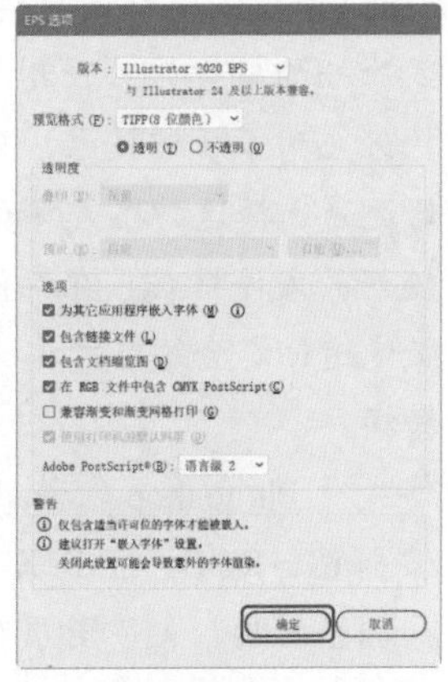

图 1-33

1.1.2 关闭 Illustrator 文档

在菜单栏中选择【文件】|【关闭】命令，按 Ctrl+W 组合键，或者单击文档窗口右上角的✖按钮，即可关闭当前文件。如果需要退出 Illustrator 程序，则可以在菜单栏中选择【文件】|【退出】命令，或者单击程序窗口右上角的【关闭】按钮 ×。如果有文件没有保存，将会弹出提示对话框，提示用户是否保存文件。

要确定理想的图像格式，必须首先考虑图像的使用方式，例如，用于网页的图像一般使用 JPEG 和 GIF 格式，用于印刷的图像一般要保存为 TIFF 格式。其次要考虑图像的类型，最好将具有大面积平淡颜色的图像存储为 GIF 或 PNG-8 图像，而将那些具有颜色渐变或其他连续色调的图像存储为 JPEG 或 PNG-24 文件。

在没有正式进入主题之前，首先讲一下有关计算机图形图像格式的相关知识，因为它在某种程度上将决定你所设计创作的作品输出质量的优劣。另外在制作影视广告片头时，会用到大量的图像作为素材、材质贴图或背景。当一个作品完成后，输出的文件格式也将决定制作作品的播放品质。

在日常的工作和学习中，需要收集并积累各种文件格式的素材。需要注意的一点是，所收集的图片或图像文件各种格式都有，这就涉及图像格式转换的问题，而如果我们已经了解了图像格式的转换方法，则在制作中就不会受到限制，并且还可以轻松地将所收集的和所需的图像文件变为己用。

在作品的输出过程中，同样也可以从容地将它们存储为所需要的文件格式，而不必再因为播放质量或输出品质的问题而困扰了。

下面我们就对日常所涉及的图像格式进行简单介绍。

知识链接：常用文件格式

1. PSD 格式

PSD 是 Photoshop 软件专用的文件格式，它是 Adobe 公司优化格式后的文件，能够保存图像数据的每一个细小部分，包括图层、蒙版、通道以及其他的少数内容，但这些内容在转存成其他格式时将会丢失。另外，因为这种格式是 Photoshop 自身支持的格式文件，所以 Photoshop 能比其他格式更快地打开和存储这种格式的文件。

该格式唯一的缺点是：使用这种格式存储的图像文件特别大，尽管 Photoshop 在计算的过程中已经应用了压缩技术，但是因为这种格式不会造成任何数据流失，所以在编辑的过程中最好还是选择这种格式存盘，直到最后编辑完成后再转换成其他占用磁盘空间较小、存储质量较好的文件格式。在存储成其他格式的文件时，有时会合并图像中的各图层以及附加的蒙版通道，这会给再次编辑带来不少麻烦，因此，最好在存储一个 PSD 的文件备份后再进行转换。

PSD 格式是 Photoshop 软件的专用格式，它支持所有的可用图像模式（位图、灰度、双色调、索引色、RGB、CMYK、Lab 和多通道等）、参考线、Alpha 通道、专色通道和图层（包括调整图层、文字图层和图层效果等）等格式，它可以保存图像的图层和通道等信息，但使用这种格式存储的文件较大。

2. TIFF 格式

TIFF 格式直译为“标签图像文件格式”，是 Aldus 为 Macintosh 机开发的文件格式。

TIFF 用于在应用程序之间和计算机平台之间交换文件，被称为标签图像格式，是 Macintosh 和 PC 机上使用最广泛的文件格式。它采用无损压缩方式，与图像像素无关。TIFF 常被用于彩色图片色扫描，它以 RGB 的全彩色格式存储。

TIFF 格式支持带 Alpha 通道的 CMYK、RGB 和灰度文件，支持不带 Alpha 通道的 Lab、索引色和位图文件，也支持 LZW 压缩。

存储 Adobe Photoshop 图像为 TIFF 格式，可以选择存储文件为 IBM-PC 兼容计算机可读的格式或 Macintosh 可读的格式。要自动压缩文件，可选中【LZM 压缩】复选框。对 TIFF 文件进行压缩可减少文件大小，但会增加打开和存储文件的时间。

TIFF 是一种灵活的位图图像格式，实际上被所有的绘画、图像编辑和页面排版应用程序所支持，而且几乎所有的桌面扫描仪都可以生成 TIFF 图像。TIFF 格式支持 Alpha 通道的 CMYK、RGB 和灰度文件，支持不带 Alpha 通道的 Lab、索引色和位图文件。Photoshop 可以在 TIFF 文件中存储图层，但是如果在另一个应用程序中打开该文件，则只有拼合图像是可见的。Photoshop 也能够以 TIFF 格式存储注释、透明度和分辨率金字塔数据，TIFF 文件格式在实际工作中主要用于印刷。

3. JPEG 格式

JPEG 是 Macintosh 机上常用的存储类型，但是，无论是在 Photoshop、Illustrator 等平面软件还是在 3ds Max 中都能够开启此类格式的文件。

JPEG 格式是所有压缩格式中功能最卓越的。在压缩前，可以从对话框中选择所需图像的最终质量，这样，就有效地控制了 JPEG 在压缩时的损失数据量。并且可以在保持图像质量不变的前提下，产生惊人的压缩比率，在没有明显质量损失的情况下，它的体积能降到原 BMP 图片的 1/10。这样，可使你不必再为图像文件的质量以及硬盘的大小而头疼苦恼了。

另外，用 JPEG 格式，可以将当前所渲染的图像输入到 Macintosh 机上做进一步处理，或将 Macintosh 制作的文件以 JPEG 格式再现于 PC 机上。总之，JPEG 是一种极具价值的文件格式。

4. GIF 格式

GIF 是一种压缩的 8 位图像文件。正因为它是经过压缩的，而且又是 8 位的，所以这种格式的文件大多用在网络传输上，速度要比传输其他格式的图像文件快得多。

此格式文件的最大缺点是最多只能处理 256 种色彩，绝不能用于存储真彩的图像文件。正因为其体积小，它曾经一度被应用在计算机教学、娱乐等软件中，也是人们较为喜爱的 8 位图像格式。

5. BMP 格式

BMP 全称为 Windows Bitmap。它是微软公司 Paint 的自身格式，可以被多种 Windows

和 OS/2 应用程序所支持。Photoshop 中，最多可以使用 16M 的色彩渲染 BMP 图像。因此，BMP 格式的图像可以具有极其丰富的色彩。

6. EPS 格式

EPS（Encapsulated PostScript）格式是专门为存储矢量图形而设计的，用于在 PostScript 输出设备上打印。

Adobe 公司的 Illustrator 是绘图领域中一个极为优秀的程序。它既可用来创建流动曲线、简单图形，也可以用来创建专业级的精美图像，它的作品一般存储为 EPS 格式。通常 EPS 也是 CorelDRAW 等软件支持的一种格式。

7. PDF 格式

PDF 格式被用于 Adobe Acrobat 中。Adobe Acrobat 是 Adobe 公司用于 Windows、Mac OS、UNIX 和 DOS 操作系统中的一种电子出版软件。使用在应用程序 CD-ROM 上的 Acrobat Reader 软件可以查看 PDF 文件。与 PostScript 页面一样，PDF 文件可以包含矢量图形和位图图形，还可以包含电子文档的查找和导航功能，如电子链接等。

PDF 格式支持 RGB、索引色、CMYK、灰度、位图和 Lab 等颜色模式，但不支持 Alpha 通道。PDF 格式支持 JPEG 和 ZIP 压缩，但位图模式文件除外。位图模式文件在存储为 PDF 格式时采用 CCITT Group 4 压缩。在 Photoshop 中打开其他应用程序创建的 PDF 文件时，Photoshop 会对文件进行栅格化。

8. PNG 格式

现在越来越多的程序设计人员有以 PNG 格式替代 GIF 格式的倾向。像 GIF 一样，PNG 也使用无损压缩方式来减小文件的尺寸。越来越多的软件开始支持这一格式，有可能不久的将来它将会在整个 Web 上流行。

PNG 图像可以是灰阶的（位深可达 16bit）或彩色的（位深可达 48bit），为缩小文件尺寸，它还可以是 8bit 的索引色。PNG 使用新的高速交替显示方案，可以迅速地显示，只要下载 1/64 的图像信息就可以显示出低分辨率的预览图像。与 GIF 不同，PNG 格式不支持动画。

PNG 用于存储 Alpha 通道定义文件中的透明区域，以确保将文件存储为 PNG 格式之前，删除那些除了想要的 Alpha 通道以外的所有 Alpha 通道。

1.2 对象的对齐和分布

在 Illustrator CC 中，增强了对象分布与对齐功能，新增了分布间距功能，可以使用【对齐】面板，对选择的多个对象进行对齐或分布，如图 1-34 所示。

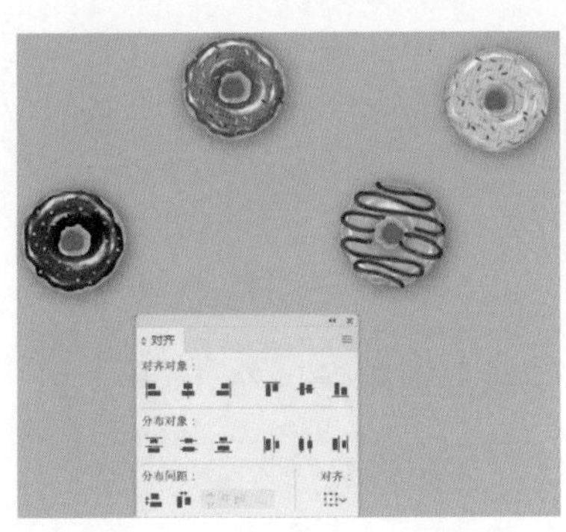

图 1-34

1.2.1 对齐对象

要对选取的对象进行对齐操作，可以在【对齐】面板中执行下列操作之一。

◎ 要将选取的多个对象左对齐，可以单击按钮。

◎ 要将选取的多个对象水平居中对齐，可以单击按钮。

◎ 要将选取的多个对象右对齐，可以单击按钮。

◎ 要将选取的多个对象顶对齐，可以单击按钮。

◎ 要将选取的多个对象垂直居中对齐，可以单击按钮。

◎ 要将选取的多个对象底对齐，可以单击按钮。

提示：要对齐对象上的锚点，可使用【直接选择工具】选择相应的锚点；要相对于所选对象之一对齐或分布，再次单击该对象(此次单击时无须按住 Shift 键)，然后单击所需类型的对齐按钮或分布按钮。在【画板】面板中，若选择【对齐到画板】选项，将以画板作为对齐参考点，否则将以剪裁区域作为参考点。

1.2.2 分布对象

要对选取的对象进行分布操作，可以执行下列操作之一。

◎ 要将选取的多个对象垂直顶分布，可以单击按钮。

◎ 要将选取的多个对象垂直居中分布，可以单击按钮。

◎ 要将选取的多个对象垂直底分布，可以单击按钮。

◎ 要将选取的多个对象水平左分布，可以单击按钮。

◎ 要将选取的多个对象水平居中分布，可以单击按钮。

◎ 要将选取的多个对象水平右分布，可以单击按钮。

提示：使用分布选项时，若指定了一个负值的间距，则表示对象沿着水平轴向左移动，或者沿着垂直轴向上移动。正值表示对象沿着水平轴向右移动，或者沿着垂直轴向下移动。指定正值表示增加对象间的间距，指定负值表示减少对象间的间距。

1.2.3 分布间距

在 Illustrator CC 中，单击【对齐】面板右上角的≡按钮，在弹出的下拉菜单中选择【显示选项】命令，如图 1-35 所示，进行对象分布与对齐时，可以设置分布间距。若单击按钮，将垂直分布间距；若单击按钮，将水平分布间距。直接单击按钮，将自动分布间距值，否则可手动设置分布间距值，如图 1-36 所示。

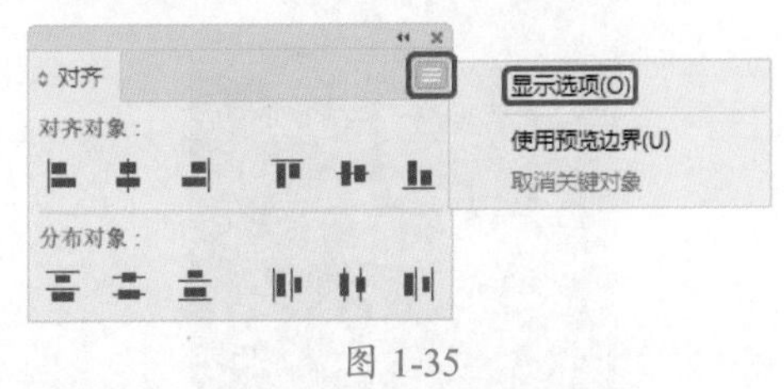

图 1-35

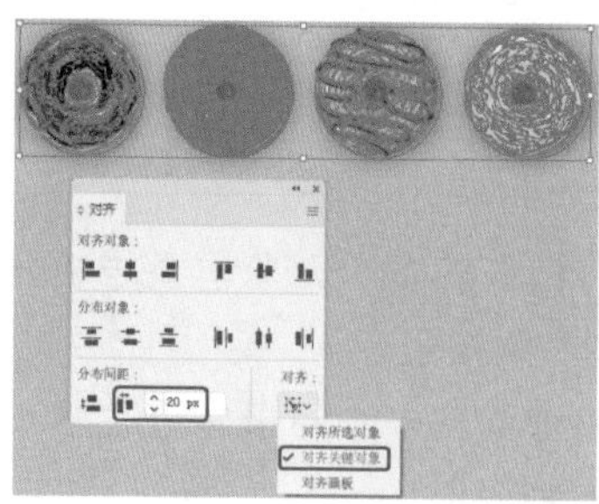

图 1-36

【实战】对齐与分布图形对象

本例将讲解 Illustrator CC 的对齐与分布图形对象效果，使用对齐效果完成操作，如图 1-37 所示。

图 1-37

素材	素材 \Cha01\ 对齐与分布素材 .ai
场景	场景 \Cha01\【实战】对齐与分布图形对象 .ai
视频	视频教学 \Cha01\【实战】对齐与分布图形对象 .mp4

01 在 Illustrator CC 中选择菜单栏中的【文件】|【打开】命令，打开【素材 \Cha01\ 对齐与分布素材 .ai】素材文件，如图 1-38 所示。

图 1-38

02 在菜单栏中选择【窗口】|【对齐】命令，打开【对齐】面板，如图 1-39 所示。

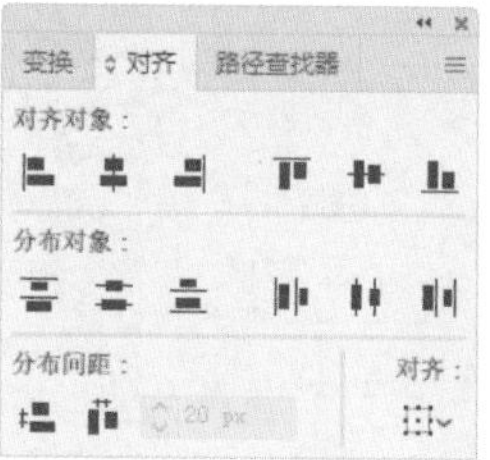

图 1-39

03 使用【选择工具】选择第一排的图标，选中后再次单击最左侧图标，将其选定为关键对象，如图 1-40 所示。

图 1-40

04 单击【对齐】面板中的【垂直居中对齐】按钮，即可将所选对象垂直居中对齐，如图 1-41 所示。

图 1-41

05 再次选择最左侧的关键对象，单击【对齐】面板中的【水平居中分布】按钮，即可将对象水平居中分布，如图 1-42 所示。

图 1-42

1.3 对象编组

可以将多个对象编组，编组对象可以作为一个单元进行处理。可以对其进行移动或变换，这些操作将影响对象各自的位置或属性。例如，可以将图稿中的某些对象编成一组，以便将其作为一个单元进行移动和缩放。

编组对象被连续地堆叠在图稿的同一图层上，因此，编组可能会改变对象的图层分布及其在图层中的堆叠顺序。若选择位于不同图层中的对象进行编组，则其所在图层中的最靠前的图层，即是这些对象将被编入的图层。编组对象可以嵌套，也就是说编组对象中可以包含组对象。使用【选择工具】▶、【直接选择工具】▷可以选择嵌套编组层次结构中的不同级别的对象。编组在【图层】面板中显示为【编组】项目，可以使用【图层】面板在编组中移入或移出项目，如图 1-43 所示。

图 1-43

1.3.1 对象编组

要选择多个对象编组，可以在菜单栏中选择【对象】|【编组】命令或按 Ctrl+G 组合键，如图 1-44 所示，将选取的对象进行编组。

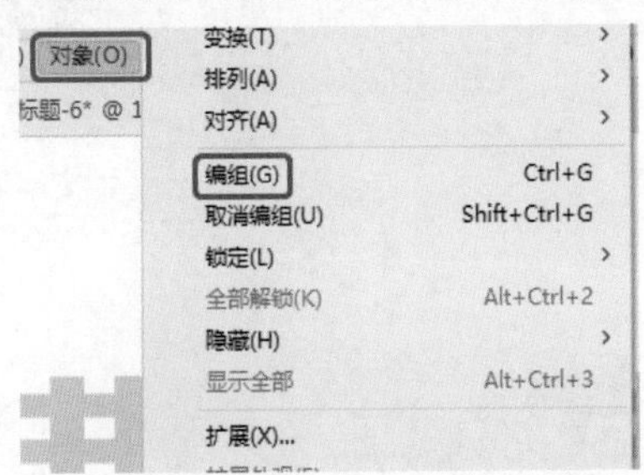

图 1-44

> 提示：若编组时选择的是对象的一部分，如一个锚点，则将选取整个对象进行编组。

1.3.2 取消对象编组

若要取消对象编组，可以在菜单栏中选择【对象】|【取消编组】命令或按 Shift+Ctrl+G 组合键，如图 1-45 所示。

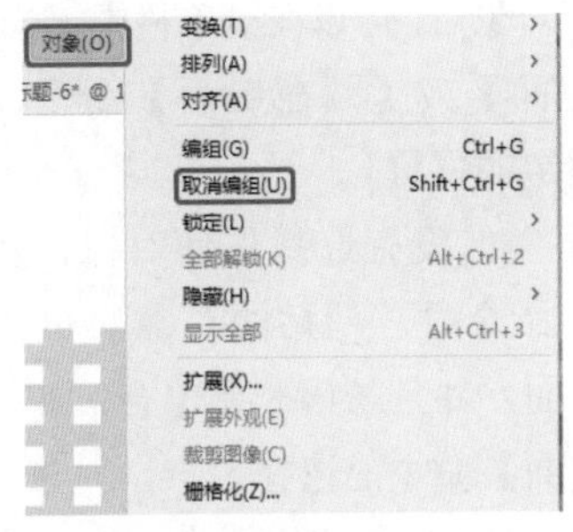

图 1-45

> 提示：若不能确定某个对象是否属于编组，可以先选择该对象，查看【对象】|【取消编组】命令是否可用，如可用，则表示该对象已被编组。

1.4 图形的清除和恢复

本节主要学习图形的处理，其处理的方法有图像的复制、粘贴、清除以及文件的还原与恢复，学会这些方法就可以在以后的作图中能随意删除以及恢复一个图形。

1.4.1 图像的复制、粘贴与清除

01 选择对象后，在菜单栏中选择【编辑】|【复制】命令，可以将对象复制到剪贴板中，画板中的对象保持不变。

02 在菜单栏中选择【编辑】|【剪切】命令，

则可以将对象从画面中剪切到剪贴板中。

03 复制或剪切对象后，在菜单栏中选择【编辑】|【粘贴】命令，可以将对象粘贴到文档窗口中，对象会自动位于文档窗口的中央。

提示：在菜单栏中选择【剪切】或【复制】命令后，在 Photoshop 中执行【编辑】|【粘贴】命令，可以将剪贴板中的图稿粘贴到 Photoshop 文件中。

04 复制对象后，可以在菜单栏中选择【编辑】|【贴在前面】或【贴在后面】命令，将对象粘贴到指定的位置。

05 如果当前没有选择任何对象，执行【贴在前面】命令时，粘贴的对象将位于被复制对象的上面，并且与该对象重合；如果在执行【贴在前面】命令前选择了一个对象，则执行该命令时，粘贴的对象与被复制的对象仍处于相同的位置，但它位于被选择对象的上面。

06 【贴在后面】菜单命令与【贴在前面】菜单命令的效果相反。执行【贴在后面】命令时，如果没有选择任何对象，粘贴的对象将位于被复制对象的下面；如果在执行该命令前选择了对象，则粘贴的对象位于被选择对象的下面。

07 如果需要删除对象，选中需要删除的对象，在菜单栏中选择【编辑】|【清除】命令，或按 Backspace 键或 Delete 键，即可将选中的对象删除。

1.4.2 还原与恢复文件

在使用 Illustrator 绘制图稿的过程中，难免会出现错误操作，这时可以在菜单栏中选择【编辑】|【还原】命令，或按 Ctrl+Z 组合键使用【还原】命令来更正错误。即使执行了【文件】|【存储】命令，也可以进行还原操作，但是如果关闭了文件又重新打开，则无法再还原。当【还原】命令显示为灰色时，表示该命令不可用，也就是操作无法还原。

提示：在 Illustrator 中的还原操作是不限次数的，只受内存小大的限制。

还原之后，还可以在菜单栏中选择【编辑】|【重做】命令，或按 Shift+Ctrl+Z 组合键撤销还原，恢复到还原操作之前的状态。而如果在菜单栏中选择【文件】|【恢复】命令或按 F12 键，则可以将文件恢复到上一次存储的版本。需要注意的是，这时再在菜单栏中选择【文件】|【恢复】命令，将无法还原。

1.5 辅助工具的使用

在 Illustrator 中，标尺、参考线和网格等都属于辅助工具，它们不能编辑对象，但却可以帮助用户更好地完成编辑任务。下面将向读者详细介绍 Illustrator 中各种辅助工具的使用方法和技巧。

1.5.1 标尺与零点

标尺可以帮助设计者在画板中精确地放置和度量对象。启用标尺后，当移动光标时，标尺会显示光标的精确位置。

01 打开【素材 \Cha01\ 辅助工具素材 .ai】素材文件，如图 1-46 所示。默认情况下，标尺是隐藏的，在菜单栏中选择【视图】|【标尺】|【显示标尺】命令或按 Ctrl+R 组合键，标尺会显示在画板的顶部和左侧，如图 1-47 所示。

图 1-46

图 1-47

02 标尺上显示 0 的位置为标尺原点（即零点），默认标尺原点位于画板的左上角。如果更改标尺原点，将指针移到左上角 (标尺在此处相交)，然后将指针拖到所需的新标尺原点处。如果需要一个新的原点位置，可以将光标放在窗口的左上角，然后按住鼠标左键不放并拖动，画面中会显示出一个十字线，如图 1-48 所示。释放鼠标左键，该处便成为原点的新位置，如图 1-49 所示。

图 1-48

图 1-49

03 如果需要将原点恢复为默认的位置，在标尺左上角位置处双击鼠标左键即可。

04 如果需要隐藏标尺，可以在菜单栏中选择【视图】|【标尺】|【隐藏标尺】命令或按 Ctrl+R 组合键。

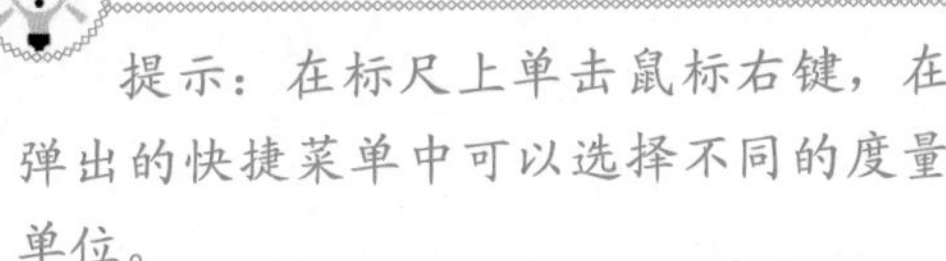

提示：在标尺上单击鼠标右键，在弹出的快捷菜单中可以选择不同的度量单位。

1.5.2 参考线

在绘制图形或制作卡片时，拖出的参考线可以辅助设计师完成精确的绘制。

01 打开【素材 \Cha01\ 辅助工具素材 .ai】素材文件，如图 1-50 所示。在菜单栏中选择【视图】|【标尺】|【显示标尺】命令，显示出标尺，如图 1-51 所示。

图 1-50

图 1-51

02 将光标移至顶部的水平标尺上。按住鼠标左键不放并向下拖动，可以拖出水平参考线，至合适的位置释放鼠标左键，如图 1-52 所示。使用同样的方法，在左边的垂直标尺上拖出垂直参考线，如图 1-53 所示。

图 1-52

图 1-53

提示：如果在拖动参考线时按住键盘上的 Shift 键，则可以使拖出的参考线与标尺上的刻度对齐。

03 创建参考线后，在菜单栏中选择【视图】|【参考线】|【锁定参考线】命令或按 Alt+Ctrl+; 组合键，可以锁定参考线。锁定参考线是为了防止参考线被意外移动。如果要取消锁定，则可以再次执行该命令。

04 如果需要移动参考线，可以先取消参考线的锁定，然后将光标移至需要移动的参考线上，光标会显示为图标形状，按住鼠标左键并拖动即可移动参考线。

05 如果需要删除参考线，选中需要删除的参考线，按 Backspace 键或 Delete 键即可。如果需要删除所有参考线，可以在菜单栏中选择【视图】|【参考线】|【清除参考线】命令。

1.5.3 网格

网格显示在画板的后面，不会被打印出来，但可以帮助用户对齐对象。

01 打开【素材\Cha01\辅助工具素材.ai】素材文件，如图 1-54 所示。在菜单栏中选择【视图】|【显示网格】命令，可以在图稿的后面显示出网格，如图 1-55 所示。

图 1-54

图 1-55

02 如果需要隐藏网格，可以在菜单栏中选择【视图】|【隐藏网格】命令，显示和隐藏网格的快捷键为 Ctrl+″。

03 在菜单栏中选择【视图】|【显示透明度网格】命令或按 Shift+Ctrl+D 组合键，可以显示透明度网格，如图 1-56 所示。

图 1-56

04 如果需要隐藏透明度网格，可以在菜单栏中选择【视图】|【隐藏透明度网格】命令。

提示：显示网格后，在菜单栏中选择【视图】|【对齐网格】命令，则移动对象时，对象就会自动对齐网格。

课后项目练习 教育机构 Logo 设计

Logo 是徽标或者商标的外语缩写，它起到对徽标拥有公司的识别和推广的作用，通过形象的徽标可以让消费者记住公司主体和品牌文化。

1. 课后项目练习效果展示

效果如图 1-57 所示。

图 1-57

2. 课后项目练习过程概要

01 通过【椭圆工具】、【圆角矩形工具】和【钢笔工具】制作 Logo 标志。

02 使用【文字工具】输入教育机构 Logo 信息。

素材	素材 \Cha01\Logo 素材 .ai
场景	场景 \Cha01\ 教育机构 Logo 设计 .ai
视频	视频教学 \Cha01\ 教育机构 Logo 设计 .mp4

3. 课后项目练习操作步骤

01 按 Ctrl+O 组合键，打开【素材 \Cha01\Logo 素材 .ai】素材文件，在工具箱中单击【椭圆工具】，绘制宽、高分别为 26.7mm、27mm 的椭圆形，将 X、Y 设置为 69mm、47.7mm，将【填色】设置为黑色，将【描边】设置为无，如图 1-58 所示。

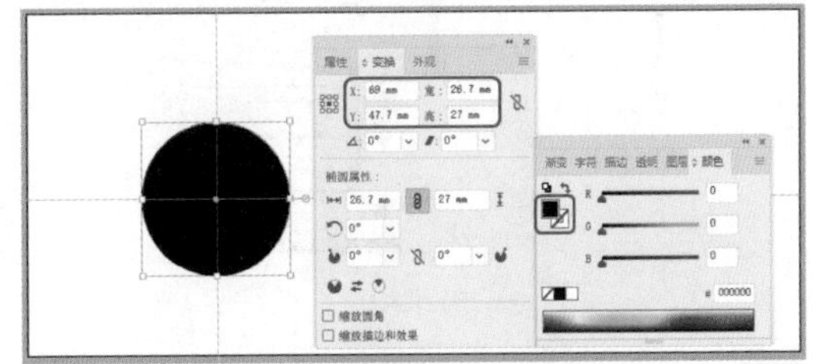

图 1-58

02 使用【椭圆工具】绘制宽、高分别为 24mm、26.1mm 的椭圆形，将 X、Y 设置为 69mm、49.5mm，将【填色】设置为红色，将【描边】设置为无，如图 1-59 所示。

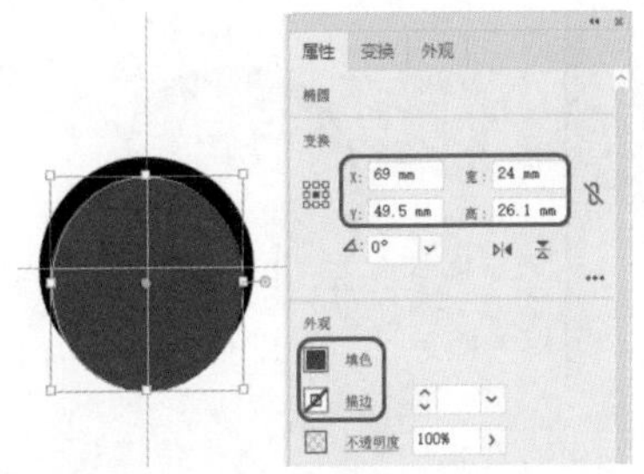

图 1-59

03 选中绘制的两个椭圆对象，在【路径查找器】面板中单击【减去顶层】按钮，如图 1-60 所示。

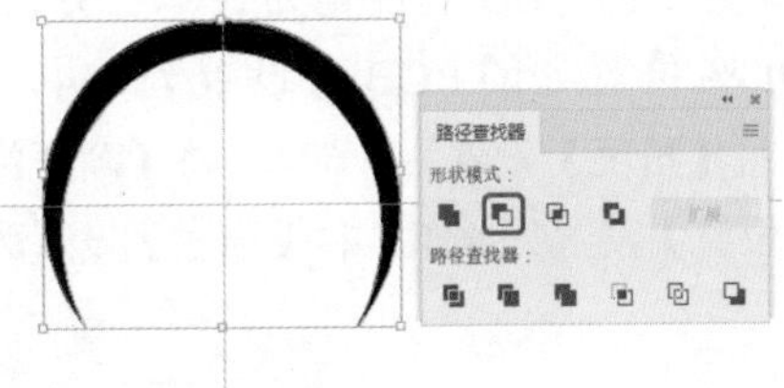

图 1-60

04 打开【渐变】面板，将【类型】设置为【径向渐变】，将 0% 位置处的 RGB 值设置为 241、171、0，将 61% 位置处的 RGB 值设置为 235、97、27，将 65% 位置处的 RGB 值设置为 234、92、28，将 100% 位置处的 RGB 值设置为 234、79、31，将【角度】设置为 -90°，如图 1-61 所示。

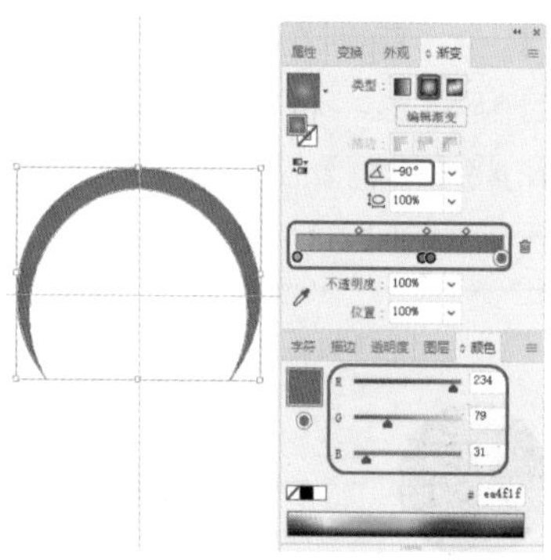

图 1-61

05 在工具箱中单击【渐变工具】，调整渐变条的位置以及光圈的大小，如图 1-62 所示。

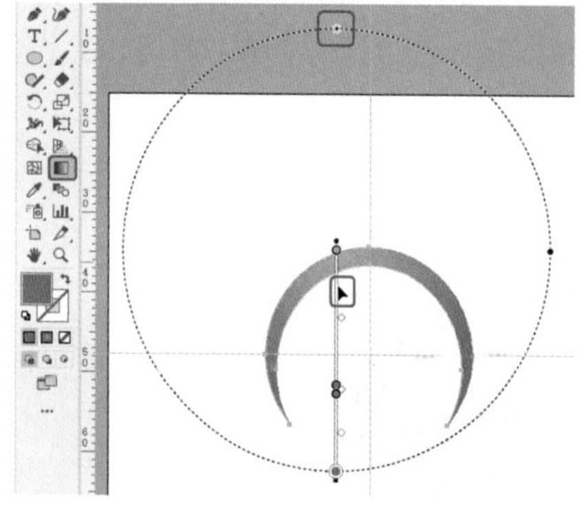

图 1-62

06 使用【钢笔工具】绘制如图 1-63 所示的图形，使用【椭圆工具】绘制半径为 2.9mm 的圆形。选中绘制的两个图形对象，在【渐变】面板中将【类型】设置为【线性渐变】，将 0% 位置处的 RGB 值设置为 239、202、48，将 100% 位置处的 RGB 值设置为 234、84、78，将【角度】设置为 -69°，将【渐变滑块】的【位置】设置为 42%，将【描边】设置为无。

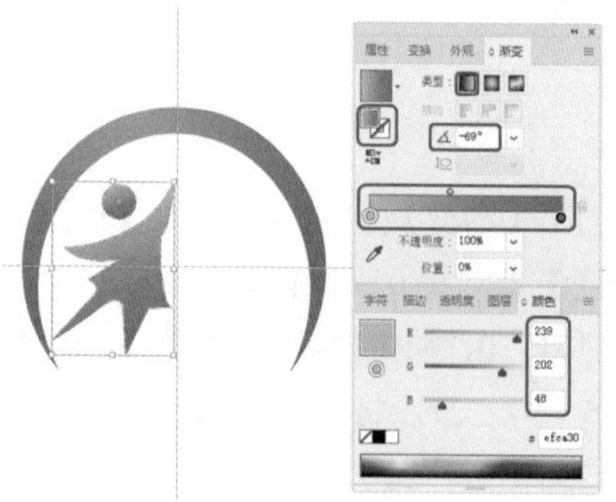

图 1-63

07 选中绘制的图形对象，右击鼠标，在弹出的快捷菜单中选择【编组】命令。在编组后的对象上右击鼠标，在弹出的快捷菜单中选择【变换】|【镜像】命令，弹出【镜像】对话框，选中【垂直】单选按钮，单击【复制】按钮，如图 1-64 所示。

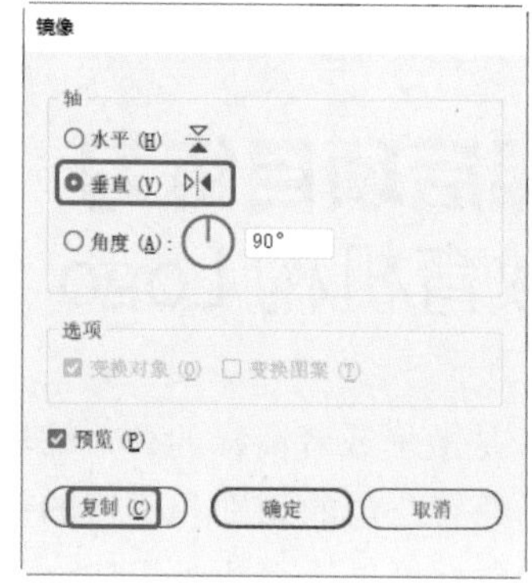

图 1-64

08 调整两个对象的位置，选择复制后的对象，在【渐变】面板中将【类型】设置为【线性渐变】，将 0% 位置处的 RGB 值设置为 49、189、236，将 100% 位置处的 RGB 值设置为 64、93、169，将【角度】设置为 0°，如图 1-65 所示。

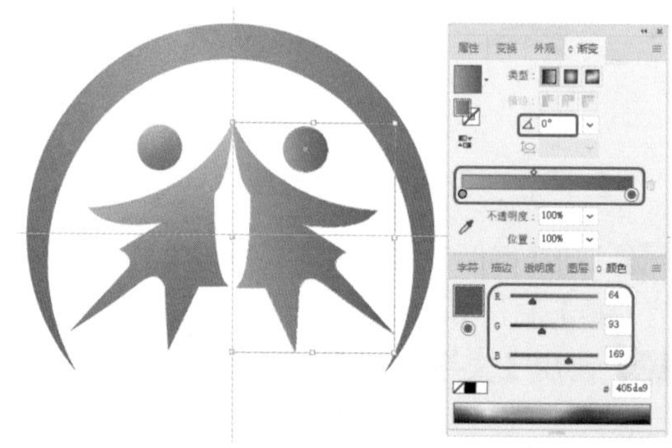

图 1-65

09 在工具箱中单击【圆角矩形工具】，在画板中绘制圆角矩形，在【变换】面板中将【宽】、【高】设置为 1.5mm、5.5mm，将圆角半径都设置为 0.7mm，将【填色】的 RGB 值设置为 111、186、44，将【描边】设置为无，如图 1-66 所示。

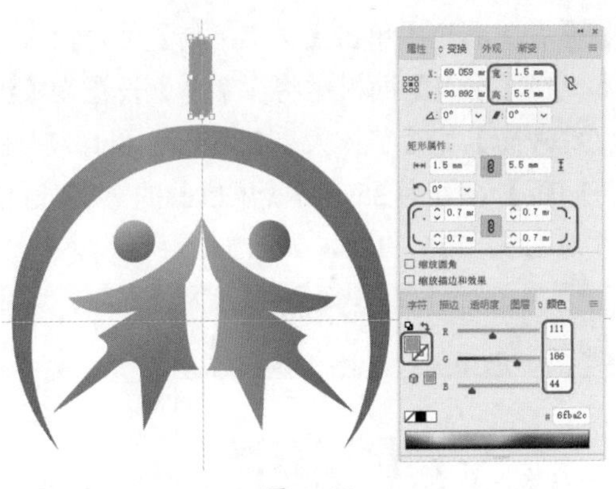

图 1-66

10 选中绘制的圆角矩形，按 R 键，鼠标指针变为十字光标后按住 Alt 键将圆形的圆心拖至辅助线的中心处，此时系统自动弹出【旋转】对话框，将【角度】设置为 22°，单击【复制】按钮，如图 1-67 所示。

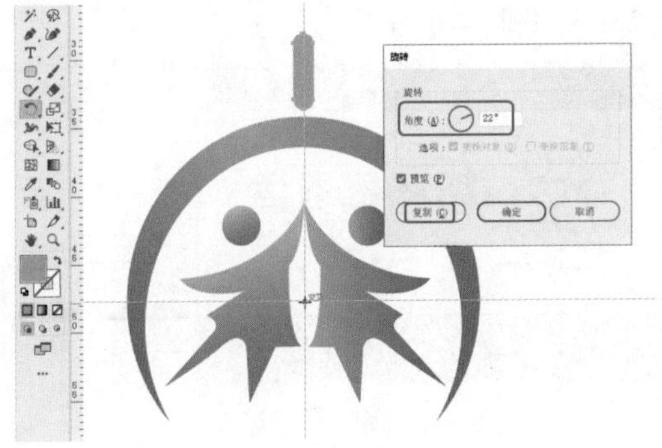

图 1-67

11 按两次 Ctrl+D 组合键，将圆角矩形旋转复制三个，如图 1-68 所示。

图 1-68

12 选择如图 1-69 所示的 3 个圆角矩形。

图 1-69

13 右击鼠标，在弹出的快捷菜单中选择【变换】|【镜像】命令，弹出【镜像】对话框，选中【垂直】单选按钮，再单击【复制】按钮，如图 1-70 所示。

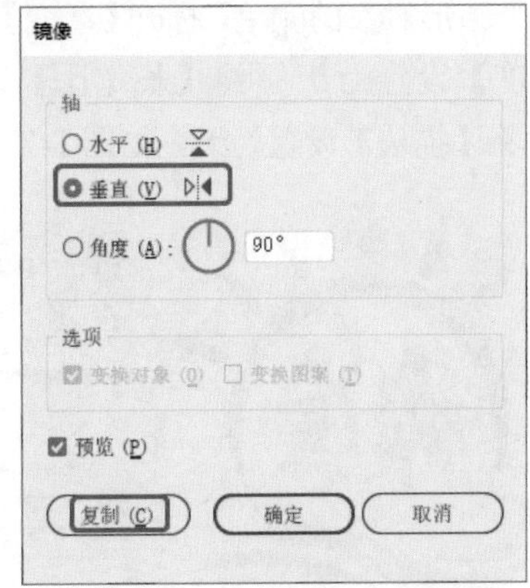

图 1-70

14 调整复制后的圆角矩形位置，分别为复制镜像后的圆角矩形设置不同的颜色，如图 1-71 所示。

图 1-71

15 使用【钢笔工具】绘制如图 1-72 所示的图形。

图 1-72

16 将绘制的 3 个图形进行编组，单击工具箱中的【吸管工具】，拾取前面减去顶层对象的半圆形对象的颜色，打开【渐变】面板，将【角度】设置为 0°，将【长宽比】设置为 108%，将【描边】设置为无，如图 1-73 所示。

图 1-73

17 在工具箱中单击【文字工具】T，输入文本，在【字符】面板中将【字体】设置为【汉仪菱心体简】，将【字体大小】设置为 40pt，将【字符间距】设置为 0，将【填色】的 RGB 值设置为 234、88、68，如图 1-74 所示。

图 1-74

18 在工具箱中单击【文字工具】T，输入文本，在【字符】面板中将【字体】设置为【汉仪魏碑简】，将【字体大小】设置为 18pt，将【字符间距】设置为 25，将【填色】的 RGB 值设置为 125、125、125，如图 1-75 所示。

图 1-75

19 在工具箱中单击【直线段工具】，绘制【宽】为 68mm 的直线段，将【描边】的 RGB 值设置为 125、125、125，将描边【粗细】设置为 1.2pt，如图 1-76 所示。

图 1-76

20 在工具箱中单击【文字工具】T，输入文本，在【字符】面板中将【字体】设置为【汉仪魏碑简】，将【字体大小】设置为 15pt，将【字符间距】设置为 350，将【填色】的 RGB 值设置为 125、125、125，如图 1-77 所示。

图 1-77

第 2 章

企业名片设计——图形的绘制与编辑

本章导读：

使用 Illustrator 中的基本绘图工具和变形工具能够绘制各式各样的图形，通过这些图形能够构造出梦幻般的设计作品。本章将介绍基本绘图工具的使用方法以及如何选择、移动、复制图形对象。

【案例精讲】企业名片设计

为了更好地完成本设计案例，现对制作要求及设计内容做如下规划，企业名片效果如图 2-1 所示。

作品名称	【案例精讲】企业名片设计
作品尺寸	1134px×661px
设计创意	名片是新朋友互相认识、自我介绍的最快、最有效的方法，本案例主要利用【矩形工具】、【钢笔工具】、【椭圆工具】绘制图形，并对绘制的图形建立复合路径，制作出企业名片的正反面
主要元素	（1）名片背景设计。 （2）名片 Logo 素材
应用软件	Illustrator CC
素材	素材 \Cha02\ 匠品 -1.png、匠品 -2.png
场景	场景 \Cha02\【案例精讲】企业名片设计 .ai
视频	视频教学 \Cha02\【案例精讲】企业名片设计 .mp4
企业名片效果欣赏	图 2-1

01 按 Ctrl+N 组合键，在弹出的对话框中将单位设置为【像素】，将【宽度】、【高度】分别设置为 1134px、661px，将【画板】设置为 2，将【颜色模式】设置为【RGB 颜色】，单击【创建】按钮。在工具箱中单击【矩形工具】，在画板中绘制一个和画板相同大小的矩形，在【颜色】面板中将【填色】设置为 #fdfdfd，将【描边】设置为无。在工具箱中单击【钢笔工具】，在画板中绘制如图 2-2 所示的图形，在【颜色】面板中将【填色】设置为 #74665f，将【描边】设置为无，在【透明度】面板中将【不透明度】设置为 10%。

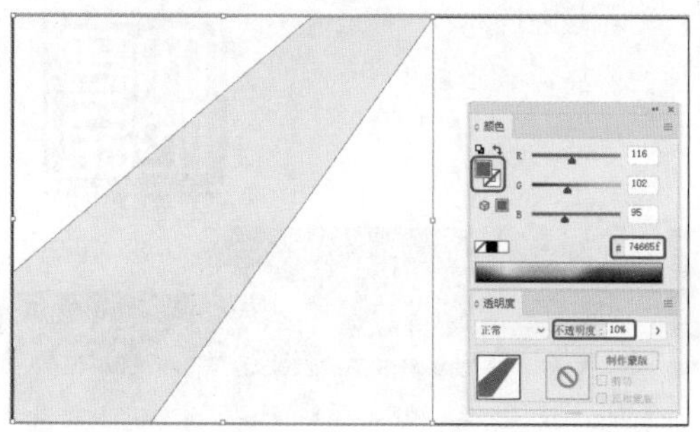

图 2-2

02 使用同样的方法在画板中绘制图形，将其【填色】设置为 #74665f，将【不透明度】设置为 10%，置入【素材 \Cha02\ 匠品 -1 .png】素材文件，并调整对象的大小及位置，在【属性】面板中单击【嵌入】按钮，效果如图 2-3 所示。

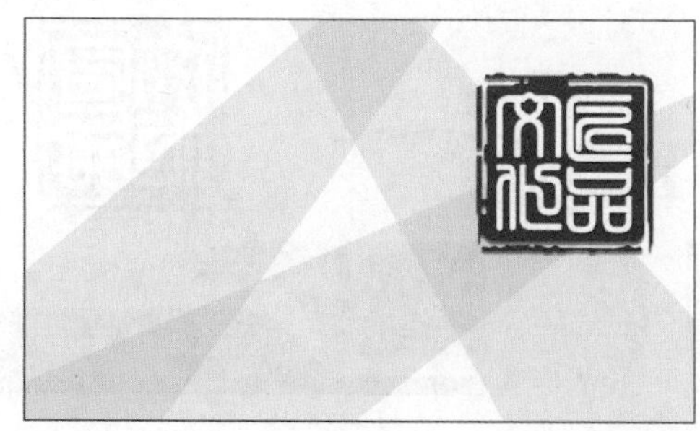

图 2-3

03 在工具箱中单击【矩形工具】，在画板中绘制一个矩形，在【属性】面板中将【宽】、【高】分别设置为 1134px、170px，将【填色】设置为 #e9e8e8，将【描边】设置为无，在画板中调整其位置，在【图层】面板中将新绘制的矩形调整至【路径】图层的下方，效果如图 2-4 所示。

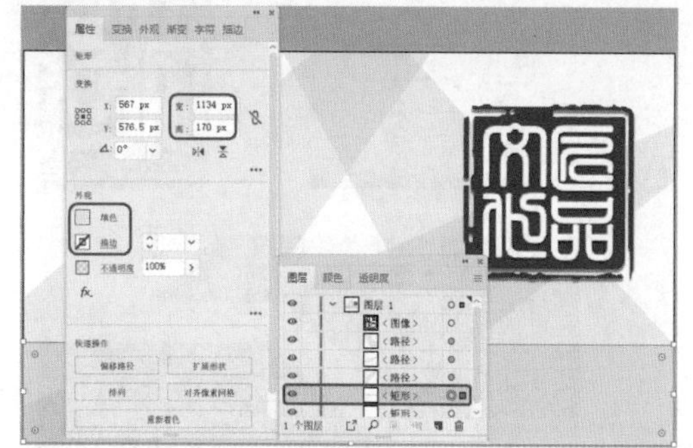

图 2-4

04 在工具箱中单击【钢笔工具】，在画板中绘制如图 2-5 所示的图形，在【颜色】面板中将【填色】设置为 #3f3f3f，将【描边】设置为无，在画板中调整其位置。

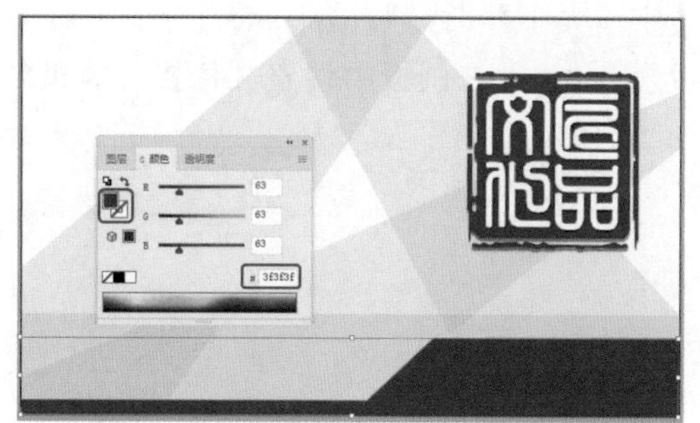

图 2-5

05 使用【钢笔工具】在画板中绘制如图 2-6 所示的图形，在【颜色】面板中将【填色】设置为 #de2330，将【描边】设置为无，在画板中调整其位置。

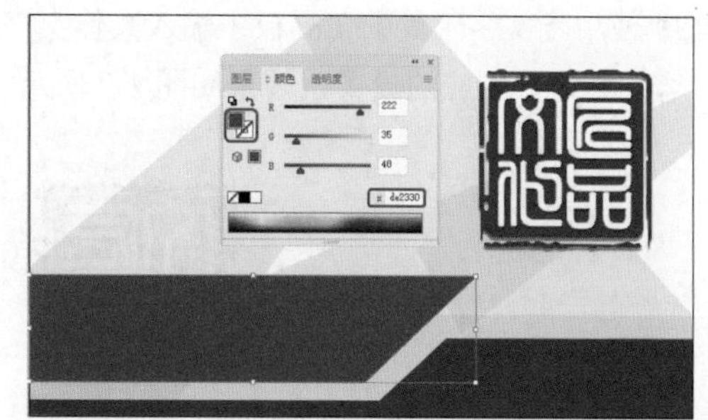

图 2-6

06 使用【钢笔工具】在画板中绘制如图 2-7 所示的图形，在【颜色】面板中将【填色】设置为 #a01e28，将【描边】设置为无，在画板中调整其位置。

图 2-7

07 在工具箱中单击【文字工具】，在画板中单击鼠标，输入文字。选中输入的文字，在【属性】面板中将【填色】设置为白色，将【字体】设置为【Adobe 黑体 Std R】，将【字体大小】设置为 61pt，将【字符间距】设置为 0，并在画板中调整其位置，效果如图 2-8 所示。

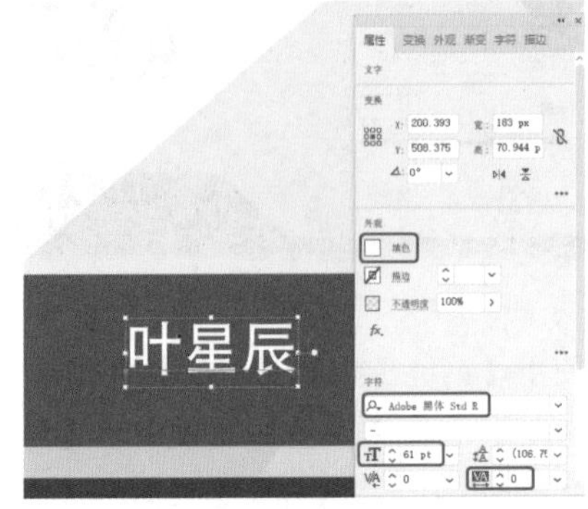

图 2-8

08 使用【文字工具】在画板中输入其他文字内容，并进行相应的设置，效果如图 2-9 所示。

图 2-9

09 在工具箱中单击【矩形工具】，在画板中绘制一个矩形，在【变换】面板中将【宽】、【高】分别设置为 5px、356px，在【渐变】面板中将填色的【类型】设置为【线性渐变】，将【角度】设置为 90°，将左侧色标的颜色值设置为 #ffffff，将其【不透明度】设置为 0%，在 50% 位置处添加一个色标，将其颜色值设置为 #787878，将其【不透明度】设置为 100%；将右侧色标的颜色值设置为 #ffffff，将其【不透明度】设置为 0%，并在画板中调整其位置，效果如图 2-10 所示。

图 2-10

10 使用【矩形工具】在画板中绘制一个矩形，在【属性】面板中将【宽】、【高】分别设置为 1134px、27px，将【填色】设置为 #3f3f3f，在画板中调整其位置，效果如图 2-11 所示。

图 2-11

11 单击工具箱中的【矩形工具】，在第二个画板中绘制一个和画板相同大小的矩形，在【颜色】面板中将【填色】设置为 #3e3e3e，置入【素材 \Cha02\ 匠品 -2.png】素材文件，并调整对象的大小及位置，在【属性】

面板中单击【嵌入】按钮，效果如图 2-12 所示。

图 2-12

12 使用【矩形工具】在画板中绘制一个矩形，在【属性】面板中将【宽】、【高】分别设置为 1134px、145px，将【填色】设置为 #e8e8e8，将【描边】设置为无，在画板中调整其位置，效果如图 2-13 所示。

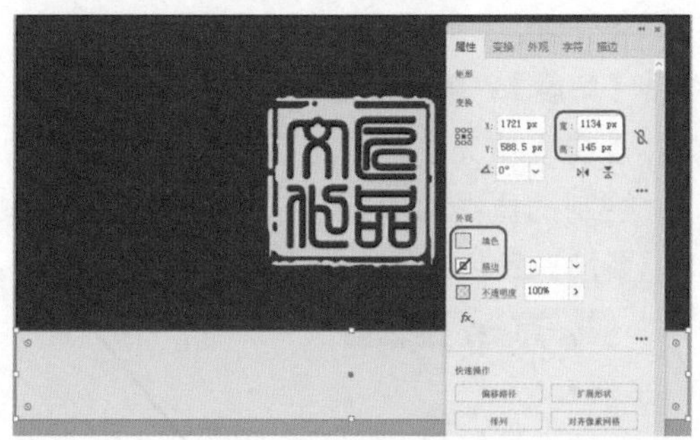

图 2-13

13 在工具箱中单击【钢笔工具】，在画板中绘制如图 2-14 所示的图形，在【颜色】面板中将【填色】设置为 #a11f28，将【描边】设置为无，并调整其位置。

图 2-14

14 在工具箱中单击【钢笔工具】，在画板中绘制如图 2-15 所示的图形，在【颜色】面板中将【填色】设置为 #de2230，将【描边】设置为无，并调整其位置。

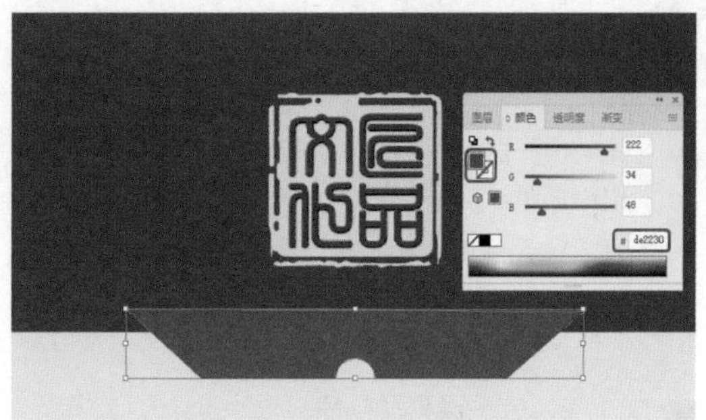

图 2-15

15 使用【钢笔工具】在画板中绘制如图 2-16 所示的图形，在【颜色】面板中将【填色】设置为 #de2230。然后再按住 Shift 键使用【椭圆工具】在画板中绘制一个正圆，在【属性】面板中将【宽】、【高】均设置为 20px，将【填色】设置为 #ffff00，将【描边】设置为无，在画板中调整其位置。

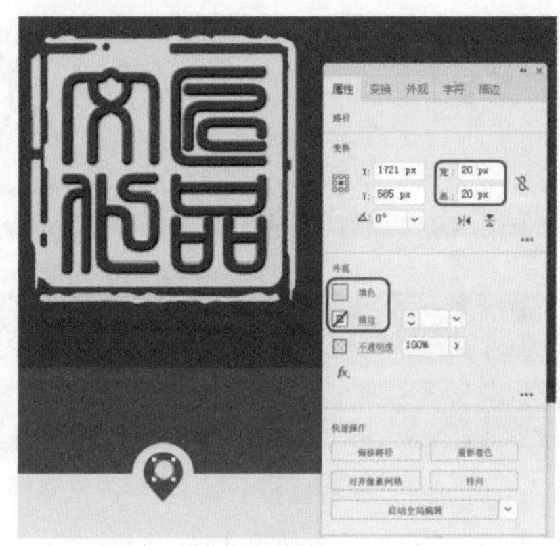

图 2-16

16 在画板中选择新绘制的两个图形，在【路径查找器】面板中单击【减去顶层】按钮，并根据前面所介绍的方法在画板中输入文字内容，效果如图 2-17 所示。

图 2-17

2.1 基本绘图工具

Illustrator 提供了一些基本绘图工具，在绘制图形时会更加便捷，本节讲解如何使用基本绘图工具。

2.1.1 直线段工具

【直线段工具】的使用非常简单，我们可以用它直接绘制各种方向的直线。

单击工具箱中的【直线段工具】，当指针变为-¦-状态时，在画板空白处单击鼠标左键，确定直线的起点；拖曳线段至终止位置时释放鼠标，即可绘制一条直线，如图 2-18 所示。

图 2-18

> 提示：在确认完起点后，如果觉得起点不是很适合，可拖曳鼠标(未松开)的同时按住空格键，直线便可随鼠标的拖曳移动位置。

拖动鼠标可绘制直线，按住 Shift 键拖动鼠标可以绘制出 0°、45° 或者 90° 方向的直线。如图 2-19 ～图 2-21 所示。

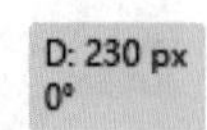

图 2-19

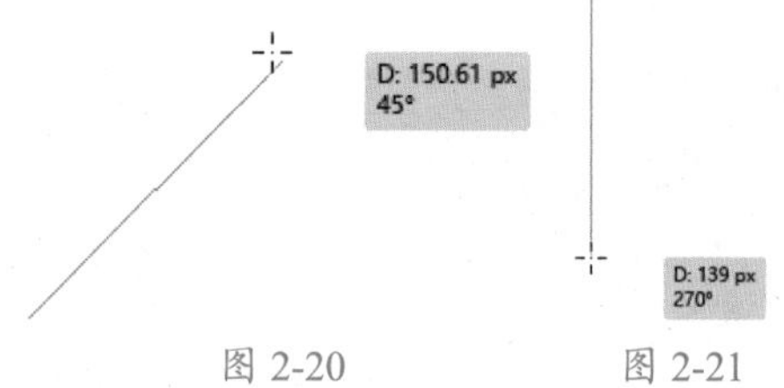

图 2-20　　图 2-21

绘制精确方向和长度的直线，其具体的操作步骤如下。

01 在工具箱中选择【直线段工具】。

02 在画板空白处单击鼠标左键确认直线的起点，弹出【直线段工具选项】对话框，如图 2-22 所示。设置参数后，单击【确定】按钮，创建直线后的效果如图 2-23 所示。【直线段工具选项】对话框中的各项说明如下。

◎ 【长度】：用来设定直线的长度。

◎ 【角度】：用来设定直线和水平轴的夹角。

◎ 【线段填充】：勾选该复选框后，可为绘制的直线填充颜色（可在工具箱中设置填充颜色）。

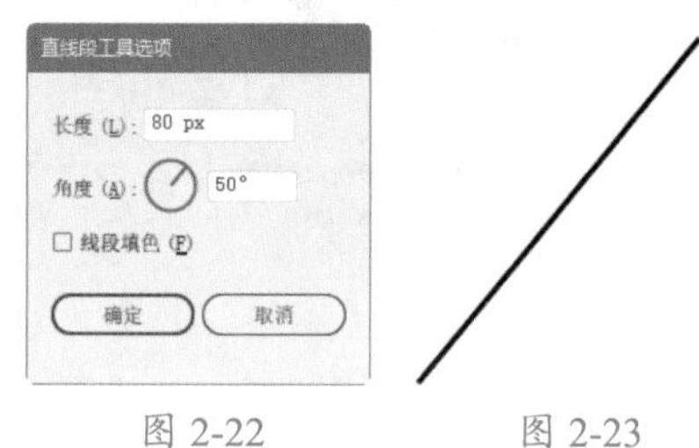

图 2-22　　图 2-23

2.1.2 弧线段工具

【弧线段工具】用来绘制各种曲率和长短的弧线。

在工具箱中选择【弧线段工具】，在画板中可以看到指针变为-¦-。在起点处按住并拖曳鼠标，至适当的长度后松开鼠标，可以看到绘制了一条弧线，如图 2-24 所示。

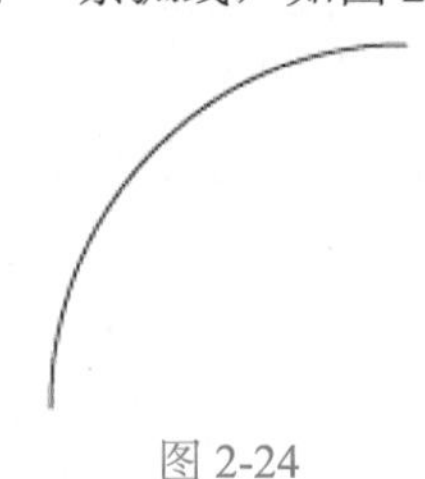

图 2-24

拖曳鼠标的同时，执行如下操作，可达到不同的效果。

◎ 按住 Shift 键，可得到 X 轴、Y 轴长度相等的弧线。

◎ 按 ↑ 或 ↓ 键可增加或减少弧线的曲率半径；按 C 键可改变弧线类型，即开放路径和闭合路径间的切换；按 F 键可改变弧线的方向；按 X 键可令弧线在【凹】和【凸】之间切换；按住空格键，可随鼠标移动弧线的位置。

绘制精确方向和长度的弧线，其具体的操作步骤如下。

01 在工具箱中选择【弧线段工具】。

02 在画板空白处单击鼠标左键确认直线的起点，弹出【弧线段工具选项】对话框，如图 2-25 所示。该对话框中各选项说明如下。

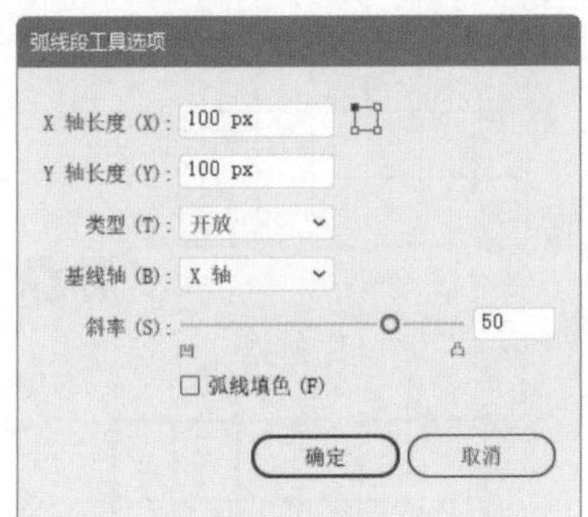

图 2-25

◎ 【X 轴长度】、【Y 轴长度】：指形成弧线基于 X 轴、Y 轴的长度，可以通过右侧的图标选择基准点的位置。

◎ 【类型】：包括【开放】和【闭合】两个选项；选择【开放】选项，所绘制的弧线为开放式的。相反，如果选择【闭合】选项，所绘制的弧线为封闭式的。

◎ 【基线轴】：包括【X 轴】和【Y 轴】两个选项，可设置弧线的轴向。

◎ 【斜率】：可设置绘制弧线的弧度大小。

◎ 【弧线填色】：设置弧线的填充色。

03 设置【X 轴长度】为 200px、【Y 轴长度】为 130px，将【中心点】设置为右上角、【类型】设置为【闭合】、【基线轴】设置为【Y 轴】、【斜率】设置为 50，如图 2-26 所示。

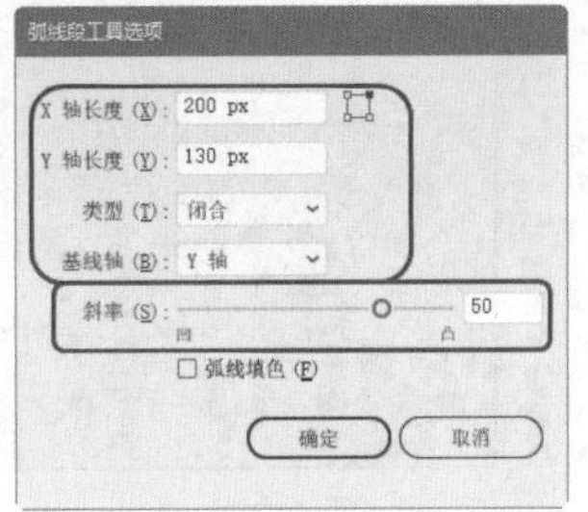

图 2-26

04 单击【确定】按钮，画板上就出现了如图 2-27 所示的弧线。

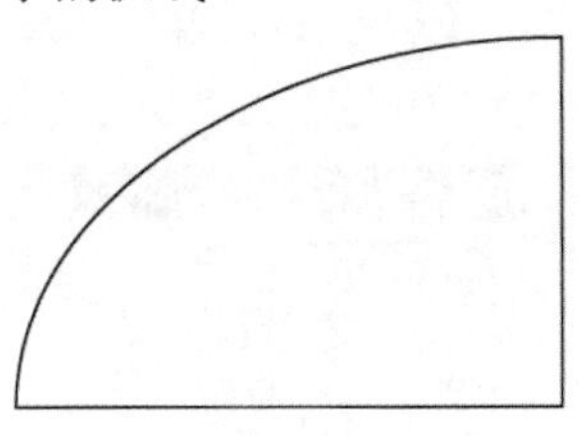

图 2-27

2.1.3 螺旋线工具

【螺旋线工具】用来绘制各种螺旋线。

在工具箱中选择【螺旋线工具】，在画板空白处可以看到指针变为-¦-，在螺旋线起点处按住鼠标并拖曳，拖曳出所需的螺旋线后松开鼠标，螺旋线就绘制完成了，如图 2-28 所示。

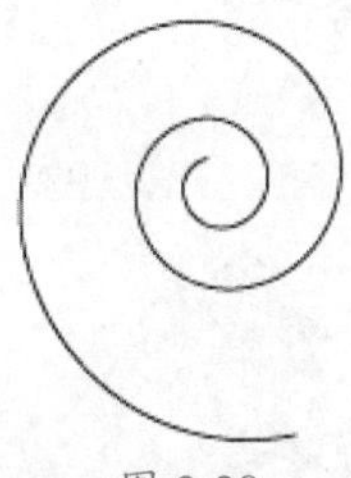

图 2-28

接下来，我们将利用一个实例来讲解螺旋线的精确操作方法，其具体的操作步骤如下。

01 在菜单栏中选择【文件】|【打开】命令，打开【素材 \Cha02\ 螺旋线工具 .ai】素材文件，在工具箱中选中【螺旋线工具】，如图 2-29 所示。

图 2-29

02 在画板中单击鼠标，在弹出的【螺旋线】对话框中将【半径】设置为 10px、【衰减】设置为 80%、【段数】设置为 10、【样式】设置为第一个，如图 2-30 所示。

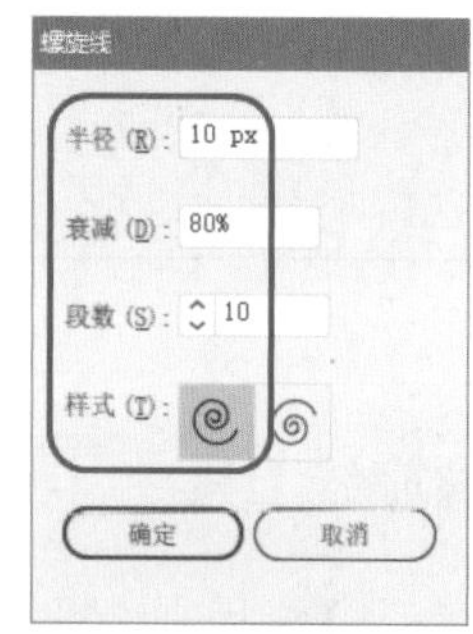

图 2-30

03 单击【确定】按钮，即可创建一个螺旋线，然后使用【移动工具】将创建的螺旋线移动至合适的位置，完成后的效果如图 2-31 所示。

图 2-31

【螺旋线】对话框中各选项说明如下。

◎ 【半径】：表示中心到外侧最后一点的距离。

◎ 【衰减】：用来控制螺旋线之间相差的比例，百分比越小，螺旋线之间的差距就越小。

◎ 【段数】：可以调节螺旋内路径片段的数量。

◎ 【样式】：可选择顺时针或逆时针螺旋线形。

2.1.4 矩形网格工具

【矩形网格工具】用于制作矩形内部的网格。

在工具箱中选择【矩形网格工具】，在画板空白处可以看到指针变为-¦-，在画板上单击，确认矩形网格的起点，并拖曳鼠标，如图 2-32 所示。松开鼠标后即可看到绘制的矩形网格，如图 2-33 所示。

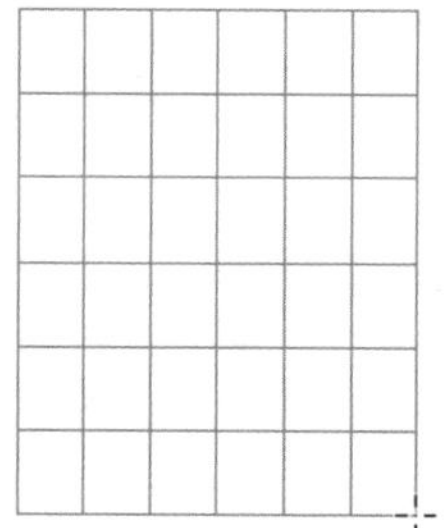

图 2-32

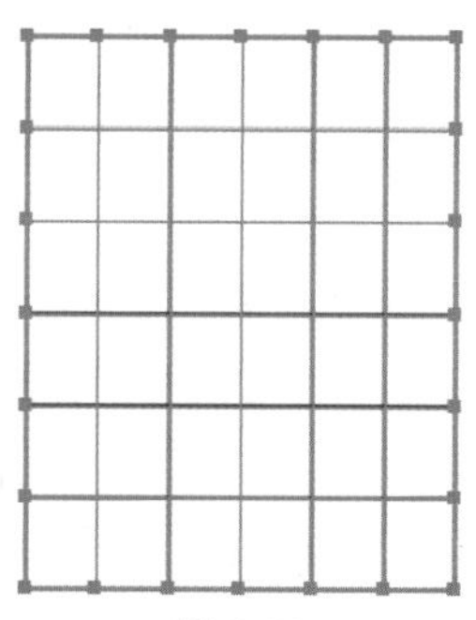

图 2-33

创建精确矩形网格的具体操作步骤如下。

01 在工具箱中选择【矩形网格工具】，在画板中单击，打开【矩形网格工具选项】对话框，在【默认大小】选项组中将【宽度】、【高度】均设置为 300px，在【水平分隔线】选项组中将【数量】设置为 6，同样将【垂直分隔线】选项组中的【数量】设置为 6，勾选【填色网格】复选框，如图 2-34 所示。

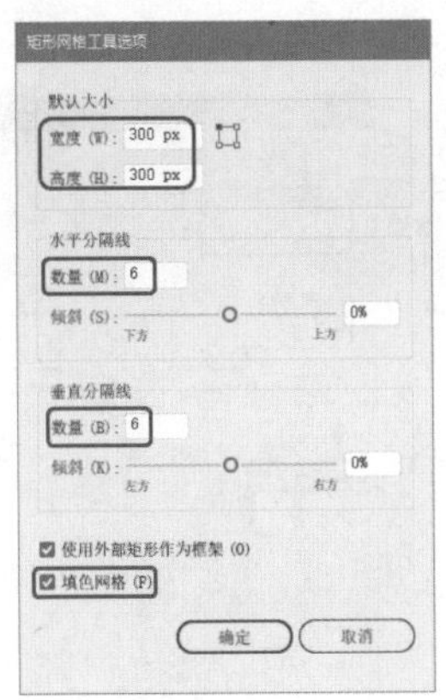

图 2-34

02 单击【确定】按钮，即可创建一个矩形网格，如图 2-35 所示。

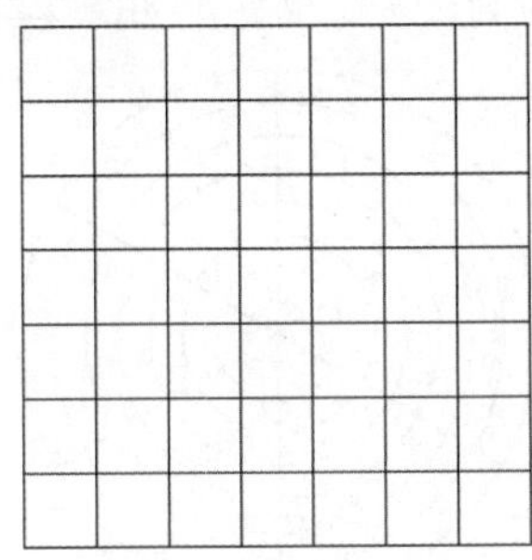

图 2-35

【矩形网格工具选项】对话框中选项说明如下。

◎ 【宽度】、【高度】：指矩形网格的宽度和高度，可选择基准点的位置。

◎ 【水平分隔线】：可以在该选项组中设置水平分隔线的参数。

  ◇ 【数量】：表示矩形网格内横线的数量，即行数。

  ◇ 【倾斜】：指行的位置，数值为 0% 时，线与线距离均等；数值大于 0% 时，网格向上的行间距逐渐变窄；数值小于 0% 时，网格向下的行间距逐渐变窄。

◎ 【垂直分隔线】：可以在该选项组中设置垂直分隔线的参数。

  ◇ 【数量】：指矩形网格内竖线的数量，即列数。

  ◇ 【倾斜】：表示列的位置，数值为 0% 时，线与线距离均等；数值大于 0% 时，网格向右的列间距逐渐变窄；数值小于 0% 时，网格向左的列间距逐渐变窄。

03 确认创建的矩形网格处于选择的状态下，在菜单栏中选择【窗口】|【路径查找器】命令，打开【路径查找器】面板，单击其中的【分割】按钮，如图 2-36 所示。

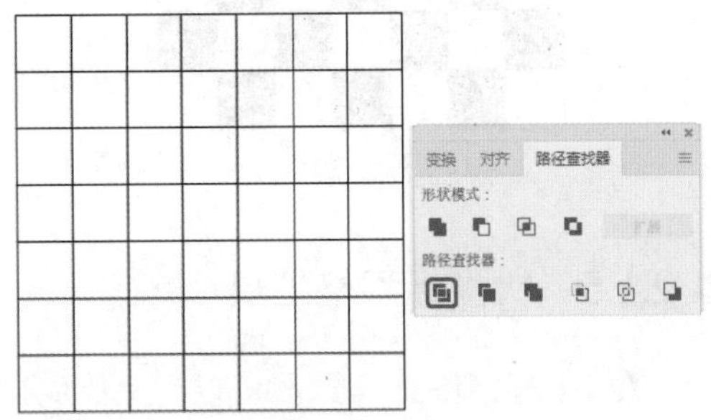

图 2-36

04 在图形上单击鼠标右键，在弹出的快捷菜单中选择【取消编组】命令，如图 2-37 所示。

图 2-37

05 在工具箱中选中【选择工具】，在每个小矩形上单击鼠标，可以看到矩形网格中每个小矩形都成为独立的图形，可以被【选择工具】选中。使用【选择工具】选中第一列第二行的小矩形，将其填充颜色设置为黑色，如图 2-38 所示。

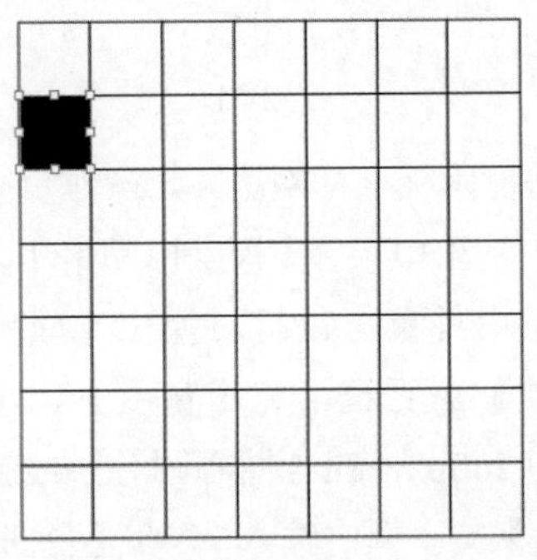

图 2-38

06 使用同样的方法，填充其他的网格，完成后的最终效果如图 2-39 所示。

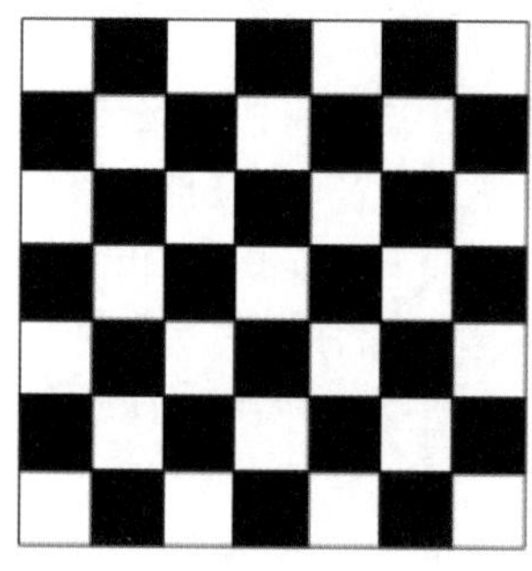

图 2-39

2.1.5 极坐标网格工具

【极坐标网格工具】可以用来绘制同心圆和确定参数的放射线段。

在工具箱中选择【极坐标网格工具】，在画板空白处单击确认极坐标的起点，拖曳鼠标，如图 2-40 所示。松开鼠标后就可以看到绘制的极坐标网格，如图 2-41 所示。

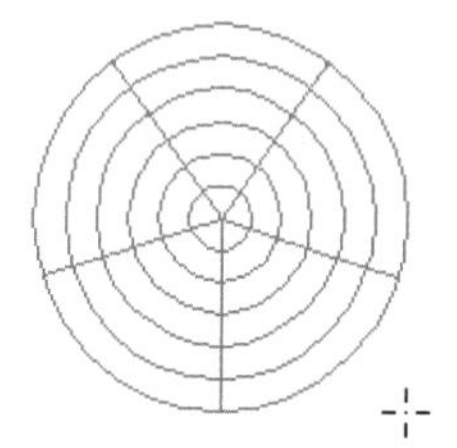

图 2-40

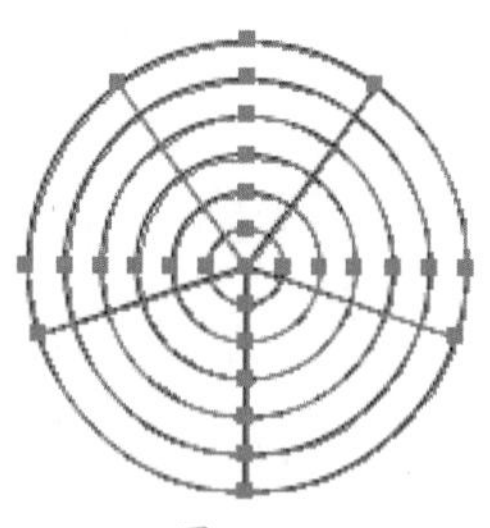

图 2-41

绘制精确极坐标网格，其操作步骤如下。

01 在工具箱中选择【极坐标网格工具】，在画板空白处单击鼠标，弹出【极坐标网格工具选项】对话框，将【宽度】、【高度】均设置为 200px，在【同心圆分隔线】选项组的【数量】文本框中输入 7，在【径向分隔线】选项组的【数量】文本框中输入 6，如图 2-42 所示。

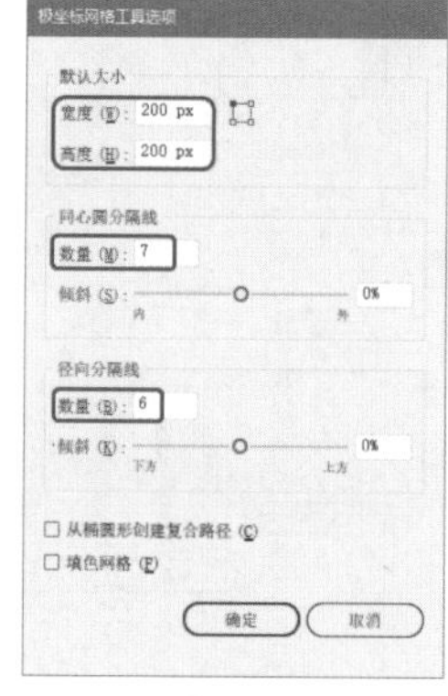

图 2-42

02 单击【确定】按钮，画板上即可创建一个相应参数的极坐标网格，如图 2-43 所示。

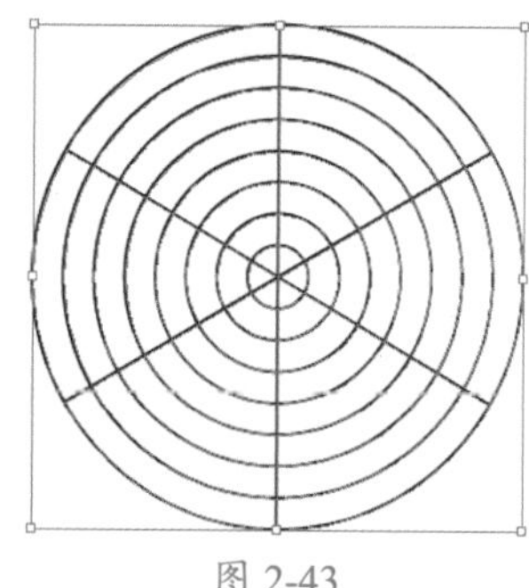

图 2-43

【极坐标网格工具选项】对话框中选项说明如下。

◎ 【宽度】、【高度】：指极坐标网格的水平直径和垂直直径，可选择基准点的位置。

◎ 【同心圆分隔线】：可以在该选项组中设置同心圆的参数。

- ◇ 【数量】：表示极坐标网格内圆的数量。
- ◇ 【倾斜】：指圆形之间的位置径向距离，数值为 0% 时，线与线距离均等；数值大于 0% 时，网格向外的间距逐渐变窄；数值小于 0% 时，网格向内的间距逐渐变窄。

◎ 【径向分隔线】：可以在该选项组中设置径向射线的参数。

- ◇ 【数量】：指极坐标网格内放射线的数量。

◇ 【倾斜】：表示放射线的分布，数值为 0% 时，线与线距离均等；数值大于 0% 时，网格顺时针方向逐渐变窄；数值小于 0% 时，网格逆时针方向逐渐变窄。

◎ 【从椭圆形创建复合路径】：选中该复选框，颜色模式中的填色和描边会应用到圆形和放射线的位置上，如同执行复合命令，圆和圆重叠的部分会被挖空，多个同心圆环构成一个极坐标网格。

◎ 【填色网格】：选中该复选框，填色和描边只应用到网格部分，即颜色只应用到线上。

2.1.6 矩形工具

【矩形工具】的作用是绘制矩形或正方形。

在工具箱中选择【矩形工具】，在画板内按住鼠标左键以对角线的方式向外拖曳，如图 2-44 所示。

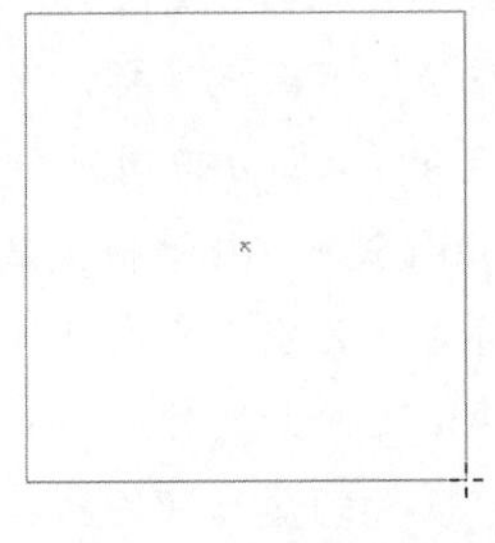

图 2-44

直至理想的大小后再松开鼠标，如图 2-45 所示，矩形就绘制完成了。拖曳鼠标的距离、方向不同，所绘制的矩形各不相同。

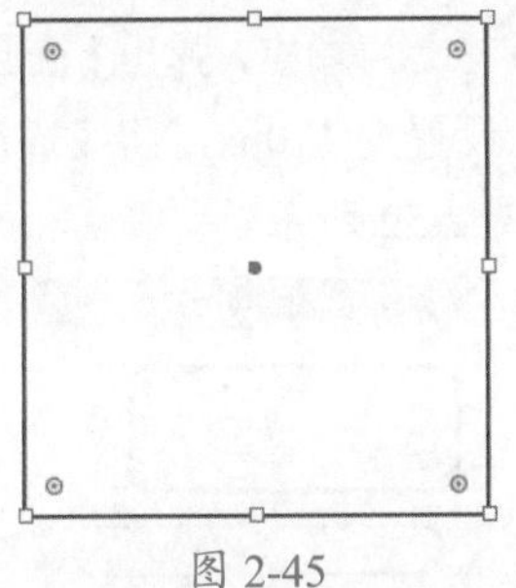

图 2-45

2.1.7 圆角矩形工具

【圆角矩形工具】用来绘制圆角的矩形，与绘制矩形的方法基本相同。

在工具箱中选择【圆角矩形工具】，在画板中按住鼠标左键以对角线的方向向外拖曳，如图 2-46 所示。

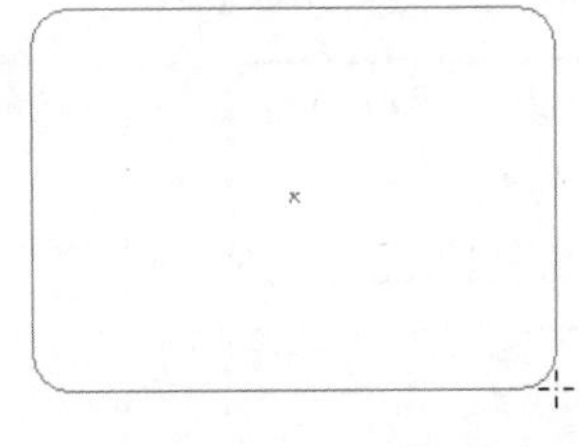

图 2-46

直至理想的大小后再松开鼠标，圆角矩形就绘制完成了，如图 2-47 所示。依据拖曳鼠标的距离、方向不同，所绘制的圆角矩形各不相同。

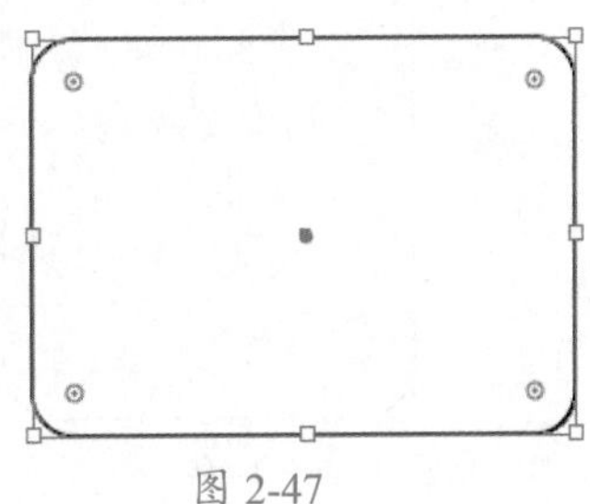

图 2-47

> 提示：拖曳的同时按←或→键，可以设置是否绘制圆角矩形；按住 Shift 键拖曳鼠标，可以绘制圆角正方形；按住 Alt 键拖曳鼠标，可以绘制以鼠标落点为中心点向四周延伸的圆角矩形；同时按住 Shift 键和 Alt 键拖曳鼠标，可以绘制以鼠标落点为中心点向四周延伸的圆角正方形。按住 Alt 键单击鼠标，以对话框方式制作圆角矩形，鼠标的落点即为所绘制圆角矩形的中心点。

绘制精确圆角尺寸的矩形，其操作步骤如下。

01 在工具箱中选择【圆角矩形工具】。

02 在画板中单击鼠标，即鼠标的落点是要绘制圆角矩形的左上角端点，弹出【圆角矩形】对话框，将【宽度】设置为150px，将【高度】设置为200px，在【圆角半径】文本框中输入20px，如图 2-48 所示。

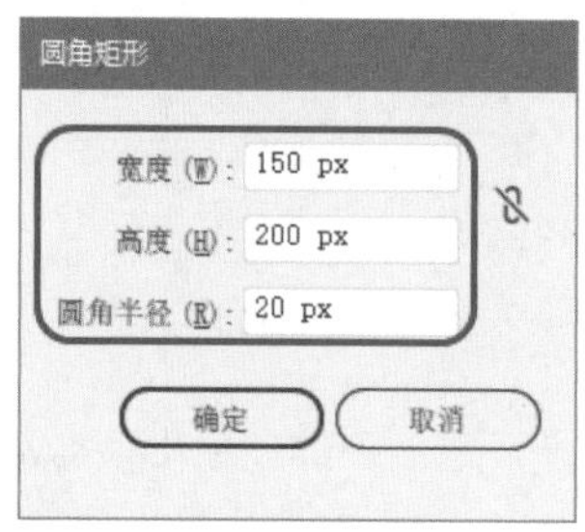

图 2-48

03 单击【确定】按钮，可以看到画板中出现了设置好尺寸的圆角矩形，如图 2-49 所示。

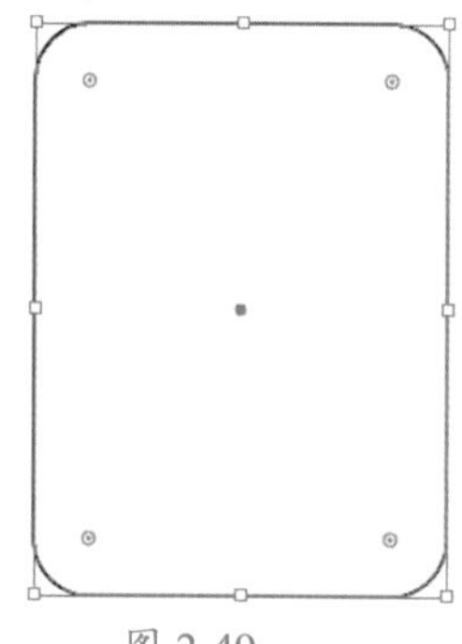

图 2-49

【圆角矩形】对话框中选项说明如下。

◎ 【宽度】和【高度】：在文本框中输入所需的数值，即可按照定义的大小绘制圆角矩形。

◎ 【圆角半径】：在该文本框中输入的数值越大，得到的圆角矩形弧度越大；反之输入的数值越小，得到的圆角矩形弧度越小；输入的数值为零时，得到的是矩形。

2.1.8 椭圆工具

【椭圆工具】用来绘制椭圆形和圆形，与绘制矩形与圆角矩形的方法相同。

在工具箱中选择【椭圆工具】，在画板内按住鼠标左键以对角线的方向向外拖曳，如图 2-50 所示。

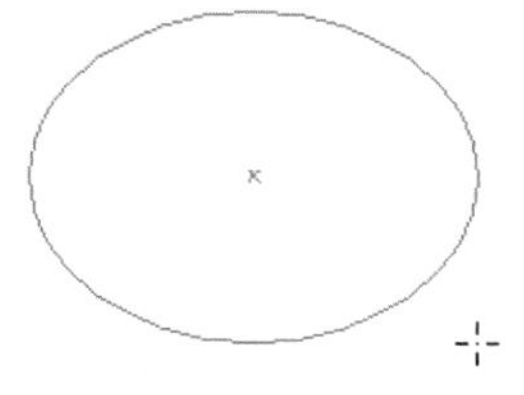

图 2-50

直至适当的大小后再松开鼠标，椭圆就绘制完成了，如图 2-51 所示。根据拖曳鼠标的距离、方向不同，所绘制的椭圆也各不相同。

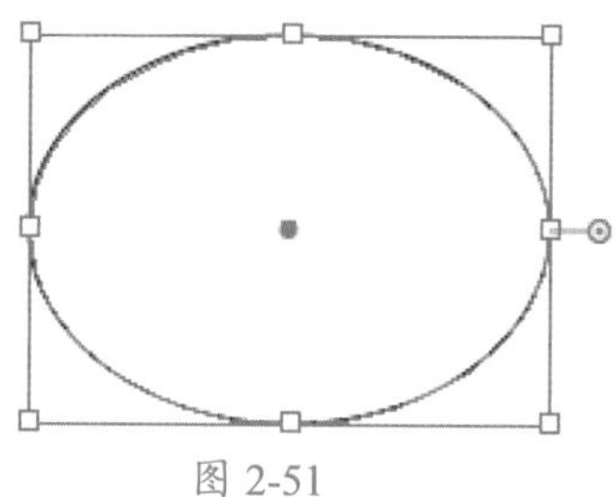

图 2-51

提示：按住 Shift 键拖曳鼠标，可以绘制圆形；按住 Alt 键拖曳鼠标，可以绘制以鼠标落点为中心点向四周延伸的椭圆；同时按住 Shift 键和 Alt 键拖曳鼠标，可以绘制以鼠标落点为中心点向四周延伸的椭圆。按住 Alt 键单击鼠标，以对话框方式制作椭圆，鼠标的落点即为所绘制椭圆的中心点。

绘制精确尺寸的椭圆，其操作步骤如下。

01 在工具箱中选择【椭圆工具】。

02 在画板中单击鼠标，即鼠标的落点是要绘制椭圆的左上角端点，弹出【椭圆】对话框，将【宽度】设置为 170px，将【高度】设置为 210px，如图 2-52 所示。

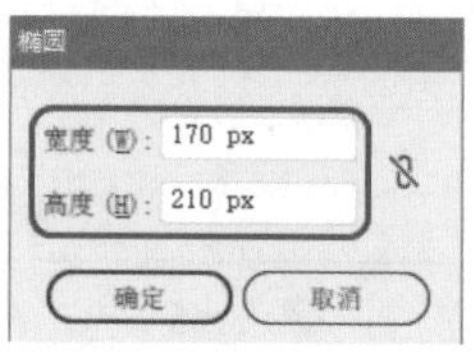

图 2-52

03 单击【确定】按钮，可以看到画板中出现了设置好尺寸的椭圆形，如图 2-53 所示。

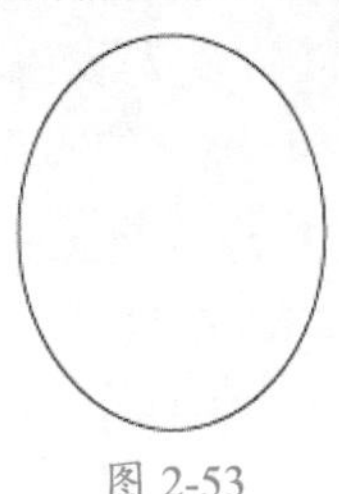

图 2-53

【实战】日历图标

本例将讲解绘图工具的使用方法，使用【选择工具】调整图形的位置，使用【圆角矩形工具】、【矩形工具】与【椭圆工具】绘制图形，效果如图 2-54 所示。

图 2-54

素材	素材 \Cha02\ 日历图标素材 .ai
场景	场景 \Cha02\【实战】日历图标 .ai
视频	视频教学 \Cha02 \【实战】日历图标 .mp4

01 按 Ctrl+O 组合键，弹出【打开】对话框，打开【素材 \Cha02\ 日历图标素材 .ai】素材文件，如图 2-55 所示。

图 2-55

02 单击工具箱中的【圆角矩形工具】，在画板中单击左键，弹出【圆角矩形】对话框，将【宽度】设置为 15.4px、【高度】设置为 14.6px、【圆角半径】设置为 3px，如图 2-56 所示。

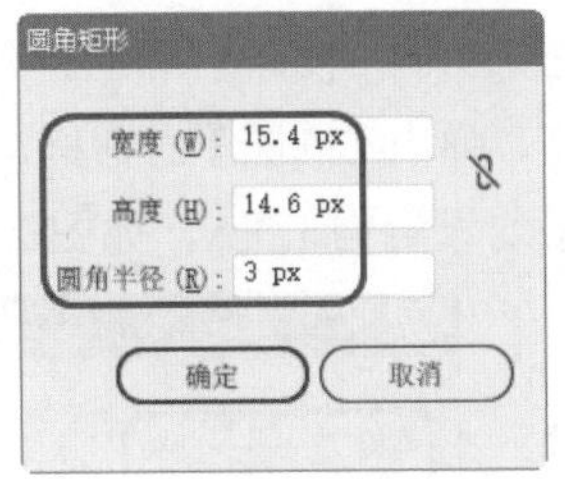

图 2-56

03 单击【确定】按钮，选择绘制的圆角矩形，将【填色】设置为白色，【描边】设置为无，如图 2-57 所示。

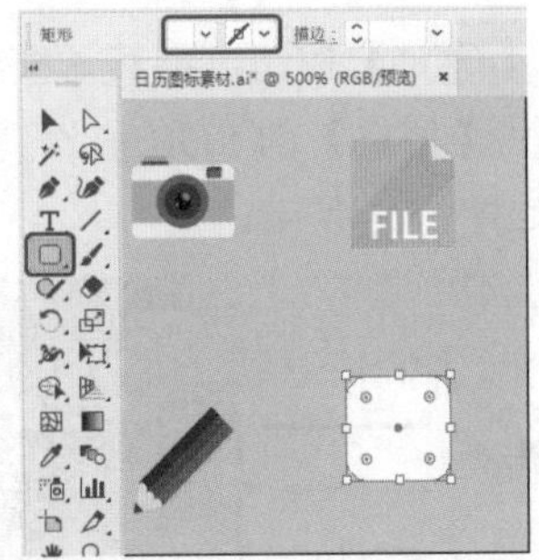

图 2-57

04 单击工具箱中的【矩形工具】，在画板中单击，弹出【矩形】对话框，【宽度】值不变，将【高度】设置为 4.5px，如图 2-58 所示。

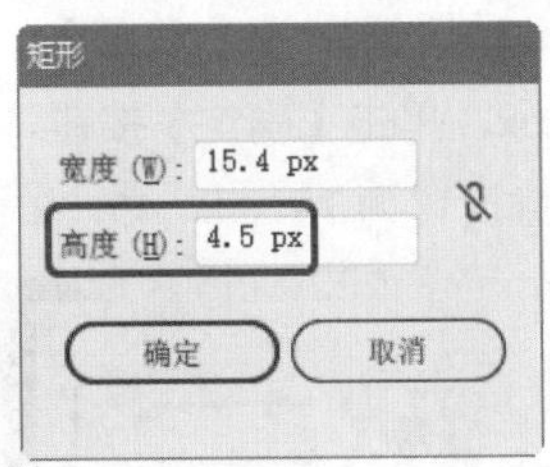

图 2-58

05 单击【确定】按钮，将其【填色】的 RGB 值设置为 200、85、25。按 Shift+F8 组合键，打开【变换】面板，将左上与右上的圆角半径均设置为 3px，并将矩形调整至合适的位置，如图 2-59 所示。

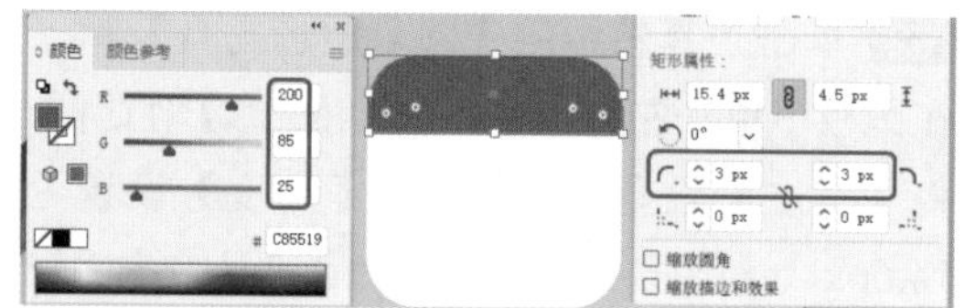

图 2-59

06 单击工具箱中的【椭圆工具】，在画板中单击，弹出【椭圆】对话框，将【宽度】、【高度】均设置为1.3px，如图 2-60 所示。

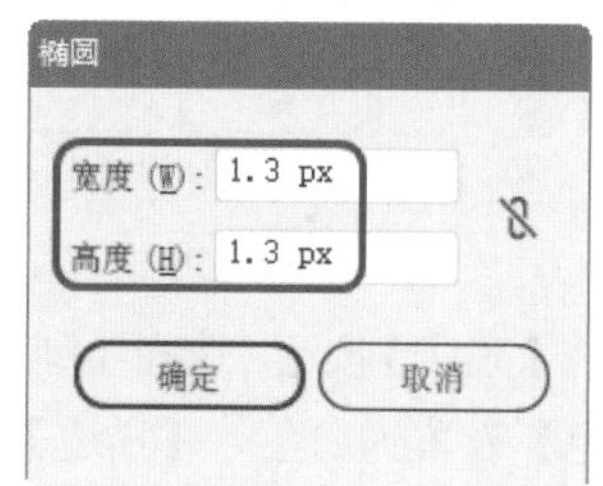

图 2-60

07 单击【确定】按钮，将其调整至合适的位置并将其【填色】的 RGB 值设置为 107、51、29，如图 2-61 所示。

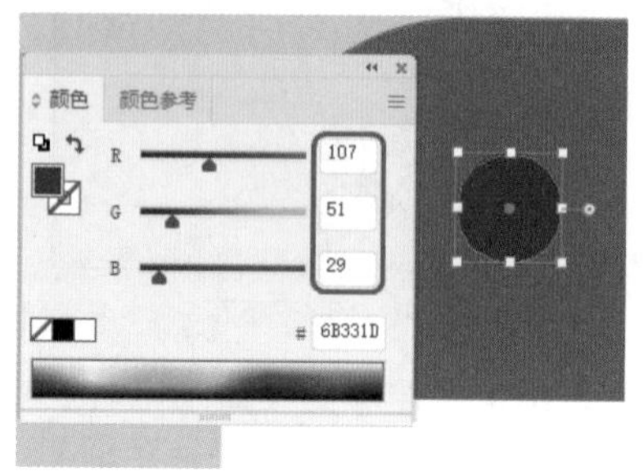

图 2-61

08 继续使用【椭圆工具】在画板中单击，在弹出的对话框中将【宽度】、【高度】均设置为1px，单击【确定】按钮，将其【填色】的 RGB 值设置为 76、58、45，如图 2-62 所示。

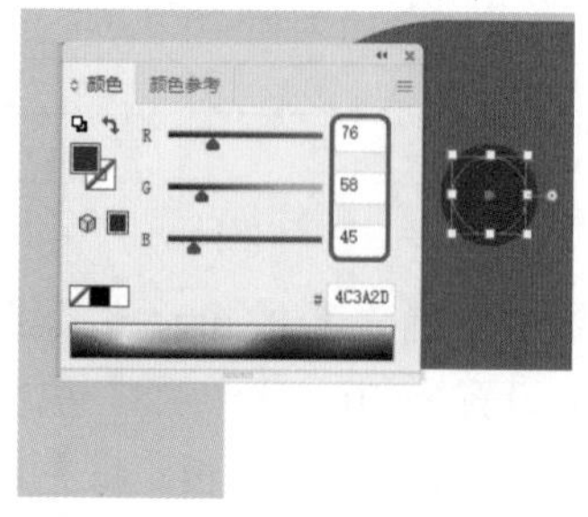

图 2-62

09 单击工具箱中的【圆角矩形工具】，在画板中单击，在弹出的对话框中将【宽度】设置为 0.5px、【高度】设置为 2.8px、【圆角半径】设置为 0.2px，如图 2-63 所示。

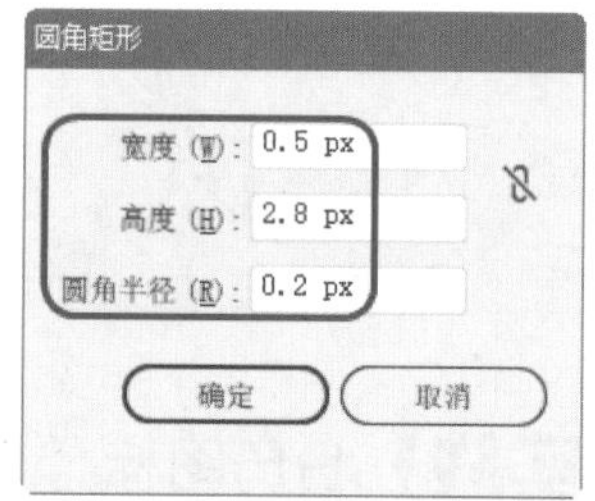

图 2-63

10 单击【确定】按钮，将其【填色】的 RGB 值设置为 234、228、208，使用同样的方法绘制其他图形，如图 2-64 所示。

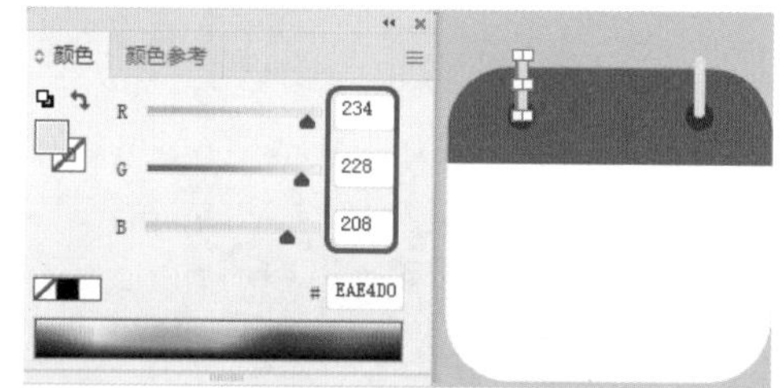

图 2-64

11 单击工具箱中的【文字工具】，在画板中单击，输入文本，在【属性】面板中将【字体】设置为【汉仪综艺体简】，将【字体大小】设置为 10.5pt，将【填色】的 RGB 值设置为 82、199、219，将其调整至合适的位置，如图 2-65 所示。

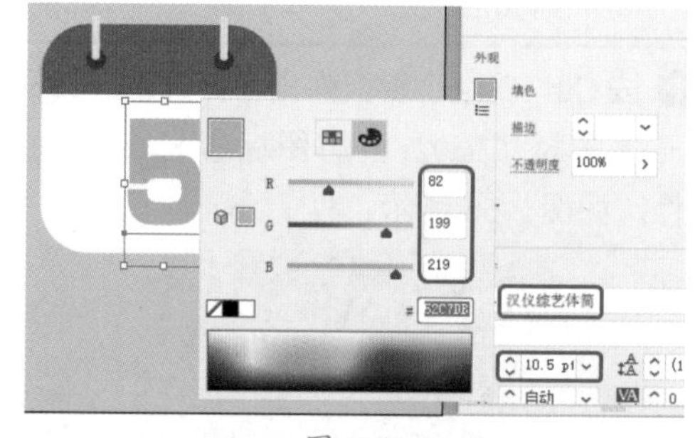

图 2-65

12 选中绘制的所有图形，单击鼠标右键，在弹出的快捷菜单中选择【编组】命令，如图 2-66 所示，并在画板中调整图形位置。

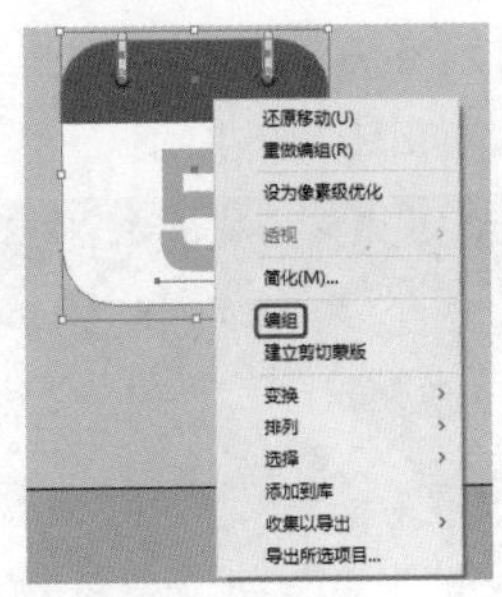

图 2-66

2.1.9 多边形工具

【多边形工具】 用来绘制任意边数的多边形。

在工具箱中选择【多边形工具】，在画板内单击并按住鼠标左键向外拖曳，如图 2-67 所示。

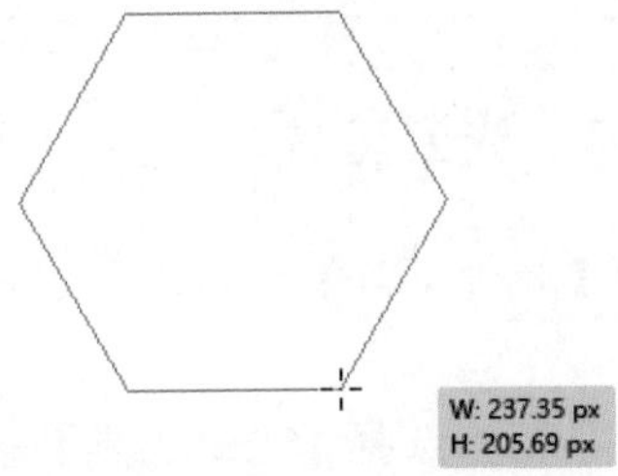

图 2-67

直至理想的大小后再松开鼠标，多边形就绘制完成了，如图 2-68 所示。

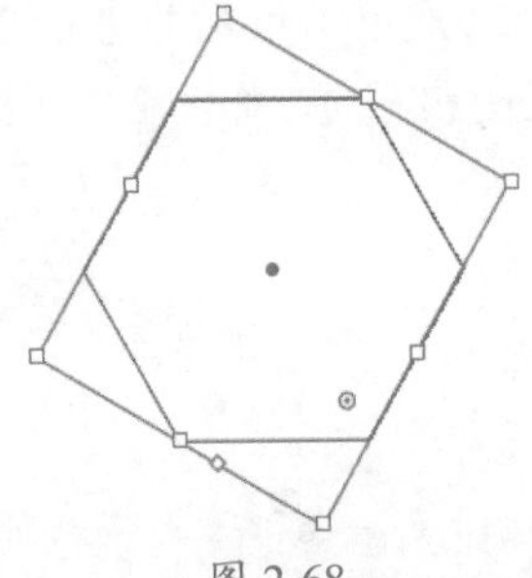

图 2-68

绘制精确的多边形，其操作步骤如下。

01 在工具箱中选择【多边形工具】。

02 在画板中单击鼠标左键，即鼠标的落点是要绘制多边形的中心点，弹出【多边形】对话框，在【半径】文本框中输入 130px，在【边数】文本框中输入 9，如图 2-69 所示。

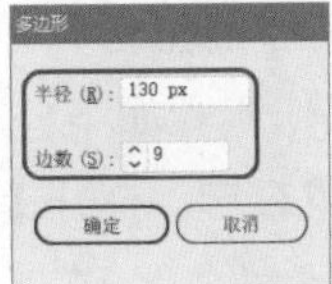

图 2-69

03 单击【确定】按钮，画板上就出现如图 2-70 所示的九边形。

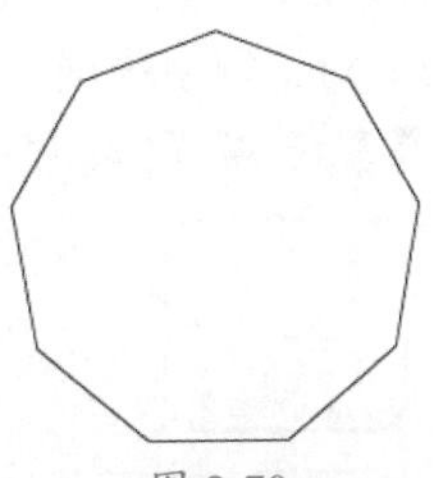

图 2-70

【多边形】对话框中选项说明如下。

◎ 【边数】：可以设置绘制多边形的边数。边数越多，生成的多边形越接近于圆形。

◎ 【半径】：可以设置绘制多边形的半径。

2.1.10 星形工具

【星形工具】 用来绘制各种星形，与【多边形工具】的使用方法相同。

在工具箱中选择【星形工具】，在画板中单击并按住鼠标左键向外拖曳，如图 2-71 所示。

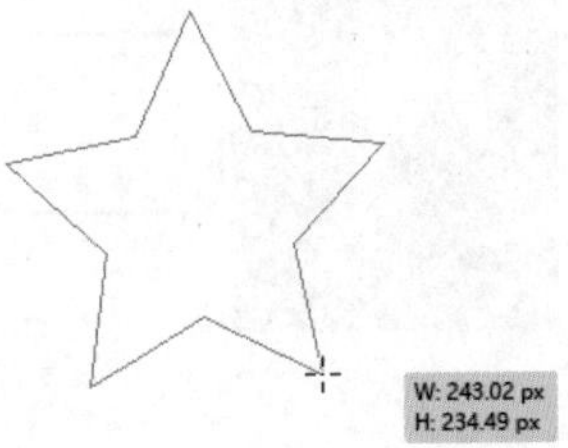

图 2-71

直至适当的大小后再松开鼠标，星形就绘制完成了，如图 2-72 所示。

图 2-72

绘制精确尺寸的星形，创建一个漫天繁星的图片，其操作步骤如下。

01 按 Ctrl+O 组合键，打开【素材\Cha02\星形工具素材.ai】素材文件，在工具箱中选择【星形工具】，在画板中单击，在弹出的【星形】对话框中，将【半径 1】设置为 30px、【半径 2】设置为 15px、【角点数】设置为 5，如图 2-73 所示。【星形】对话框中选项说明如下。

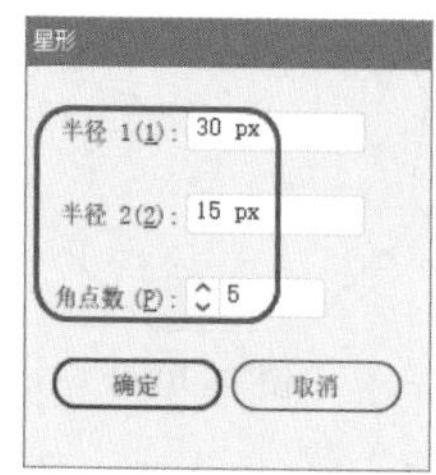

图 2-73

◎ 【半径 1】：可以定义所绘制的星形内侧点(凹处)到星形中心的距离。

◎ 【半径 2】：可以定义所绘制的星形外侧点(顶端)到星形中心的距离。

◎ 【角点数】：可以定义所绘制星形图形的角点数。

02 单击【确定】按钮，在【属性】面板中将【填色】设置为白色、【描边】设置为无、【不透明度】设置为 80%，如图 2-74 所示。

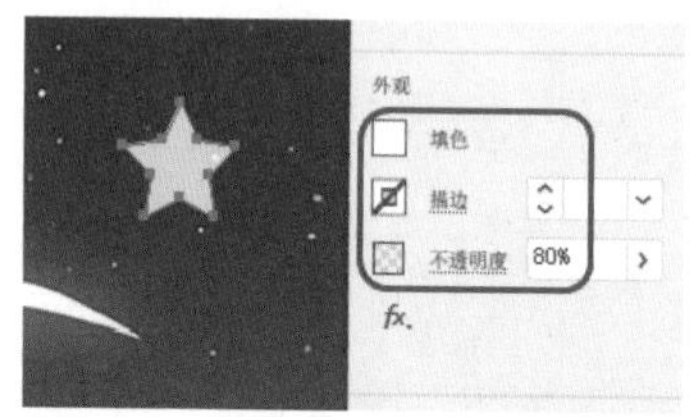

图 2-74

03 单击工具箱中的【选择工具】，将其放置于星形的角，拖动鼠标，将其旋转，如图 2-75 所示。

图 2-75

04 使用同样方法绘制其他星形并对其进行适当旋转，如图 2-76 所示。

图 2-76

提示：【半径 1】与【半径 2】的数值相等时，所绘制的图形为多边形，且边数为【角点数】的两倍。

2.1.11 光晕工具

使用【光晕工具】可以创建带有光环的阳光灯。

在工具箱中选择【光晕工具】，当指针变为时，在画板中按住鼠标左键向外拖曳，即鼠标的落点为闪光的中心点，拖曳的长度就是放射光的半径；然后松开鼠标，再在画板中第二次单击鼠标并进行拖动，以确定闪光的长度和方向，如图 2-77 所示。

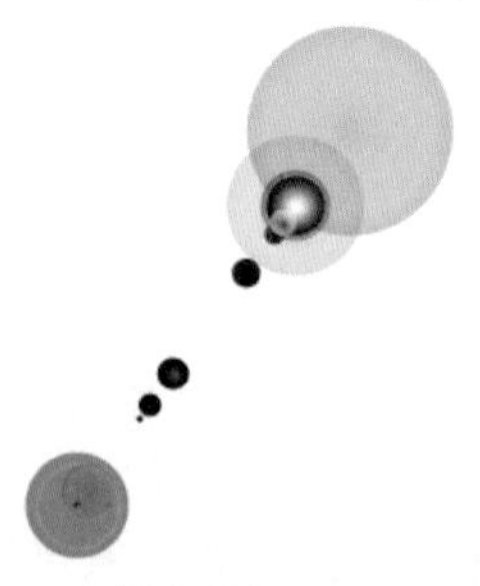
图 2-77

绘制精确的光晕效果，其操作步骤如下。

01 在工具箱中选择【光晕工具】。

02 在画板中单击鼠标左键，鼠标的落点即是要绘制光晕的中心点，弹出【光晕工具选项】对话框，如图 2-78 所示。

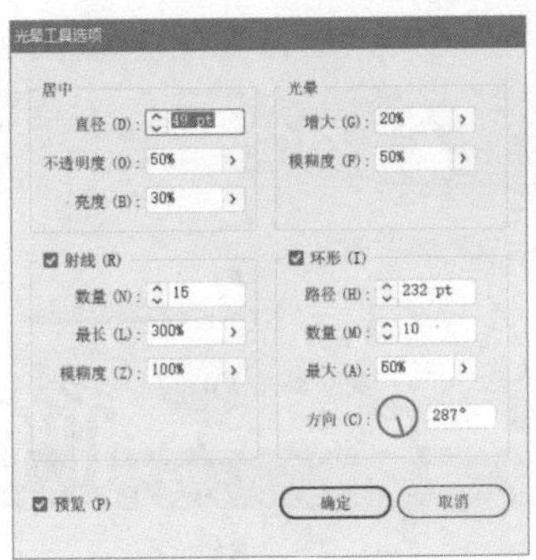

图 2-78

03 在【光晕工具选项】对话框中进行相应的设置，单击【确定】按钮，画板上就出现设置好的发光效果，如图 2-79 所示。

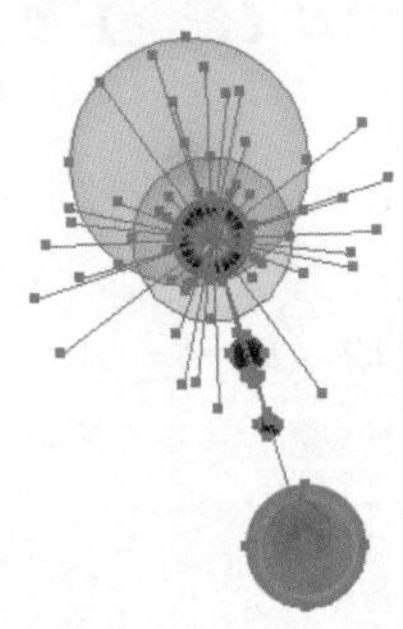

图 2-79

【光晕工具选项】对话框中选项说明如下。

◎ 【居中】选项组。
- ◇ 【直径】：指发光中心圆的直径。
- ◇ 【不透明度】：用来设置中心圆的不透明程度。
- ◇ 【亮度】：设置中心圆的亮度。

◎ 【光晕】选项组。
- ◇ 【增大】：表示光晕散发的程度。
- ◇ 【模糊度】：指光晕的模糊程度。

◎ 【射线】选项组。
- ◇ 【数量】与【最长】：用于设置多个光环中最大的射线的数量和大小。
- ◇ 【模糊度】：设置射线的模糊程度。

◎ 【环形】选项组。
- ◇ 【路径】：设置光环的轨迹长度。
- ◇ 【数量】：设置第二次单击时产生的光环数量。
- ◇ 【最大】：设置多个光环中最大的光环的大小。
- ◇ 【方向】：用来设定光环的方向。

2.2 选择对象

在 Illustrator 中可以通过选择对象对其进行移动、复制等操作，本节讲解如何通过选择工具或菜单来选择对象。

2.2.1 使用选择工具选择对象

本实例主要讲解使用【选择工具】、【魔棒工具】和【直接选择工具】选择图形对象及其节点，并且在选择对象后进行移动、删除、修改对象属性等操作。

01 启动 Illustrator CC 软件，选择【文件】|【打开】命令，打开【素材\Cha02\选择工具素材.ai】素材文件，如图 2-80 所示。

图 2-80

02 单击【选择工具】▶，选择如图 2-81 所示的对象。

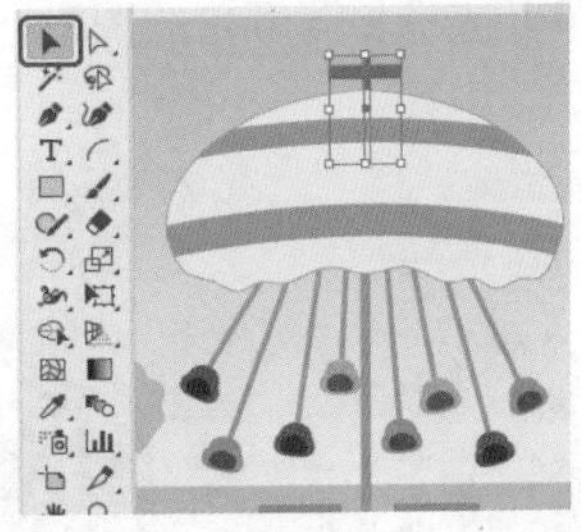

图 2-81

提示：【选择工具】的快捷键为 V。

03 按 F6 键打开【颜色】面板，将所选对象的【填色】RGB 值设置为 0、152、255，如图 2-82 所示。

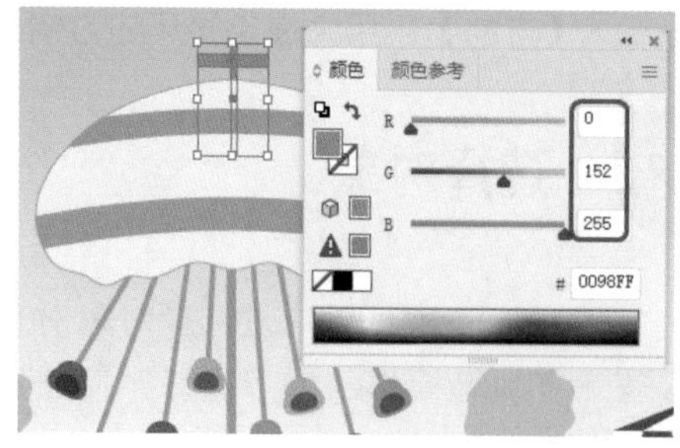

图 2-82

04 单击【直接选择工具】，选择上方的两个节点，按住键盘上的光标下移键，将所选择的节点移到合适的位置，如图 2-83 所示。

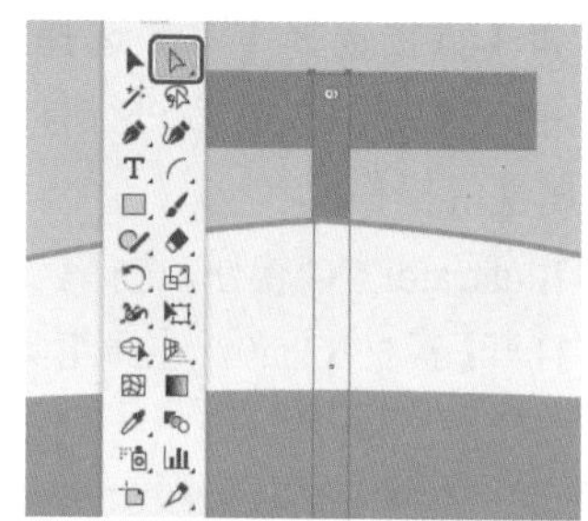

图 2-83

提示：按住 Shift 键分别在相应的物体上单击，可连续选择多个对象，直接加选或减选；使用鼠标拖曳框选的方法，可同时选择一个或多个对象。

05 单击【魔棒工具】，在画板中单击绿色图形，即可选择相同颜色的图形，如图 2-84 所示。

图 2-84

提示：【直接选择工具】的快捷键为 A；【魔棒工具】的快捷键为 Y。

06 在【颜色】面板中将【填色】的 RGB 值设置为 138、193、51，如图 2-85 所示。

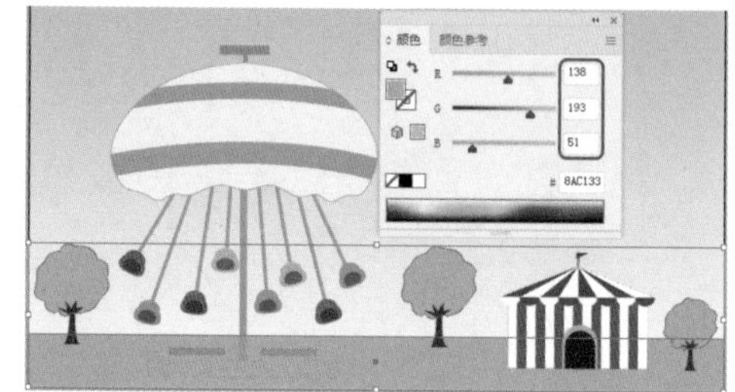

图 2-85

2.2.2 使用菜单选择对象

本实例主要讲解使用菜单中的命令选择图形对象，并通过【渐变】和【颜色】面板更改其填充属性。

01 启动 Illustrator CC 软件，选择【文件】|【打开】命令，打开【素材 \Cha02\ 选择菜单素材 .ai】素材文件，如图 2-86 所示。

图 2-86

02 使用【选择工具】，选择矩形对象，按 Ctrl+F9 组合键，打开【渐变】面板，单击【线性渐变】按钮，双击左侧渐变滑块，单击右上角的按钮，将颜色模式设置为 RGB，如图 2-87 所示。

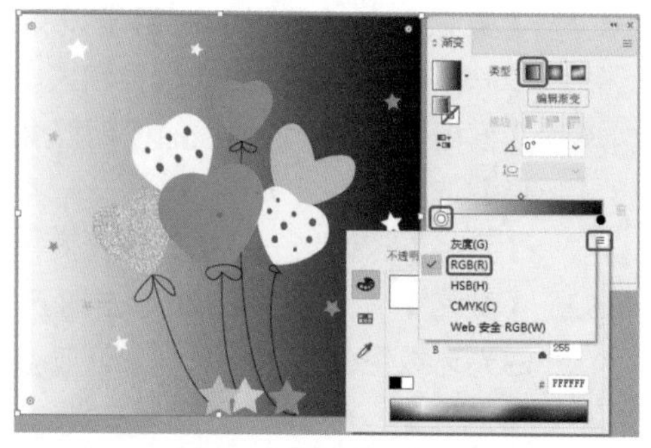

图 2-87

03 将左侧渐变滑块的 RGB 值设置为 252、217、207，将右侧渐变滑块的 RGB 值设置为 255、255、255，将【角度】设置为 - 90°，如图 2-88 所示。

图 2-88

04 使用【选择工具】选择如图 2-89 所示的图形。

图 2-89

05 在菜单栏中选择【选择】|【相同】|【填充颜色】命令，选择后的效果如图 2-90 所示。

图 2-90

06 通过【颜色】面板将对象【填色】的 RGB 值设置为 255、192、207，如图 2-91 所示。

图 2-91

07 使用【选择工具】选择如图 2-92 所示的图形。

图 2-92

08 在菜单栏中选择【选择】|【相同】|【填充颜色】命令，通过【颜色】面板将【填色】的 RGB 值设置为 255、193、118，如图 2-93 所示。

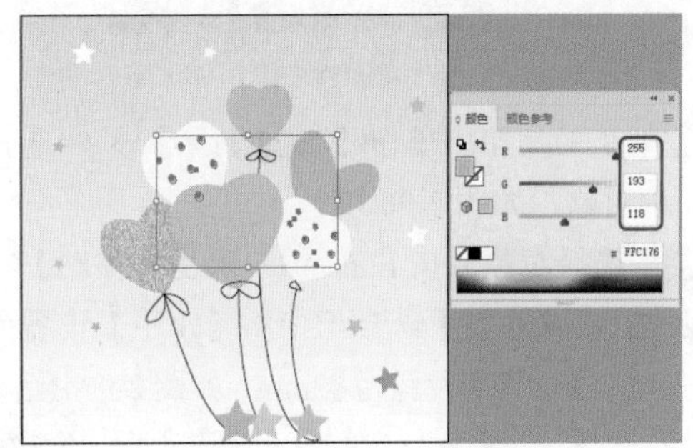

图 2-93

【实战】移动图形对象

本实例主要讲解通过【移动】对话框、选择工具拖曳鼠标的方式移动图形对象，完成后的效果如图 2-94 所示。

图 2-94

素材	素材 \Cha02\ 移动对象素材 .ai
场景	场景 \Cha02\【实战】移动图形对象 .ai
视频	视频教学 \Cha02\【实战】移动图形对象 .mp4

01 启动 Illustrator CC 软件，在菜单栏中选择【文件】|【打开】命令，打开【素材 \Cha02\ 移动对象素材 .ai】素材文件，如图 2-95 所示。

图 2-95

02 在工具箱中单击【选择工具】，选择花束对象，如图 2-96 所示。

03 选择对象后按 Enter 键，弹出【移动】对话框，在【位置】选项组中将【水平】设置为 67mm、【垂直】设置为 43mm，如图 2-97 所示。

图 2-96

图 2-97

04 单击【确定】按钮，即可完成移动。在工具箱中单击【选择工具】，选中太阳图形并拖曳，将其移动至合适位置，如图 2-98 所示。

图 2-98

【实战】复制图形对象

本实例主要讲解通过【移动】对话框、【对象】菜单等方式复制图形对象，完成后的效果如图 2-99 所示。

图 2-99

素材	素材 \Cha02\ 复制对象素材 .ai
场景	场景 \Cha02\【实战】复制图形对象 .ai
视频	视频教学 \Cha02\【实战】复制图形对象 .mp4

01 启动 Illustrator CC 软件，在菜单栏中选择【文件】|【打开】命令，打开【素材 \Cha02\ 复制对象素材 .ai】素材文件，如图 2-100 所示。

图 2-100

02 在工具箱中单击【选择工具】▶，选择热气球对象，如图 2-101 所示。

图 2-101

03 按 Enter 键，弹出【移动】对话框，进行相应的参数设置，勾选【预览】复选框，单击【复制】按钮，即可将对象按参数复制至相应位置，如图 2-102 所示。

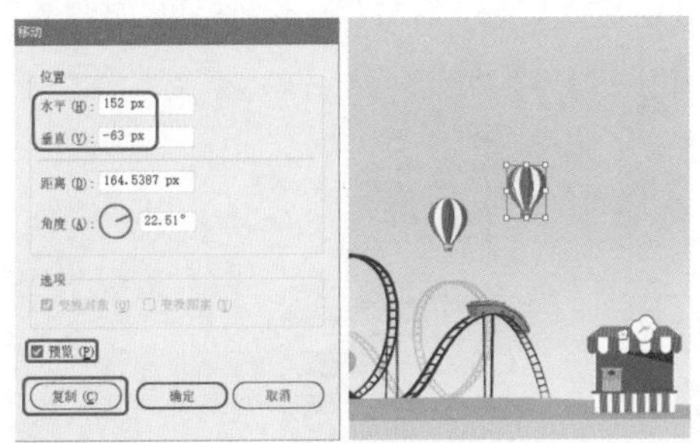

图 2-102

04 单击复制后的对象，在菜单栏中选择【对象】|【变换】|【再次变换】命令，将选中对象按设置的参数进行复制，如图 2-103 所示。

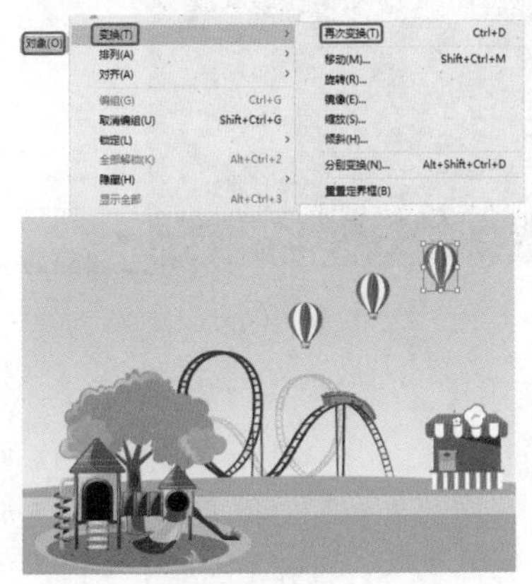

图 2-103

> 提示：【再次变换】命令的快捷键为 Ctrl+D。

05 按住 Shift 键，选择第二次复制的图形与未复制的图形，按住 Alt 键拖动图形，将其移动至合适位置后松开鼠标，如图 2-104 所示。

图 2-104

06 使用同样方法复制出其他热气球，如图 2-105 所示。

图 2-105

课后项目练习 会员积分卡设计

卡片是承载信息或娱乐用的物品，名片、电话卡、会员卡、吊牌、贺卡、积分卡等均属此类。其制作材料可以是 PVC、透明塑料、金属以及纸质材料等，下面将讲解会员积分卡的制作方法。

1. 课后项目练习效果展示

效果如图 2-106 所示。

图 2-106

2. 课后项目练习过程概要

01 通过使用【圆角矩形工具】绘制积分卡的卡面，添加【投影】效果使其具有立体感。

02 使用【文字工具】输入文字内容，为文字添加渐变效果并设置字符参数。

03 使用【矩形工具】绘制积分卡反面的图形，输入其他文字，为输入的文字添加渐变颜色效果。

素材	无
场景	场景 \Cha02\ 会员积分卡设计 .ai
视频	视频教学 \Cha02\ 会员积分卡设计 .mp4

3. 课后项目练习操作步骤

01 新建【宽】、【高】为 190mm、62mm，【画板】为 1 的文档，在工具箱中单击【圆角矩形工具】按钮，在画板中绘制圆角矩形，在【变换】面板中将【宽】、【高】设置为 90mm、55mm，将【圆角半径】设置为 2mm，将【填色】设置为 #09090a，将【描边】设置为无，如图 2-107 所示。

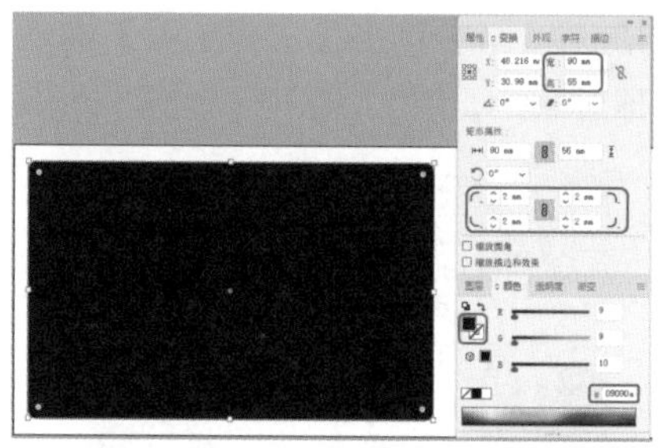

图 2-107

02 选中圆角矩形对象，打开【外观】面板，单击【添加新效果】按钮，在弹出的菜单中选择【风格化】|【投影】命令，弹出【投影】对话框，将【模式】设置为【正片叠底】，将【不透明度】、【X 位移】、【Y 位移】、【模糊】分别设置为 50%、1mm、1mm、1mm，将【颜色】设置为黑色，单击【确定】按钮，如图 2-108 所示。

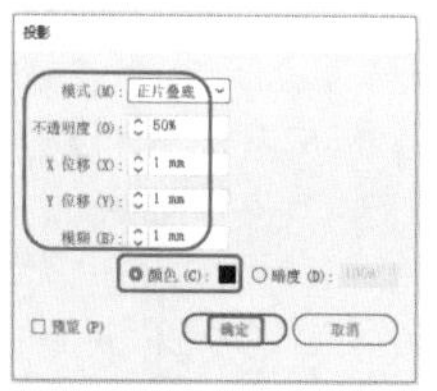

图 2-108

03 使用【钢笔工具】绘制如图 2-109 所示的图形，将【填色】设置为 #7a7a7a，将【描边】设置为无，将【不透明度】设置为 25%。

图 2-109

04 使用【文字工具】输入文本，在【字符】面板中将【字体】设置为【汉仪大隶书简】、【字体大小】设置为 17.8pt、【水平缩放】设置为 74%。打开【渐变】面板，将【类型】设置为【线性渐变】，将 0% 位置处的色标设置为 #D9B766，将 50% 位置处的色标设置为 #FAEEB2，将 100% 位置处的色标设置为 #D9B766，如图 2-110 所示。

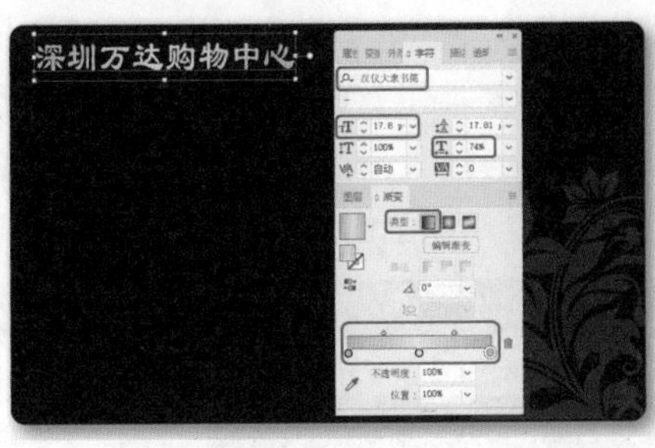
图 2-110

05 使用【直线段工具】绘制高为 3.5mm 的直线，将【填色】设置为无，将【描边】的 RGB 值设置为 217、183、102，将【描边】设置为 0.75，如图 2-111 所示。

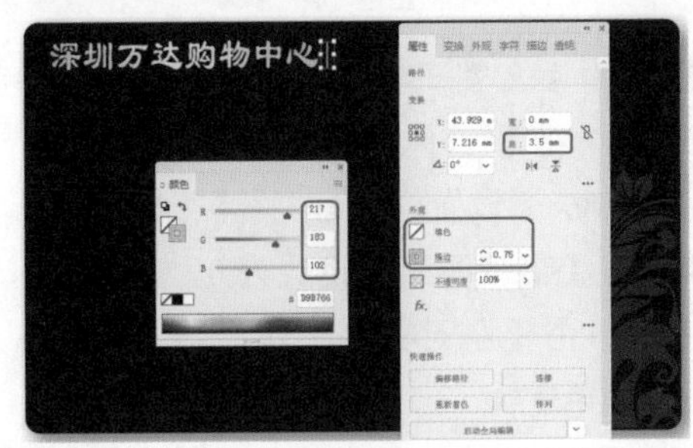
图 2-111

06 使用【文字工具】输入文本，在【字符】面板中将【字体】设置为【汉仪大隶书简】、【字体大小】设置为 10pt、【水平缩放】设置为 75%、【字符间距】设置为 100。打开【渐变】面板，将【类型】设置为【线性渐变】，将 0% 位置处的色标设置为 #D9B766，将 50% 位置处的色标设置为 #FAEEB2，将 100% 位置处的色标设置为 #D9B766，如图 2-112 所示。

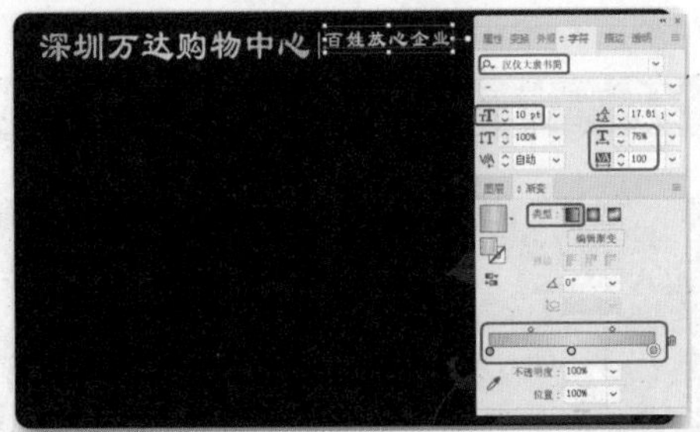
图 2-112

07 使用【文字工具】输入文本，在【字符】面板中将【字体】设置为 Arial、【字体样式】设置为 Bold、【字体大小】设置为 4pt、【水平缩放】设置为 75%、【字符间距】设置为 130。打开【渐变】面板，将【类型】设置为【线性渐变】，将 0% 位置处的色标设置为 #D9B766，将 50% 位置处的色标设置为 #FAEEB2，将 100% 位置处的色标设置为 #D9B766，如图 2-113 所示。

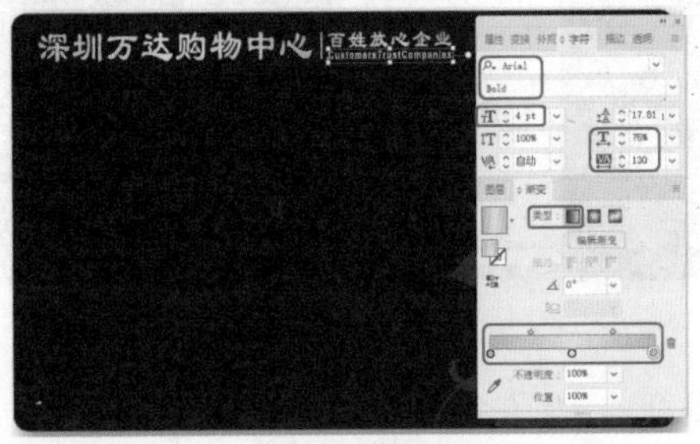
图 2-113

08 结合前面介绍的方法，为输入的文字填充渐变颜色，然后输入其他文字并设置倾斜角度，如图 2-114 所示。

图 2-114

09 复制积分卡正面的黑色圆角矩形，如图 2-115 所示。

图 2-115

10 使用【矩形工具】绘制【宽】、【高】为 90mm、6.7mm 的矩形，将【填色】设置为 #DFBE7A、【描边】设置为无，如图 2-116 所示。

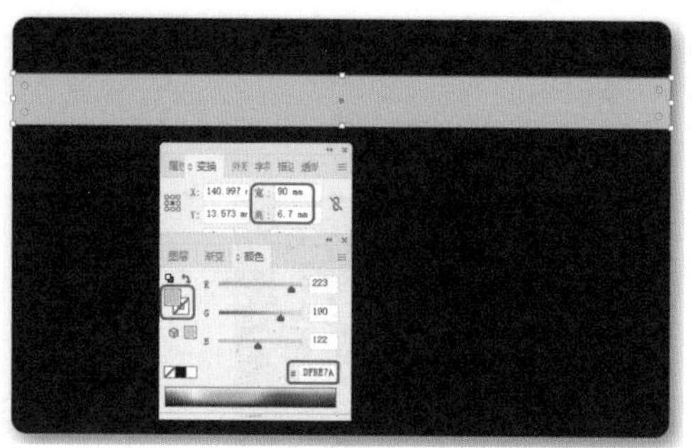

图 2-116

11 使用【圆角矩形工具】绘制【宽】、【高】为 26mm、4.5mm 的矩形，将圆角半径设置为 2mm，将【填充颜色】设置为 #DFBE7A，将【描边】设置为无，如图 2-117 所示。

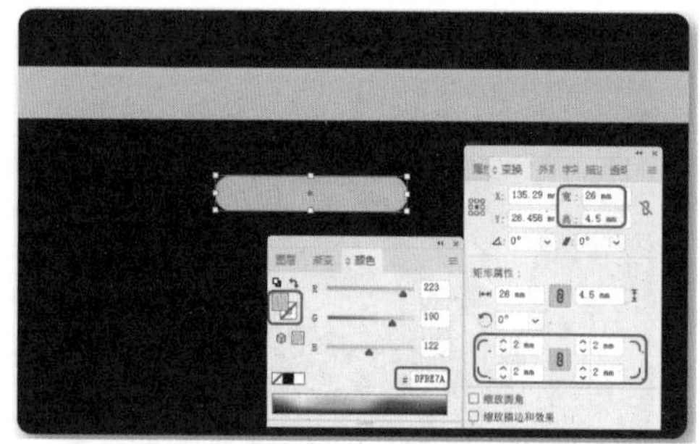

图 2-117

12 使用【文字工具】输入文本，将【字体】设置为【微软雅黑】、【字体样式】设置为 Bold、【字体大小】设置为 10pt、【文本颜色】设置为 #DFBE7A，如图 2-118 所示。

图 2-118

13 使用【文字工具】输入文本，将【字体】设置为【微软雅黑】、【字体样式】设置为 Regular、【字体大小】设置为 4.9pt、【文本颜色】设置为 #DEBD7A，如图 2-119 所示。

图 2-119

14 使用【文字工具】输入如图 2-120 所示文本，将【字体】设置为【黑体】，将【字体大小】设置为 6pt，将【行距】设置为 10pt，将【字符间距】设置为 0，在【段落】面板中单击【左对齐】按钮，将【填色】设置为 #DEBD7A。

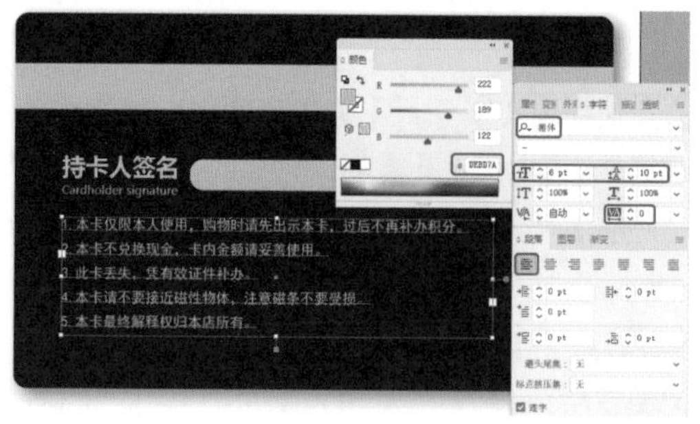

图 2-120

15 将积分卡正面如图 2-121 所示的内容复制粘贴至积分卡反面，适当调整文字的位置。

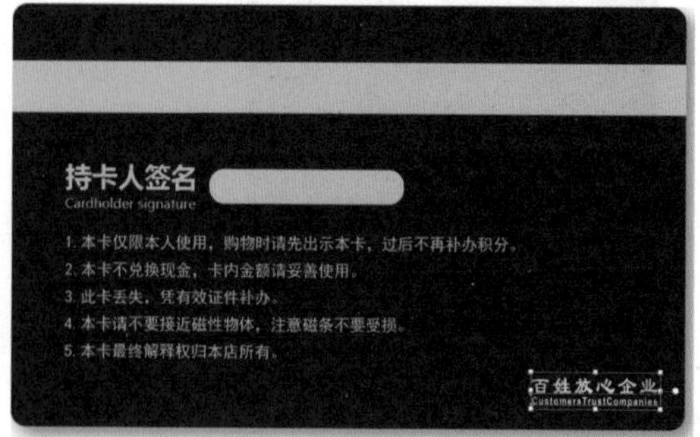

图 2-121

第 3 章

可爱雪人插画设计——填充与描边

本章导读：

Illustrator 是一款强大的制图软件，合理运用软件里的工具可以绘制出各种各样的图案，如果给图案填上颜色，那将会达到更加理想的效果。本章将介绍填充与描边的应用。

【案例精讲】可爱雪人插画设计

为了更好地完成本设计案例，现对制作要求及设计内容做如下规划，可爱雪人插画效果如图 3-1 所示。

作品名称	可爱雪人插画
作品尺寸	2861px×2016px
设计创意	（1）首先打开可爱雪人插画背景素材文件，使用【椭圆工具】绘制两个圆形，制作出雪人的轮廓。 （2）使用【椭圆工具】、【圆角矩形工具】、【钢笔工具】制作出雪人帽子部分，并填充相应的纯色。 （3）使用【钢笔工具】制作雪人的鼻子、嘴巴以及装饰，并填充渐变颜色，丰富雪人的层次感
主要元素	（1）圣诞树。 （2）礼盒。 （3）圣诞标题。 （4）雪花。 （5）雪人
应用软件	Illustrator CC
素材	素材 \Cha03\ 雪人素材 .ai
场景	场景 \Cha03\【案例精讲】可爱雪人插画设计 .ai
视频	视频教学 \Cha03\【案例精讲】可爱雪人插画设计 .mp4
可爱雪人插画效果欣赏	图 3-1

01 按 Ctrl+O 组合键，打开【素材 \Cha03\ 雪人素材 .ai】素材文件，如图 3-2 所示。

图 3-2

02 在工具箱中单击【椭圆工具】，在画板中绘制一个圆形，在【属性】面板中将【宽】、【高】分别设置为 446px、443px，使用其默认填色，将【描边】设置为无，并在画板中调整其位置，如图 3-3 所示。

图 3-3

03 使用【椭圆工具】在画板中绘制一个圆形，在【属性】面板中将【宽】、【高】均设置为 298px，并在画板中调整其位置，如图 3-4 所示。

图 3-4

04 在画板中选中绘制的两个圆形，在【路径查找器】面板中单击【联集】按钮，如图 3-5 所示。

图 3-5

05 使用【椭圆工具】在画板中绘制一个圆形，在【变换】面板中将【椭圆宽度】、【椭圆高度】分别设置为 286px、113px，将【椭圆角度】设置为 32°，在【颜色】面板中将【填色】设置为 #28272c，并在画板中调整其位置，如图 3-6 所示。

图 3-6

06 选中新绘制的圆形，按 Ctrl+C 组合键进行复制，按 Shift+Ctrl+V 组合键进行就地粘贴，在【颜色】面板中将【填色】设置为 #022459，在画板中调整其位置，如图 3-7 所示。

图 3-7

07 在工具箱中单击【圆角矩形工具】，在画板中绘制一个圆角矩形，在【变换】面板中将【矩形宽度】、【矩形高度】分别设置为 158px、175px，将【矩形角度】设置为 32°，将所有的圆角半径均设置为 24px，在【颜色】面板中将【填色】设置为 #28272c，在画板中调整其位置，如图 3-8 所示。

图 3-8

08 在工具箱中单击【钢笔工具】，在画板中绘制一个图形，在【颜色】面板中将【填色】设置为 #f4363e，在画板中调整其位置，如图 3-9 所示。

图 3-9

09 使用【椭圆工具】在画板中绘制两个圆形，将【椭圆宽度】、【椭圆高度】均设置为 32px，在【颜色】面板中将【填色】设置为 #28272c，并在画板中调整其位置，如图 3-10 所示。

图 3-10

10 使用【钢笔工具】在画板中绘制一个图形，在【渐变】面板中单击【线性渐变】按钮，将【角度】设置为 3°。将左侧渐变滑块的【位置】设置为 8%，将其颜色值设置为 #ff434b；将右侧渐变滑块的【位置】设置为 94%，将其颜色值设置为 #ce0910，如图 3-11 所示。

图 3-11

11 使用同样的方法在画板中绘制嘴巴与围脖，并填充相同的渐变颜色，如图 3-12 所示。

图 3-12

12 使用【钢笔工具】在画板中绘制两个图形，并进行相应的设置，效果如图 3-13 所示。

图 3-13

13 使用【椭圆工具】在画板中绘制一个圆形，在【属性】面板中将【宽】、【高】分别设置为 428px、43px，将【填色】设置为 #9accc9，将【不透明度】设置为 48%，并在画板中调整其位置，如图 3-14 所示。

图 3-14

14 在【图层】面板中选择最上方的【椭圆】图层，按住鼠标将其向下拖曳，将其调整至【路径】图层的下方，效果如图 3-15 所示。

图 3-15

3.1 为图形添加填充与描边

在 Illustrator 中，提供了大量的应用颜色与渐变工具，包括工具箱、【色板】面板、【颜色】面板、【拾色器】对话框和【吸管工具】等，可以方便地将颜色与渐变应用于绘制的对象与文字内。其中【描边】将颜色应用于轮廓，【填充】将颜色、渐变等应用于填充对象。

3.1.1 使用【拾色器】对话框选择颜色

使用【拾色器】对话框可以数字方式指定颜色，也可以通过设置 RGB、HSB 或 CMYK 颜色模型来定义颜色。在工具箱、【颜色】面板或【色板】面板中，双击【填色】□或【描边】图标■，可打开【拾色器】对话框，如图 3-16 所示。要定义颜色，请执行下列操作之一。

◎ 在 RGB 色彩条中，可以单击或拖动其右方的滑块选择颜色。

◎ 在 HSB、RGB、CMYK 右侧的文本框中输入相应的颜色值，即可选择需要的颜色。

◎ #：所选择的颜色分量。

◎ 【颜色色板】：单击该按钮后，将会显示【颜色色板】列表框，如图 3-17 所示。

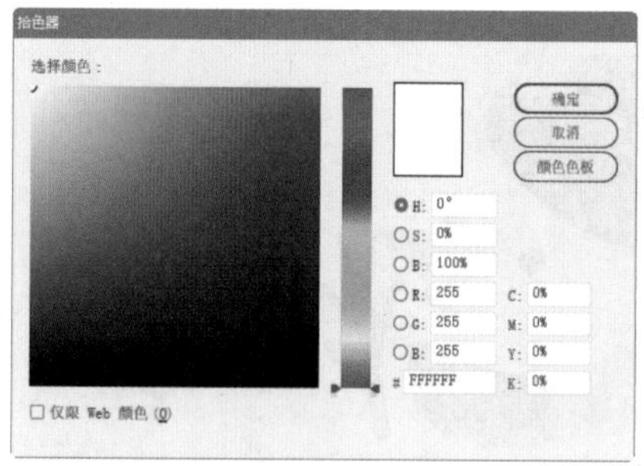

图 3-16

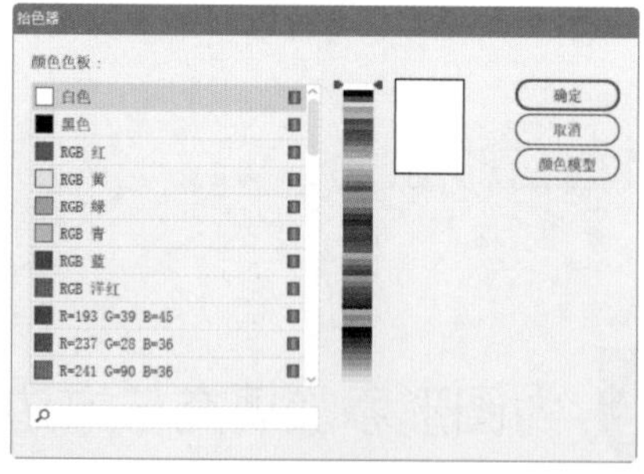

图 3-17

3.1.2 通过拖动应用颜色

应用颜色或渐变的简单方法是将其颜色源拖动到对象或面板中，该操作不必首先选择对象就可将颜色或渐变应用于对象，通过拖动应用颜色为其填充颜色。

可以拖动颜色或渐变到下列对象上应用颜色或渐变。

◎ 要对路径进行填色、描边或渐变，可将填色、描边或渐变拖动到路径上，再释放鼠标。

◎ 将填色、描边或渐变拖动到【色板】面板中，可以将其创建为色板。

◎ 将【色板】面板中的一个或多个色板拖动到另一个 Illustrator 文档窗口中，系统将把这些色板添加到该文档的【色板】面板中。

> 提示：应用颜色时最好使用【色板】面板，但也可以使用【颜色】面板以应用或混合颜色，可以随时将【颜色】面板中的颜色添加到【色板】面板中。

3.1.3 应用渐变填充对象

渐变是两种或多种颜色混合或同一颜色的两个色调间的逐渐混合，使用的输出设备将影响渐变的分色方式。渐变可以包括纸色、印刷色、专色或使用任何颜色模式的混合油墨颜色。渐变是通过渐变条中的一系列色标定义的，色标为渐变中心的一点，也就是以色标为中心，向相反的方向延伸，而延伸的点就是两个颜色的交叉点，即这个颜色过渡到另一个颜色上。

默认情况下，渐变以两种颜色开始，中点在 50% 处。可以将【色板】面板或【库】面板中的渐变应用于对象，也可以使用【渐变】面板创建并命名渐变，再将其应用于当前选取的对象。

> 提示：若所选对象使用的是已命名渐变，则使用【渐变】面板编辑渐变时将只能更改该对象的颜色。

选取渐变滑块，可以执行下列操作之一。

◎ 在【色板】面板中拖动一个色板将其置于渐变滑块上。

◎ 按住 Alt 键拖动渐变滑块，可以对其进行复制。

◎ 选中渐变滑块后，在【颜色】面板中设置一种颜色。

3.2 渐变的编辑与使用

本节将介绍渐变的编辑与使用，其中包括使用【渐变工具】调整渐变、使用【网格工具】产生渐变等。

3.2.1 使用【渐变工具】调整渐变

对选择的对象应用渐变填充后，可以使用【渐变工具】在填充完渐变的对象上单击，如图 3-18 所示。为填充区重新上色，可以更改渐变的方向、渐变的起始点和结束点，还可以跨多个对象应用渐变，调整渐变方向的效果如图 3-19 所示。

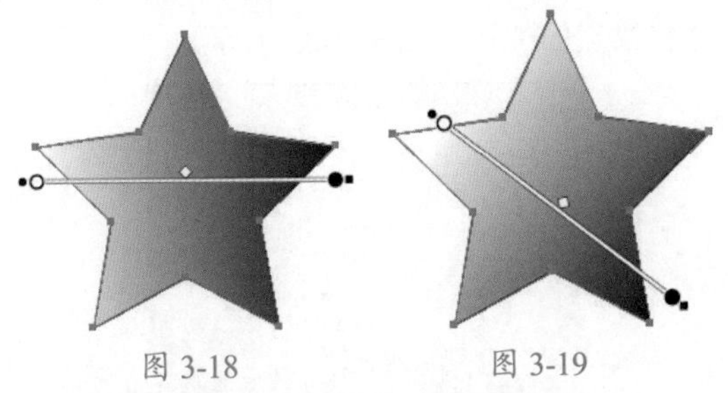

图 3-18　　图 3-19

要使用渐变工具调整渐变，可以执行下列操作。

01 在工具箱中单击【填色】或【描边】图标。

02 选择【渐变工具】，在要定义渐变起始点的位置处单击，沿着要应用渐变的方向拖动鼠标。若按住 Shift 键，可将渐变效果约束为 45° 倍数的方向。

03 在要定义渐变端点的位置处释放鼠标。

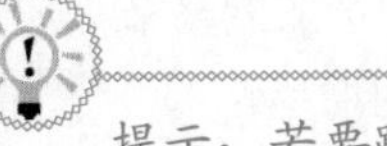

提示：若要跨过多个对象应用渐变，可以先选取多个对象，再应用渐变。

3.2.2 使用【网格工具】产生渐变

使用【网格工具】可以产生对象的网格填充效果。网格工具可以方便地处理复杂形状图形中的细微颜色变化，适合控制水果、花瓣、叶等复杂形状的色彩过渡，从而制作出逼真的效果。

要产生对象网格，可以执行下列操作之一。

◎ 选择要创建网格的对象，选择【对象】|【创建渐变网格】命令，打开如图 3-20 所示的【创建渐变网格】对话框，设置网格的行数和列数；在【外观】下拉列表框中，可以选择高光的方向为无高光、在中心创建高光或在对象边缘创建高光 3 种方式；在【高光】文本框中，输入白色高光的百分比。

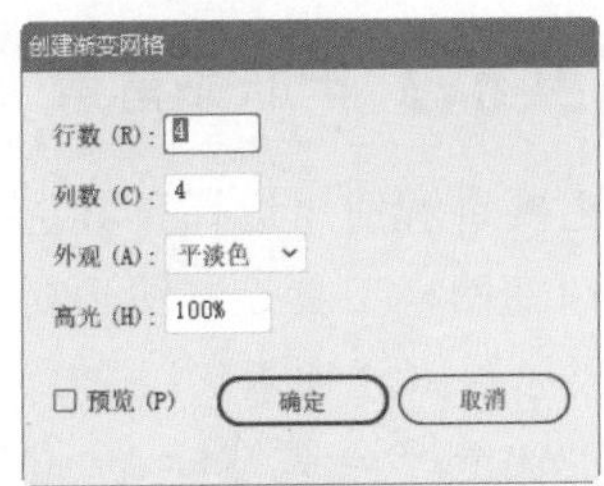

图 3-20

◎ 选择【网格工具】，在对象需要创建或增加网格点处单击，将增加网格点与通过该点的网格线；继续单击可增加其他网格点；按住 Shift 键并单击可添加网格点而不改变当前的填充颜色。

使用【直接选择工具】选取一个或多个网格点后，拖曳鼠标或按住上、下、左或右箭头键，可以移动单个、多个或全部网格节点。

使用【直接选择工具】选取一个或多个网格点后，按 Delete 键可删除网格点和网格线。

使用【直接选择工具】选取网格节点后，可通过方向线调整网格线的曲率。

要编辑网格渐变颜色，可以执行下列操作之一。

◎ 使用【直接选择工具】选取一个或多个网格点后，可在【颜色】面板中选取一种颜色作为网格点的颜色，也可以在【色板】面板中选取。

◎ 可以在【颜色】面板或【色板】面板中选取一种色彩，将其拖曳到网格内将改变该网格的颜色。若将其拖曳到网格节点上，将改变节点周围的网格颜色，如图 3-21 所示。

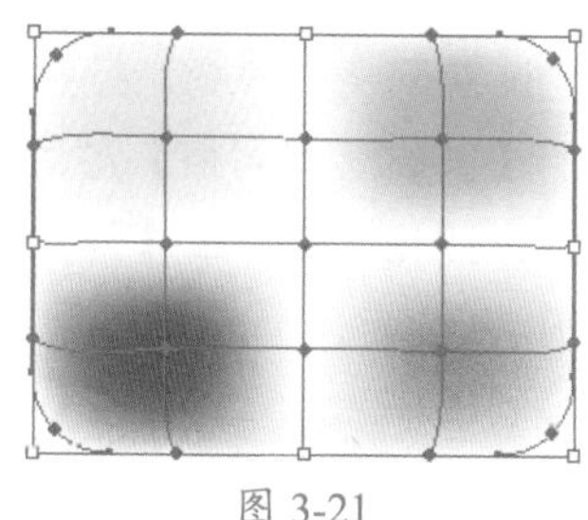

图 3-21

【实战】护肤品背景

本例主要讲解使用选择工具选中图形对象，通过渐变网格工具设置图形对象的填充属性，效果如图 3-22 所示。

图 3-22

素材	素材 \Cha03\ 护肤品背景素材 .ai
场景	场景 \Cha03\【实战】护肤品背景 .ai
视频	视频教学 \Cha03\【实战】护肤品背景 .mp4

01 按 Ctrl+O 组合键，打开【素材 \Cha04\ 护肤品背景素材 .ai】素材文件，如图 3-23 所示。

图 3-23

02 在工具箱中单击【网格工具】，在矩形中合适的位置单击，分别增加横向网格线和纵向网格线，如图 3-24 所示。

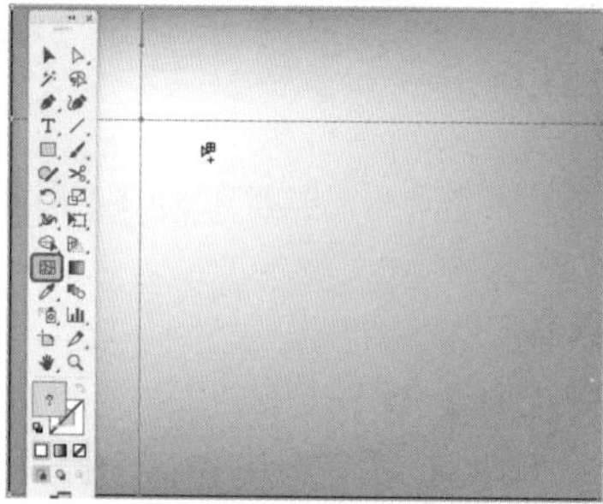

图 3-24

03 使用【网格工具】在横向网格线中单击，并通过【直接选择工具】与键盘中的方向键调整锚点的位置，如图 3-25 所示。

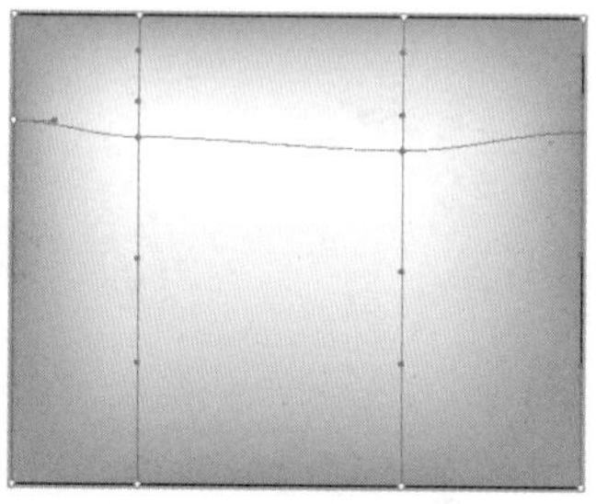

图 3-25

04 使用同样的方法添加其他锚点，如图 3-26 所示。

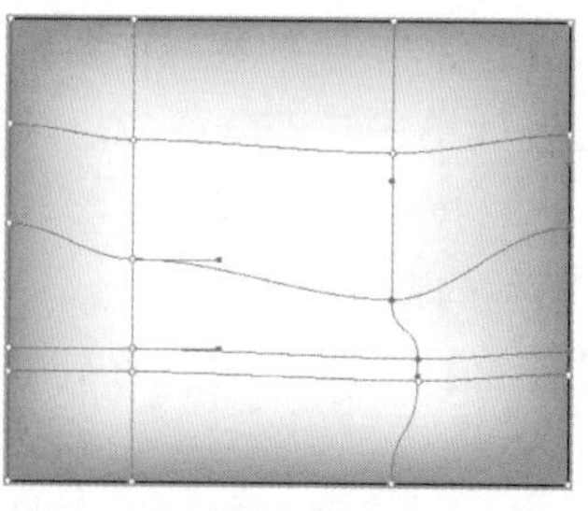

图 3-26

05 选择如图 3-27 所示的 5 个锚点，将【填色】设置为 #ffd8ca，如图 3-27 所示。

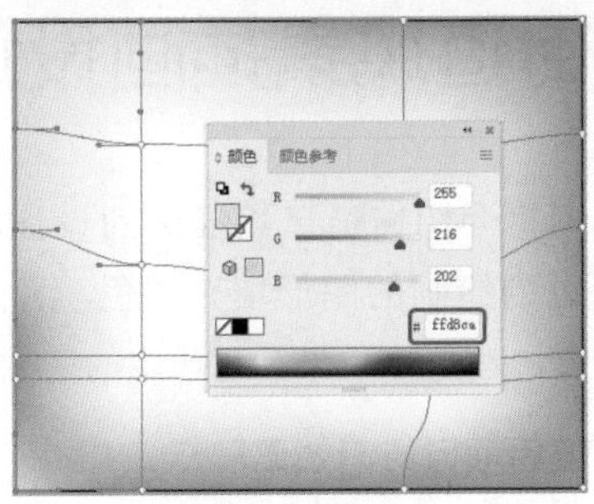

图 3-27

06 选择第一列第四行的锚点，将【填色】设置为 #f7d6aa，如图 3-28 所示。

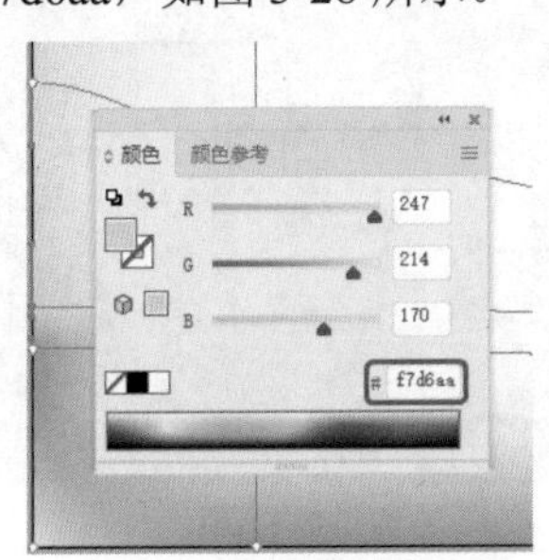

图 3-28

07 选择第一列第五行的锚点，将【填色】设置为 #ffe2c7，如图 3-29 所示。

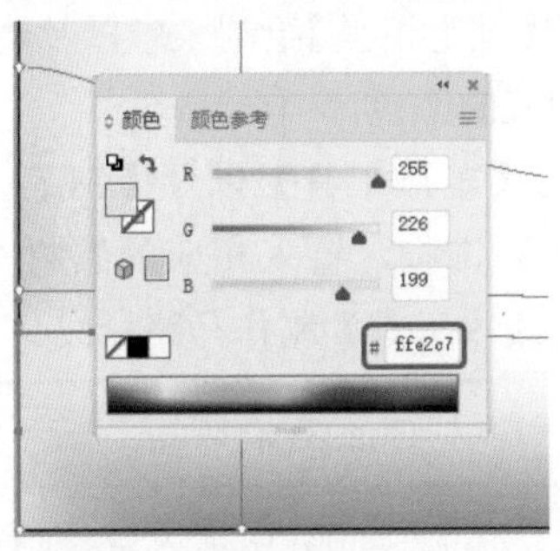

图 3-29

08 选择第二列第二行的锚点，将【填色】设置为 #ffe0cf，如图 3-30 所示。

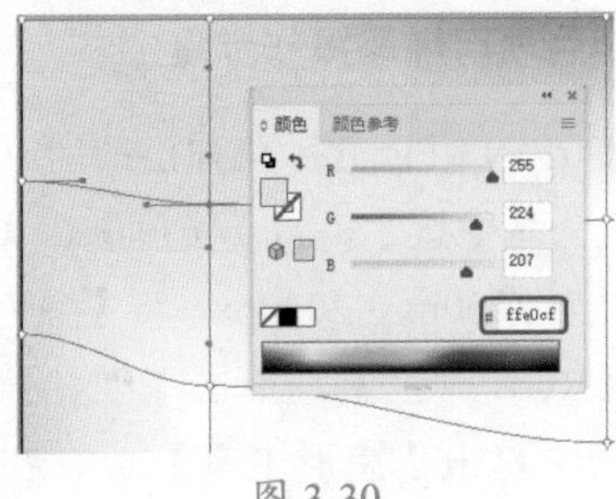

图 3-30

09 选择第二列第四行的锚点，将【填色】设置为 #f9dcb9，如图 3-31 所示。

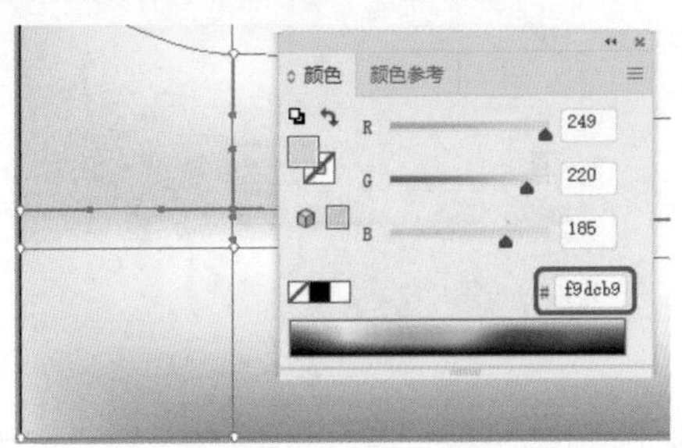

图 3-31

10 选择第二列第五行的锚点，将【填色】设置为 #fff3e9，如图 3-32 所示。

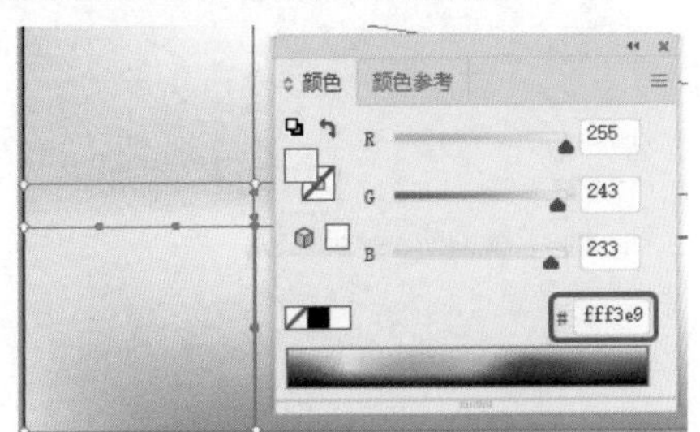

图 3-32

11 选择第三列第四行的锚点，将【填色】设置为 #f7e2cb，如图 3-33 所示。

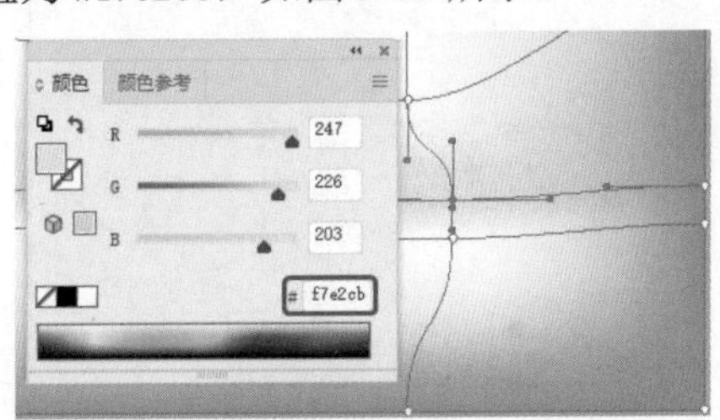

图 3-33

12 选择第三列第五行的锚点，将【填色】设置为 #ffdfc5，如图 3-34 所示。

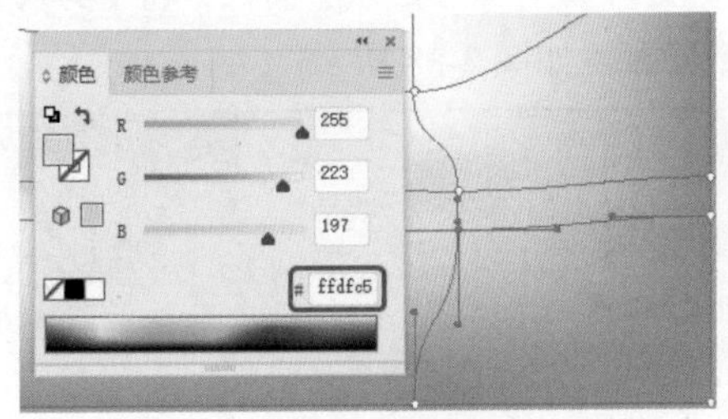

图 3-34

13 选择第四列第四行的锚点，将【填色】设置为 #fff1e3，如图 3-35 所示。

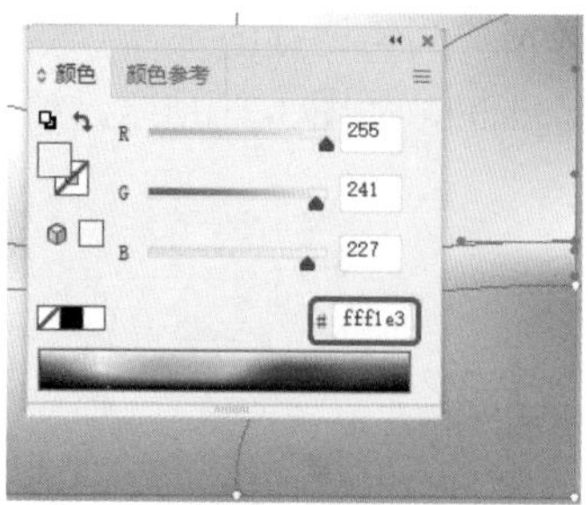
图 3-35

14 选择第四列第五行的锚点，将【填色】设置为 #ffd3ae，如图 3-36 所示。

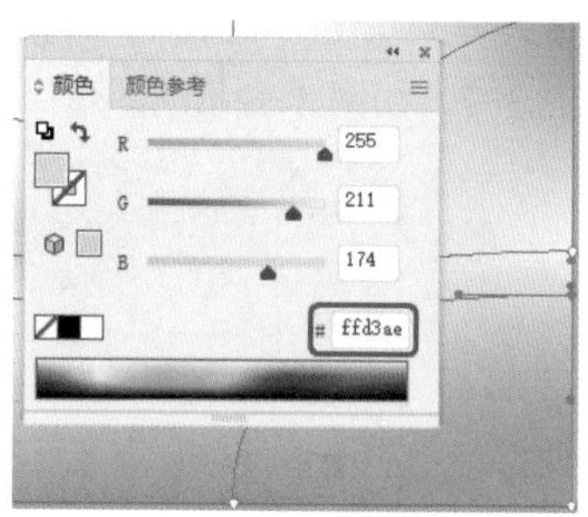
图 3-36

15 将其他锚点的【填色】分别设置为 #ffffff、#ffe0cf，如图 3-37 所示。

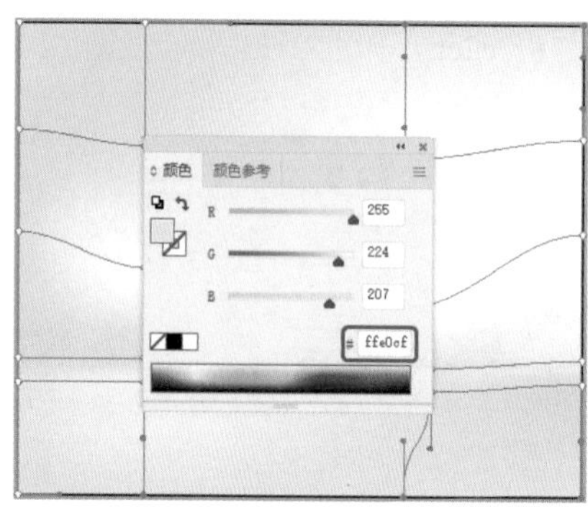
图 3-37

16 按 F7 键打开【图层】面板，将【剪切组】取消隐藏，如图 3-38 所示。

图 3-38

课后项目练习
街道风景插画设计

本例将介绍街道风景插画的设计，本例主要通过为绘制的图形填充颜色，并进行相应的设置，使整体效果具有一定的艺术性。

1. 课后项目练习效果展示

效果如图 3-39 所示。

图 3-39

2. 课后项目练习过程概要

01 利用【矩形工具】绘制出天空背景。

02 使用【钢笔工具】绘制云彩以及建筑剪影，并填充相应的颜色。

03 使用【矩形工具】以及【钢笔工具】绘制出其他装饰物，置入相应的素材文件，并使用【直线段工具】制作马路标线。

素材	素材 \Cha03\ 酒店 .ai
场景	场景 \Cha03\ 街道风景插画设计 .ai
视频	视频教学 \Cha03\ 街道风景插画设计 .mp4

3. 课后项目练习操作步骤

01 按 Ctrl+N 组合键，在弹出的对话框中将单位设置为【像素】，将【宽度】、【高度】分别设置为 3000px、2000px，将【颜色模式】设置为【RGB 颜色】，单击【创建】按钮。在工具箱中单击【矩形工具】，在画板中绘制一个矩形，在【属性】面板中将【宽】、【高】分别设置为3000px、2000px，将【填色】的颜色值设置为#a4d9e7，将【描边】设置为无，并在画板中调整其位置，如图 3-40 所示。

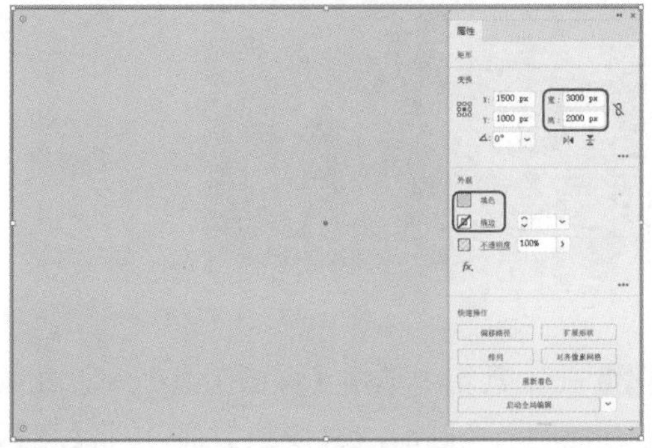

图 3-40

02 在工具箱中单击【钢笔工具】，在【颜色】面板中将【填色】设置为#ffffff，在【透明度】面板中将【不透明度】设置为64%，并在画板中调整其位置，如图 3-41 所示。

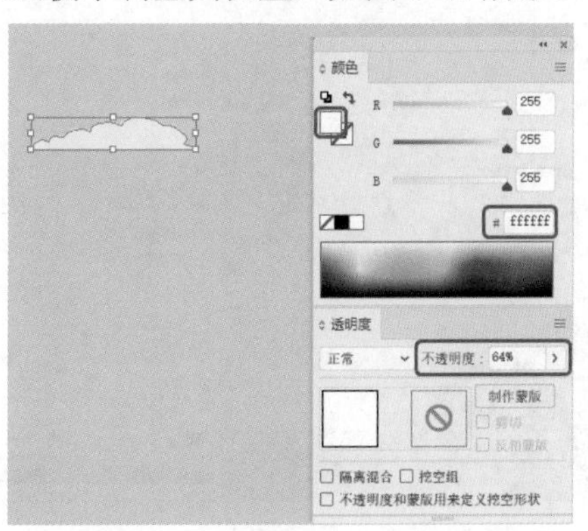

图 3-41

03 在工具箱中单击【选择工具】，在画板中选中绘制的图形，按住 Alt 键拖动图形，对其进行复制，如图 3-42 所示。

图 3-42

04 使用【钢笔工具】在画板中绘制一个图形，在【颜色】面板中将【填色】设置为#48a9c0，并在画板中调整其位置，如图 3-43 所示。

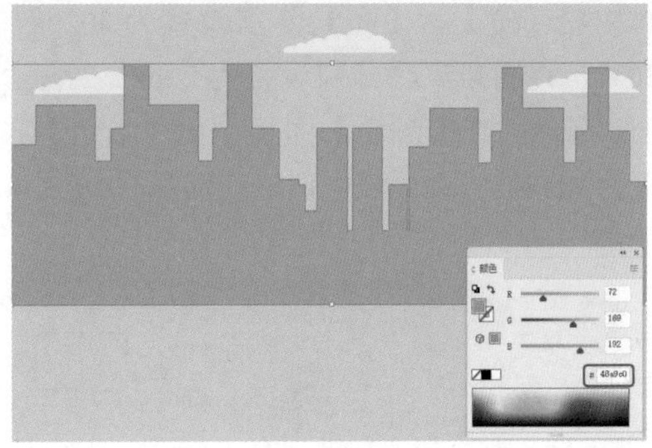

图 3-43

05 在工具箱中单击【矩形工具】，在画板中绘制一个矩形，在【属性】面板中将【宽】、【高】分别设置为3000px、126px，将【填色】设置为#30a55e，在画板中调整其位置，如图 3-44 所示。

图 3-44

06 使用【钢笔工具】在画板中绘制一个图形，在【颜色】面板中将【填色】设置为#2ea45d，并在画板中调整其位置，如图 3-45 所示。

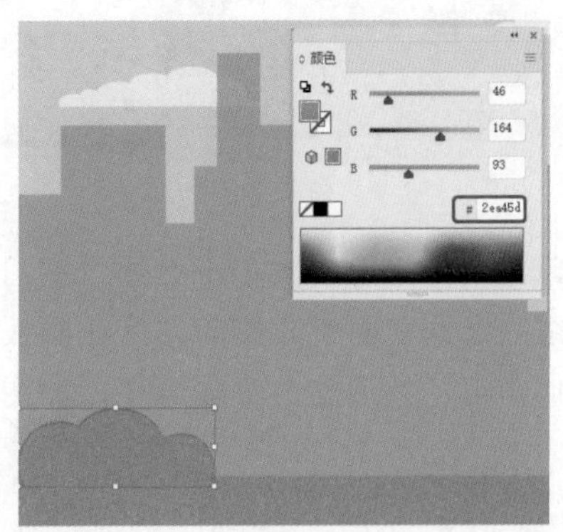

图 3-45

07 在工具箱中单击【圆角矩形工具】，在画板中绘制一个圆角矩形，在【变换】面板中将【宽】、【高】分别设置为302px、26px，将圆角半径分别设置为22px、22px、0px、0px，在【颜色】面板中将【填色】设置为#d3825b，在画板中调整其位置，如图3-46所示。

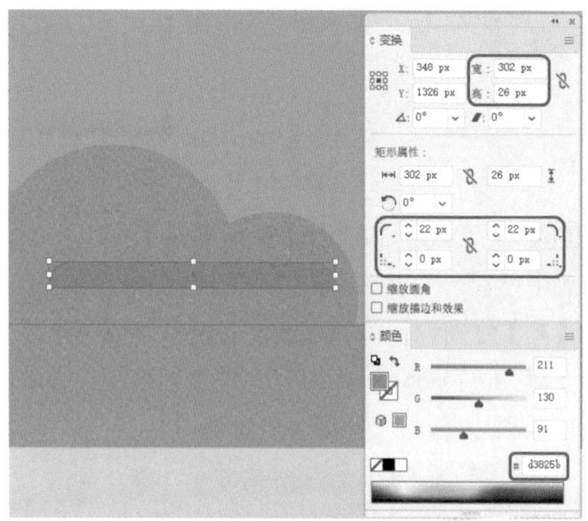

图 3-46

08 在工具箱中单击【矩形工具】，在画板中绘制两个矩形，在【变换】面板中将【矩形宽度】、【矩形高度】分别设置为302px、18px，如图3-47所示。

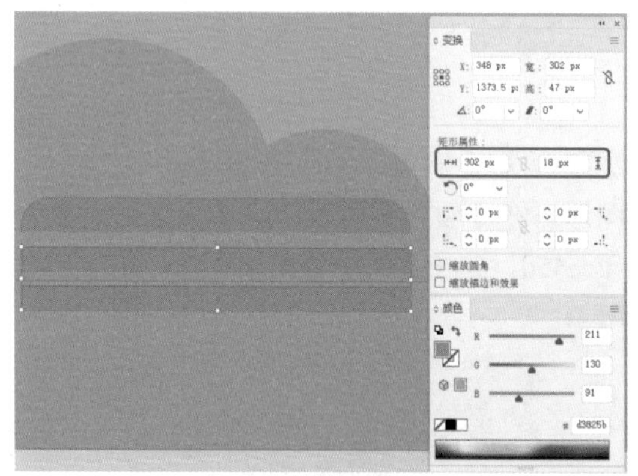

图 3-47

09 选中3个矩形，按Ctrl+G组合键对其进行编组，根据前面所介绍的方法在画板中绘制其他矩形，并调整其排放顺序，如图3-48所示。

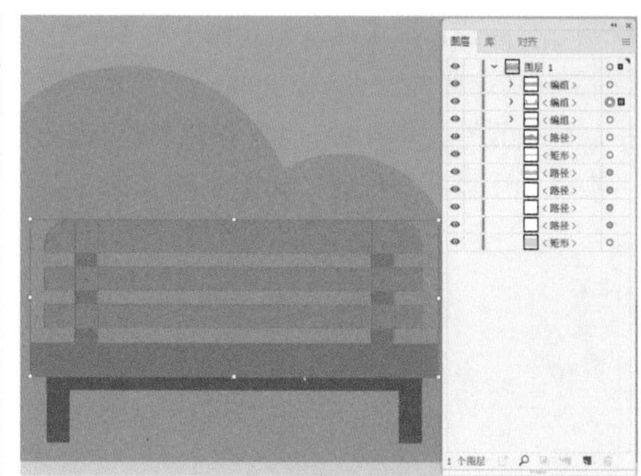

图 3-48

10 在工具箱中单击【椭圆工具】，在画板中绘制一个圆形，在【变换】面板中将【宽】、【高】均设置为309px，在【颜色】面板中将【填色】设置为#88be43，在画板中调整其位置，如图3-49所示。

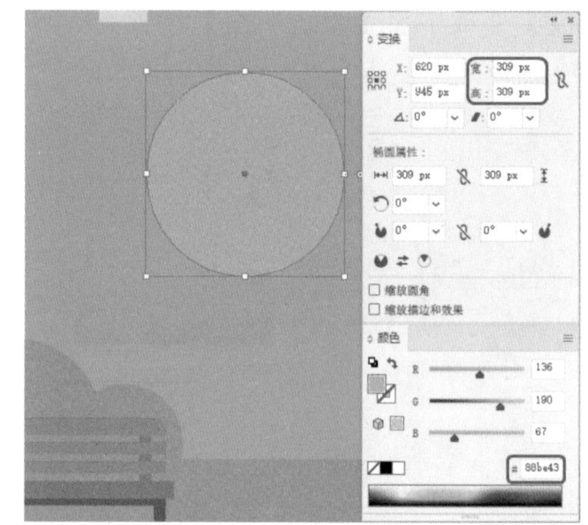

图 3-49

11 对绘制的圆形进行复制，并调整复制后的图形的位置，如图3-50所示。

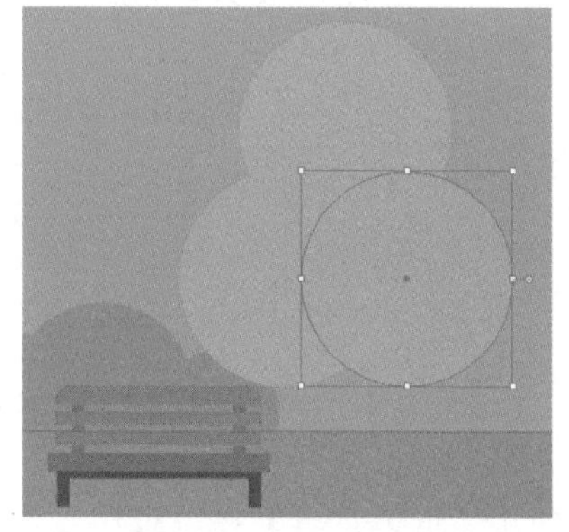

图 3-50

12 在工具箱中单击【钢笔工具】按钮，在画板中绘制一个图形，在【颜色】面板中将【填色】设置为 #734b23，如图 3-51 所示。

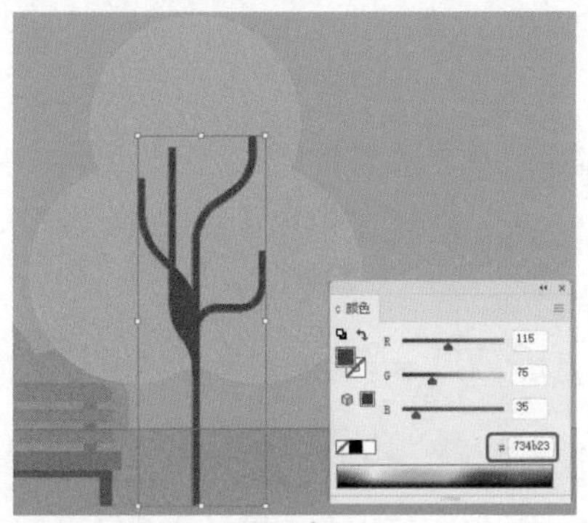

图 3-51

13 使用【钢笔工具】在画板中绘制一个图形，在【颜色】面板中单击白色色块，为其填充白色，如图 3-52 所示。

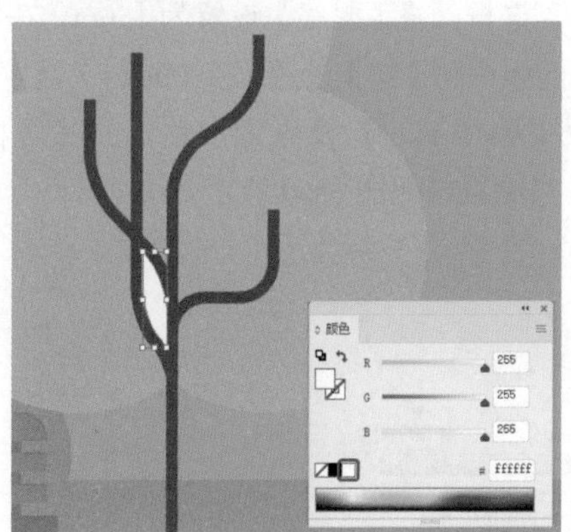

图 3-52

14 选中前面所绘制的两个图形，右击鼠标，在弹出的快捷菜单中选择【建立复合路径】命令，如图 3-53 所示。

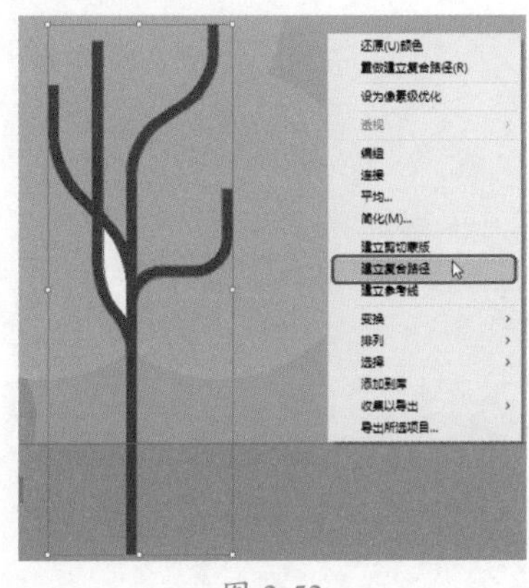

图 3-53

15 使用【钢笔工具】在画板中绘制一个图形，在【颜色】面板中将【填色】设置为 #649842，如图 3-54 所示。

图 3-54

16 使用同样的方法在画板中绘制其他图形，并进行相应的设置，效果如图 3-55 所示。

图 3-55

17 将前面所绘制的图形进行复制，并调整其大小与位置，效果如图 3-56 所示。

图 3-56

18 将【酒店 .ai】素材文件置入文档并嵌入，在画板中调整其位置，如图 3-57 所示。

图 3-57

19 在工具箱中单击【矩形工具】，在画板中绘制一个矩形，在【属性】面板中将【宽】、【宽】分别设置为 3000px、31px，将【填色】设置为 #bcc2c6，并在画板中调整其位置，如图 3-58 所示。

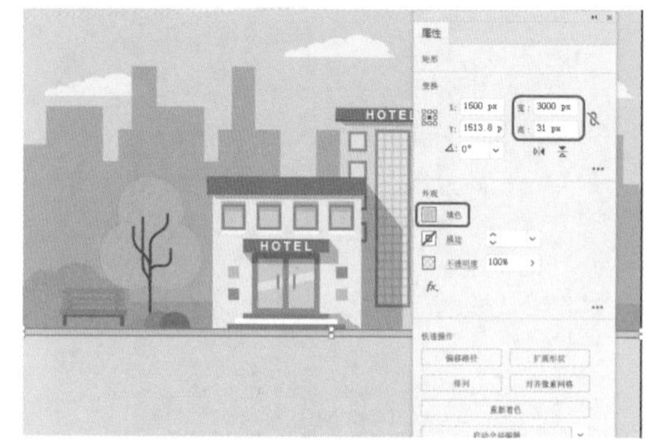

图 3-58

20 使用【矩形工具】在画板中绘制一个矩形，在【属性】面板中将【宽】、【高】分别设置为 3000px、471px，将【填色】设置为 #7e8b8c，并在画板中调整其位置，如图 3-59 所示。

图 3-59

21 在工具箱中单击【直线段工具】，在画板中按住 Shift 键绘制一条水平直线，在【描边】面板中将【粗细】设置为 27pt，勾选【虚线】复选框，将【虚线】设置为 150pt，在【变换】面板中将【宽】设置为 3000px，在【颜色】面板中将【描边】设置为白色，并在画板中调整其位置，如图 3-60 所示。

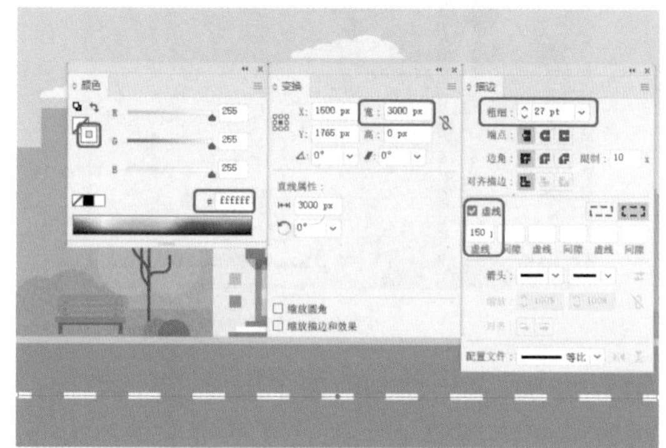

图 3-60

第 4 章

家居折页设计——文本的创建与编辑

本章导读：

在设计作品时，文字不仅可以传达信息，还能起到美化版面、强化主题的作用，本章将介绍如何输入文本、区域文本和路径文本的创建及文本的编辑。

Modern 都市自然
都市自然风格它是一种现代风格，属于20年代逃离工业文明意识的创造。最近这几年，无论是室内风格还是产品，这种风格都很盛行。它的特点不像艺术改观风格和ArtDeco风格那样明显，但它偏重实用和简约的味道，对消费者的吸引力很大。尤其受国际经济形式的影响，将会体现的尤为强烈。
工业的突飞猛进，人们对未来世界即向往又有些期许并且掺杂一些迷茫。即继承了毕加索的其种风格又受西班牙达利艺术思想和波普文化的多重影响。装饰特点：大量采用新金属、新建筑材料、色彩的大胆使用和夸张的表现形式而形成的共同体。例如：鸟巢就是未来主义的典范。

Chinese 经典中式
随着近年国学的复苏，庄重和优雅的中式装修被越来越多的人所喜欢， 立德装饰在本案中很好的体现了中式的装修风格，同时又不繁琐，是简约中式装修的典范。传统的中式风格装修透着一股典雅，本案融合了中国传统文化和现代设计理念的新中式装修风格。也是成为家居装饰的首选的理由。沉稳中又富情趣，看似硬朗的线条中点缀着柔美的细节，韵味十足。

European 欧式田园
重在对自然的表现，但不同的田园有不同的自然，进而也衍生出多种家具风格，中式的、欧式的，甚至还有南亚的田园风情，各有各的特色，各有各的美丽。主要分英式和法式两种田园风格。前者的特色在于华美的布艺以及纯手工的制作。碎花、条纹、苏格兰格，每一种布艺都乡土味道十足。家具材质多使用松木、椿木，制作以及雕刻全是纯手工的，十分讲究。后者的特色是家具的洗白处理及大胆的配色。

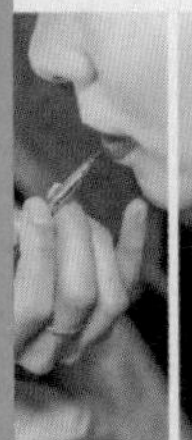

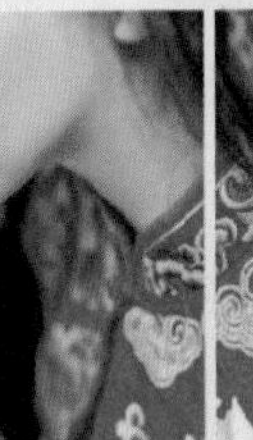

电 话：131-8888 8888
传 真：421-00000000
网 址：http://www.hunshadian.com.cn
地 址：喜乐街道世纪婚纱店13号14室

最美好的年华，与你携手共度
The best time to spend with you

【案例精讲】家居折页设计

为了更好地完成本设计案例，现对制作要求及设计内容做如下规划，家居折页设计如图 4-1 所示。

<table>
<tr><td>作品名称</td><td>家居折页设计</td></tr>
<tr><td>作品尺寸</td><td>285mm×200mm</td></tr>
<tr><td>设计创意</td><td>本实例以图片为主，文字为辅，首先将素材文件置入画板中，然后使用【文字工具】完善关于家居信息内容</td></tr>
<tr><td>主要元素</td><td>（1）家居素材。
（2）家居文本介绍</td></tr>
<tr><td>应用软件</td><td>Illustrator CC</td></tr>
<tr><td>素材</td><td>素材 \Cha04\ 家居 1.jpg~ 家居 7.jpg</td></tr>
<tr><td>场景</td><td>场景 \Cha04\【案例精讲】家居折页设计 .ai</td></tr>
<tr><td>视频</td><td>视频教学 \Cha04\【案例精讲】家居折页设计 .mp4</td></tr>
<tr><td>家居折页设计效果欣赏</td><td>

Modern 都市自然
都市自然风格它是一种现代风格，属于20年代逃离工业文明意识的创造。最近这几年，无论是室内风格还是产品，这种风格都很盛行。它的特点不像艺术改观风格和ArtDeco风格那样明显，但它偏重实用和简约的味道，对消费者的吸引力很大。尤其受国际经济形式的影响，将会体现的尤为强烈。
工业的突飞猛进，人们对未来世界即向往又有些期许并且掺杂一些迷茫。即继承了毕加索的其种风格又受西班牙达利艺术思想和波普文化的多重影响。装饰特点：大量采用新金属、新建筑材料、色彩的大胆使用和夸张的表现形式而形成的共同体。例如：鸟巢就是未来主义的典范。
Chinese 经典中式
随着近年国学的复苏，庄重和优雅的中式装修被越来越多的人所喜欢， 立德装饰在本案中很好的体现了中式的装修风格，同时又不繁琐，是简约中式装修的典范。传统的中式风格装修透着一股典雅，本案融合了中国传统文化和现代设计理念的新中式装修风格。也是成为家居装饰的首选的理由。沉稳中又富情趣，看似硬朗的线条中点缀着柔美的细节，韵味十足。
European 欧式田园
重在对自然的表现，但不同的田园有不同的自然，进而也衍生出多种家具风格，中式的、欧式的，甚至还有南亚的田园风情，各有各的特色，各有各的美丽。主要分英式和法式两种田园风格。前者的特色在于华美的布艺以及纯手工的制作。碎花、条纹、苏格兰格，每一种布艺都乡土味道十足。家具材质多使用松木、椿木，制作以及雕刻全是纯手工的，十分讲究。后者的特色是家具的洗白处理及大胆的配色。
图 4-1</td></tr>
</table>

01 新建【宽】、【高】为 285mm、200mm 的文档，置入【素材 \Cha04\ 家居 1.jpg】素材文件，调整素材的大小及位置，在【属性】面板中单击【嵌入】按钮，如图 4-2 所示。

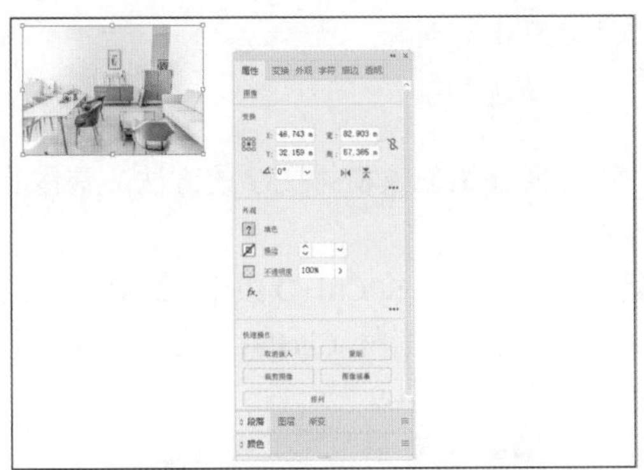

图 4-2

02 在工具箱中单击【文字工具】，输入文本“Modern”，将【字体】设置为【微软雅黑】，将【字体样式】设置为 Regular，将【字体大小】设置为 22pt，将 M 的【字体大小】设置为 50pt，将【填色】设置为 #937A45，如图 4-3 所示。

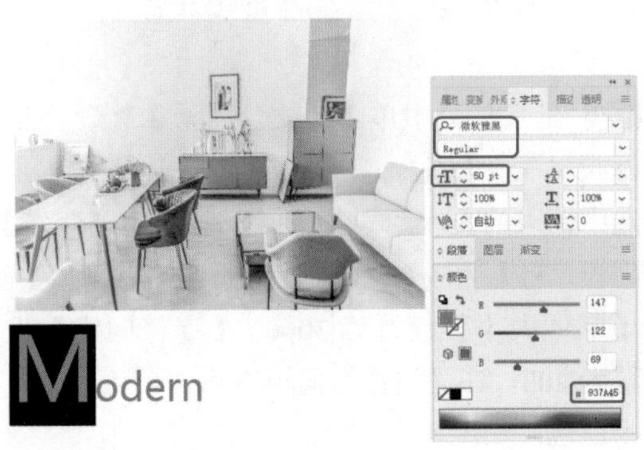

图 4-3

03 在工具箱中单击【直线段工具】，绘制【宽】为 30mm 的线段，将【描边】设置为 #937A45，如图 4-4 所示。

图 4-4

04 使用【文字工具】输入文本，将【字体】设置为【微软雅黑】，将【字体样式】设置为 Bold，将【字体大小】设置为 16pt，将【字符间距】设置为 14，将【填色】设置为 #010101，如图 4-5 所示。

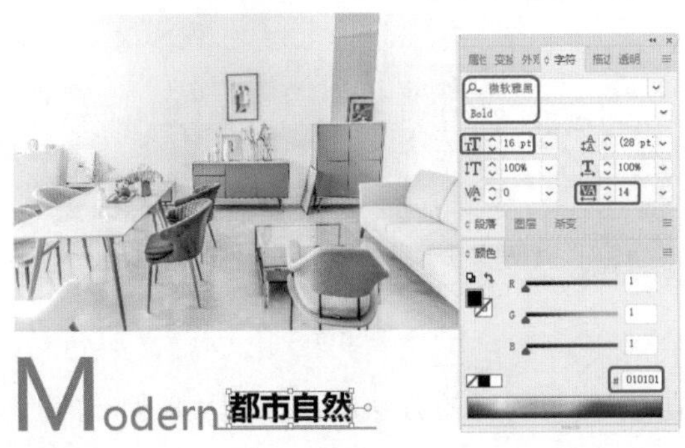

图 4-5

提示：按 Ctrl+T 组合键，可快速打开【字符】面板。

05 使用【文本工具】在画板中拖曳绘制文本框，输入段落文本，将【字体】设置为【黑体】，将【字体大小】设置为 10pt，将【行距】设置为 17，将【字符间距】设置为 14，将【填色】设置为 #323333，如图 4-6 所示。

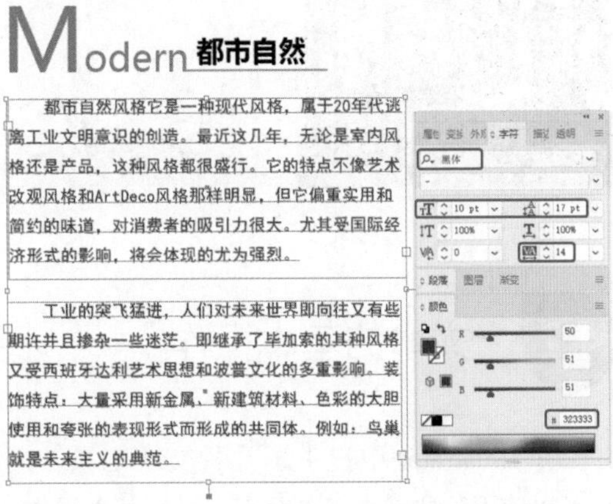

图 4-6

06 置入【素材 \Cha04\ 家居 2.jpg】【家居 3.jpg】素材文件，适当调整对象的大小及位置，在【属性】面板中单击【嵌入】按钮，如图 4-7 所示。

工业的突飞猛进，人们对未来世界即向往又有些期许并且掺杂一些迷茫。即继承了毕加索的其种风格又受西班牙达利艺术思想和波普文化的多重影响。装饰特点：大量采用新金属、新建筑材料、色彩的大胆使用和夸张的表现形式而形成的共同体。例如：鸟巢就是未来主义的典范。

图 4-7

07 使用同样的方法制作如图 4-8 所示的折页内容。

Chinese 经典中式
随着近年国学的复苏，庄重和优雅的中式装修被越来越多的人所喜欢，立德装饰在本案中很好的体现了中式的装修风格，同时又不繁琐，是简约中式装修的典范。传统的中式风格装修透着一股典雅，本案融合了中国传统文化和现代设计理念的新中式装修风格。也是成为家居装饰的首选的理由。沉稳中又富情趣，看似硬朗的线条中点缀着柔美的细节，韵味十足。

European 欧式田园
重在对自然的表现，但不同的田园有不同的自然，进而也衍生出多种家具风格，中式的、欧式的，甚至还有南亚的田园风情，各有各的特色，各有各的美丽。主要分英式和法式两种田园风格。前者的特色在于华美的布艺以及纯手工的制作。碎花、条纹、苏格兰格，每一种布艺都乡土味道十足。家具材质多使用松木、椿木，制作以及雕刻全是纯手工的，十分讲究。后者的特色是家具的洗白处理及大胆的配色。

图 4-8

4.1 文本的基本操作

在 Illustrator 中提供了几种文字工具，用户可以使用这些文字工具对文字进行基本操作。

4.1.1 点文字

可以使用【文字工具】和【直排文字工具】在某一点输入文本。其中，【文字工具】创建横排文本，【直排文字工具】创建直排文本。

1. 横排文字

下面介绍创建横排文字的方法，具体的操作步骤如下。

01 启动软件，按 Ctrl+O 组合键，在弹出的对话框中打开【素材 \Cha04\ 点文字素材 .ai】素材文件，如图 4-9 所示。

Sale

图 4-9

02 在工具箱中单击【文字工具】，当鼠标指针变为时，在画板中单击输入文本，选中输入的文本，按 Ctrl+T 组合键打开【字符】面板，将【字体】设置为【方正粗活意简体】，【字体大小】设置为 30pt，【字符间距】设置为 200，在【属性】面板中将【填色】设置为白色，如图 4-10 所示。

清凉夏日
字符
段落
OpenType
方正粗活意简体
30 pt
(36 pt
100%
100%
自动
200

图 4-10

03 继续使用【文字工具】输入文本，选中输入的文本，在【字符】面板中将【字体】设置为【迷你霹雳体】，【字体大小】设置为 40pt，【字符间距】设置为 0，在【属性】面板中将【填色】设置为白色，如图 4-11 所示。

图 4-11

2. 竖排文字

输入竖排文字的方法与输入横排文字的方法相同，具体的操作步骤如下。

01 继续上一案例的操作，在工具箱中单击【直排文字工具】，当鼠标指针变为时，在画板中单击输入文本。选中输入的文本，在【字符】面板中将【字体】设置为【汉仪综艺体简】，【字体大小】设置为 30pt，【字符间距】设置为 200，在【属性】面板中将【填色】设置为白色，如图 4-12 所示。

图 4-12

02 继续使用【文字工具】输入文本，选中输入的文本，在【字符】面板中将【字体】设置为【迷你霹雳体】，【字体大小】设置为 23pt，【字符间距】设置为 0，在【属性】面板中将【填色】设置为白色，如图 4-13 所示。

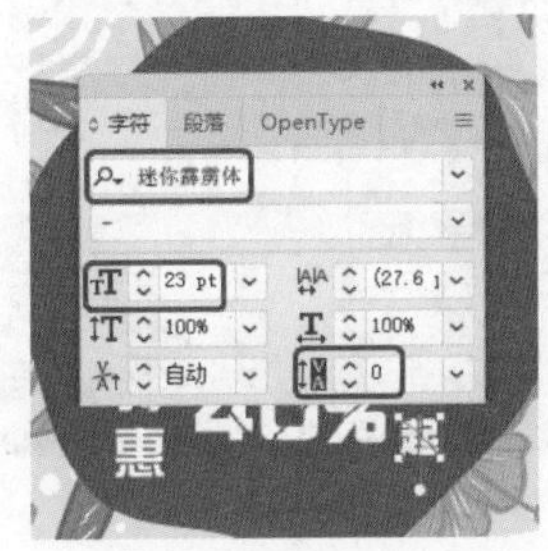

图 4-13

■ 4.1.2 区域文字

区域文字利用对象边界来控制字符的排列，当文本触及边界时将自动换行以使文本位于所定义的区域内。

1. 创建区域文字

在 Illustrator 中，可以通过拖曳文本框来创建文字区域，还可以将现有图形转换为文字区域。

通过拖曳文本框来创建文字区域的操作步骤如下。

01 按 Ctrl+O 组合键，在弹出的【打开】对话框中，打开【素材 \Cha04\ 区域文字素材 1.ai】素材文件，在工具箱中单击【文字工具】，当鼠标指针变为样式时，在文字起点处单击鼠标左键并向对角线方向拖曳，拖曳出所需大小的矩形文本框后松开鼠标，光标会自动置入文本框内，如图 4-14 所示。

图 4-14

02 在创建的文本框中输入文字，选中输入的文字，在【属性】面板中将【字体】设置为【方正姚体】，【字体大小】设置为 32pt，【行距】设置为 47pt，【字符间距】设置为 100，如图 4-15 所示。

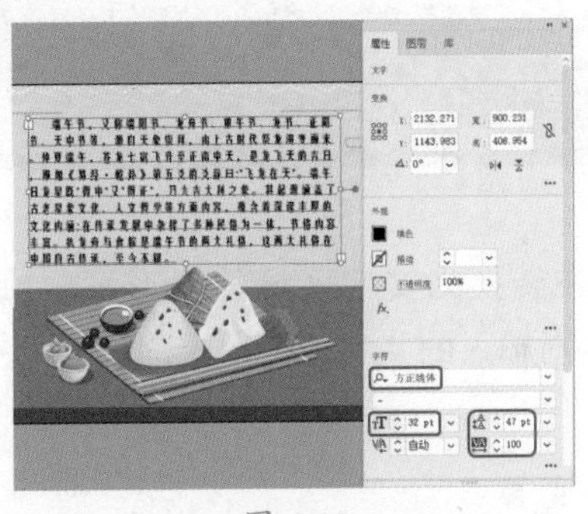

图 4-15

除了可以使用【文字工具】绘制文本区域外，用户还可以将绘制的图形转换为文本区域，下面简单介绍将图形转换为文字区域的具体操作步骤。

01 在工具箱中单击【椭圆工具】，在画板中绘制一个椭圆形，如图 4-16 所示。

图 4-16

02 在工具箱中选择【区域文字工具】，指针将变为样式，将光标移至图形框边缘，如图 4-17 所示。

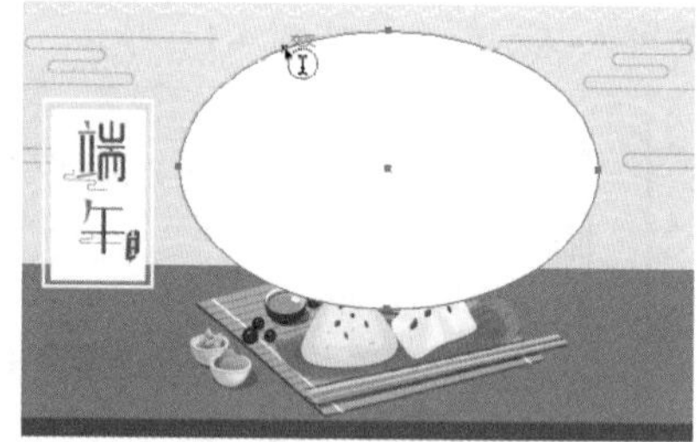

图 4-17

03 单击左键，即可完成将图形转换为文字区域的操作，如图 4-18 所示。

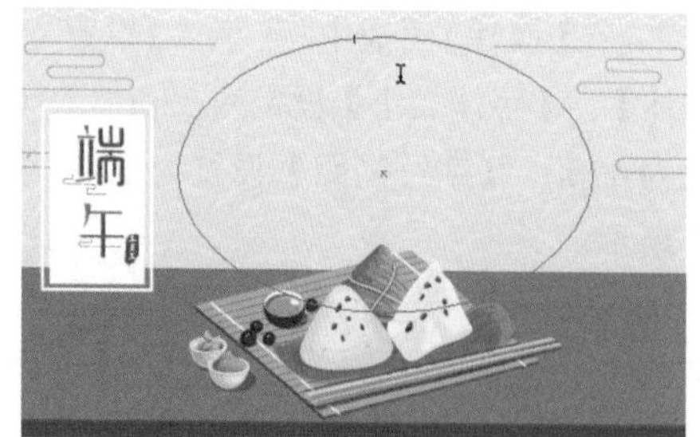

图 4-18

04 在转换为文字区域的图形框中输入文字，并对输入的文字进行设置，效果如图 4-19 所示。

图 4-19

提示：当将图形转换为文字区域时，Illustrator 会自动将该图形的属性删除，例如填充、描边等。

如果用作文字区域的图形为开放路径，则必须使用【区域文字工具】或【直排区域文字工具】来定义文本框。Illustrator 可在路径的端点之间绘制一条虚构的直线来定义文字的边界，例如在画板中绘制一条开放路径，如图 4-20 所示。单击【区域文字工具】，在路径上单击鼠标，然后输入文字并对其进行设置即可，效果如图 4-21 所示。

图 4-20

图 4-21

2. 文本的串接与中断

若输入的文本超出文本框容量，还可以将文本串接到另一个文本框中，即串接文本，具体的操作步骤如下。

01 按 Ctrl+O 组合键，弹出【打开】对话框，打开【素材 \Cha04\ 区域文字素材 2.ai】素材文件，在工具箱中选择【选择工具】，将光标移至溢流文本的位置，单击红色加号⊞，当指针变为样式时，表示已经加载文本。在空白部分单击并沿对角线方向拖曳鼠标，如图 4-22 所示。

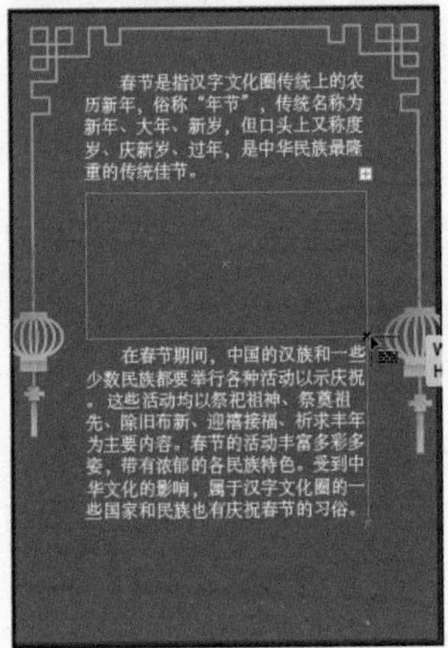

图 4-22

02 松开鼠标后可以看到加载的文字自动排入拖曳的文本框中，效果如图 4-23 所示。

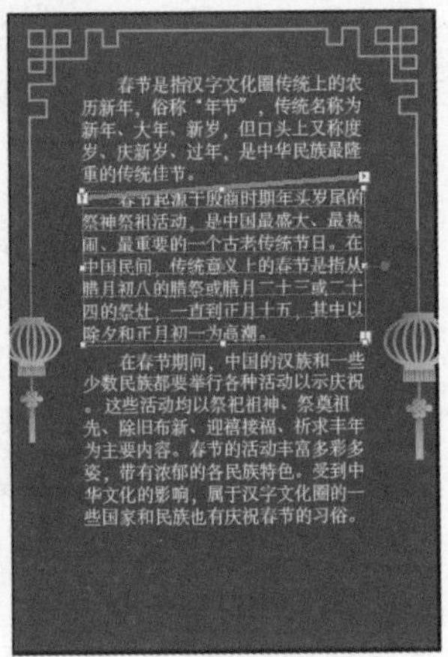

图 4-23

还可以将独立的文本框串接在一起，或者将串接的文本框断开。下面介绍串接与断开文本框的方法，具体的操作步骤如下。

01 按 Ctrl+O 组合键，弹出【打开】对话框，打开【素材 \Cha04\ 区域文字素材 3.ai】素材文件，在工具箱中单击【选择工具】，单击第二个文本框，将光标放置在文本框右下角文字的出口处，单击鼠标左键，如图 4-24 所示。

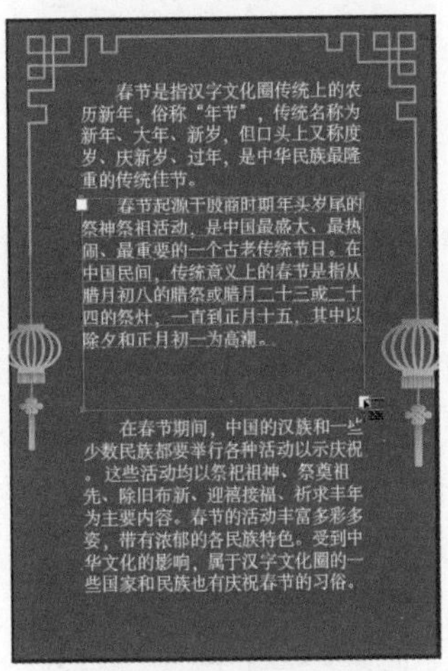

图 4-24

02 将光标移至第二个文本框中，此时鼠标指针将会变成样式，如图 4-25 所示。

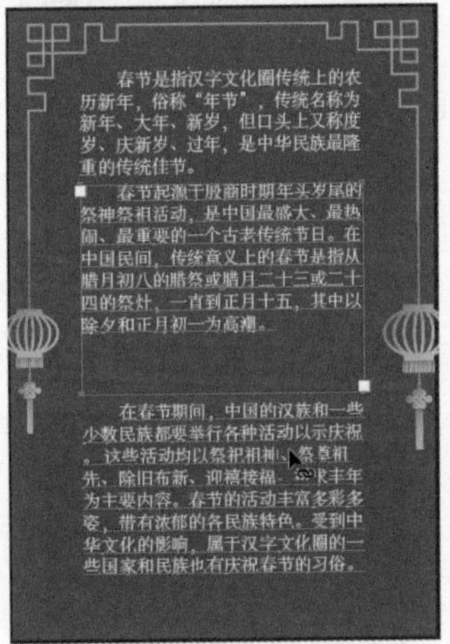

图 4-25

03 单击鼠标左键，即可将文本框串接起来。文本框串接起来之后，如果上方文本框有空余部分，下方文本框的内容会自动添加至上方文本框，如图 4-26 所示。

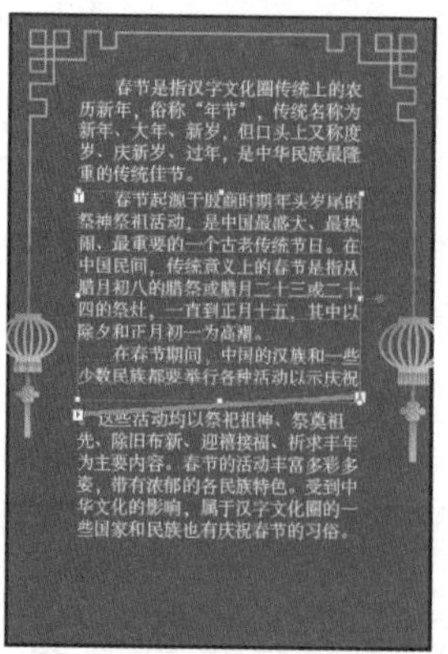

图 4-26

同样，在 Illustrator 中也可将串接的两个文本框进行断开，其具体操作步骤如下。

01 使用【选择工具】选择需要断开串接的文本框，将鼠标指针移至文本框的左上角，即文字的入口处，单击鼠标左键，如图 4-27 所示。

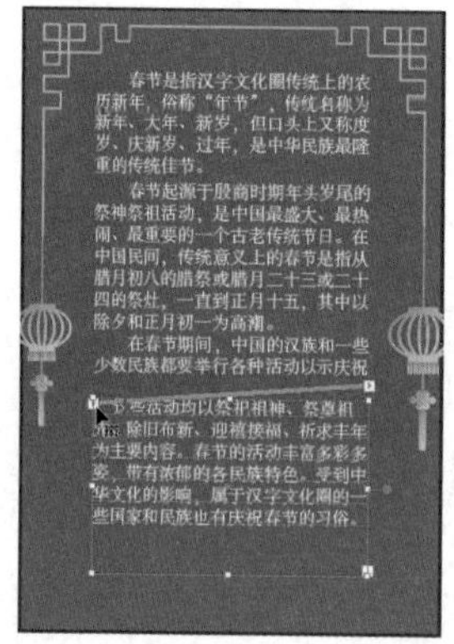

图 4-27

02 将鼠标指针移至需要断开串接文本框中，此时鼠标指针会变为样式，如图 4-28 所示。

图 4-28

03 单击鼠标左键，完成断开文本框串接的操作，被断开串接的文本则排入上一个文本框中，如图 4-29 所示。

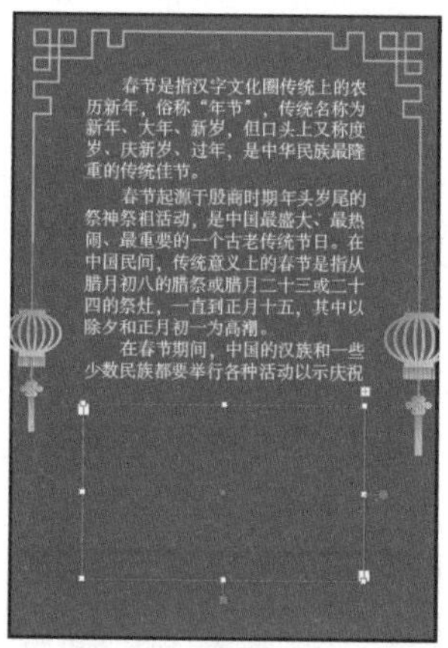

图 4-29

3. 设置区域文字

创建区域文字后，还可以根据需要对文字区域的宽度和高度、文字的间距等进行设置，具体操作步骤如下。

01 打开【区域文字素材 4.ai】素材文件，使用【选择工具】选择文本框，在菜单栏中选择【文字】|【区域文字选项】命令，如图 4-30 所示。

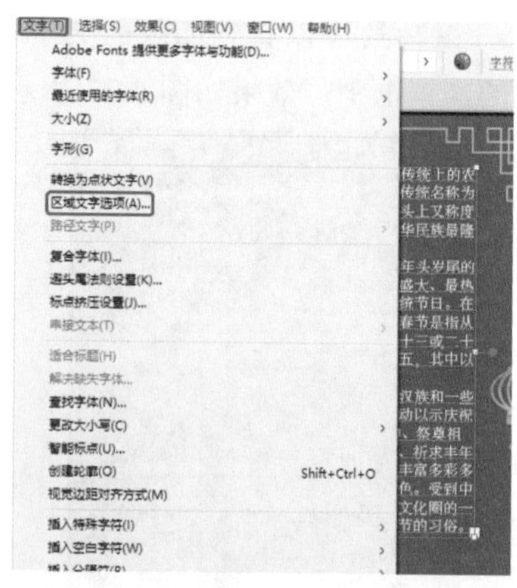

图 4-30

02 执行该操作后，将会弹出【区域文字选项】对话框，在该对话框中将【位移】下的【内边距】设置为 20px，如图 4-31 所示。

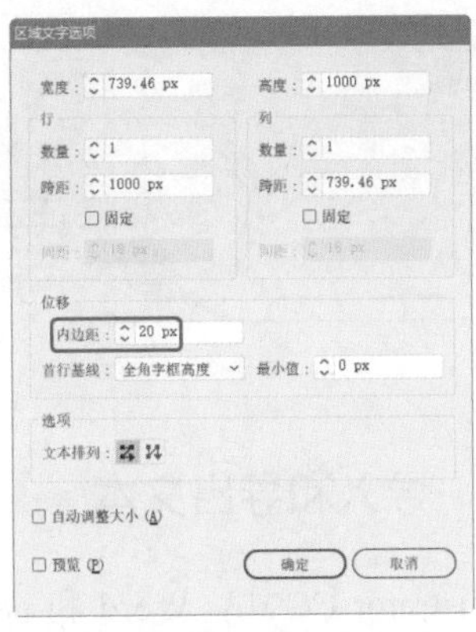

图 4-31

该对话框中各选项功能介绍如下。

◎ 【宽度】和【高度】：数值框分别表示文字区域的宽度和高度，如图 4-32 所示为设置完宽度后的效果。

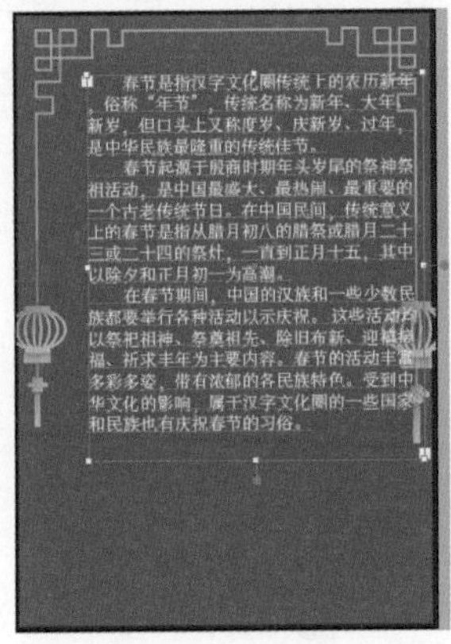

图 4-32

◎ 【行】和【列】选项组：各项参数介绍如下。

◇ 【数量】：指定对象要包含的行数、列数(即通常所说的【栏数】)，设置列数量后的效果如图 4-33 所示。

图 4-33

◇ 【跨距】：指定单行高度和单栏宽度。

◇ 【固定】：确定调整文字区域大小时行高和栏宽的变化情况。

◇ 【间距】：用于指定行间距或列间距。

◎ 【位移】：用于升高或降低文本区域中的首行基线。

◇ 【内边距】：该选项用于设置文字与文字区域的间距。

◇ 【首行基线】：在该下拉列表中可以对文本首行基线进行设置。

◇ 【最小值】：指定基线偏移的最小值。

◇ 【文本排列】选项：确定文本在行和列间的排列方式，包括【按行，从左到右】和【按列，从左到右】。

03 设置完成后，单击【确定】按钮，设置区域文字后的效果如图 4-34 所示。

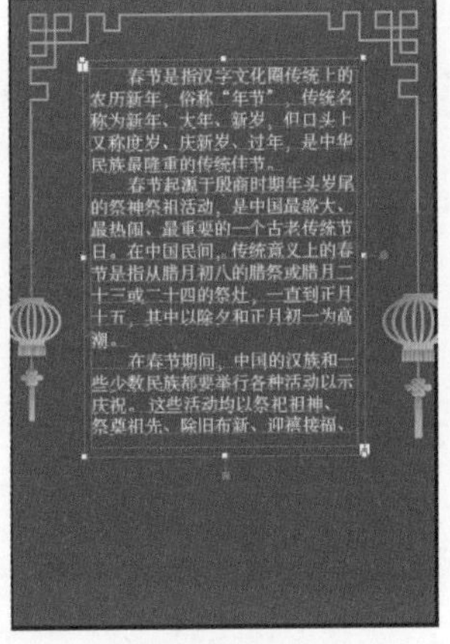

图 4-34

4.1.3 创建路径文字

路径文字是指沿着开放或封闭的路径方向排列的文字。

下面介绍创建路径文字的方法，具体的操作步骤如下。

01 按 Ctrl+O 组合键，在弹出的【打开】对话框中打开【素材 \Cha04\ 花朵背景 .ai】素材文件，如图 4-35 所示。

图 4-35

02 在工具箱中选择【钢笔工具】，在画板中绘制路径，如图 4-36 所示。

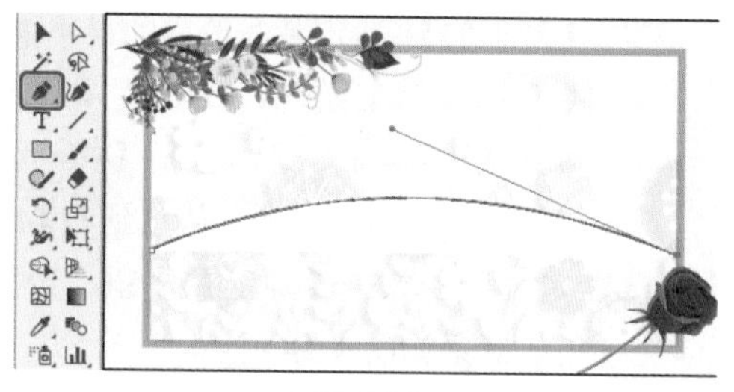

图 4-36

03 选择【路径文字工具】，当指针变为样式时将光标移至曲线边缘，单击鼠标左键，输入文字，如图 4-37 所示。

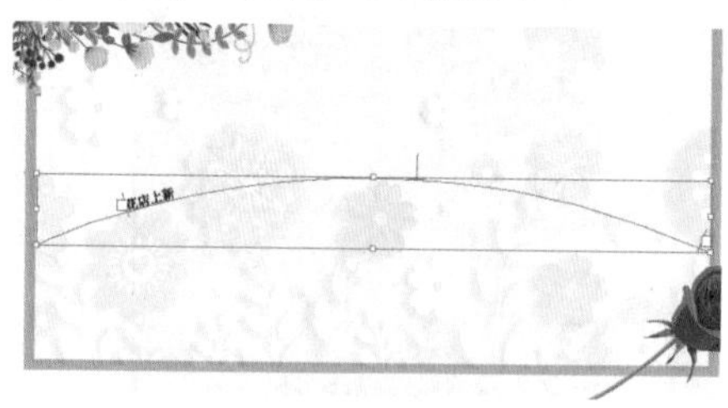

图 4-37

提示：如果路径为封闭路径而不是开放路径，则必须使用【路径文字工具】或【直排路径文字工具】。

04 选中输入的文字，在【属性】面板中将【字体】设置为【汉仪舒同体简】，将【字体大小】设置为 100pt，将【字符间距】设置为 300，将【填色】设置为 #F0928B，设置后的效果如图 4-38 所示。

图 4-38

4.1.4 导入和导出文本

在 Illustrator CC 中，Word 和 txt 文本类型均可导入至文档中；除了将文本导入文档，也可将文档中的文本导出为 txt 格式。导入和导出的操作方法如下。

1. 导入文本

在 Illustrator CC 中，可以将纯文本或 Microsoft Word 文档导入到图稿中或已创建的文本中，具体的操作步骤如下。

01 打开【花朵背景 .ai】素材文件，在菜单栏中选择【文件】|【置入】命令，如图 4-39 所示。

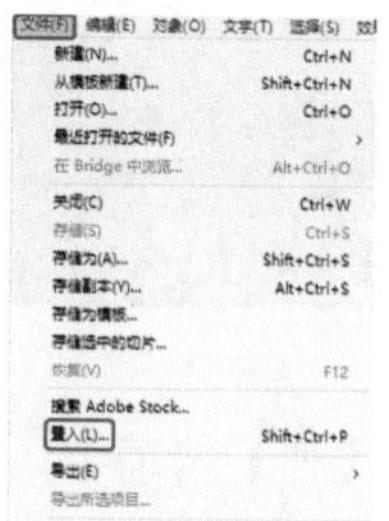

图 4-39

02 弹出【置入】对话框，在该对话框中选择【素材 \Cha04\ 玫瑰介绍 .docx】素材文件，单击【置入】按钮，弹出【Microsoft Word 选项】对话框，在该对话框中使用默认设置，如图 4-40 所示。

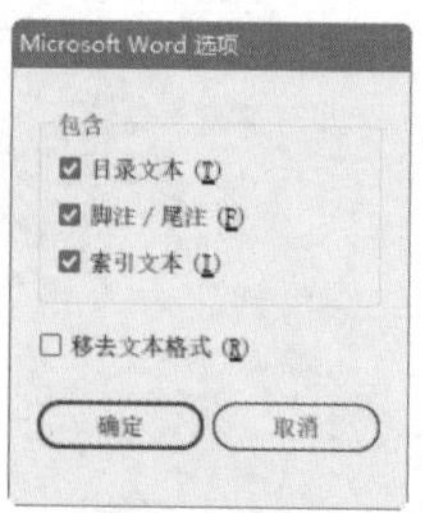

图 4-40

03 单击【确定】按钮，在画板中按住左键并拖曳，选中置入的文本，在【属性】面板中将【字体】设置为【汉仪橄榄体简】，将【字体大小】设置为20pt，将【字符间距】设置为130，并调整文本框的大小，如图4-41所示。

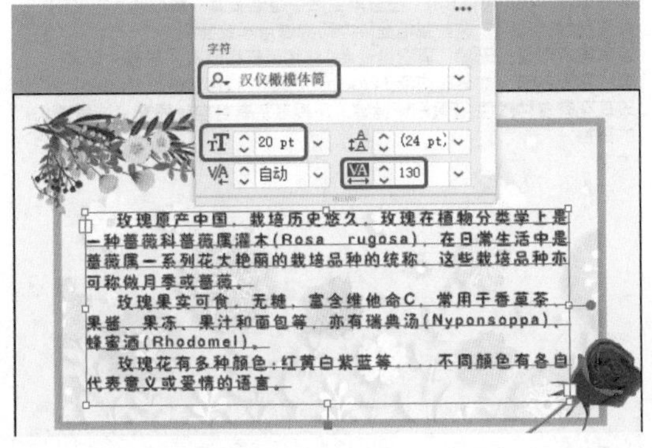

图 4-41

04 在菜单栏中选择【文件】|【置入】命令，弹出【置入】对话框，选择【素材\Cha04\标题.txt】素材文件，单击【置入】按钮，弹出【文本导入选项】对话框，在【字符集】下拉列表中选择GB2312选项，然后勾选【在每行结尾删除】和【在段落之间删除】复选框，如图4-42所示。

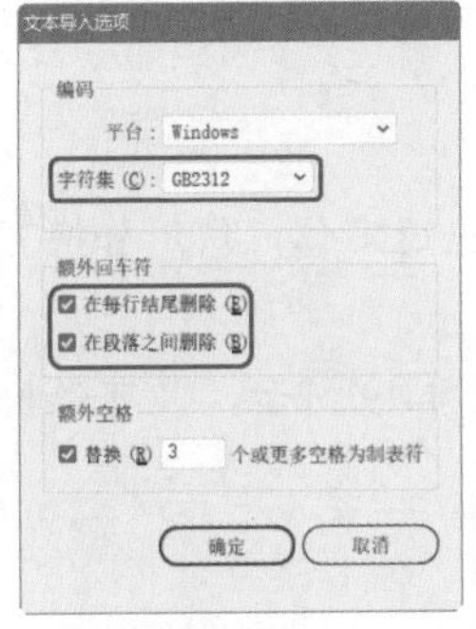

图 4-42

05 单击【确定】按钮，在画板中按住左键并拖曳，选中置入的文本，在【属性】面板中将【字体】设置为【方正楷体简体】，【字体大小】设置为67pt，【字符间距】设置为260，将【填色】设置为#C10613，如图4-43所示。

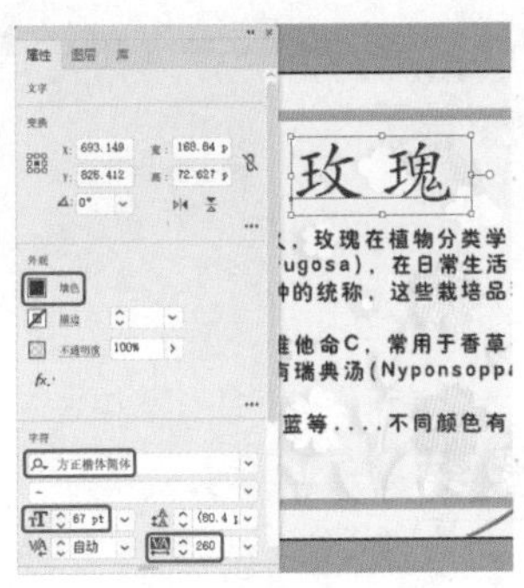

图 4-43

2. 导出文本

在Illustrator CC中，可以将创建的文档导出为纯文本格式，具体的操作步骤如下。

01 继续上一小节的操作，使用【选择工具】在画板中选择要导出的文本，如图4-44所示。

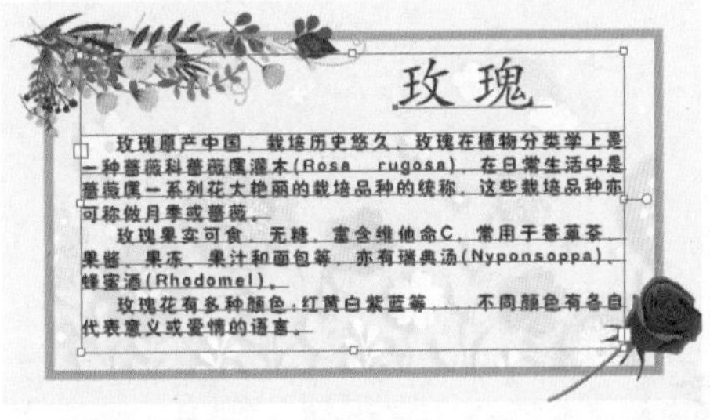

图 4-44

02 选择完成后，在菜单栏中选择【文件】|【导出】|【导出为】命令，如图4-45所示。

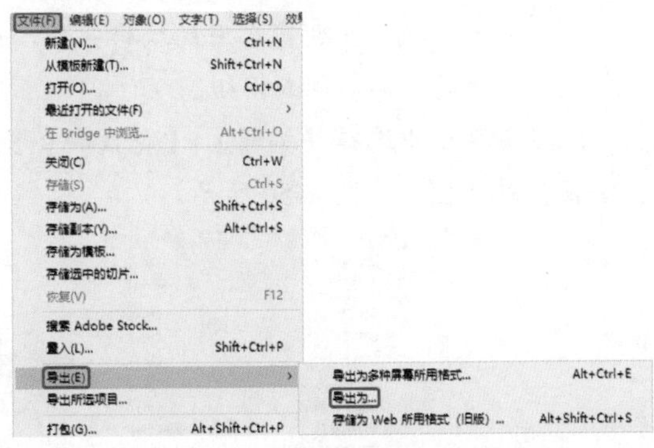

图 4-45

03 弹出【导出】对话框，在该对话框中选择导出路径，然后输入文件名，并在【保存类型】下拉列表中选择【文本格式(*.TXT)】选项，如图4-46所示。

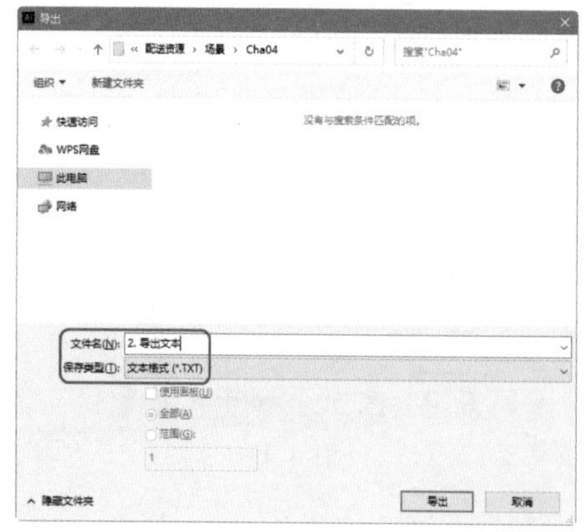

图 4-46

04 单击【导出】按钮，弹出【文本导出选项】对话框，在该对话框中使用默认设置即可，如图 4-47 所示。

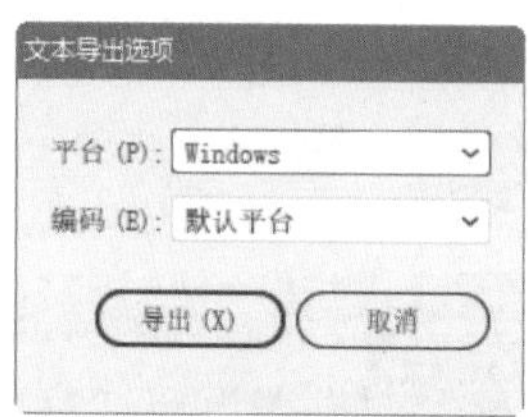

图 4-47

05 单击【导出】按钮，即可导出文档。然后在本地计算机中打开导出的文本文档，效果如图 4-48 所示。

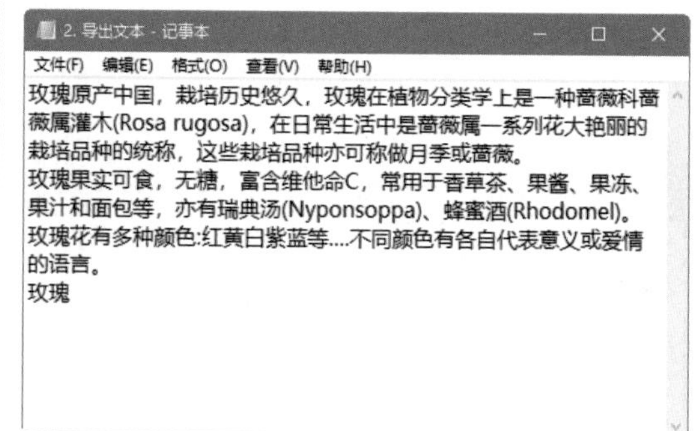

图 4-48

提示：如果只想导出文档中的部分文本，可以先选择要导出的文本，然后执行【导出】命令。

知识链接：查找与替换

1. 查找与替换文本

查找与替换文本也是常用的编辑操作，使用查找可以快速定位，使用替换可以一次性替换文档中的全部单词或词组。

在菜单栏中选择【编辑】|【查找和替换】命令，如图 4-49 所示，即可弹出【查找和替换】对话框，如图 4-50 所示。

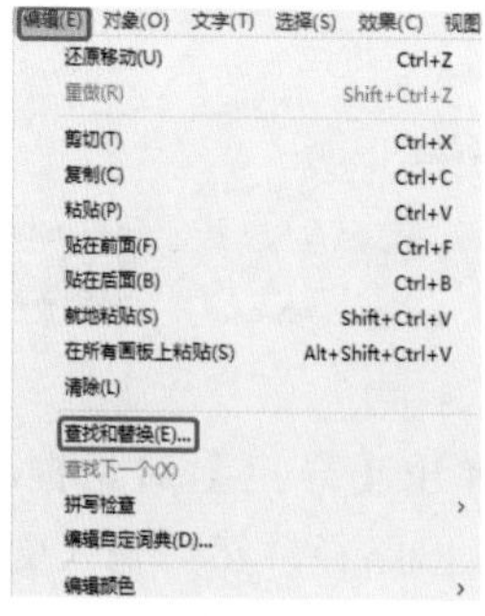

图 4-49

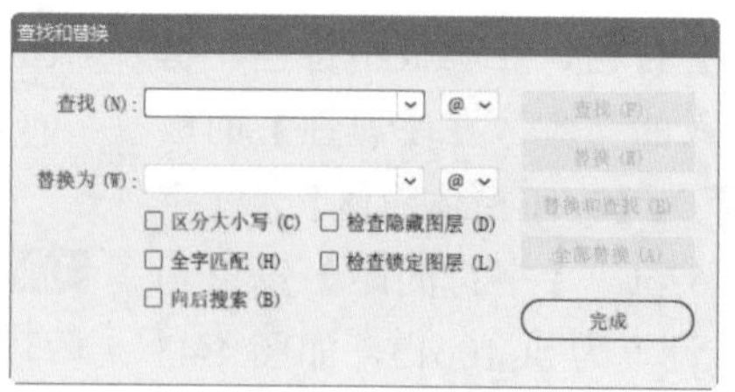

图 4-50

在【查找】文本框中，输入或粘贴要查找的文本；在【替换为】文本框中，输入或粘贴要替换的文本。

◎ 若搜索或更改包括制表符、空格和其他特殊字符的文本，或搜索未指定的字符或通配符，可单击【查找】或【替换为】列表框右侧的 @ ⌄ 按钮，在弹出的下拉列表中选择 Illustrator 中的字符或符号，如图 4-51 所示。

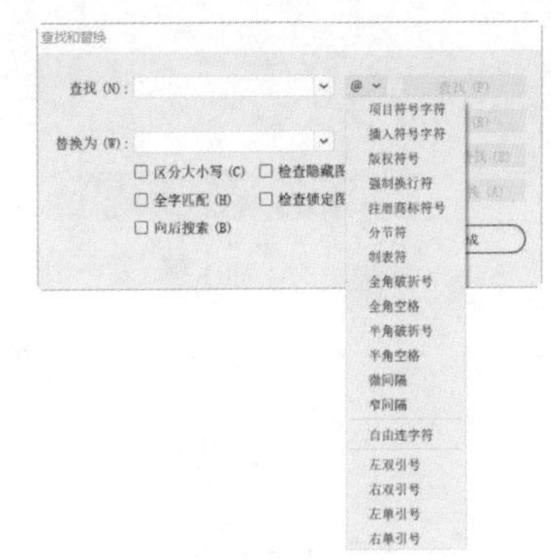

图 4-51

◎ 若选择【区分大小写】复选框，将区分字符的大小写；若选择【全字匹配】复选框，将按全字匹配规则进行查找与替换；若选择【向后搜索】复选框，将向后搜索文字的内容；若选择【检查隐藏图层】复选框，则查找 / 替换范围将包含隐藏图层中的内容；若选择【检查锁定图层】复选框，则查找 / 替换范围将包含锁定图层中的内容。

◎ 若单击【查找】按钮，则开始搜索下一个匹配的文字串；若单击【替换】按钮，将替换文字串；若单击【替换和查找】按钮，将替换文字串并搜索下一个匹配的文字串；若单击【全部替换】按钮，将替换全部文字串。更改完成时，单击【完成】按钮结束替换。

查找与替换文本的具体操作步骤如下。

01 打开【查找与替换素材 .ai】素材文件，如图 4-52 所示。

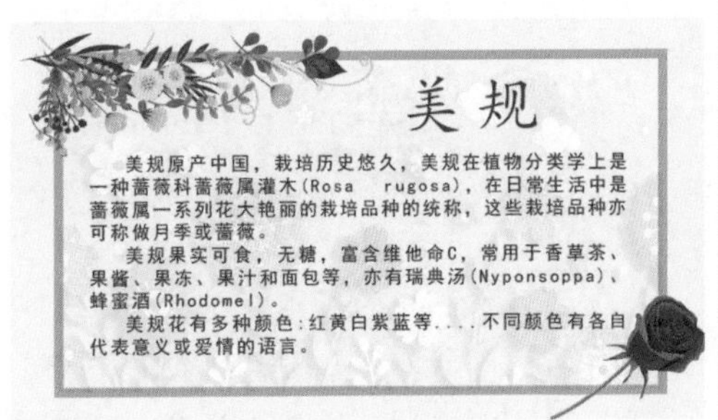

图 4-52

02 在菜单栏中选择【编辑】|【查找和替换】命令，弹出【查找和替换】对话框，在【查找】文本框中输入【美规】，在【替换为】文本框中输入【玫瑰】，如图 4-53 所示。

03 单击【查找】按钮，即可查找到第一个匹配的文字，如图 4-54 所示。

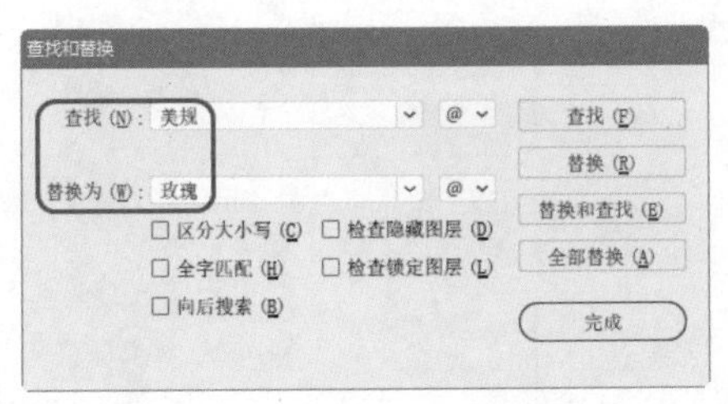

图 4-53

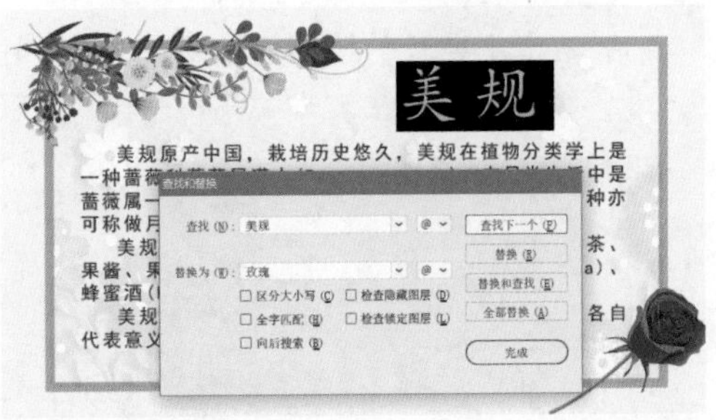

图 4-54

04 单击【全部替换】按钮，此时会弹出信息提示对话框，提示已完成替换，然后单击【确定】按钮，如图 4-55 所示。

05 返回到【查找和替换】文本框中，然后单击【完成】按钮，即可将文档中所有的【美规】替换为【玫瑰】，效果如图 4-56 所示。

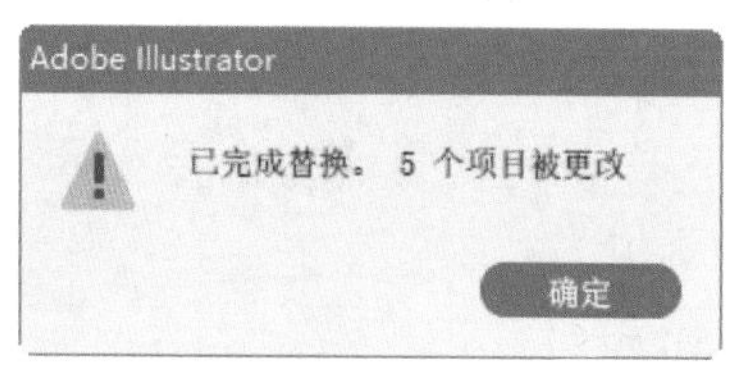

图 4-55

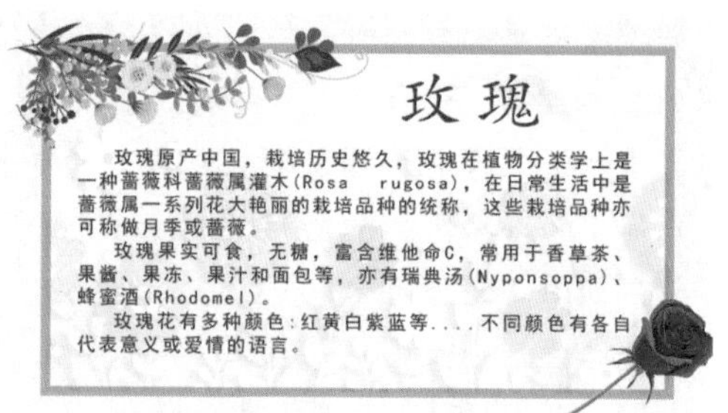

图 4-56

2. 查找和替换字体

在 Illustrator 中还可以查找和替换文档中的字体。在菜单栏中选择【文字】|【查找字体】命令，如图 4-57 所示，即可弹出【查找字体】对话框，如图 4-58 所示。

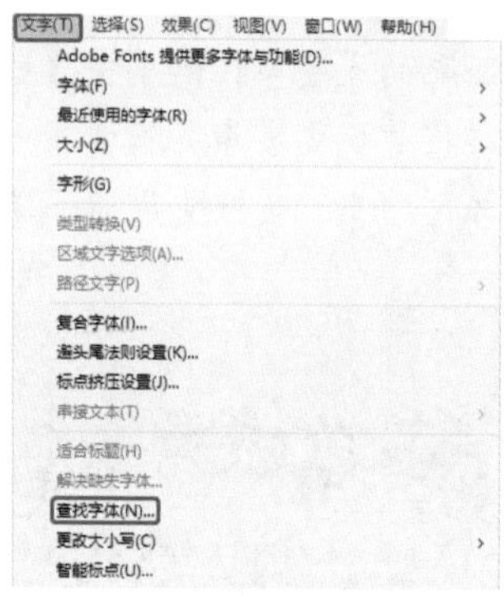

图 4-57

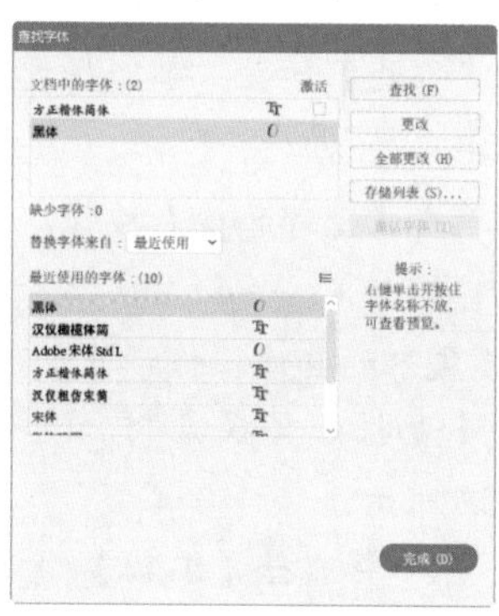

图 4-58

◎ 在【文档中的字体】列表中，选取一种字体。

◎ 在【替换字体来自】列表中，若选择【文档】选项，列表中将显示文档中的所有字体；若选择【系统】选项，列表中将显示系统中的所有字体，如图 4-59 所示。在列表中选取一种要替换的字体。

◎ 若单击【查找】按钮，开始搜索下一个匹配的格式字体。

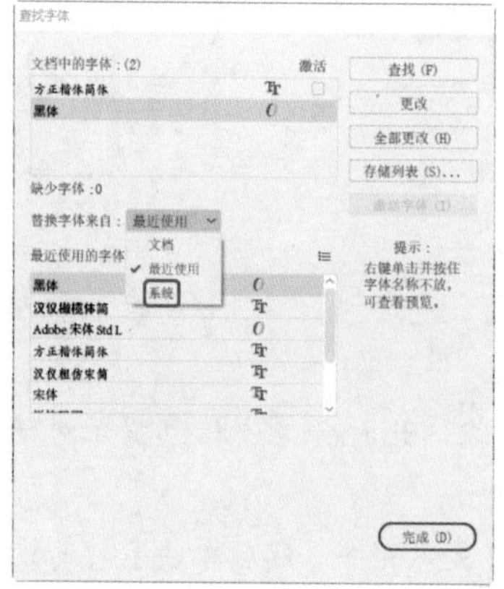

图 4-59

◎ 若单击【更改】按钮，将更改搜索到的字体；若单击【全部更改】按钮，将更改全部匹配的字体。更改完成时，单击【完成】按钮。

查找和替换字体的具体操作步骤如下。

01 在菜单栏中选择【文字】|【查找字体】命令，弹出【查找字体】对话框，在【文档中的字体】列表中选择【黑体】，并在【系统中的字体】列表中选择字体【汉仪橄榄体简】，如图 4-60 所示。

02 单击【全部更改】按钮，即可更改全部匹配的字体，然后单击【完成】按钮，效果如图 4-61 所示。

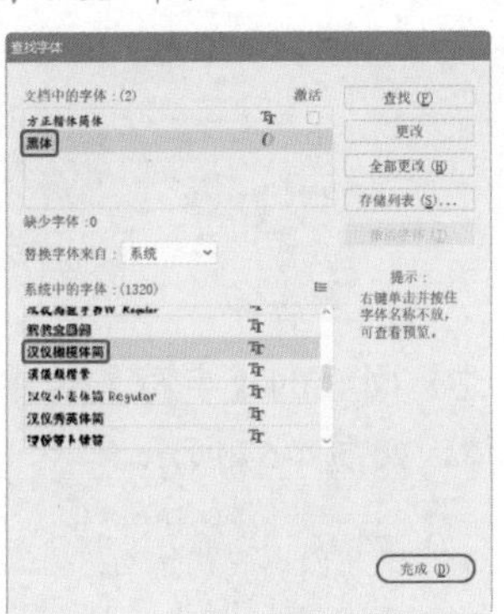

图 4-60

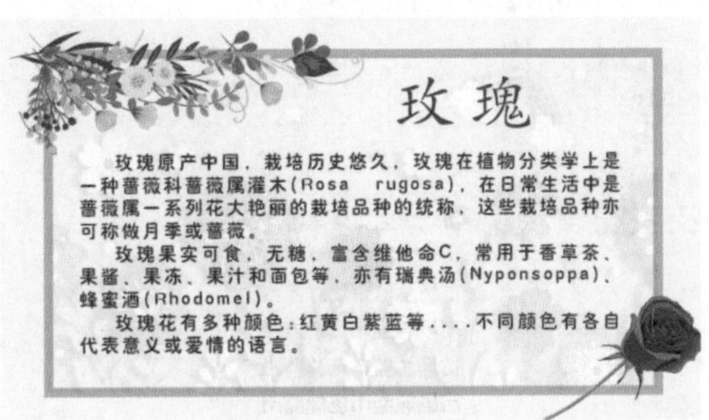

图 4-61

4.2 设置文字格式

好看的文字格式可以使版面更加赏心悦目，文字格式包括字体、字号、字体颜色、字符间距等，本节将讲解如何设置文字格式。

4.2.1 设置字体

字体是具有同样粗细、宽度和样式的一组字符的完整集合，如 Times New Roman、宋体等。字体系列也称为字体家族，是具有相同整体外观的字体所形成的集合。设置文字字体的操作步骤如下。

01 按 Ctrl+O 组合键，在弹出的对话框中选择【素材 \Cha04\ 招聘素材 .ai】素材文件，单击【打开】按钮，如图 4-62 所示。

图 4-62

02 在工具箱中单击【选择工具】，按住 Shift 键的同时选择需要设置字体的文本，如图 4-63 所示。

图 4-63

03 按 Ctrl+T 组合键打开【字符】面板，在【字体】下拉列表中选择一种字体，在这里选择【Adobe 黑体 Std R】，如图 4-64 所示。

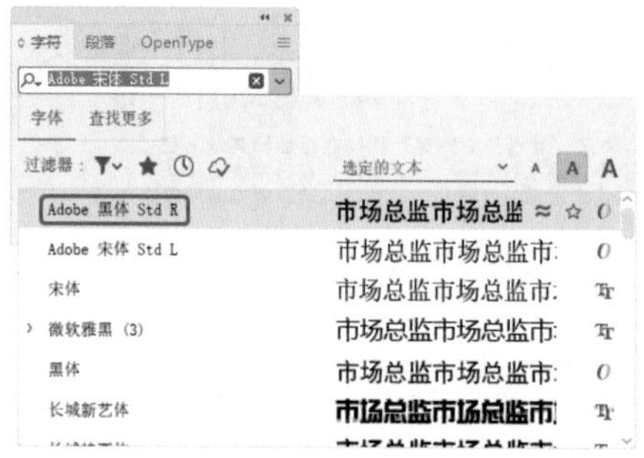

图 4-64

04 执行该操作后，即可为选中的文字设置字体，效果如图 4-65 所示。

图 4-65

还可以使用下面的方法设置文字字体。

◎ 在菜单栏中选择【文字】|【字体】命令，在弹出的子菜单中可以对文字字体进行设置，如图 4-66 所示。

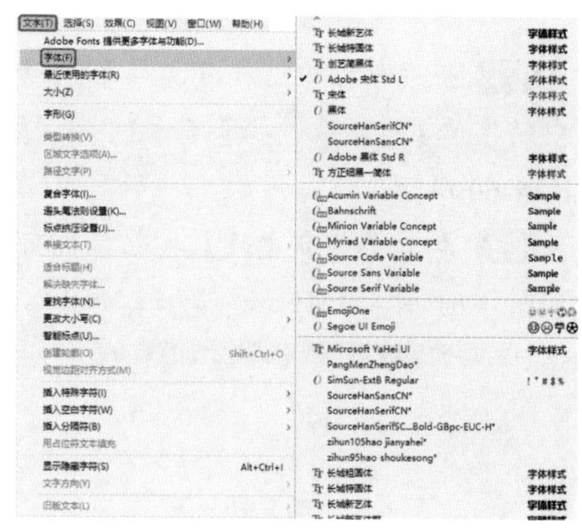

图 4-66

◎ 在【属性】面板的【字符】组中设置文字的字体，如图 4-67 所示。

图 4-67

知识链接：【字符】面板

在编辑图稿时，设置字符格式包括设置字体、字号、字体颜色、字符间距、文字边框等。设置好文档中的字符格式可以使版面赏心悦目。使用【控制】面板或【字符】面板可以方便地进行字符格式设置，也可以选用【文字】菜单中的命令进行字符格式设置。

选中文字后，在菜单栏中选择【窗口】|【文字】|【字符】命令，如图 4-68 所示，即可打开【字符】面板，如图 4-69 所示。

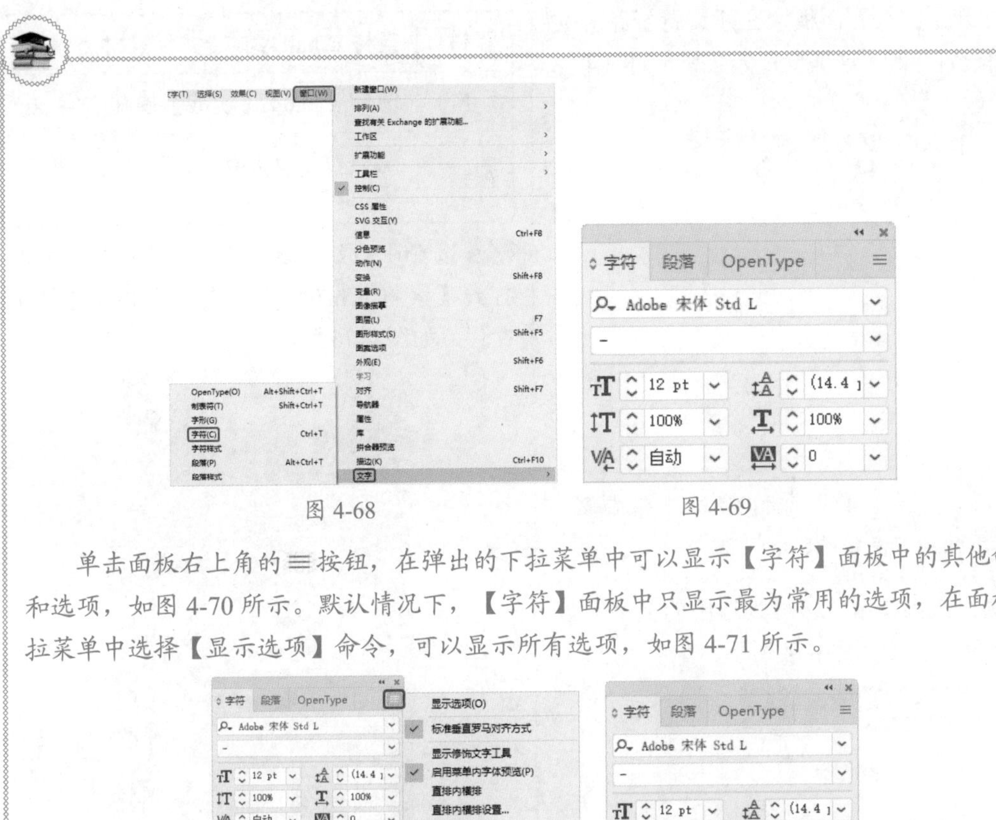

图 4-68　　图 4-69

单击面板右上角的≡按钮，在弹出的下拉菜单中可以显示【字符】面板中的其他命令和选项，如图 4-70 所示。默认情况下，【字符】面板中只显示最为常用的选项，在面板下拉菜单中选择【显示选项】命令，可以显示所有选项，如图 4-71 所示。

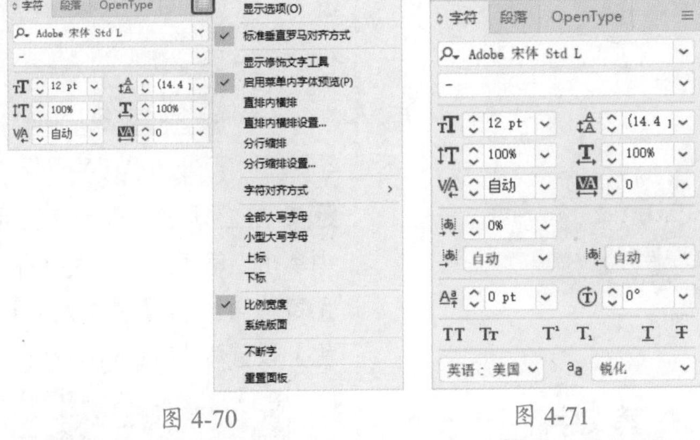

图 4-70　　图 4-71

■ 4.2.2　改变行距

在罗马字中的行距，也就是相邻行文字间的垂直间距。测量行距时是从一行文本的基线到上一行文本基线的距离。基线是一条无形的线，多数字母的底部均以其为准对齐。改变行距的具体操作步骤如下。

01 继续上一小节的操作，使用【选择工具】选择需要设置行距的文字对象，如图 4-72 所示。

图 4-72

02 打开【字符】面板，在【设置行距】文本框中设置行距，这里设置为25pt，如图4-73所示。

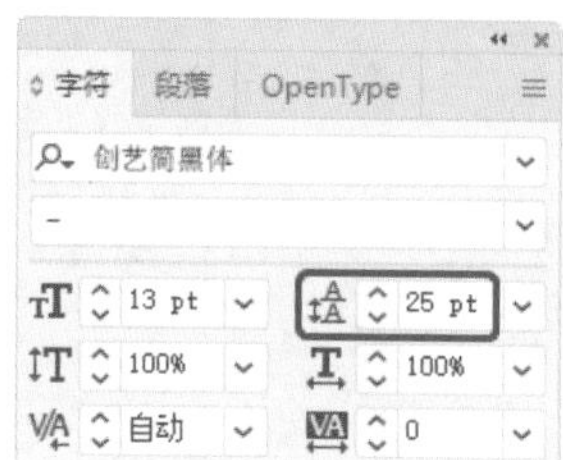

图 4-73

提示：单击【设置行距】文本框右侧下三角按钮可直接选择行距值。

03 执行该操作后，即可为选中的文字对象设置行距，效果如图4-74所示。

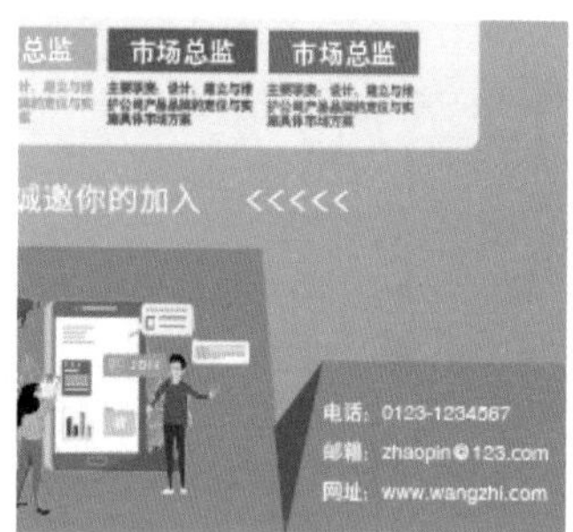

图 4-74

【实战】旋转文字

在 Illustrator 中，还可以对字符的旋转角度进行设置，效果如图4-75所示。

图 4-75

素材	素材 \Cha04\ 旋转文字素材 .ai
场景	场景 \Cha04\【实战】旋转文字 .ai
视频	视频教学 \Cha04\【实战】旋转文字 .mp4

01 按 Ctrl+O 组合键，弹出【打开】对话框，打开【素材 \Cha04\ 旋转文字素材 .ai】素材文件，如图4-76所示。

图 4-76

02 在工具箱中单击【文字工具】，在画板中单击，输入文字，将【字体】均设置为【方正黄草简体】，【字体大小】设置为120pt，【填色】设置为#FF0000，如图4-77所示。

图 4-77

03 选中“Happy”文本，在【字符】面板中显示全部选项，在【字符旋转】文本框中输入8°，如图4-78所示。

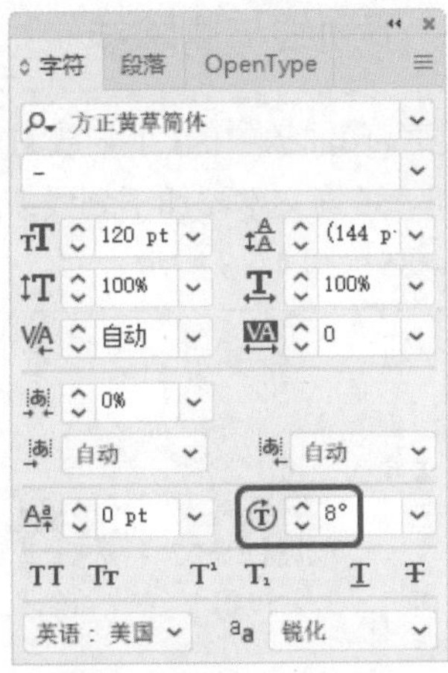

图 4-78

04 在【属性】面板中将【字符旋转】设置为 10°，如图 4-79 所示。

图 4-79

05 将其他文本的【字符旋转】设置为 -8°，并调整两个文本的位置，如图 4-80 所示。

图 4-80

■ 4.2.3 垂直／水平缩放

在【字符】面板中，可以通过设置【垂直缩放】和【水平缩放】来改变文字的原始宽度和高度，图 4-81 所示为【水平缩放】分别设为 100%和 120%时的效果。

图 4-81

图 4-82 所示为【垂直缩放】分别设为 100%和 115%时的效果。

图 4-82

■ 4.2.4 字距微调和字符间距

字距微调调整的是特定字符之间的间隙，多数字体都包含内部字距表格，如 LA、T0、Tr、Ta、Tu、Te、Ty、Wa、WA、We、Wo、Ya 和 Y0 等，其中的间距是不相同的。字符间距的调整就是加宽或紧缩文本的过程。字符间距调整的值也会影响中文文本，但一般情况下，该选项主要用于调整英文间距。

字距微调和字符间距的调整均以1/1000em（全角字宽，以当前文字大小为基础的相对度量单位）度量。要为选定文本设置字距微调或字符间距，可在【字符】面板的【设置两个字符间的字距微调】或【设置所选字符的字距调整】下拉列表中进行设置。如图4-83所示为设置字距为0和500时的效果；如图4-84所示为设置字符间距为0和230时的效果。

图 4-83

图 4-84

4.2.5 下划线与删除线

单击【字符】面板中的【下划线】按钮或【删除线】按钮，可为文本添加下划线或删除线，效果如图4-85、图4-86所示。

图 4-85

图 4-86

【实战】粉笔文字

本例将讲解如何制作粉笔文字。首先导入背景图片，然后输入文字并设置【涂抹】效果和【粗糙化】效果。完成后的效果如图4-87所示。

图 4-87

素材	素材 \Cha04\ 粉笔文字素材 .ai
场景	场景 \Cha04\【实战】粉笔文字 .ai
视频	视频教学 \Cha04\【实战】粉笔文字 .mp4

01 按 Ctrl+O 组合键，打开【素材\Cha04\粉笔文字素材.ai】素材文件，如图 4-88 所示。

图 4-88

02 单击工具箱中的【文本工具】T，在画板中输入文本，在【字符】面板中将【字体】设置为【方正大黑简体】，【字体大小】设置为 100pt，【字符间距】设置为 130，在【填色】面板中将【填色】设置为白色，在画板中调整文本位置，如图 4-89 所示。

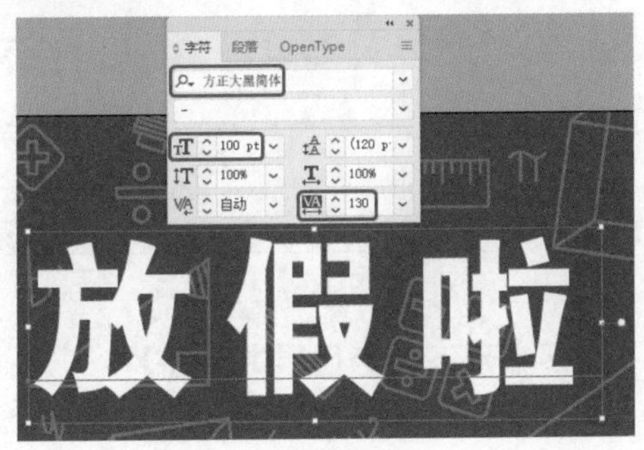

图 4-89

03 在菜单栏中选择【效果】|【风格化】|【涂抹】命令，如图 4-90 所示。

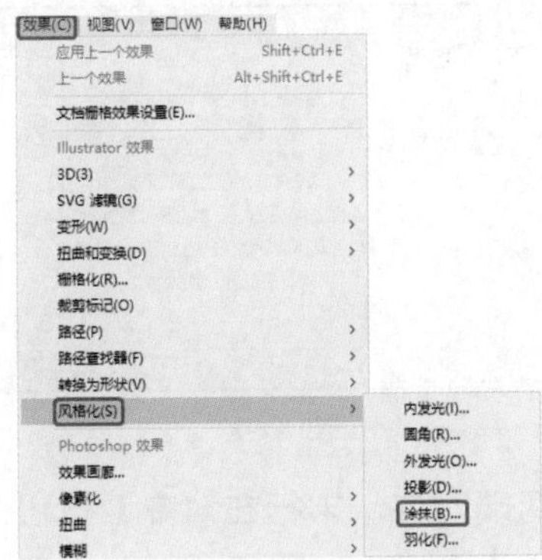

图 4-90

04 弹出【涂抹选项】对话框，在该对话框中设置相应的涂抹参数，如图 4-91 所示。

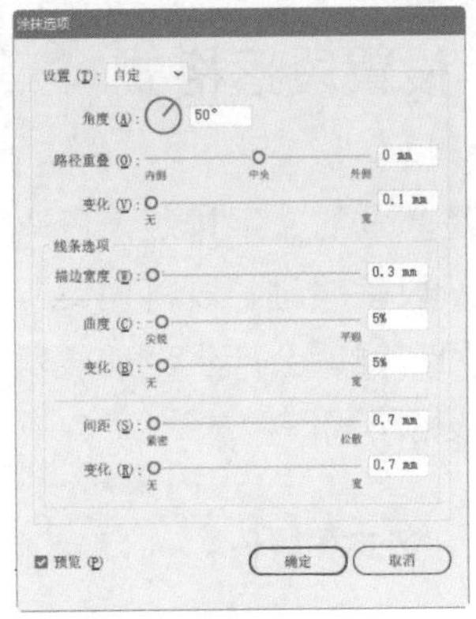

图 4-91

提示：在【涂抹选项】对话框中，勾选【预览】复选框，可以查看设置完参数后的涂抹效果。

05 单击【确定】按钮，在菜单栏中选择【效果】|【扭曲和变换】|【粗糙化】命令，如图 4-92 所示。

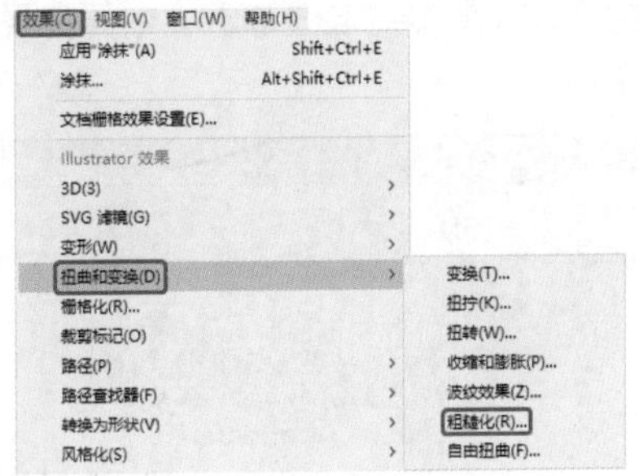

图 4-92

06 弹出【粗糙化】对话框，将【大小】设置为 1%，【细节】设置为 1，单击【确定】按钮，即可完成粉笔文字效果，如图 4-93 所示。

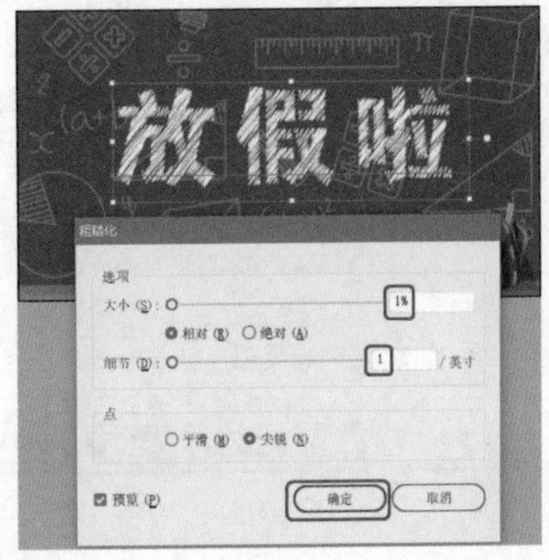

图 4-93

4.3 设置段落格式

段落是基本的文字排版，段落格式包括文本对齐、段落缩进、段落间距等，在输入文本时按回车键就会产生新的段落并自动应用前面的段落格式。

4.3.1 文本对齐

在 Illustrator CC 中提供了多种文本对齐方式，包括左对齐、右对齐、居中对齐、两端对齐，末行左对齐、两端对齐末行居中对齐、两端对齐末行右对齐和全部两端对齐，从而适应多种多样的排版需要。要设置文本对齐，首选选择要设置的文本段或将光标定位到要设置的文本段中，然后在【段落】面板中执行下列操作之一。

◎ 单击【左对齐】按钮：左对齐是将段落中的每行文本对准左边界，效果如图 4-94 所示。

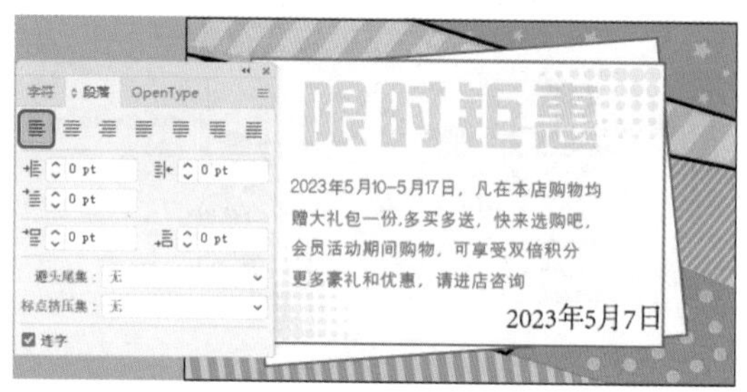

图 4-94

◎ 单击【居中对齐】按钮：居中对齐是将段落中的每行文本对准页的中间，如图 4-95 所示。

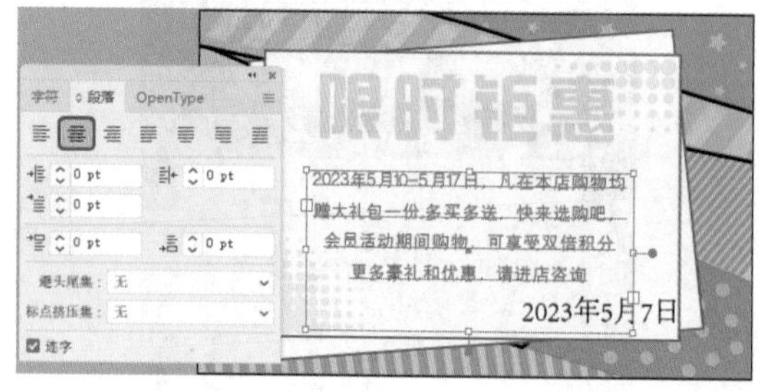

图 4-95

◎ 【右对齐】按钮：右对齐是将段落中的每行文本对准右边界，如图 4-96 所示。

图 4-96

◎ 【两端对齐，末行左对齐】按钮：两端对齐，末行左对齐是将段落中最后一行文本左对齐，其余文本行左右两端分别对齐文档的左右边界，如图 4-97 所示。

图 4-97

◎ 【两端对齐，末行居中对齐】按钮：两端对齐，末行居中对齐是将段落中最后一行文本居中对齐，其余文本行左右两端分别对齐文档的左右边界，如图 4-98 所示。

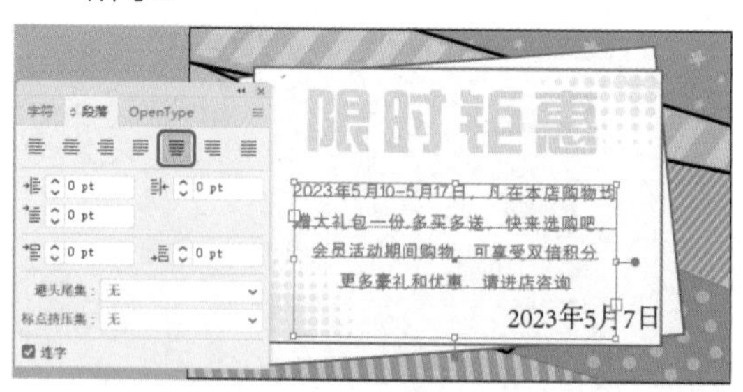

图 4-98

◎ 【两端对齐，末行右对齐】按钮：两端对齐，末行右对齐是将段落中最后一行文本右对齐，其余文本行左右两端分别对齐文档的左右边界，如图 4-99 所示。

图 4-99

◎ 【全部两端对齐】按钮：全部两端对齐是将段落中的所有文本行左右两端分别对齐文档的左右边界，如图 4-100 所示。

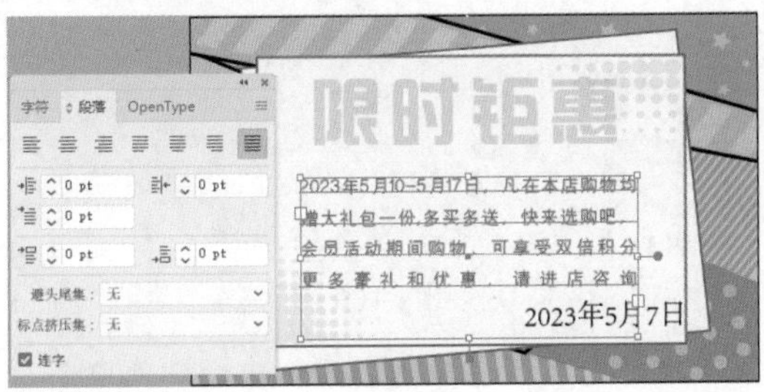

图 4-100

■ 4.3.2 段落缩进

段落缩进是指页边界到文本的距离，段落缩进包括左缩进、右缩进和首行左缩进。使用【段落】面板来设置缩进的操作步骤如下。

01 打开【素材\Cha04\段落格式素材.ai】素材文件，使用【选择工具】选中文字，或使用【文字工具】在要更改的段落中单击鼠标左键插入光标，如图 4-101 所示。

图 4-101

02 然后在【段落】面板中设置适当的缩进值，可以执行下列操作之一。

◎ 在【左缩进】文本框中输入 10pt，效果如图 4-102 所示。

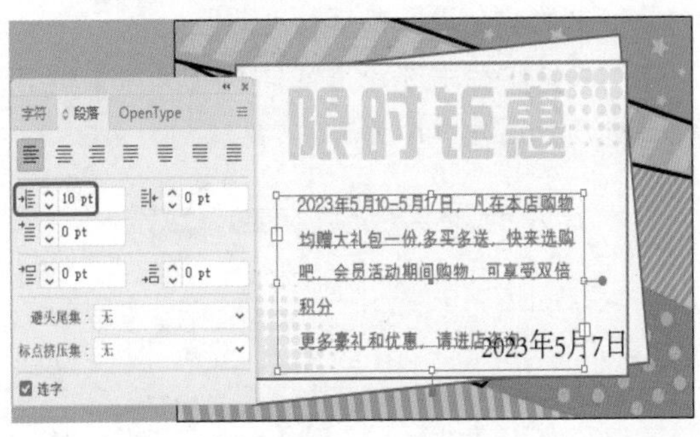

图 4-102

◎ 在【右缩进】文本框中输入 10pt，效果如图 4-103 所示。

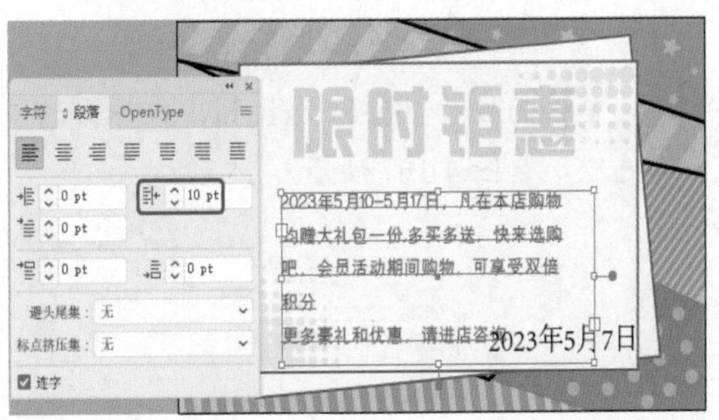

图 4-103

◎ 在【首行左缩进】文本框中输入 16pt，效果如图 4-104 所示。

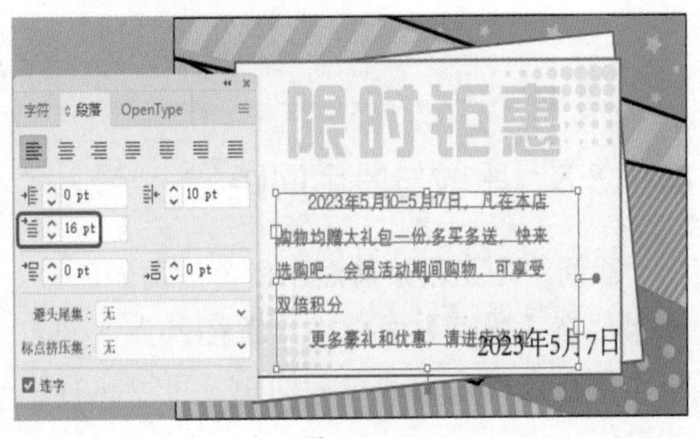

图 4-104

知识链接：【段落】面板

使用【控制】面板或【段落】面板可以方便地进行段落格式设置，也可以使用【文字】菜单中的命令进行段落格式设置。

在菜单栏中选择【窗口】|【文字】|【段落】命令，如图 4-105 所示。即可打开【段落】面板，如图 4-106 所示。

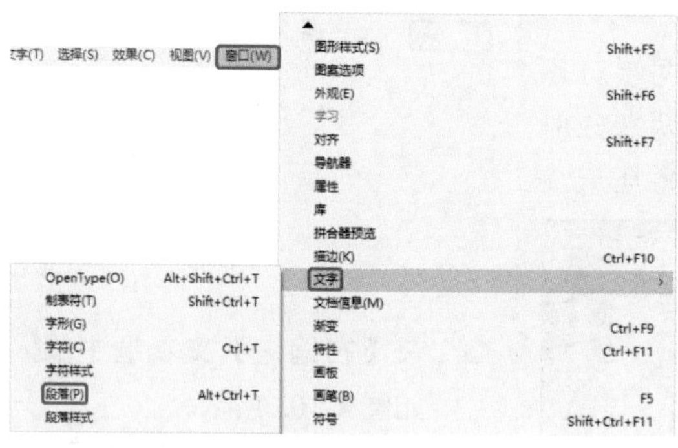

图 4-105

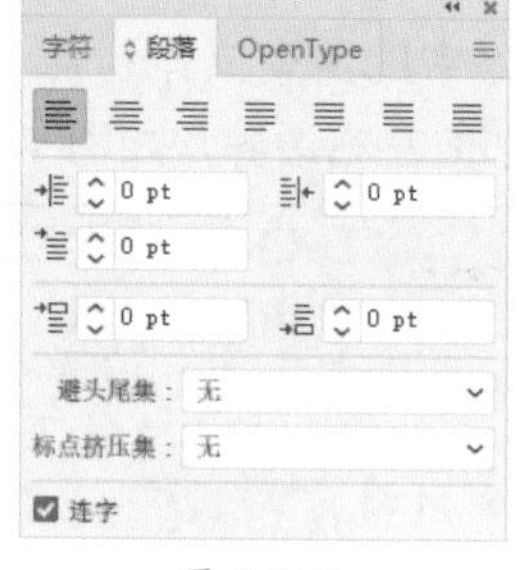

图 4-106

单击面板右上角的≡按钮，在弹出的下拉菜单中可以显示【段落】面板中的其他命令和选项，如图 4-107 所示。

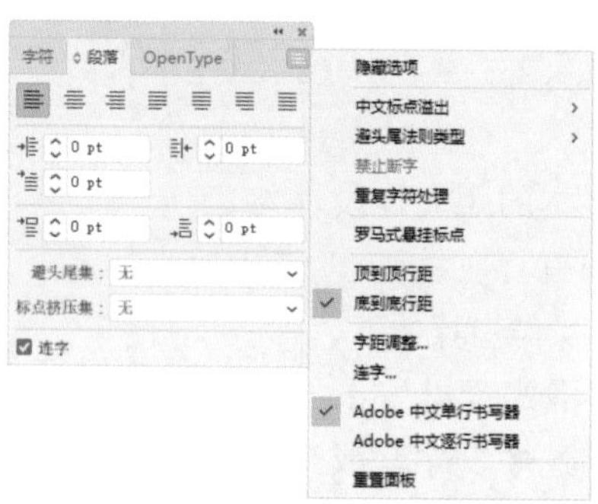

图 4-107

■ 4.3.3 段前与段后间距

段间距是指段落前面和段落后面的距离。如果要在【段落】面板中设置插入点或选定文本所在段的段前或段后间距，可以执行下列操作之一。

◎ 将光标置入需要设置的段落前，在【段前间距】文本框中输入一个值，例如输入 9pt，即可产生段落前间距，如图 4-108 所示。

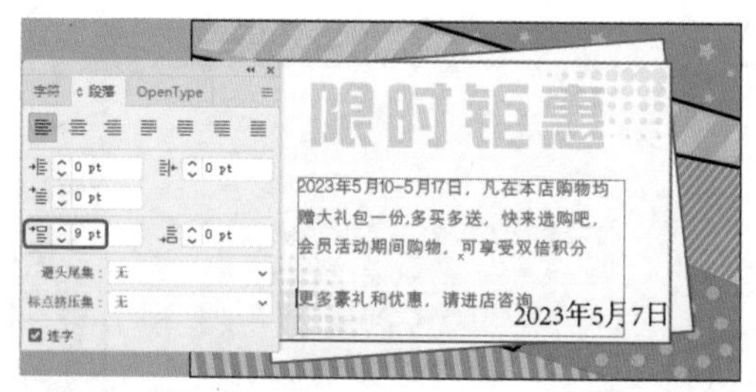

图 4-108

◎ 将光标置入需要设置的段落后，在【段后间距】文本框中输入一个值，例如输入 8pt，即可产生段落后间距，如图 4-109 所示。

图 4-109

■ 4.3.4 使用【制表符】面板设置段落缩进

在菜单栏中选择【窗口】|【文字】|【制表符】命令，如图 4-110 所示，即可弹出【制表符】面板，如图 4-111 所示。要使用【制表符】面板设置段落缩进，可以执行下列操作之一。

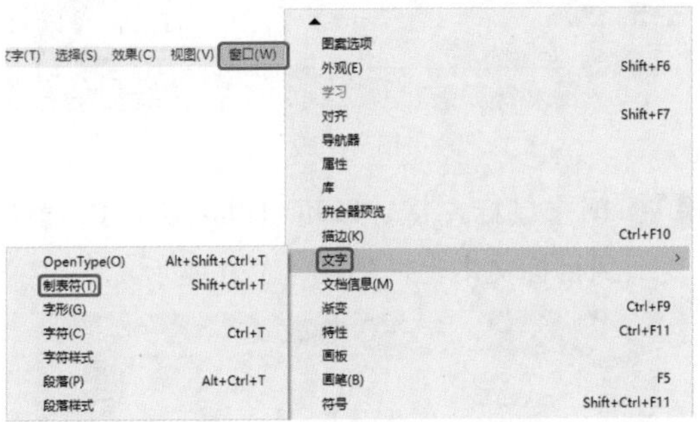

图 4-110

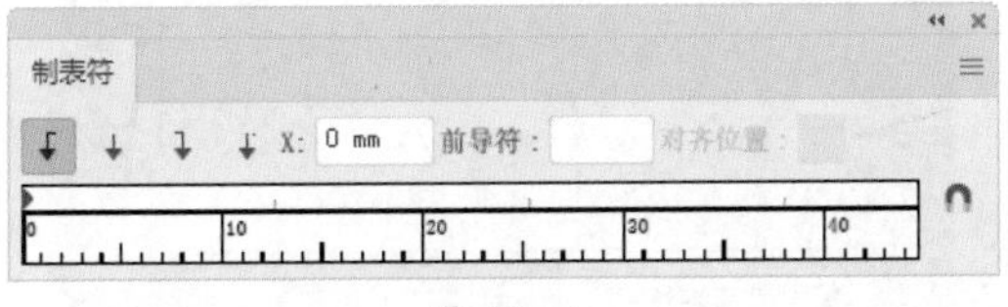

图 4-111

◎ 拖动左上方的标志符，可缩进文本的首行，如图 4-112 所示。

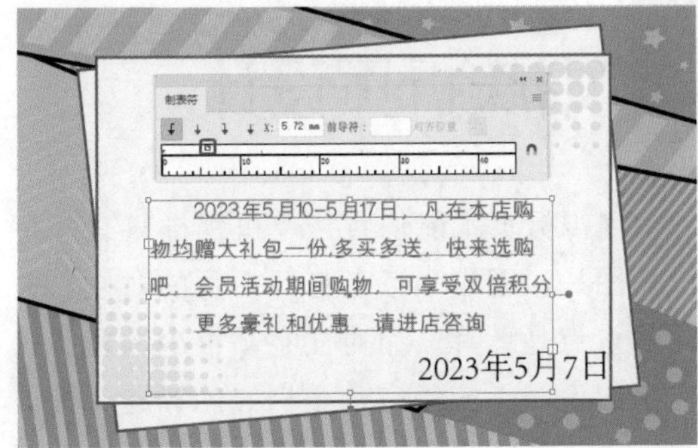

图 4-112

◎ 拖动左下方的标志符，可以缩进整个段落，但是不会缩进每个段落的第一行文本，如图 4-113 所示。

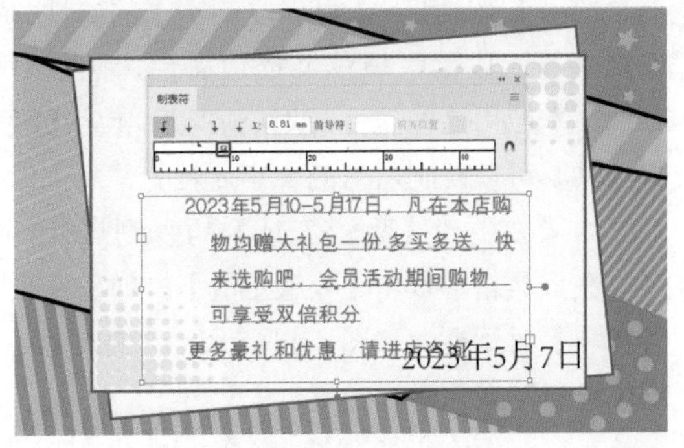

图 4-113

◎ 选中左上方的标志符，然后在 X 文本框中输入数值，即可缩进文本的第一行，如图 4-114 所示为输入 7mm 时的效果。

图 4-114

◎ 选中下方的标志符，然后在 X 文本框中输入数值，即可缩进整个段落，但是不会缩进每个段落的第一行文本，如图 4-115 所示为输入 3mm 时的效果。

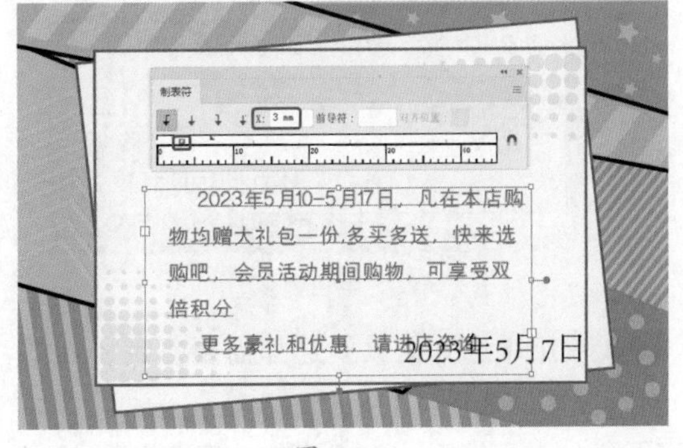

图 4-115

4.3.5 使用【吸管工具】复制文本属性

使用【吸管工具】可以复制文本的属性，包括字符、段落、填色及描边属性，然后对其他文本应用这些属性。默认情况下，使用【吸管工具】可以复制所有的文字属性。

如果要更改【吸管工具】的复制属性，可以在工具箱中双击【吸管工具】，弹出【吸管选项】对话框，如图 4-116 所示，在该对话框中对复制属性进行设置。

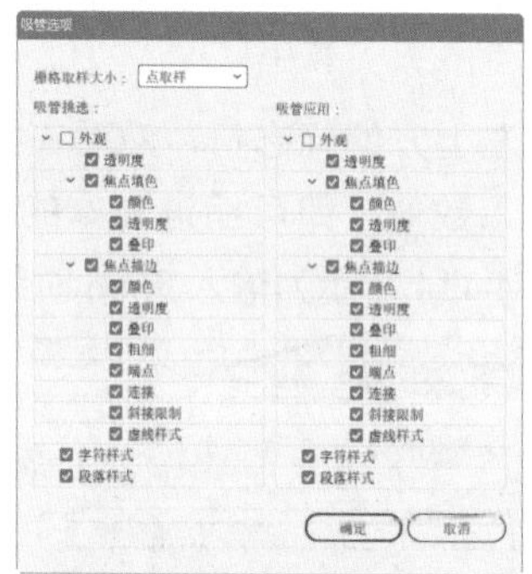

图 4-116

使用【吸管工具】复制文字属性的操作步骤如下，

01 按 Ctrl+O 组合键，弹出【打开】对话框，在该对话框中选择【素材 \Cha04\ 段落格式素材 .ai】素材文件，单击【打开】按钮，效果如图 4-117 所示。

图 4-117

02 使用【选择工具】选择需要复制属性的目标文本，如图 4-118 所示。

03 在工具箱中单击【吸管工具】，然后将鼠标指针移至要复制的对象上，此时指针会变成样式，如图 4-119 所示。

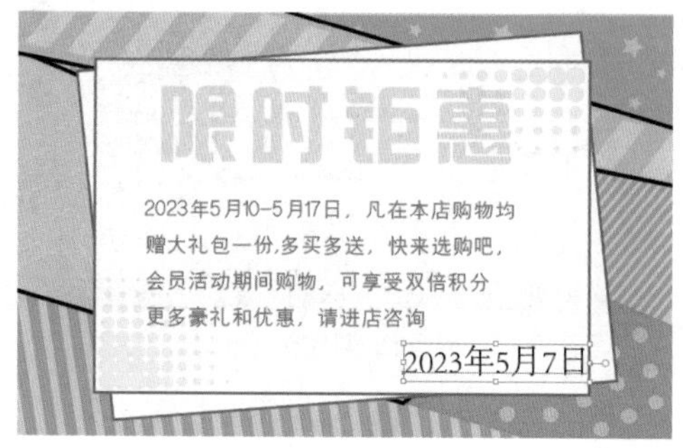

图 4-118

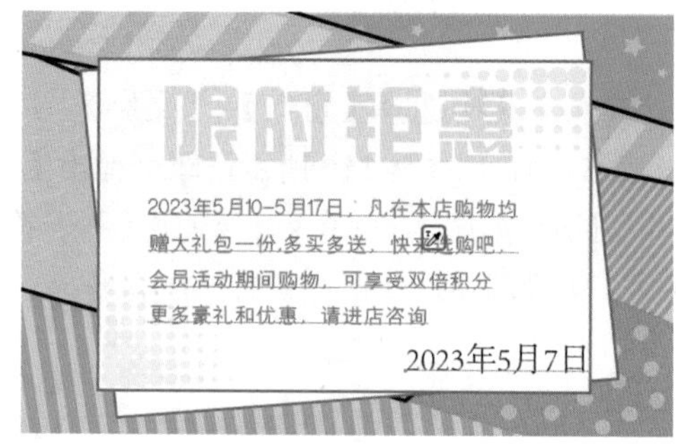

图 4-119

04 单击鼠标左键，即可自动将吸取的属性复制到目标文本上，如图 4-120 所示。

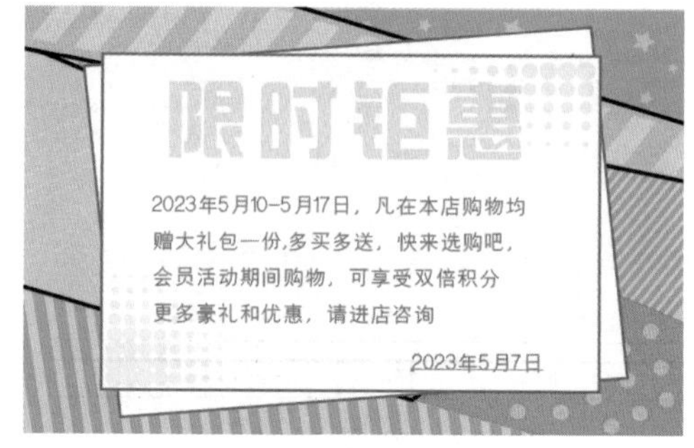

图 4-120

课后项目练习 婚庆折页设计

宣传折页不能像宣传单页那样只有文字没有图片，因为当读者打开折页的时候，关注的重点是图片，而对文字却很少顾及。在文字的说明上应当有一个良好的标题，折页的内容应当能吸引读者读下去。下面来学习一下如何制作婚庆折页。

1. 课后项目练习效果展示

效果如图 4-121 所示。

图 4-121

2. 课后项目练习过程概要

01 使用【矩形工具】绘制婚庆三折页的背景。

02 通过【文字工具】输入文本，将对象转换为轮廓，使用【直接选择工具】对文字进行调整，制作出艺术字效果。

03 通过【矩形工具】和【文字工具】完善婚庆折页信息，置入二维码素材。

素材	素材 \Cha04\ 婚礼素材 1.jpg、婚礼素材 2.jpg、二维码 .png
场景	场景 \Cha04\ 婚庆折页设计 .ai
视频	视频教学 \Cha04\ 婚庆折页设计 .mp4

3. 课后项目练习操作步骤

01 按 Ctrl+N 组合键，弹出【新建文档】对话框，将单位设置为【厘米】，【宽度】、【高度】设置为 29.7cm、21cm，【画板】设置为 1，【颜色模式】设置为【RGB 颜色】，【光栅效果】设置为【屏幕（72ppi）】，单击【创建】按钮。在工具箱中单击【矩形工具】，在在画板中画板绘制【宽】、【高】为 29.7cm、21cm 的矩形，将【填色】的 RGB 值设置为 239、239、239，将【描边】设置为无，如图 4-122 所示。

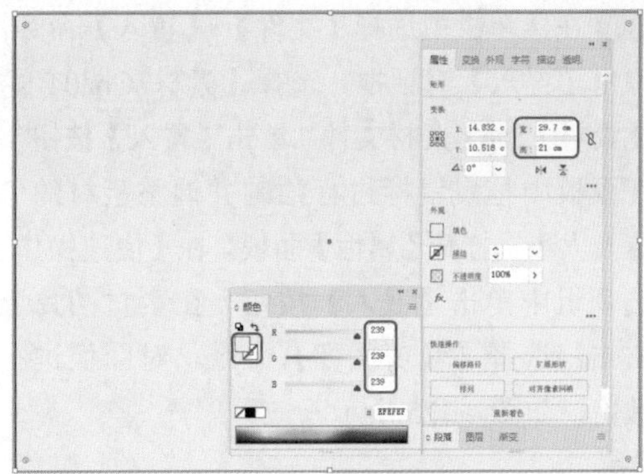

图 4-122

02 在工具箱中单击【矩形工具】，绘制【宽】、【高】为 9.9cm、21cm 的矩形，将【填色】的 RGB 值设置为 229、31、63，将【描边】设置为无，如图 4-123 所示。

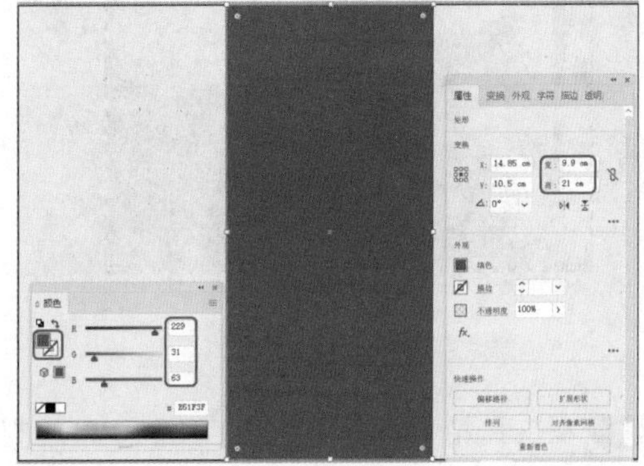

图 4-123

03 在工具箱中单击【矩形工具】，绘制两个【宽】、【高】为 6.7cm、0.4cm 的矩形，将【填色】的 RGB 值设置为 229、31、63，将【描边】设置为无，如图 4-124 所示。

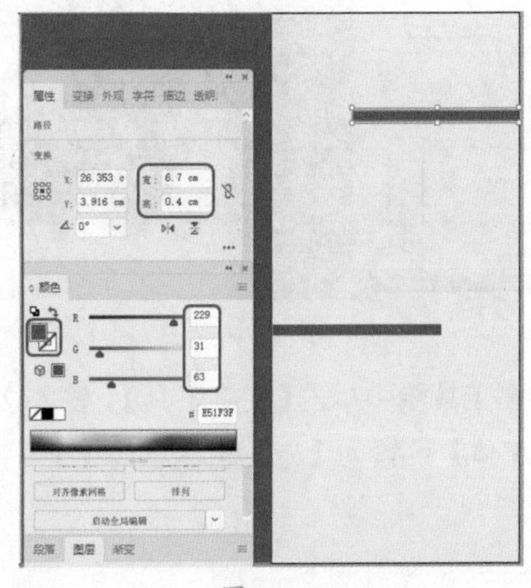

图 4-124

04 在菜单栏中选择【文件】|【置入】命令，弹出【置入】对话框，选择【素材\Cha04\婚礼素材1.jpg】素材文件，单击【置入】按钮，在画板中拖曳鼠标进行绘制并调整素材的位置及大小。打开【属性】面板，在【快速操作】选项组中单击【嵌入】按钮，在素材图片上右击，选择【裁剪图像】命令，对图像进行裁剪，如图4-125所示。

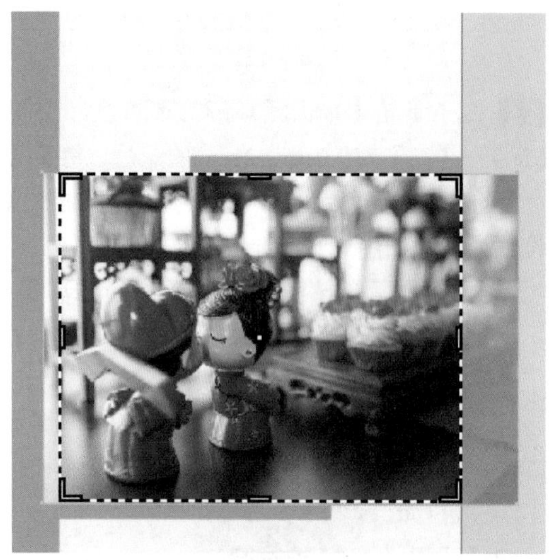

图 4-125

05 在工具箱中单击【矩形工具】，绘制两个【宽】、【高】为3.2cm、0.4cm的矩形，将【填色】的RGB值设置为210、210、211，将【描边】设置为无，如图4-126所示。

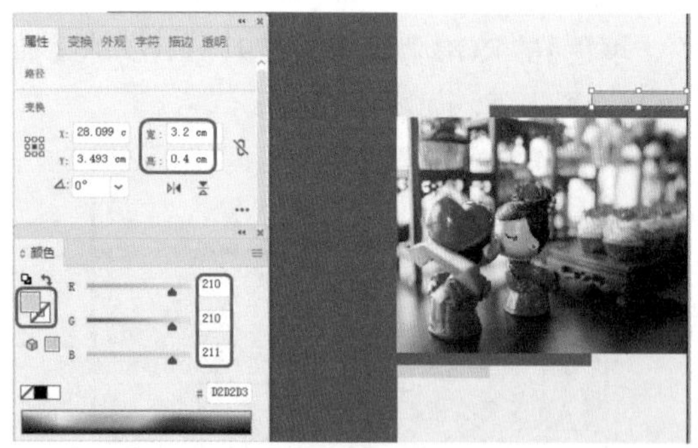

图 4-126

06 在工具箱中单击【文字工具】，输入文本，将【字体】设置为【方正粗活意简体】，【字体大小】设置为30pt，【字符间距】设置为0，【填色】的RGB值设置为247、202、196，【描边】设置为白色，【描边】粗细设置为1pt，如图4-127所示。

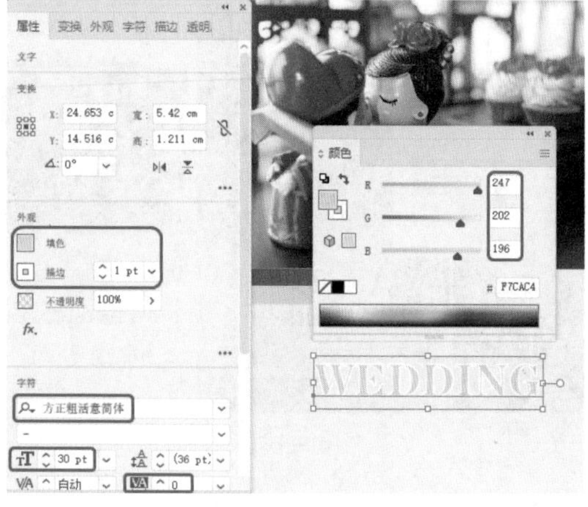

图 4-127

07 选择所有的文字，右击鼠标，在弹出的快捷菜单中选择【创建轮廓】命令，使用【直接选择工具】调整文本，如图4-128所示。

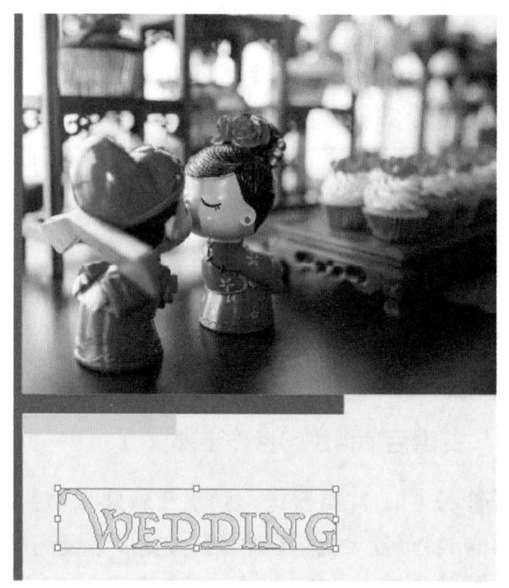

图 4-128

08 将文字复制一层，将复制后的文本颜色RGB值更改为229、31、63，【描边】设置为无，根据上面介绍过的方法制作CEREMONY艺术字，如图4-129所示。

图 4-129

09 在工具箱中单击【钢笔工具】，绘制波浪线，在【填色】面板中将【填色】设置为无，【描边】的 RGB 值设置为 229、31、63，如图 4-130 所示。

图 4-130

10 在工具箱中单击【文字工具】，输入文本，在【字符】面板中将【字体】设置为【微软雅黑】，【字体样式】设置为【Regular】，【字体大小】设置为 16pt，【字符间距】设置为 0，【填色】的 RGB 值设置为 229、31、63，如图 4-131 所示。

图 4-131

11 使用【钢笔工具】绘制如图 4-132 所示的图形，将【填色】的 RGB 值设置为 229、31、63，将【描边】设置为无。

图 4-132

12 使用【文字工具】和【钢笔工具】制作其他的文本内容，置入【素材\Cha04\二维码.png】素材文件，打开【属性】面板，在【快速操作】选项组中单击【嵌入】按钮，如图 4-133 所示。

图 4-133

13 置入【素材\Cha04\婚礼素材 2.jpg】素材文件，打开【属性】面板，在【快速操作】选项组中单击【嵌入】按钮。在工具箱中单击【矩形工具】，在画板中绘制一个矩形，在【属性】面板中将【宽】、【高】分别设置为 9.9cm、7.6cm，将【填色】设置为黑色，将【描边】设置为无，并在画板中调整其位置，如图 4-134 所示。

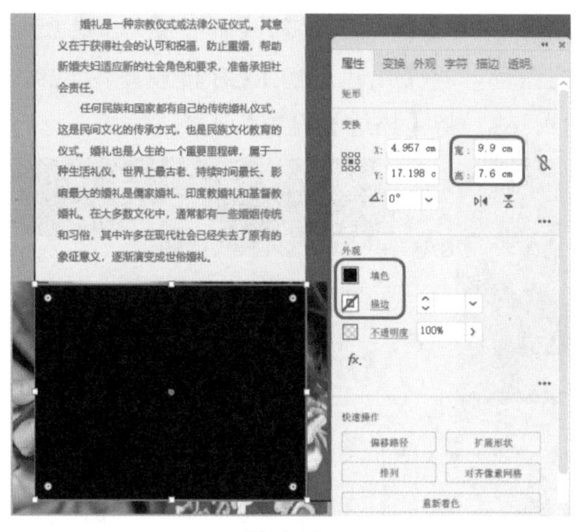

图 4-134

14 在工具箱中单击【矩形工具】，在画板中绘制两个矩形，在【属性】面板中将【宽】、【高】分别设置为 0.2cm、7.9cm，将【填色】设置为红色，将【描边】设置为无，并在画板中调整其位置，如图 4-135 所示。

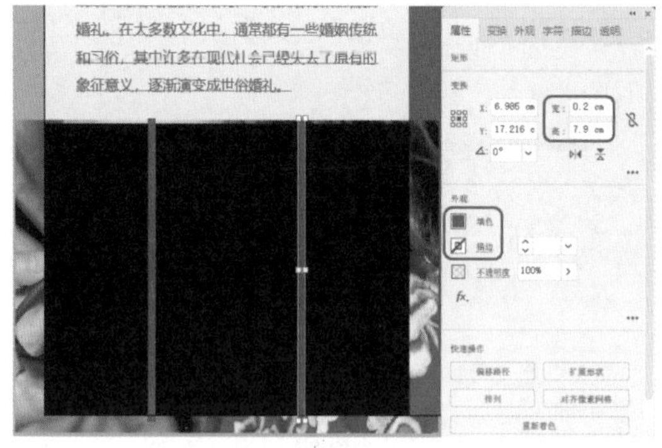

图 4-135

15 在画板中选择两个红色矩形与黑色矩形，在【路径查找器】面板中单击【减去顶层】按钮，减去顶层后的效果如图 4-136 所示。

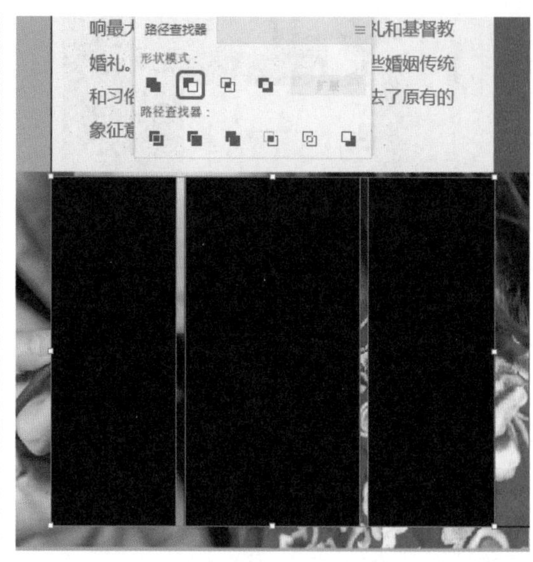

图 4-136

16 继续选中该图形，在菜单栏中选择【对象】|【复合路径】|【建立】命令，选中图形与置入的素材文件，按 Ctrl+7 组合键为选中的对象建立剪切蒙版，如图 4-137 所示。

A婚礼简介
bout us
婚礼是一种宗教仪式或法律公证仪式，其意义在于获得社会的认可和祝福，防止重婚，帮助新婚夫妇适应新的社会角色和要求，准备承担社会责任。
任何民族和国家都有自己的传统婚礼仪式，这是民间文化的传承方式，也是民族文化教育的仪式。婚礼也是人生的一个重要里程碑，属于一种生活礼仪。世界上最古老、持续时间最长、影响最大的婚礼是儒家婚礼、印度教婚礼和基督教婚礼。在大多数文化中，通常都有一些婚姻传统和习俗，其中许多在现代社会已经失去了原有的象征意义，逐渐演变成世俗婚礼。

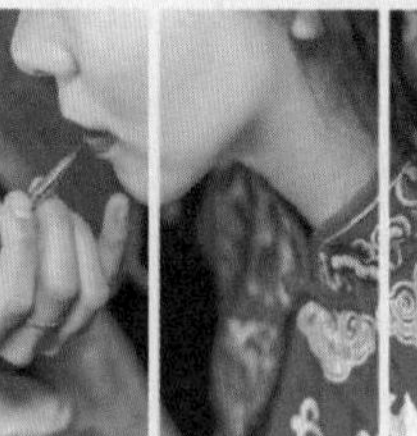

图 4-137

第 5 章

企业画册内页设计——复合路径与图形变形

本章导读：

为了让图形之间的过渡变得自然平滑，可以调整图形排列顺序和编辑图形的混合效果；在需要创建特殊的图形效果时，则可以通过创建复合路径、编辑图形路径等操作来实现。本章将介绍复合路径与图形变形等内容。

【案例精讲】企业画册内页

为了更好地完成本设计案例，现对制作要求及设计内容做如下规划，企业画册内页效果如图 5-1 所示。

作品名称	企业画册内页
作品尺寸	400mm×200mm
设计创意	（1）在制作企业画册内页效果时，界面需要简洁，看上去一目了然。如果界面上充斥着太多的东西，会使读者在观看企业画册时乏味，而简洁的画面就能很好地解决这个问题。 （2）使用【矩形工具】制作出画册背景，然后通过绘制多个矩形，并为其建立复合路径，制作出复杂的图形效果。 （3）为图形置入素材文件，并建立剪切蒙版效果，使整体效果层次更加丰富。 （4）利用【矩形工具】以及【文字工具】在画板中制作文字展示效果，完善企业画册整体效果
主要元素	（1）商务合作图像素材。 （2）文字介绍。 （3）分割线。 （4）页码编号
应用软件	Illustrator CC
素材	素材 \Cha05\ 匠品 -1.png、匠品 -2.png
场景	素材 \Cha05\ 企业素材 01.jpg、企业素材 02.jpg、企业素材 03.jpg、企业素材 04.jpg
视频	视频教学 \Cha05\【案例精讲】企业画册内页 .mp4
企业画册内页效果欣赏	图 5-1

01 按 Ctrl+N 组合键，在弹出的对话框中将单位设置为【毫米】，将【宽度】、【高度】分别设置为 400mm、200mm，将【颜色模式】设置为【RGB 颜色】，单击【创建】按钮。在工具箱中单击【矩形工具】，在画板中绘制一个矩形，在【属性】面板中将【宽】、【高】均设置为 200mm，将【填色】的颜色值设置为 #fccf2b，将【描边】设置为无，并在画板中调整其位置，如图 5-2 所示。

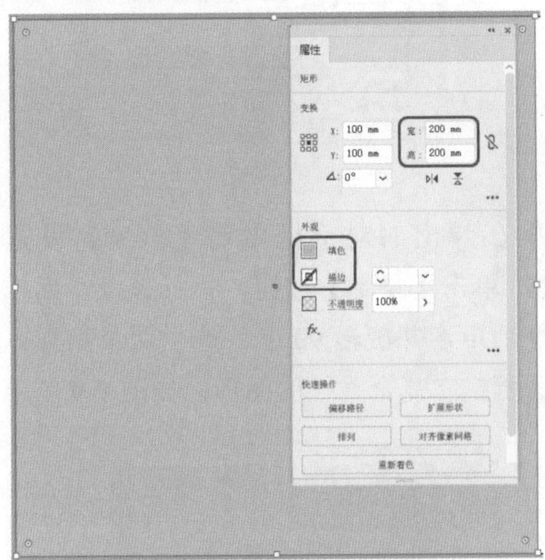

图 5-2

提示：颜色模式决定了用于显示和打印所处理的图稿的颜色方法。常用的颜色模式有 RGB 模式、CMYK 模式和灰度模式等。

在 RGB 模式下，每种 RGB 成分都可以使用从 0（黑色）到 255（白色）的值。当三种成分值相等时，可以产生灰色；当所有成分值均为 255 时，可以得到纯白色；当所有成分值均为 0 时，可以得到纯黑色。在 CMYK 模式下，每种油墨可使用从 0% 至 100% 的值，低油墨百分比更接近白色，高油墨百分比更接近黑色。CMYK 模式是一种印刷模式，如果文件要用于印刷，应使用此模式。

02 使用【矩形工具】在画板中绘制一个矩形，在【属性】面板中将【宽】、【高】均设置为 170mm，将【填色】的颜色值设置为 #ffffff，并在画板中调整其位置，如图 5-3 所示。

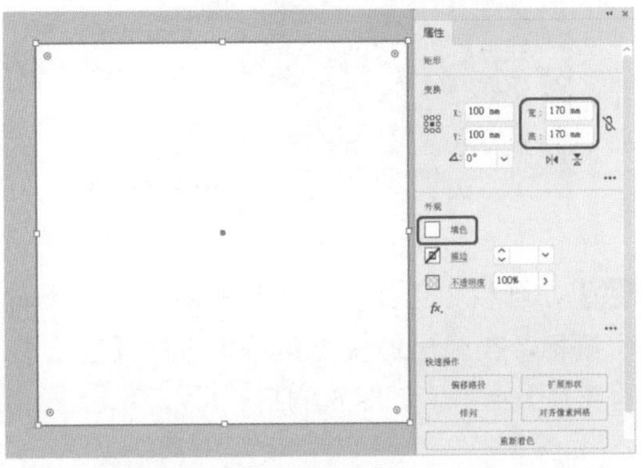

图 5-3

03 使用【矩形工具】在画板中绘制一个矩形，在【属性】面板中将【宽】、【高】均设置为 160mm，为其填充任意一种颜色，并在画板中调整其位置，如图 5-4 所示。

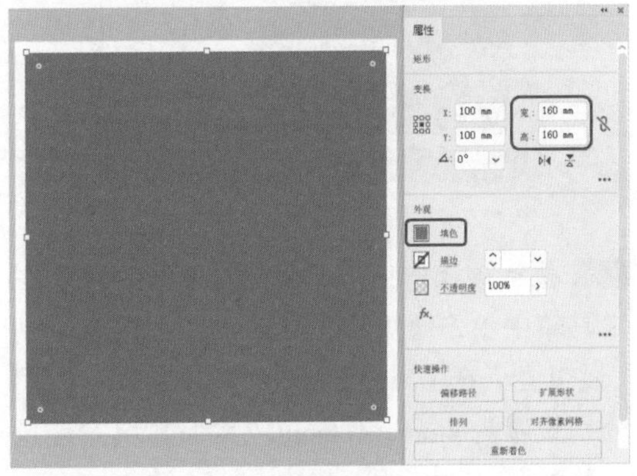

图 5-4

04 使用【矩形工具】在画板中绘制一个矩形，在【变换】面板中将【矩形宽度】、【矩形高度】均设置为 25mm，将【矩形角度】设置为 45°，在【颜色】面板中为其填充任意一种颜色，并在画板中调整其位置，如图 5-5 所示。

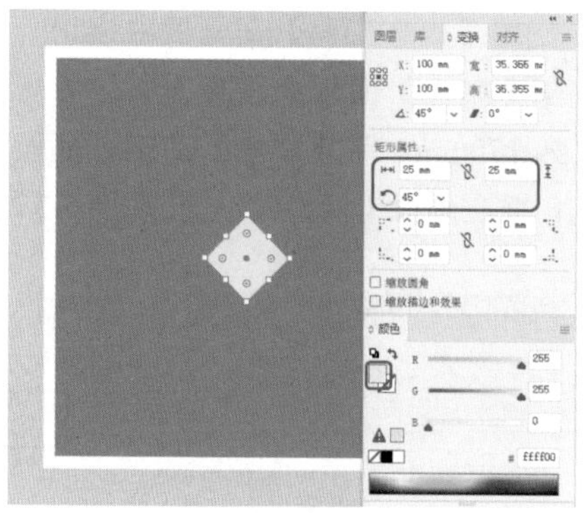

图 5-5

05 在画板中选择上面绘制的两个矩形，右击鼠标，在弹出的快捷菜单中选择【建立复合路径】命令，如图 5-6 所示。

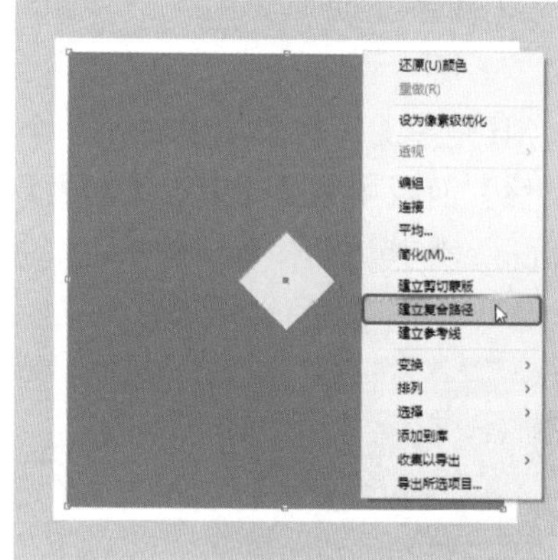

图 5-6

06 执行该操作后，即可建立复合路径，在工具箱中单击【矩形工具】，在画板中绘制一个矩形，在【属性】面板中将【宽】、【高】分别设置为 4mm、160mm，并为其填充任意一种颜色，在画板中调整其位置，如图 5-7 所示。

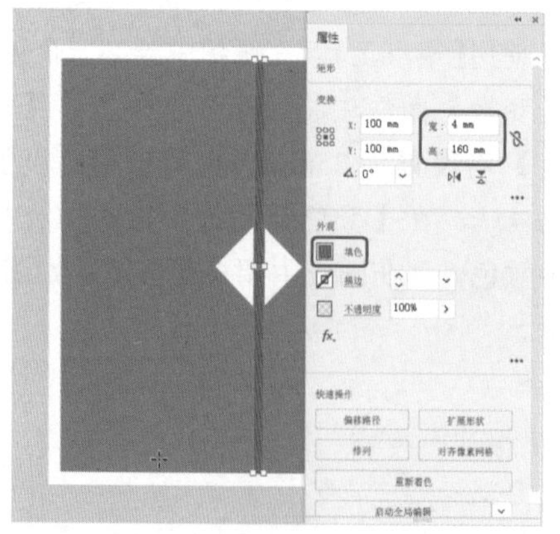

图 5-7

07 选中新绘制的矩形，右击鼠标，在弹出的快捷菜单中选择【变换】|【旋转】命令，如图 5-8 所示。

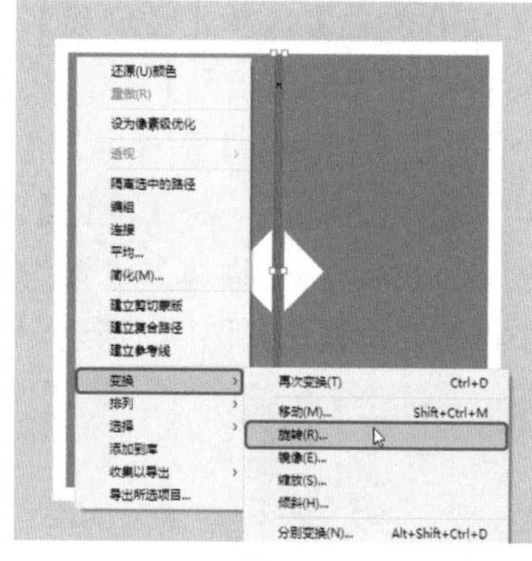

图 5-8

08 在弹出的对话框中将【角度】设置为 90°，单击【复制】按钮，执行该操作后，即可复制矩形并旋转 90 度。选中两个矩形以及前面所建立复合路径的图形，如图 5-9 所示。

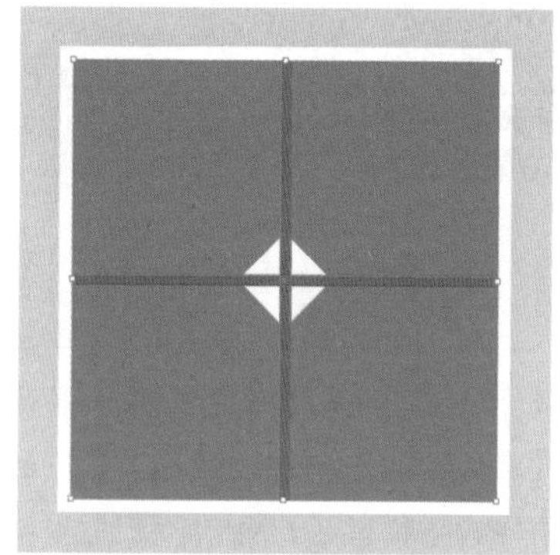

图 5-9

09 在【路径查找器】面板中单击【减去顶层】按钮，减去后的效果如图 5-10 所示。

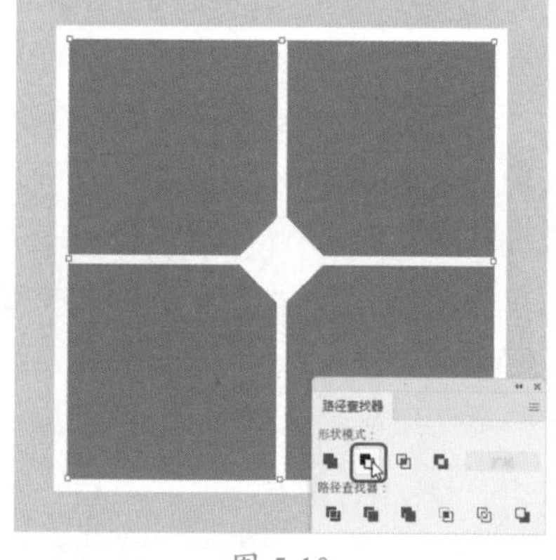

图 5-10

10 继续选中该图形，右击鼠标，在弹出的快捷菜单中选择【取消编组】命令，如图 5-11 所示。

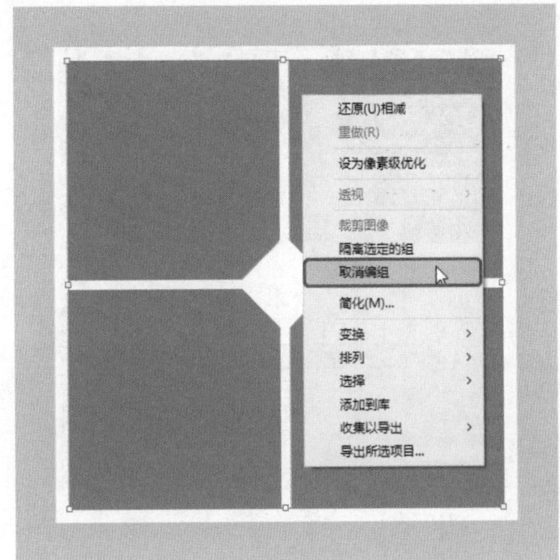

图 5-11

11 选中左上角的图形，在【颜色】面板中将【填色】的颜色值更改为#342e2c，如图 5-12 所示。

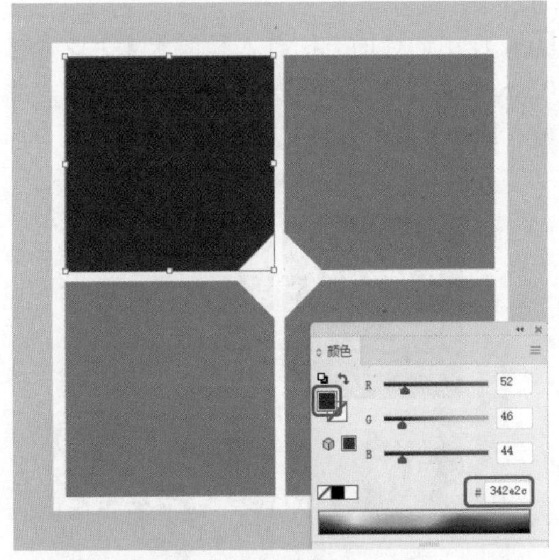

图 5-12

12 在工具箱中单击【文字工具】，在画板中单击鼠标，输入文字，选中输入的文字，在【属性】面板中将【填色】设置为白色，将【字体】设置为【方正大黑简体】，将【字体大小】设置为 47pt，将【字符间距】设置为 0，并在画板中调整其位置，如图 5-13 所示。

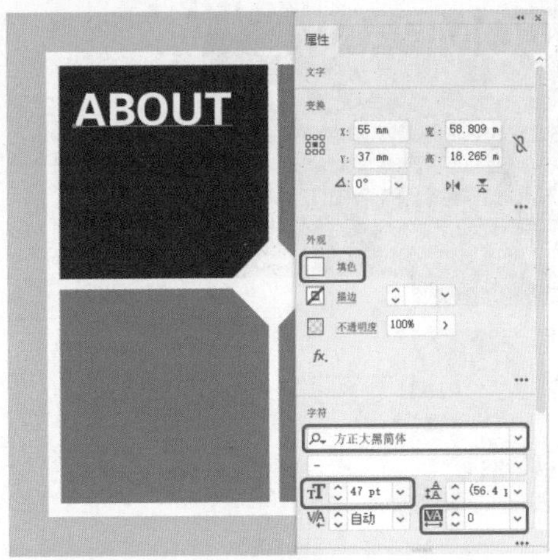

图 5-13

13 在工具箱中单击【文字工具】，在画板中单击鼠标，输入文字，选中输入的文字，在【属性】面板中将【填色】设置为白色，将【字体】设置为 Arial，将【字体大小】设置为 30pt，并在画板中调整其位置，如图 5-14 所示。

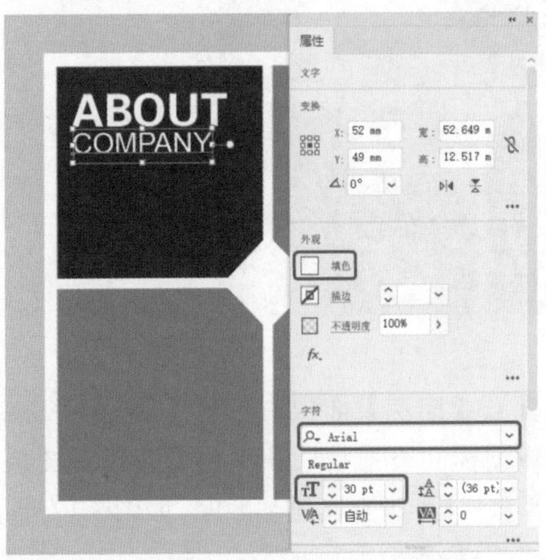

图 5-14

14 在工具箱中单击【文字工具】，在画板中绘制一个文本框，输入文字，选中输入的文字，在【属性】面板中将【填色】设置为白色，将【字体】设置为【微软雅黑】，将【字体样式】设置为 Regular，将【字体大小】设置为 7.3pt，将【行距】设置为 16pt，将【字符间距】设置为 40，在【段落】面板中将【首行左缩进】设置为 18pt，并在画板中调整其位置，如图 5-15 所示。

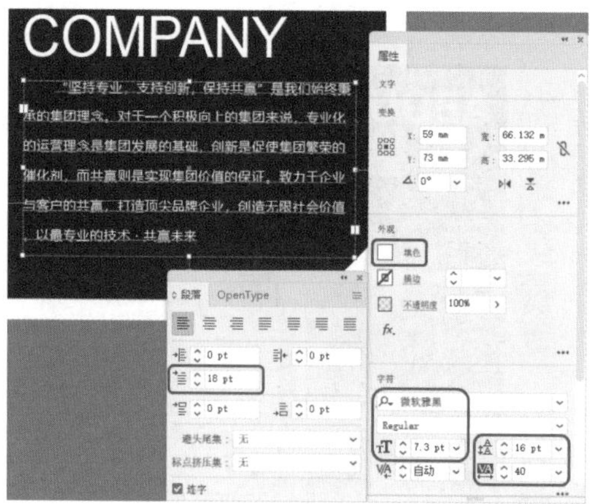

图 5-15

15 将【企业素材 01.jpg】素材文件置入文档，并将其嵌入，在画板中调整其大小与位置，如图 5-16 所示。

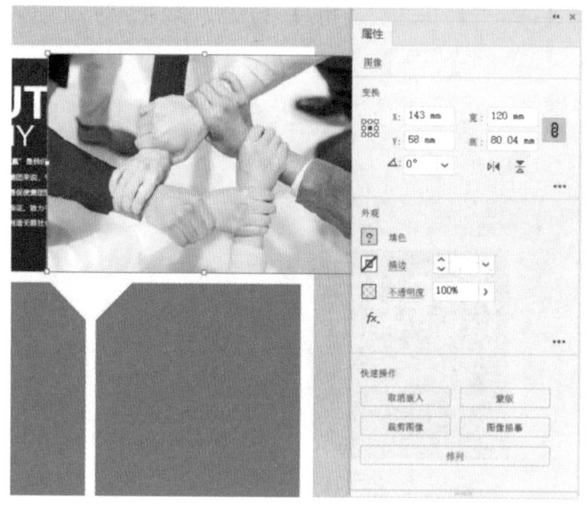

图 5-16

16 在【图层】面板中选择【图像】图层，按住鼠标向下拖动，在黑色【路径】图层上方释放鼠标，调整其排列顺序，如图 5-17 所示。

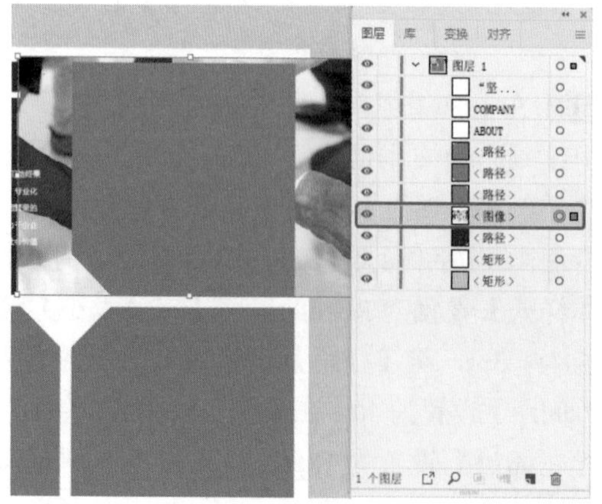

图 5-17

17 选中置入的图像与右上角的图形，右击鼠标，在弹出的快捷菜单中选择【建立剪切蒙版】命令，如图 5-18 所示。

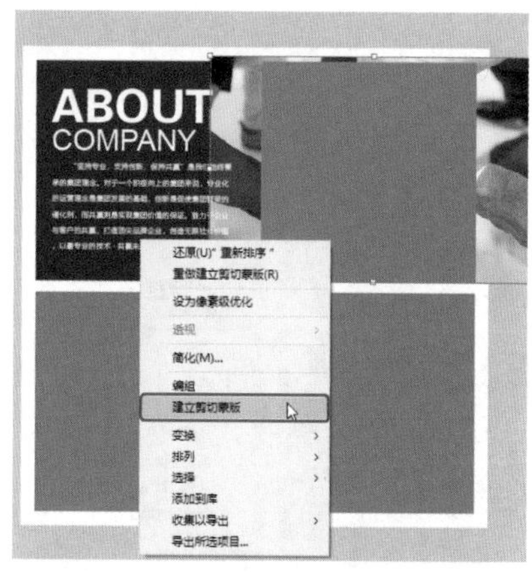

图 5-18

提示：在选择多个对象时，按住 Shift 键在要选择的对象上单击，即可选择相应的多个对象。

18 使用同样的方法置入和嵌入【企业素材 02.jpg】、【企业素材 03.jpg】素材文件，并建立剪切蒙版，效果如图 5-19 所示。

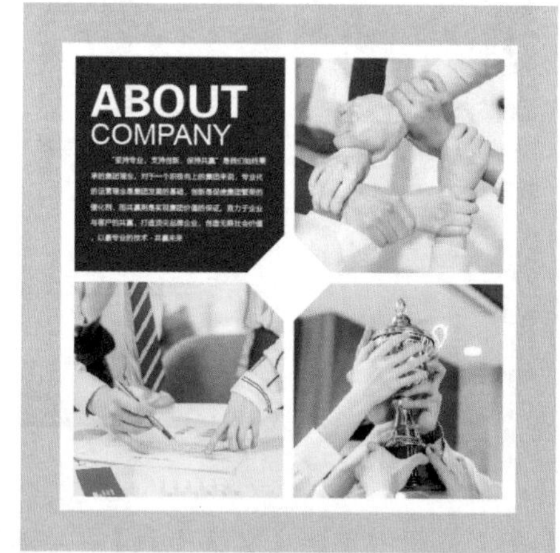

图 5-19

19 在工具箱中单击【椭圆工具】，在画板中绘制一个圆形，在【属性】面板中将【宽】、【高】均设置为 14mm，将【填色】的颜色值设置为 #342e2c，并在画板中调整其位置，如图 5-20 所示。

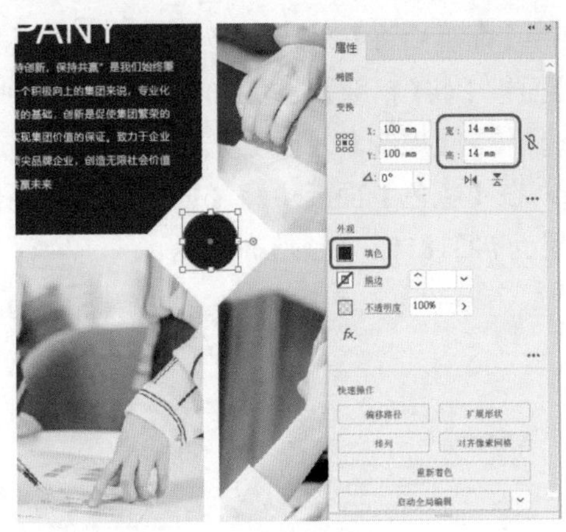
图 5-20

20 将【企业素材 04.jpg】素材文件置入并嵌入文档，然后在画板中调整其位置，如图 5-21 所示。

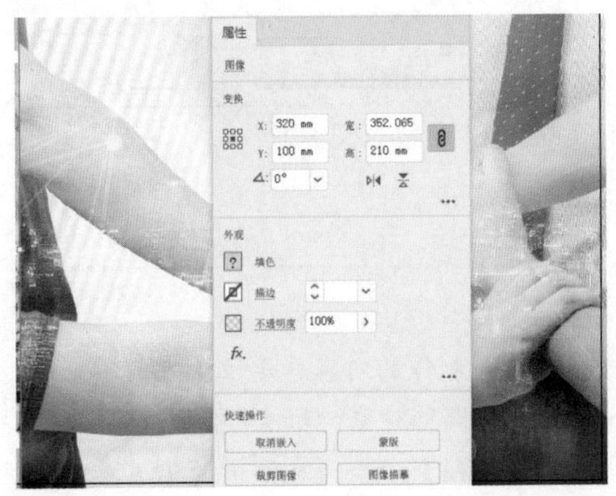
图 5-21

21 在工具箱中单击【矩形工具】，在画板中绘制一个矩形，在【属性】面板中将【宽】、【高】均设置为 200mm，为其填充任意一种颜色，并调整其位置，如图 5-22 所示。

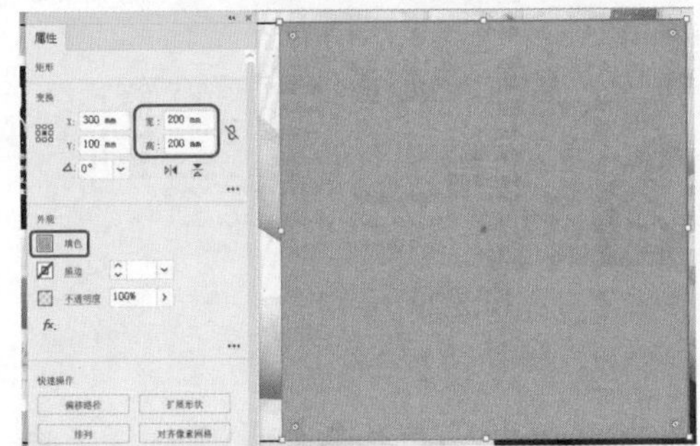
图 5-22

22 选中置入的【企业素材 04.jpg】素材文件与新绘制的矩形，右击鼠标，在弹出的快捷菜单中选择【建立剪切蒙版】命令，建立剪切蒙版后的效果如图 5-23 所示。

图 5-23

23 使用【矩形工具】在画板中绘制一个矩形，在【属性】面板中将【宽】、【高】分别设置为 141mm、129mm，将【填色】设置为 #ffffff，将【不透明度】设置为 80%，并在画板中调整其位置，如图 5-24 所示。

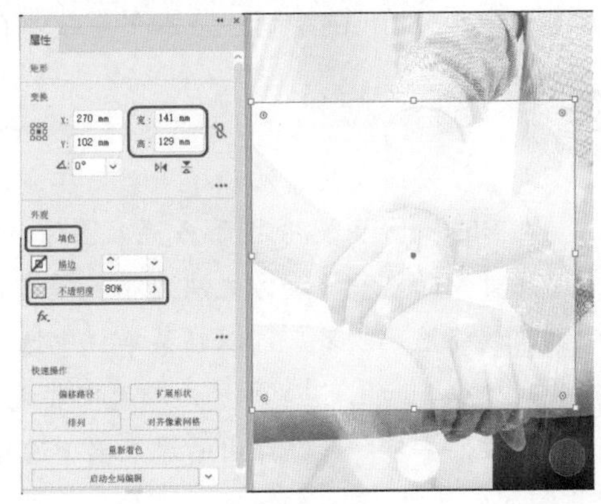
图 5-24

24 根据前面所介绍的方法在画板中输入其他文字内容，如图 5-25 所示。

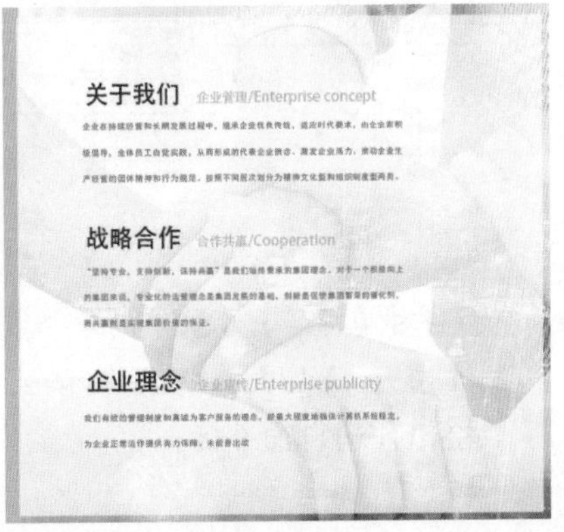

图 5-25

25 在画板中选择如图 5-26 所示的对象，右击鼠标，在弹出的快捷菜单中选择【排列】|【置于底层】命令。

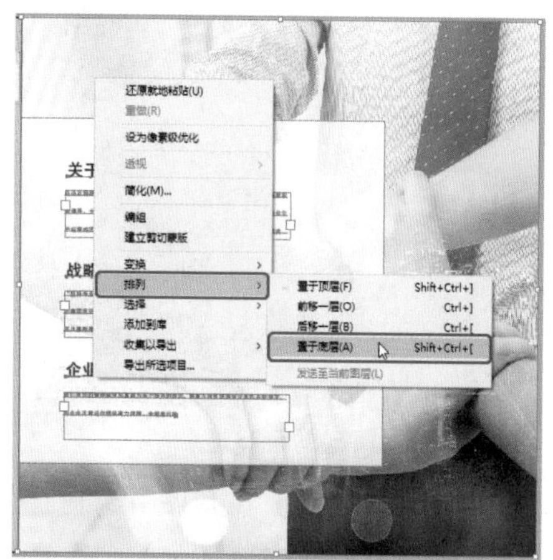

图 5-26

26 执行该操作后，即可将选中的对象置于底层，在工具箱中单击【直线段工具】，在画板中按住 Shift 键绘制一条水平直线，在【变换】面板中将【宽】设置为 105mm，在【描边】面板中将【粗细】设置为 0.5pt，勾选【虚线】复选框，将【虚线】、【间隙】分别设置为 0.5pt、1pt，在【颜色】面板中将【描边】的颜色值设置为 #231815，如图 5-27 所示。

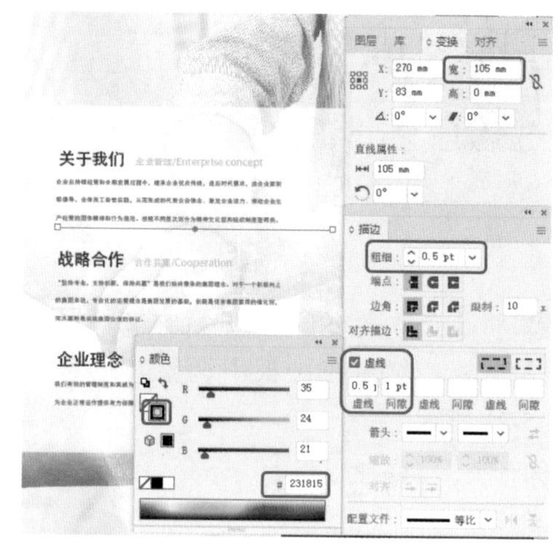

图 5-27

知识链接：调整排列顺序

在 Illustrator 中绘制图形或置入图像、输入文字时，新制作的内容总是位于先前对象的上面，对象的这种堆叠方式决定了其重叠部分如何显示，调整对象的堆叠顺序，将会影响对象的最终显示效果。可以在菜单栏中选择【对象】|【排列】命令，在弹出的子菜单中选择排列顺序，如图 5-28 所示，或选中要调整顺序的对象，右击鼠标，在弹出的快捷菜单中选择【排列】命令，在弹出的子菜单中选择排列顺序的命令，如图 5-29 所示。

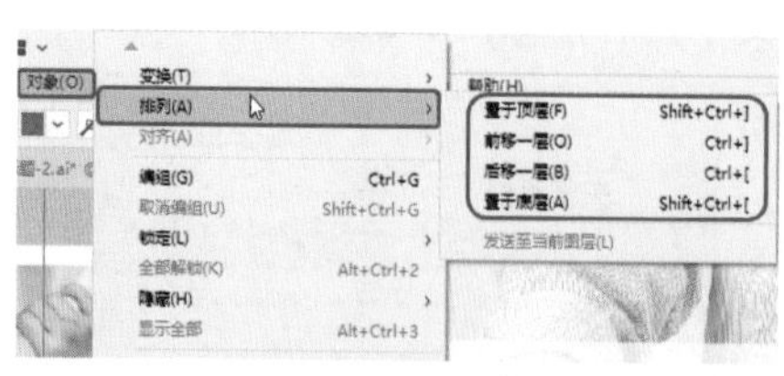

图 5-28

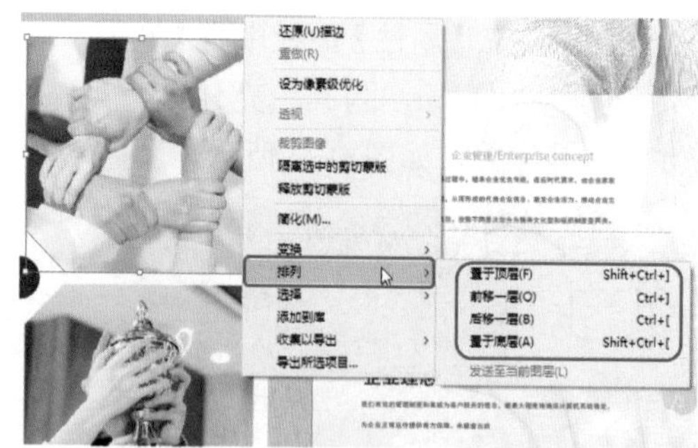

图 5-29

下面将对【排列】子菜单的命令进行介绍。

◎ 【置于顶层】：将对象移至当前图层或当前组中所有对象的最顶层，或按 Shift+Ctrl+] 组合键。

◎【前移一层】：将当前选中对象的堆叠顺序向前移动一个位置，或按 Ctrl+] 组合键，如图 5-30 所示。

图 5-30

◎【后移一层】：将当前选中对象的堆叠顺序向后移动一个位置，或按 Ctrl+[组合键，如图 5-31 所示。

图 5-31

◎【置于底层】：将当前选中的对象移至当前图层或当前组中所有对象的最底层，或按 Shift+Ctrl+[组合键，如图 5-32 所示。

图 5-32

◎【发送至当前图层】：将当前选中的对象移动到指定的图层中。

27 对绘制的水平直线进行复制，并调整其位置，如图 5-33 所示。

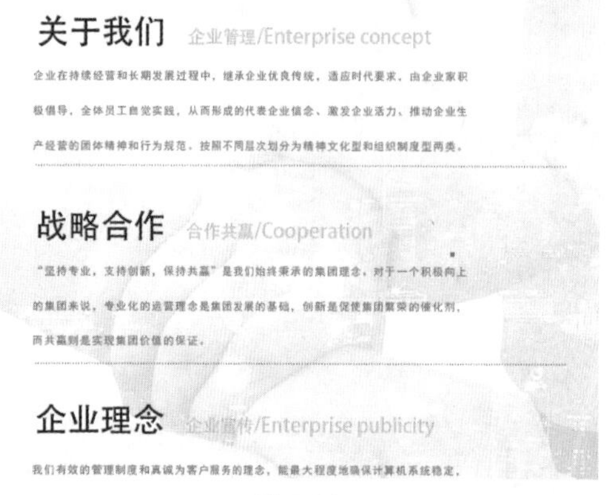

图 5-33

28 根据前面所介绍的方法绘制其他图形，并输入相应的文字内容，效果如图 5-34 所示。

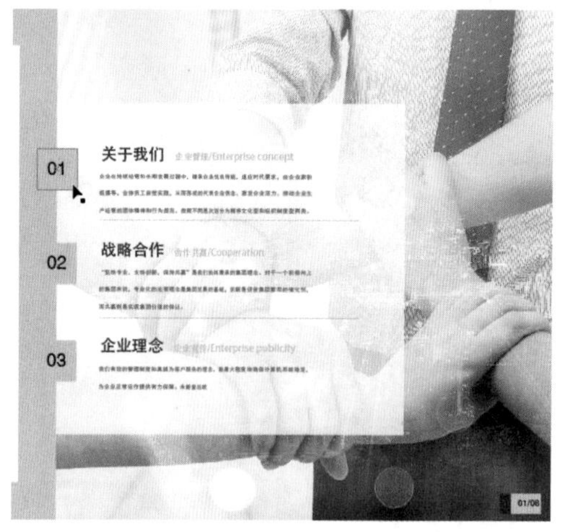

图 5-34

5.1 创建复合形状、路径

在 Illustrator 中具有形状复合功能，可以轻松地创建用户所需要的复杂路径。复合形状是由两个或更多对象组成的，每个对象部分另有一种形状模式。复合形状简化了复杂形状的创建过程，使用该功能，用户可以精确地操作每个所含路径的形状模式、堆栈顺序、形状、位置、外观等。

5.1.1 创建与编辑复合形状

要为选取对象创建复合形状，可通过在【路径查找器】面板中单击【联集】、【减去顶层】、【交集】、【差集】、【分割】、【修边】、【合并】、【裁剪】、【轮廓】和【减去后方对象】按钮，产生需要的复合形状，具体的操作如下。

01 按 Ctrl+O 组合键，打开【素材 \Cha05\ 素材 01.ai】素材文件，如图 5-35 所示。

图 5-35

02 在工具箱中单击【椭圆工具】，在画板中绘制一个圆形，在【属性】面板中将【宽】、【高】分别设置为 87pt、52pt，将【填色】设置为 #ff7576，将【描边】设置为无，并在画板中调整其位置，如图 5-36 所示。

图 5-36

03 在工具箱中单击【选择工具】▶，按住 Alt 键向右拖曳鼠标，对圆形进行复制，效果如图 5-37 所示。

图 5-37

04 在画板中选中两个圆形，在【路径查找器】面板中单击【联集】按钮，如图 5-38 所示。

图 5-38

05 在工具箱中单击【椭圆工具】，在画板中绘制一个圆形，在【属性】面板中将【宽】、【高】分别设置为 178pt、145pt，为其填充任意一种颜色，并在画板中调整其位置，如图 5-39 所示。

图 5-39

06 选中新绘制的圆形以及前面所联集的图形，在【路径查找器】面板中单击【减去顶层】按钮，在【图层】面板中将减去顶层的【路径】图层拖曳至【身体】图层的上方，如图 5-40 所示。

图 5-40

提示：大多数情况下，生成的复合形状采用最上层对象的属性，如填色、描边、透明度、图层等；但在减去形状时，将删除前面的对象，生成的形状会采用最下层对象的属性。

知识链接：认识复合形状

在【路径查找器】面板中，可以方便地创建复合形状。创建复合形状时，若要对选取对象应用相加、交集或差集，结果将应用最上层组件的上色和透明度属性。创建复合形状后，可以更改复合形状的上色、样式或透明度属性。选择复合形状时，除非在【图层】面板中明确地定位复合形状的某一个组件，否则 Illustrator 将自动定位整个复合形状。

1. 简单复合形状

复合形状可由简单路径、复合路径、文本框架、文本轮廓或其他形状复合组成。复合形状的外观取决于产生复合的方法，常用的复合形状在【路径查找器】面板的【形状模式】选项组中，其中包括【联集】、【减去顶层】、【交集】、【差集】。

◎ 【联集】：跟踪所有对象的轮廓以创建复合形状，即将两个对象复合成为一个对象，其【联集】前后的对比效果如图 5-41 所示。

图 5-41

◎ 【减去顶层】：前面的对象在背景对象上打孔，产生带孔的复合形状，其【减去顶层】前后的对比效果如图 5-42 所示。

图 5-42

◎【交集】：以对象重叠区域创建复合形状，其【交集】前后的对比效果如图 5-43 所示。

图 5-43

◎【差集】：从对象不重叠的区域创建复合形状，其【差集】前后的对比效果如图 5-44 所示。

图 5-44

2. 其他复合形状

其他复合形状在【路径查找器】面板的下排按钮组中，包括【分割】、【修边】、【合并】、【裁剪】、【轮廓】和【减去后方对象】按钮等复合形状。

◎【分割】：将重叠的选取对象切割成各个区域，被分割的对象将保持原对象的上色、透明度等属性。分割完成后，在工具箱中选择【直接选择工具】，然后选择分割完成后的对象并将其调整位置，如图 5-45 所示。这样就可以很清晰地查看分割后的效果了。

图 5-45

◎ 【修边】：修边删除与其他对象重叠的区域，最前面的对象将保留原有的路径，删除对象的所有描边，且不会合并相同颜色的对象。图 5-46 所示为修边对象，使用【直接选择工具】将其修边后的对象进行调整，完成后的效果如图 5-47 所示。

图 5-46　　图 5-47

◎ 【合并】：删除下方所有重叠的路径，只留下没有重叠的路径，使用【直接选择工具】调整合并后的对象，完成后的效果如图 5-48 所示。

图 5-48

◎ 【裁剪】：只保留与上方对象重叠的对象，所有超过上方对象的图形将被裁剪掉，同时删除所有描边，图 5-49 所示为裁剪对象的效果。

图 5-49

◎ 【轮廓】：所选取的重叠对象将被分割，并且转变为轮廓路径，并给描边填充颜色，分割为较小的路径段并维持路径独立性，以方便再编辑。图 5-50 所示为轮廓对象的效果。

图 5-50

◎ 【减去后方对象】：后面的对象在前面的对象上打孔，产生带孔的复合形状。图 5-51 所示为减去后方对象的效果。

图 5-51

5.1.2 释放与扩展复合形状

【释放复合形状】命令可将复合对象拆分回原有的单独对象，具体的操作如下。

01 在画板中选择已经复合的形状，如图 5-52 所示。

图 5-52

02 打开【路径查找器】面板，单击该面板右上方的≡按钮，在弹出的下拉菜单中选择【释放复合形状】命令，如图 5-53 所示，此时会发现画板中复合的形状已经恢复为原来的形状，如图 5-54 所示。

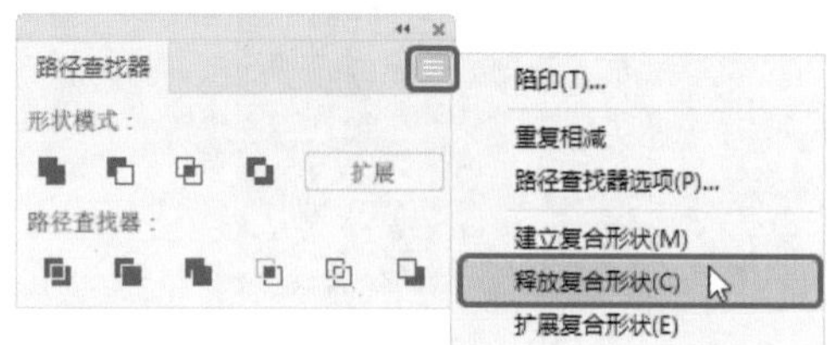

图 5-53

图 5-54

【扩展复合形状】命令会保持复合对象的形状，并使其成为一般路径或复合路径，以便对其应用某些复合形状不能应用的功能。扩展复合形状后，其单个组件将不再存在。

在画板中选择要扩展复合形状中的路径，如图 5-55 所示，单击该面板右上方的≡按钮，在弹出的下拉菜单中选择【扩展复合形状】命令，如图 5-56 所示。也可以单击【路径查找器】面板中的【扩展】按钮，根据所使用的形状模式，复合形状将转换为【图层】面板中的【路径】，如图 5-57 所示。

图 5-55

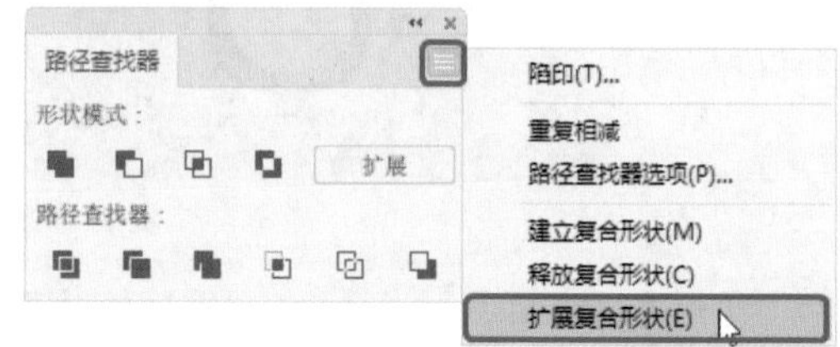

图 5-56

图 5-57

5.1.3 路径查找器选项

打开【路径查找器】面板，单击≡按钮，在打开的下拉菜单中选择【路径查找器选项】命令，如图 5-58 所示。打开【路径查找器选项】对话框，如图 5-59 所示，其中选项介绍如下。

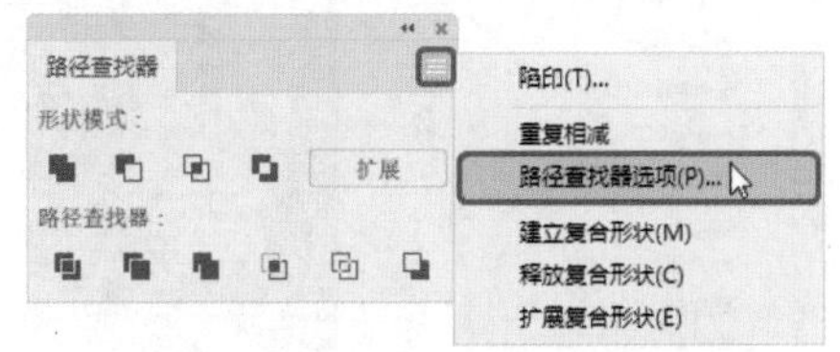

图 5-58

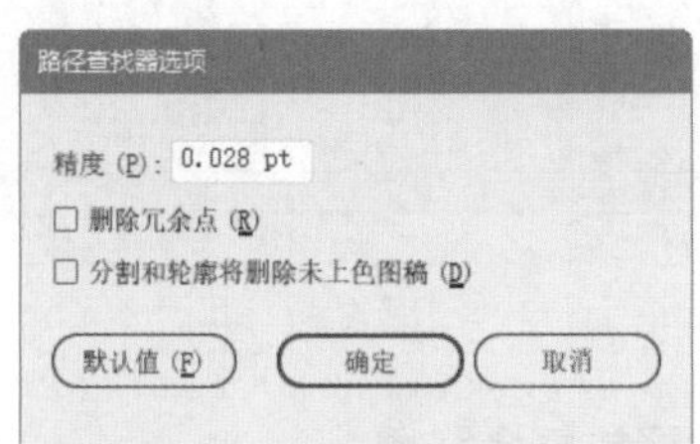

图 5-59

◎ 【精度】：可设置计算对象路径时的精确程度，精确越高，生成结果路径所需的时间就越长。

◎ 【删除冗余点】：勾选该复选框，将删除不必要的点。

◎ 【分割和轮廓将删除未上色图稿】：单击【分割】或【轮廓】按钮，将删除选定图稿中的所有未填充对象。

◎ 【默认值】：单击该按钮，系统将使用其默认设置。

5.1.4 复合路径

【复合路径】包含两个或多个已经填充完颜色的开放或闭合的路径，在路径重叠处将呈现孔洞。将对象定义为复合路径后，复合路径中的所有对象都将使用堆栈顺序中最下层对象上的填充颜色和样式属性。

将文字创建为轮廓时，文字将自动转换为复合路径。复合路径用作编组对象时，在【图层】面板中将显示为【复合路径】选项，使用【直接选择工具】或【编组选择工具】可以选择复合路径的一部分，可以处理复合路径各个组件的形状，但无法更改各个组件的外观属性、图形样式或效果，并且无法单独处理这些组件。

1. 创建复合路径

创建复合路径的具体操作步骤如下。

01 按 Ctrl+O 组合键，打开【素材 04.ai】素材文件，如图 5-60 所示。

图 5-60

02 在画板中选择黄色圆形与白色圆形，如图 5-61 所示。

图 5-61

03 右击鼠标，在弹出的快捷菜单中选择【建立复合路径】命令，如图 5-62 所示。

图 5-62

04 执行该操作后，即可建立复合路径，效果如图 5-63 所示。

图 5-63

除了可以通过右击弹出的快捷菜单建立复合路径外，在菜单栏中选择【对象】|【复合路径】|【建立】命令，如图 5-64 所示，或按 Ctrl+8 组合键，同样可以建立复合路径。

图 5-64

2．释放复合路径

在画板中选择已经创建好的复合路径，在菜单栏中选择【对象】|【复合路径】|【释放】命令，可以取消已经创建的复合路径；还可以在画板中选择要释放的复合路径，右击鼠标，在弹出的快捷菜单中选择【释放复合路径】命令，如图 5-65 所示。

图 5-65

5.2 变形工具

在 Illustrator 中，变形工具包括【旋转工具】、【镜像工具】、【比例缩放工具】、【倾斜工具】、【整形工具】、【自由变换工具】、【操控变形工具】、变形工具在图形软件中的使用率非常高，它不仅可以大大提高工作效率，还可以实现一些看似简单却又极为复杂的图像效果。

5.2.1 旋转工具

使用【旋转工具】可以对对象进行旋转操作，在操作时，如果按住 Shift 键，对象以 45° 增量角旋转。

1. 改变旋转基准点的位置

01 使用【选择工具】选中对象，在工具箱中单击【旋转工具】，在选中的对象上单击鼠标，创建新的基准点，如图 5-66 所示。

图 5-66

02 在图形上拖曳鼠标，如图 5-67 所示，即沿基准点旋转图形，如图 5-68 所示。

图 5-67

图 5-68

提示：拖曳鼠标的同时按住 Alt 键，可在保留原图形的同时旋转复制一个新的图形，如图 5-69 所示。

图 5-69

2．精确控制旋转的角度

01 使用【选择工具】选中要旋转的对象，如图 5-70 所示，双击工具箱中的【旋转工具】，弹出【旋转】对话框，在该对话框中将【角度】设置为－30°，如图 5-71 所示。

图 5-70

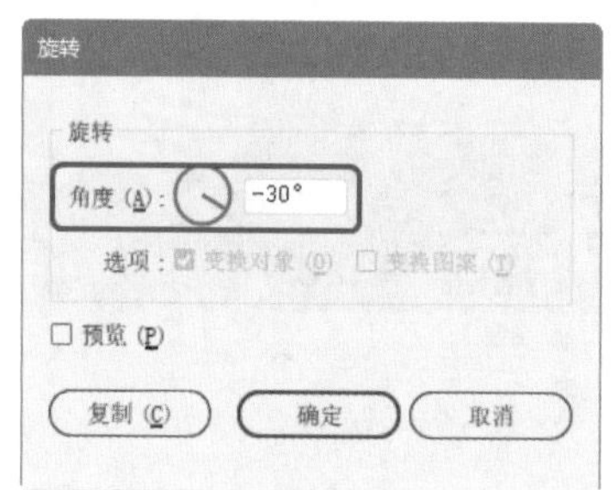

图 5-71

02 单击【确定】按钮，选中的对象就可以按照所设置的数值旋转，如图 5-72 所示。

图 5-72

03 单击【复制】按钮，保留原来的图形并按照设定的角度旋转复制一个，如图 5-73 所示。

图 5-73

5.2.2 镜像工具

使用【镜像工具】可以按照镜像轴旋转物体，首先用【选择工具】选择对象，在工具箱中选择【镜像工具】，即可在对象的中心点出现一个基准点，再在图形上拖曳鼠标就可以沿镜像轴旋转图形。

1．改变镜像基准点的位置

01 使用【选择工具】选中要镜像的对象，在工具箱中选择【镜像工具】，在选中的对象上单击鼠标确认镜像基点，如图 5-74 所示。

图 5-74

02 在页面中单击鼠标，确认镜像轴，如图 5-75 所示。

图 5-75

03 执行该操作后，即可将选中的对象进行镜像，效果如图 5-76 所示。

图 5-76

2．精确控制镜像的角度

01 使用【选择工具】选中图形，在工具箱中选择【镜像工具】，按住 Alt 键在图形的右侧单击鼠标左键，鼠标的落点即是镜像旋转对称轴的轴心。此时便可弹出【镜像】对话框。

02 在【镜像】对话框的【轴】选项组中包括【水平】、【垂直】和【角度】三个选项，可自行设置其旋转的轴向和旋转的角度，如图 5-77 所示。

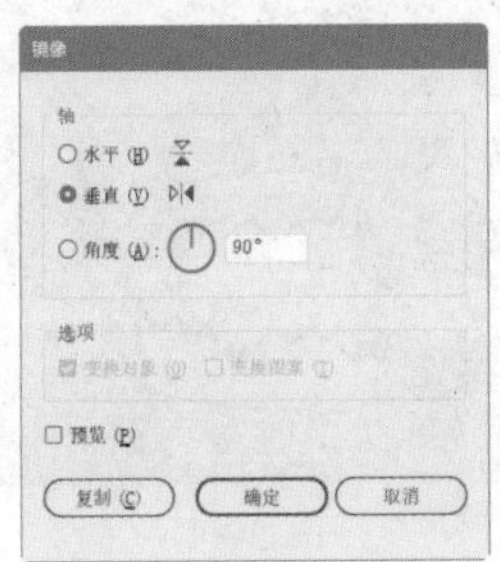

图 5-77

03 单击【确定】按钮，选中的对象将会按照确定好的轴心进行镜像，效果如图 5-78 所示；单击【复制】按钮，选中的对象将按照确定好的轴心进行镜像复制。

图 5-78

除此之外，还可以在菜单栏中选择【对象】|【变换】|【镜像】命令，在弹出的【镜像】对话框中设置参数进行镜像；或者在画板中选中要镜像的对象，右击鼠标，在弹出的快捷菜单中选择【变换】|【镜像】命令，如图 5-79 所示，同样可以对对象进行镜像。

图 5-79

【实战】生日贺卡

本例将介绍如何制作生日贺卡，主要通过将对象进行镜像、旋转等操作来完成生日贺卡的制作，效果如图 5-80 所示。

图 5-80

素材	素材 \Cha05\ 生日贺卡素材 .ai
场景	场景 \Cha05\【实战】生日贺卡 .ai
视频	视频教学 \Cha05\【实战】生日贺卡 .mp4

01 按Ctrl+O组合键，打开【生日贺卡素材.ai】素材文件，如图 5-81 所示。

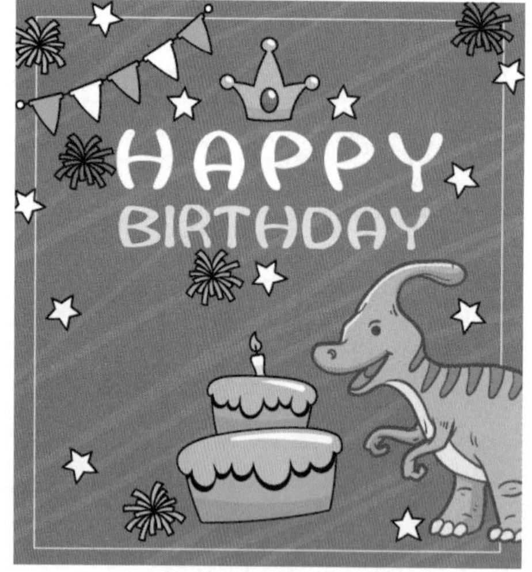

图 5-81

02 在工具箱中单击【选择工具】▶，在画板中选择如图 5-82 所示的对象，右击鼠标，在弹出的快捷菜单中选择【变换】|【镜像】命令。

图 5-82

03 在弹出的【镜像】对话框中选中【垂直】单选按钮，如图 5-83 所示。

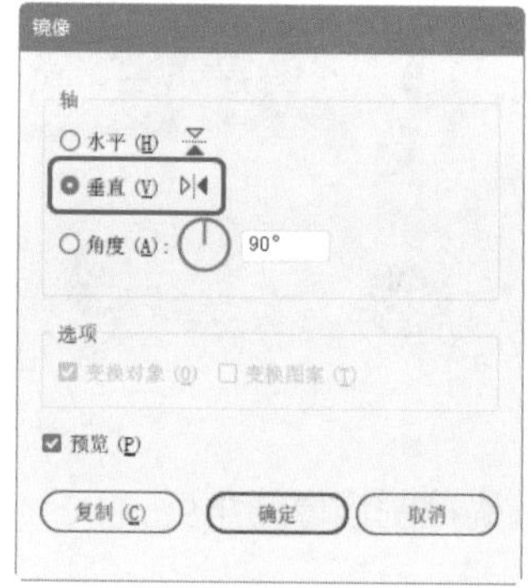

图 5-83

04 单击【复制】按钮，在画板中调整镜像对象的位置，效果如图 5-84 所示。

图 5-84

05 在画板中选择旗帜对象，右击鼠标，在弹出的快捷菜单中选择【变换】|【镜像】命令，如图 5-85 所示。

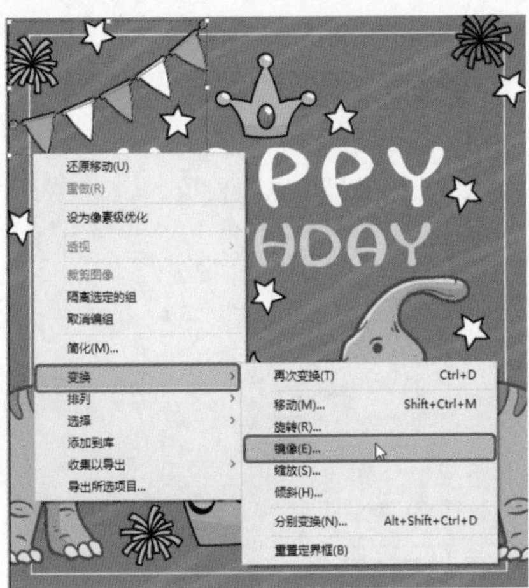

图 5-85

06 在弹出的对话框中选中【垂直】单选按钮，并单击【复制】按钮，在画板中调整镜像对象的位置，如图 5-86 所示。

图 5-86

07 在画板中选择蛋糕对象，在工具箱中双击【旋转工具】，在弹出的对话框中将【角度】设置为 - 5°，如图 5-87 所示。

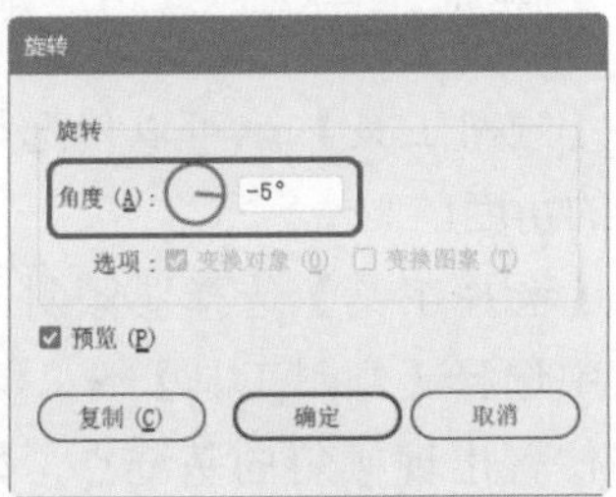

图 5-87

08 设置完成后，单击【确定】按钮，即可将选中的对象进行旋转，在画板中调整其位置，效果如图 5-88 所示。

图 5-88

5.2.3 比例缩放工具

使用【比例缩放工具】可以对图形进行任意的缩放。

1. 改变缩放基准点的位置

01 使用【选择工具】选择对象，在工具箱中单击【比例缩放工具】，可看到选中对象的中心位置出现缩放的基准点，如图 5-89 所示。

图 5-89

02 在选中对象上拖曳鼠标，如图 5-90 所示，释放鼠标后，就可以沿中心位置的基准点缩放选中的对象，如图 5-91 所示。

图 5-90

图 5-91

> 提示：拖曳鼠标的同时按住 Shift 键，图形可以成比例缩放；按住 Alt 键，可在保留原图形的同时，缩放复制一个新的图形。

2．精确控制缩放的程度

01 使用【选择工具】选择对象，如图 5-92 所示。

图 5-92

02 双击工具箱中的【比例缩放工具】，弹出【比例缩放】对话框，在【比例缩放】选项组中选中【等比】单选按钮，将其参数设置为 55%，如图 5-93 所示。

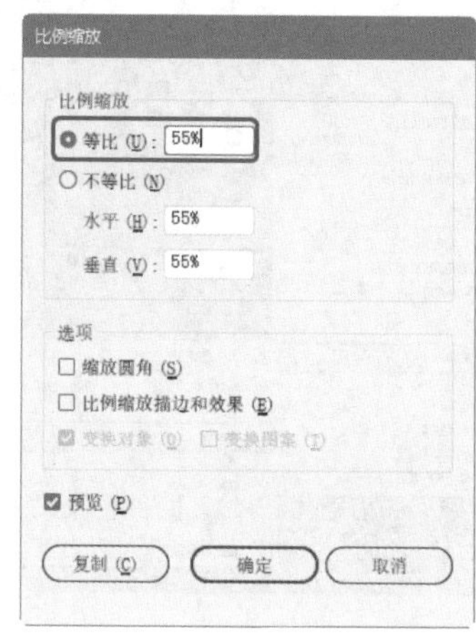

图 5-93

03 单击【确定】按钮，即可将选中的对象进行等比缩放，效果如图 5-94 所示。若单击【复制】按钮，将保留原来的图形并按照设定比例缩放复制。

图 5-94

5.2.4 倾斜工具

使用【倾斜工具】可以使选择的对象倾斜一定的角度。

使用【选择工具】选择要倾斜的对象，在工具箱中选择【倾斜工具】，可看到图形的中心位置出现倾斜的基准点，如图 5-95 所示。

图 5-95

在选中的对象上按住鼠标进行拖曳，就可以根据基准点倾斜对象，倾斜后的效果如图 5-96 所示。

图 5-96

改变图形倾斜基准点的方法与【旋转工具】和【镜像工具】相同，在图形被选中的状态下选择【倾斜工具】，在页面中单击鼠标，落点即为新的基准点。

> 提示：拖曳鼠标的同时按住 Alt 键，可在保留原图形的同时复制出新的倾斜图形。基准点不同，倾斜的效果也不同。

下面介绍如何精确定义倾斜的角度。

01 使用【选择工具】选择需要倾斜的对象，如图 5-97 所示。

图 5-97

02 双击工具箱中的【倾斜工具】，弹出【倾斜】对话框，如图 5-98 所示。也可以按住 Alt 键，在页面中单击鼠标左键，鼠标的落点即是倾斜的基准点，同样可以弹出【倾斜】对话框。

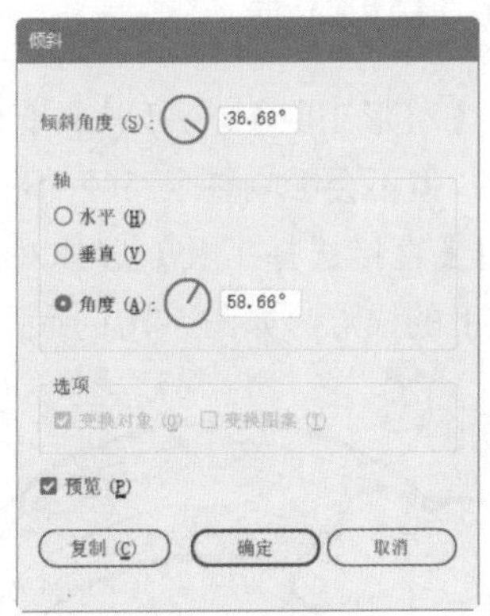

图 5-98

03 在【倾斜】对话框中设置【倾斜角度】为 - 20°，选中【垂直】单选按钮，如图 5-99 所示。

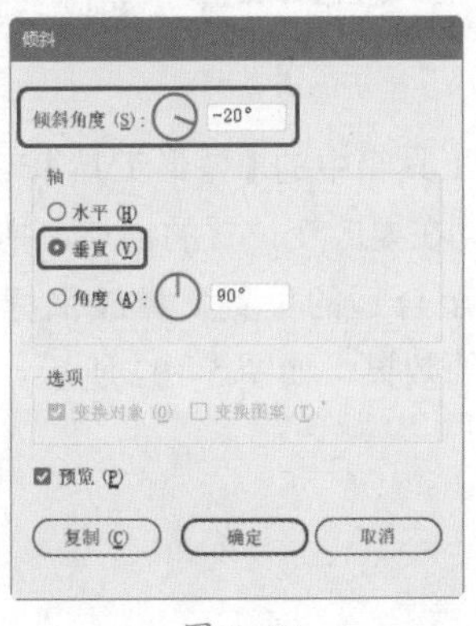

图 5-99

04 单击【确定】按钮，可以看到图形沿垂直倾斜轴倾斜 - 30°，如图 5-100 所示。

图 5-100

5.2.5 整形工具

使用【整形工具】可以改变路径上锚点的位置，但不会影响整个路径的形状。

01 使用【直接选择工具】选择对象，并选中该对象上的锚点，如图 5-101 所示。

图 5-101

02 单击工具箱中的【整形工具】，用【整形工具】在要改变位置的锚点上拖曳鼠标，将其拖曳至合适的位置，释放鼠标后，即可得到相应的效果，如图 5-102 所示。

图 5-102

提示：用变形工具在路径上单击，会出现新的曲线锚点，可以进一步调节变形。

5.2.6 自由变换工具

【自由变换工具】也有类似改变路径上的锚点位置的作用。【自由变换工具】也可以移动、缩放和旋转图形。

01 使用【选择工具】选择对象，如图 5-103 所示。

图 5-103

02 在工具箱中选择【自由变换工具】，选择【自由变换】按钮，将指针放在右下角的定界框上，按住鼠标将边框向外拖曳，调整至合适的位置释放鼠标，在画板中调整其位置与角度，完成后的效果如图 5-104 所示。

图 5-104

5.2.7 操控变形工具

【操控变形工具】可以添加、移动和旋转控制点，以便将图稿平滑地变换到不同的位置并变换成不同的姿态。

01 使用【选择工具】选择对象，如图 5-105 所示。

图 5-105

02 在工具箱中单击【操控变形工具】，在画板中调整控制点，调整选中对象的形态，如图 5-106 所示。

图 5-106

03 在画板中添加一个控制点，并进行相应的调整，如图 5-107 所示。

图 5-107

04 在工具箱中单击【选择工具】，在画板的空白位置单击鼠标，即可完成调整，效果如图 5-108 所示。

图 5-108

5.3 即时变形工具的应用

Illustrator CC 中的即时变形工具，如图 5-109 所示，分别为【宽度工具】、【变形工具】、【旋转扭曲工具】、【缩拢工具】、【膨胀工具】、【扇贝工具】、【晶格化工具】和【褶皱工具】。

图 5-109

5.3.1 宽度工具

使用【宽度工具】可以对加宽绘制的路径描边，并调整为各种多变的形状效果。此工具创建并保存自定义宽度配置文件，可将该文件重新应用于任何笔触，使绘图更加方便、快捷。

01 在工具箱中选择【宽度工具】，在画板中选择描边路径，单击并拖曳，如图 5-110 所示。

图 5-110

02 至合适的位置后释放鼠标，完成后的效果如图 5-111 所示。

图 5-111

5.3.2 变形工具

使用【变形工具】可以随光标的移动塑造对象形状，能够使对象的形状按照鼠标拖拉的方向产生自然的变形。

01 在工具箱中双击【变形工具】，将会弹出【变形工具选项】对话框，将【宽度】、【高度】均设置为 50px，如图 5-112 所示。

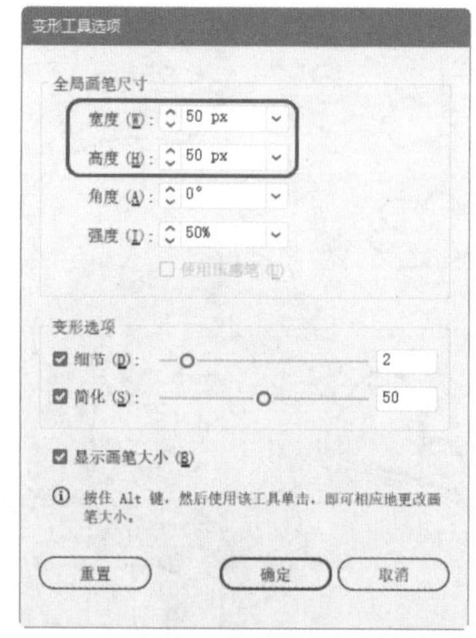

图 5-112

02 单击【确定】按钮，在画板中对字母 S 进行涂抹，调整后的效果如图 5-113 所示。

图 5-113

【变形工具选项】对话框中的相关参数介绍如下。

◎ 【宽度】、【高度】：表示变形工具画笔水平、垂直方向的直径。

◎ 【角度】：指变形工具画笔的角度。

◎ 【强度】：指变形工具画笔按压的力度。

◎ 【细节】：表示变形工具应用的精确程度，数值越高则表现得越细致。设置范围是 1 ～ 15。

◎ 【简化】：设置变形工具应用的简单程度，设置范围是 0.2 ～ 100。

◎ 【显示画笔大小】：显示变形工具画笔的尺寸。

5.3.3　旋转扭曲工具

使用【旋转扭曲工具】可以在对象中创建旋转扭曲，使对象的形状卷曲形成旋涡状。

在工具箱中选择【旋转扭曲工具】，在图形需要变形的部分单击鼠标，在单击的画笔范围内就会产生旋涡，如图 5-114 所示。按住鼠标的时间越长，卷曲程度就越大。

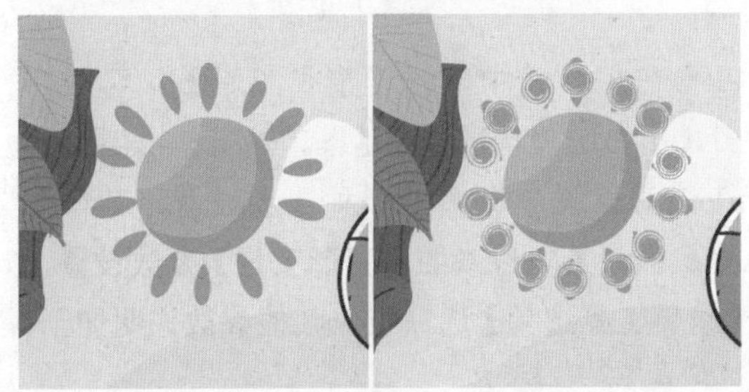

图 5-114

【旋转扭曲工具】属性的设置与方法与【变形工具】相同。

5.3.4　缩拢工具

【缩拢工具】可通过向十字线方向移动控制点的方式收缩对象，使对象的形状产生收缩的效果。

在工具箱中选择【缩拢工具】，在需要收缩变形的部分单击或拖曳鼠标，如图 5-115 所示，在单击的画笔范围内图形就会收缩变形，如图 5-116 所示。按住鼠标的时间越长，收缩程度就越大。

【缩拢工具】也可以通过对话框来设置属性。

图 5-115

图 5-116

5.3.5 膨胀工具

【膨胀工具】则可通过向远离光标方向移动控制点的方式扩展对象，使对象的形状产生膨胀的效果，与【缩拢工具】相反。

在工具箱中选择【膨胀工具】，在需要变形的部分按住鼠标左键并向外拖曳，如图 5-117 所示。释放鼠标后，在单击的画笔范围内图形就会膨胀变形，对图形进行膨胀变形后的效果如图 5-118 所示。如果持续按住鼠标，时间越长，膨胀的程度就越大。【膨胀工具】同样可以通过对话框来设置属性。

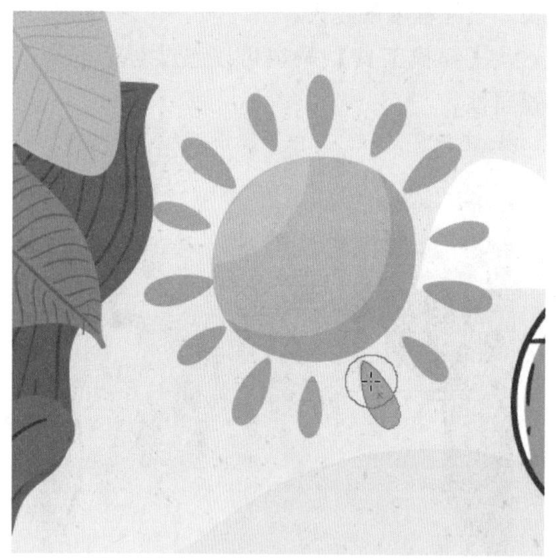

图 5-117

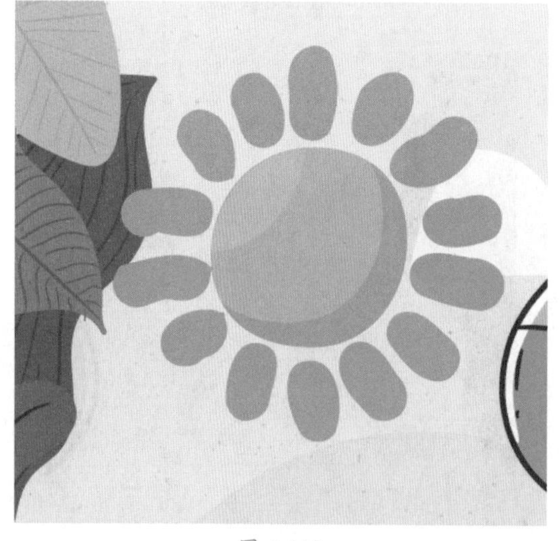

图 5-118

5.3.6 扇贝工具

使用【扇贝工具】可以向对象的轮廓添加随机弯曲的细节，使对象的形状产生类似贝壳般起伏的效果。

首先使用【选择工具】选择对象，然后在工具箱中选择【扇贝工具】，在需要变形的部分按住并拖曳鼠标，如图 5-119 所示。释放鼠标后，图形在单击的范围内就会产生起伏的波纹效果，如图 5-120 所示。按住鼠标的时间越长，起伏的效果越明显。

图 5-119

图 5-120

在工具箱中双击【扇贝工具】，可以打开【扇贝工具选项】对话框，如图 5-121 所示，在该对话框中提供了多种选项设置，其中部分参数设置可以参照【变形工具】参数设置。【扇贝工具选项】选项组内其他参数说明如下。

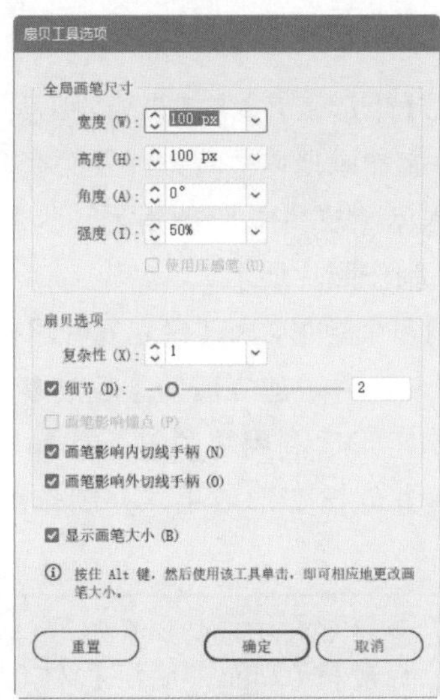

图 5-121

◎ 【复杂性】：表示扇贝工具应用于对象的复杂程度。

◎ 【细节】：表示扇贝工具应用于对象的精确程度。

◎ 【画笔影响锚点】：在锚点上施加笔刷效果。

◎ 【画笔影响内切线手柄】：在锚点方向手柄的内侧施加笔刷效果。

◎ 【画笔影响外切线手柄】：在锚点方向手柄的外侧施加笔刷效果。

◎ 【显示画笔大小】：勾选该复选框后，将会显示画笔的大小。

■ 5.3.7 晶格化工具

【晶格化工具】可以为对象的轮廓添加随机锥化的细节，使对象表面产生尖锐凸起的效果。

在工具箱中选择【晶格化工具】，在需要添加晶格化的部分单击并拖曳鼠标，如图 5-122 所示，释放鼠标后图形在单击的画笔范围内就会产生向外尖锐凸起的效果，如图 5-123 所示。按住鼠标的时间越长，凸起的程度越明显。【晶格化工具】属性的设置方法与【扇贝工具】相同。

图 5-122

图 5-123

■ 5.3.8 皱褶工具

【皱褶工具】可以为对象的轮廓添加类似于皱褶的细节，使对象表面产生皱褶效果。

在工具箱中选择【褶皱工具】，在需要变形的部分按住鼠标拖动，如图 5-124 所示。释放鼠标后图形在单击的画笔范围内会产生皱褶的变形，如图 5-125 所示。按住鼠标的时间越长，皱褶的程度越明显。【皱褶工具】属性的设置方法与【扇贝工具】相同。

图 5-124

图 5-125

课后项目练习
旅游画册内页

本例将介绍旅游画册内页的制作。在制作旅游画册内页时，需要注意整体色调的结合，并通过为图形建立复合路径以及倾斜效果，使旅游画册内页简洁、大方，给人眼前一亮的效果。

1. 课后项目练习效果展示

效果如图 5-126 所示。

图 5-126

2. 课后项目练习过程概要

01 利用【矩形工具】与【直线段工具】、【文字工具】制作画册内页背景以及文字介绍。

02 置入素材文件并绘制矩形，为其建立剪切蒙版，制作照片展示。

03 绘制多个矩形，为其建立复合路径效果，并置入素材文件，建立剪切蒙版效果。

04 绘制矩形，利用【倾斜工具】与【直接选择工具】创建变形效果，并制作出其他内容效果。

素材	素材 \Cha05\ 旅游素材 01.jpg、旅游素材 02.jpg、旅游素材 03.jpg、旅游素材 04.jpg、旅游素材 05.jpg
场景	场景 \Cha05\ 旅游画册内页 .ai
视频	视频教学 \Cha05\ 旅游画册内页 .mp4

3. 课后项目练习操作步骤

01 按 Ctrl+N 组合键，在弹出的对话框中将单位设置为【毫米】，将【宽度】、【高度】分别设置为 420mm、297mm，将【颜色模式】设置为【RGB 颜色】，单击【创建】按钮。在工具箱中单击【矩形工具】，在画板中绘制一个矩形，在【属性】面板中将【宽】、【高】分别设置为 420mm、297mm，将【填色】设置为 #f2f2f2，将【描边】设置为无，在画板中调整其位置，如图 5-127 所示。

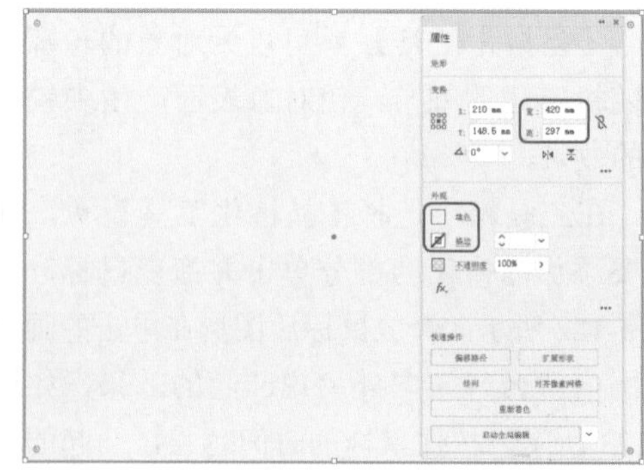
图 5-127

02 在工具箱中单击【直线段工具】，在画板中按住 Shift 键绘制一条垂线，在【属性】

面板中将【高】设置为 297mm，将【描边】的颜色值设置为 #999999，将【描边】粗细设置为 1pt，并在画板中调整其位置，如图 5-128 所示。

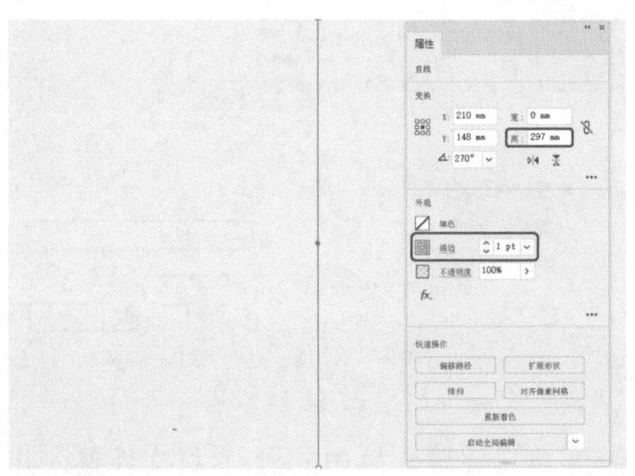

图 5-128

03 使用【矩形工具】在画板中绘制一个矩形，在【属性】面板中将【宽】、【高】分别设置为 210mm、92mm，将【填色】设置为 #009fe8，将【描边】设置为无，并在画板中调整其位置，如图 5-129 所示。

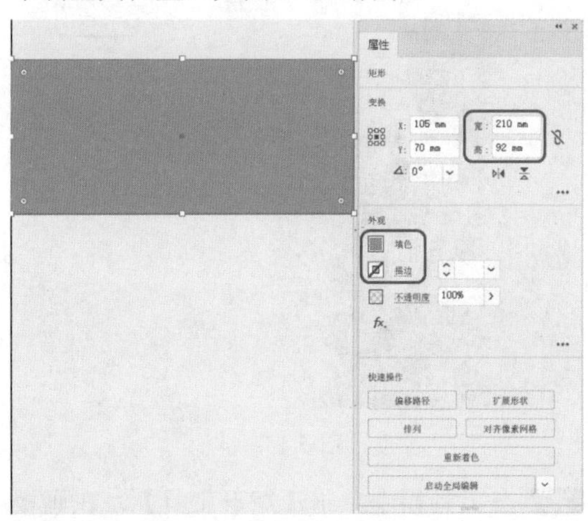

图 5-129

04 在工具箱中单击【文字工具】，在画板中单击鼠标，输入文字。选中输入的文字，在【属性】面板中将【填色】设置为白色，将【字体】设置为【微软雅黑】，将【字体样式】设置为 Bold，将【字体大小】设置为 64pt，将【字符间距】设置为 0，并在画板中调整其位置，如图 5-130 所示。

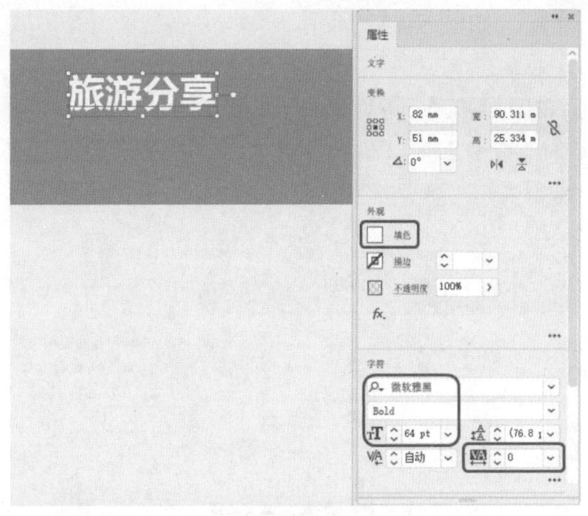

图 5-130

05 使用【文字工具】在画板中输入文字，选中输入的文字，在【属性】面板中将【填色】设置为白色，将【字体】设置为 Minion Pro，将【字体样式】设置为 Bold，将【字体大小】设置为 22pt，将【字符间距】设置为 130，并在画板中调整其位置，如图 5-131 所示。

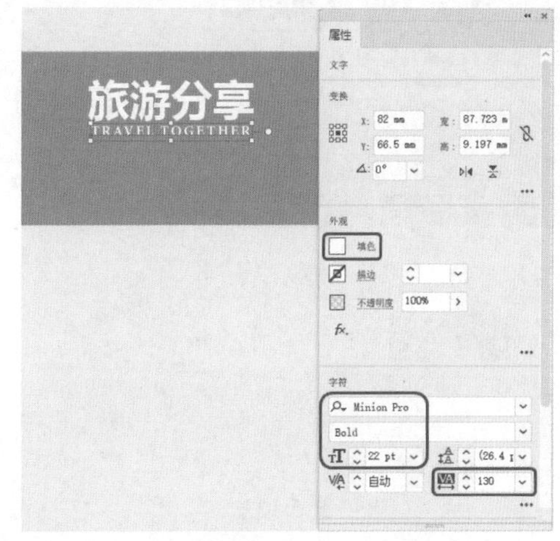

图 5-131

06 使用【文字工具】在画板中绘制一个文本框，在文本框中输入文字并选中输入的文字，在【颜色】面板中将【填色】设置为白色，在【字符】面板中将【字体】设置为【Adobe 黑体 Std R】，将【字体大小】设置为 12pt，将【行距】设置为 19pt，将【字符间距】设置为 50，在【段落】面板中将【首行左缩进】设置为 20pt，并在画板中调整其位置，如图 5-132 所示。

图 5-132

07 在工具箱中单击【矩形工具】，在画板中绘制一个矩形，在【属性】面板中将【宽】、【高】分别设置为 48mm、18mm，将【填色】的颜色值设置为 #009fe8，并在画板中调整其位置，如图 5-133 所示。

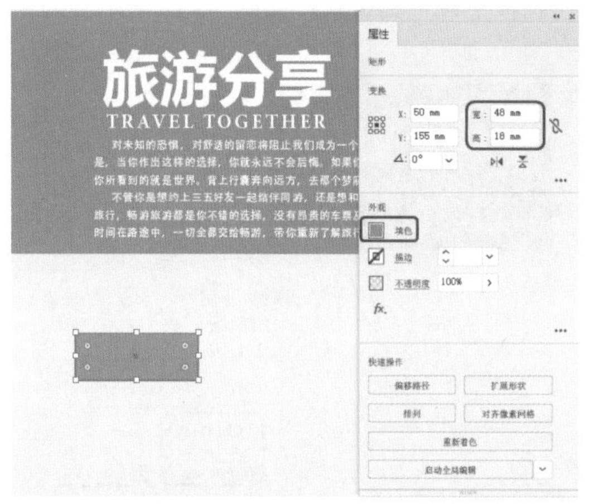

图 5-133

08 在工具箱中单击【文字工具】T，在画板中单击鼠标，输入文字。选中输入的文字，在【属性】面板中将【填色】设置为白色，将【字体】设置为【方正黑体简体】，将【字体大小】设置为 19pt，将【字符间距】设置为 0，如图 5-134 所示。

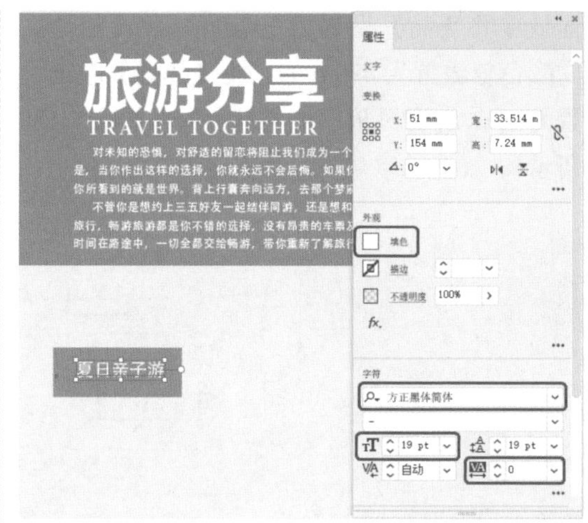

图 5-134

09 将【旅游素材 01.jpg】素材文件置入并嵌入文档，在【属性】面板中将【宽】、【高】分别设置为 70mm、105mm，在画板中调整位置，如图 5-135 所示。

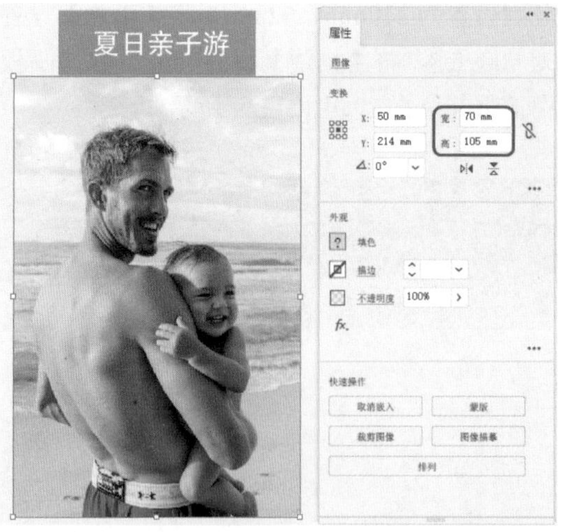

图 5-135

10 在工具箱中单击【矩形工具】，在画板中绘制一个矩形，在【属性】面板中将【宽】、【高】分别设置为 48mm、105mm，为其填充任意一种颜色，并在画板中调整其位置，如图 5-136 所示。

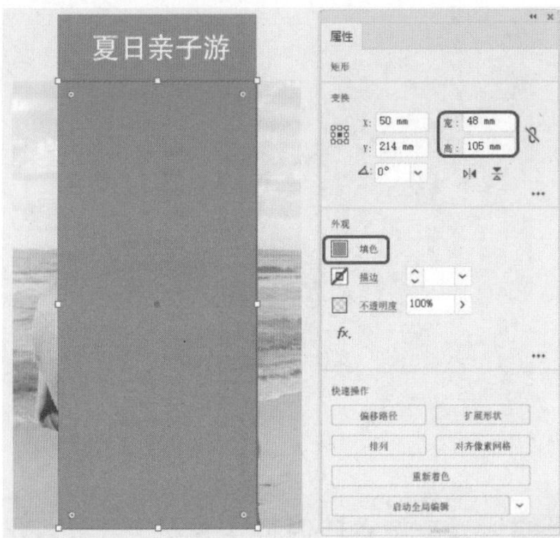

图 5-136

11 选中新绘制的矩形与置入的素材文件，右击鼠标，在弹出的快捷菜单中选择【建立剪切蒙版】命令，建立剪切蒙版后的效果如图 5-137 所示。

图 5-137

12 使用同样的方法在画板中制作其他内容，效果如图 5-138 所示。

图 5-138

13 在工具箱中单击【矩形工具】，在画板中绘制一个矩形，在【属性】面板中将【宽】、【高】分别设置为 92mm、96mm，将【填色】的颜色值设置为 #fbb03b，并在画板中调整其位置，如图 5-139 所示。

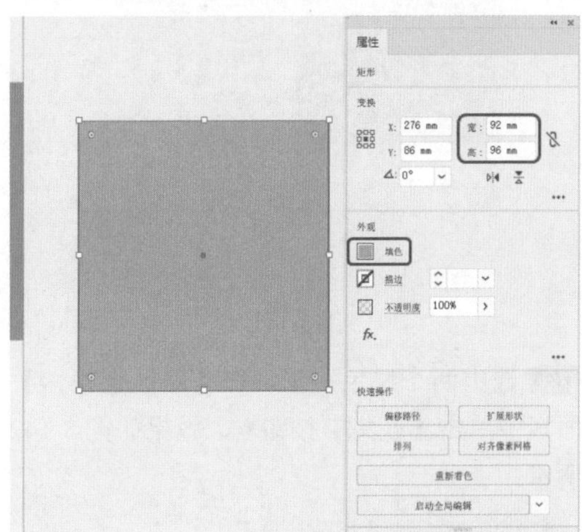

图 5-139

14 使用【矩形工具】在画板中绘制一个矩形，在【属性】面板中将【宽】、【高】分别设置为 1.5mm、96mm，将【填色】的颜色值设置为 #9b54a，并在画板中调整其位置，如图 5-140 所示。

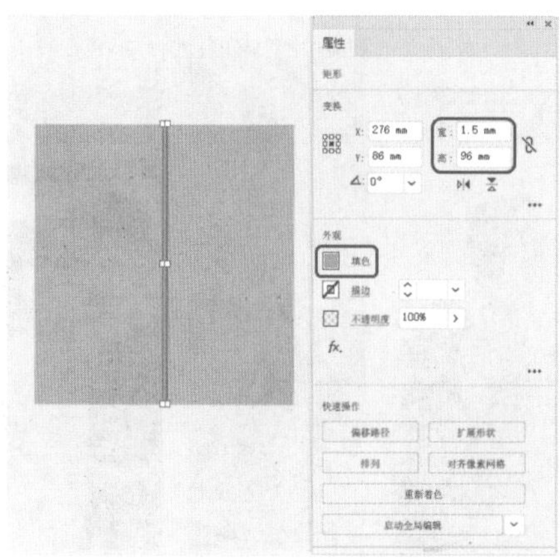

图 5-140

15 将绘制的矩形复制并旋转 90°，并将【宽】设置为 92mm，效果如图 5-141 所示。

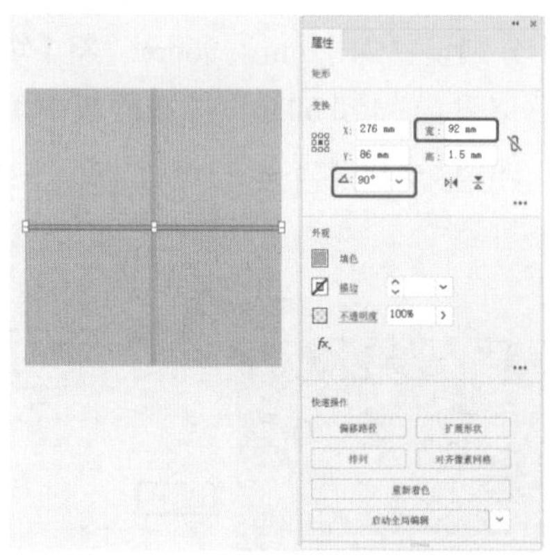

图 5-141

16 选中两个绿色矩形，在【路径查找器】面板中单击【联集】按钮，效果如图 5-142 所示。

图 5-142

17 选中联集后的对象，按住 Shift 键选中橙色矩形，右击鼠标，在弹出的快捷菜单中选择【建立复合路径】命令，如图 5-143 所示。

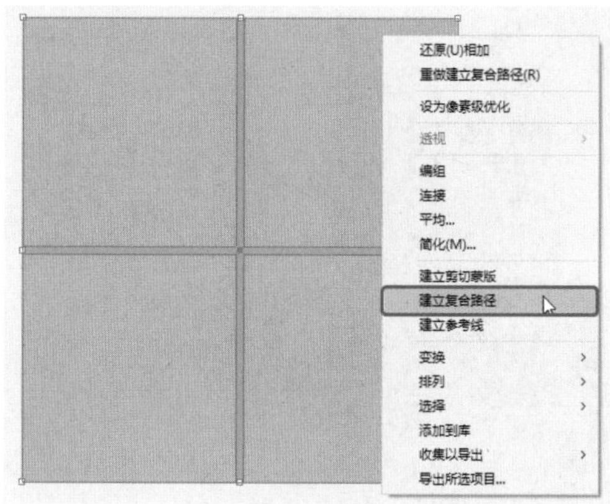

图 5-143

18 将【旅游素材 04.jpg】素材文件置入并嵌入文档，在【属性】面板中将【宽】、【高】分别设置为 165mm、110mm，并在画板中调整其位置，如图 5-144 所示。

图 5-144

19 选中置入的素材文件，按 Ctrl+[组合键向后移一层，效果如图 5-145 所示。

图 5-145

20 选中置入的素材文件与复合路径，右击鼠标，在弹出的快捷菜单中选择【建立剪切蒙版】命令，如图 5-146 所示。

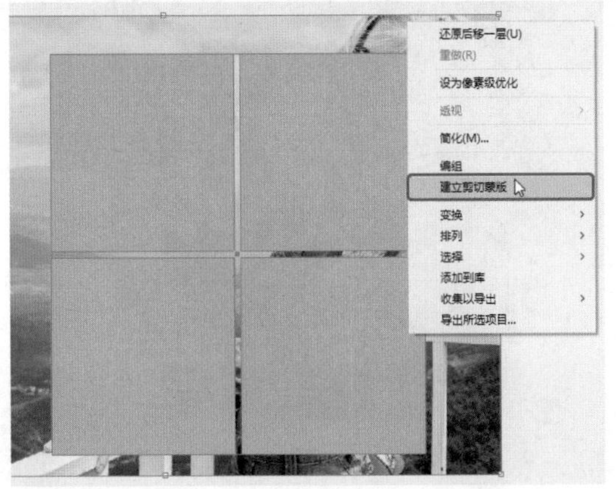

图 5-146

21 在工具箱中单击【矩形工具】，在画板中绘制一个矩形，在【属性】面板中将【宽】、【高】分别设置为 20mm、96mm，将【填色】的颜色值设置为 #c8c9ca，并在画板中调整其位置，如图 5-147 所示。

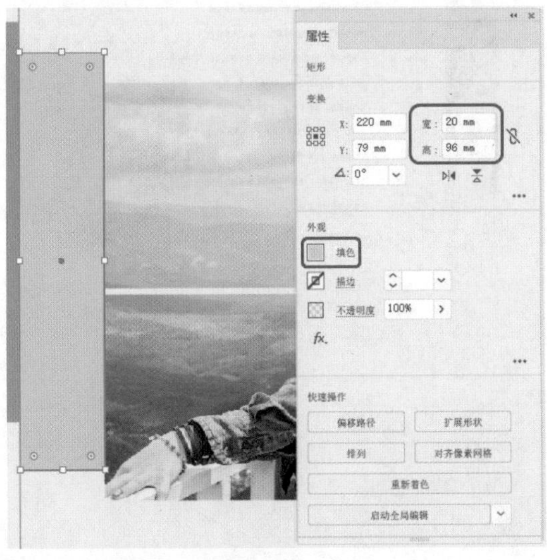

图 5-147

22 继续选中该矩形，在工具箱中单击【倾斜工具】，在画板中单击矩形左上角的锚点并按住鼠标向上拖动，对其进行调整，如图 5-148 所示。

图 5-148

23 在工具箱中单击【直接选择工具】，在画板中单击矩形左下角的锚点，对其进行调整，效果如图 5-149 所示。

图 5-149

24 在工具箱中单击【矩形工具】，在画板中绘制一个矩形，在【属性】面板中将【宽】、【高】分别设置为 13mm、96.5mm，将【填色】设置为 #00a0d8，在画板中调整其位置，如图 5-150 所示。

图 5-150

25 选中绘制的矩形，在工具箱中单击【倾斜工具】，在画板中单击矩形左下角的锚点并按住鼠标向下拖动，对其进行调整，如图 5-151 所示。

26 根据前面所介绍的方法在画板中制作其他内容，并进行相应的设置，效果如图 5-152 所示。

图 5-151

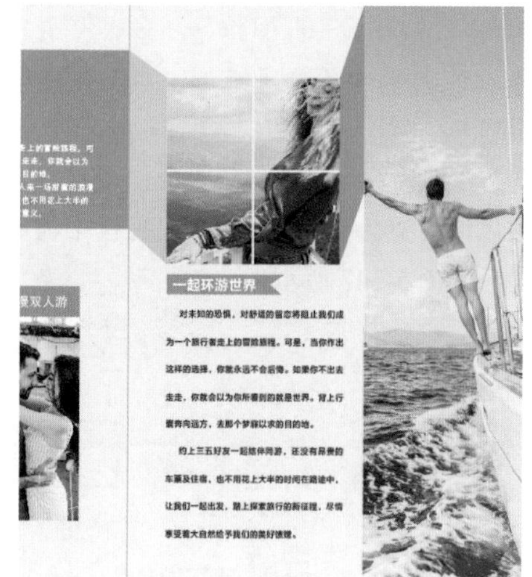

图 5-152

第 6 章

手机抽奖 UI 界面设计——效果和滤镜

本章导读：

在 Illustrator 中，效果和滤镜不但可以为图像的外观添加一些特殊效果，还可以模拟素描、水彩和油画等绘画效果。通过为某个对象、组或图层添加效果和滤镜，能够创造出炫酷的图像作品。

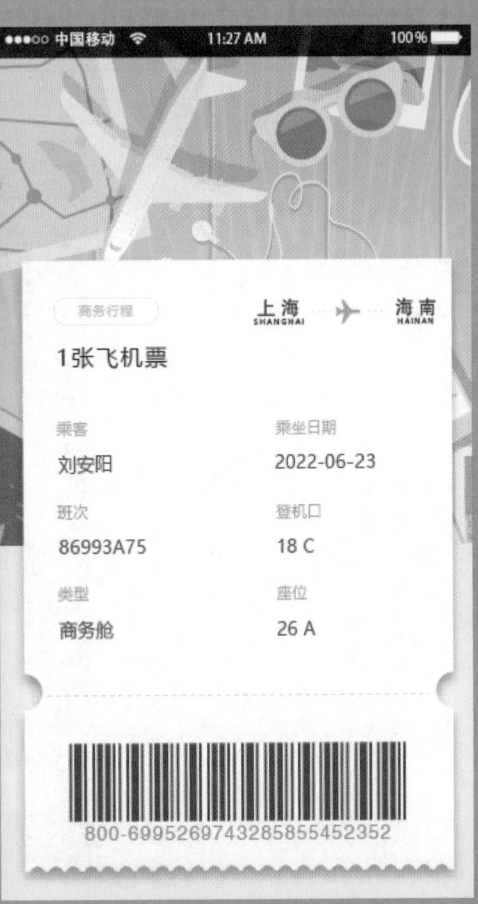

【案例精讲】 手机抽奖 UI 界面设计

为了更好地完成本设计案例，现对制作要求及设计内容做如下规划，效果如图 6-1 所示。

作品名称	手机抽奖 UI 界面
作品尺寸	750px×1334px
设计创意	（1）利用【文字工具】输入主题标题，为文字添加【投影】效果，使文字更加立体。 （2）使用【圆角矩形工具】、【椭圆工具】、【钢笔工具】绘制旋转指针，并为绘制的图形添加【投影】、【内发光】、【羽化】等特效，使效果更加真实。 （3）输入文本内容，制作按钮效果，对整体效果进行完善
主要元素	（1）UI 背景。 （2）电量条。 （3）转盘
应用软件	Illustrator CC
素材	素材 \Cha06\ 抽奖素材 01.jpg、抽奖素材 02.png、抽奖素材 03.ai、抽奖素材 04.png、电量条 .ai
场景	场景 \Cha06\【案例精讲】手机抽奖 UI 界面设计 .ai
视频	视频教学 \Cha06\【案例精讲】手机抽奖 UI 界面设计 .mp4
手机抽奖 UI 界面效果欣赏	图 6-1

01 按Ctrl+N组合键，在弹出的对话框中将单位设置为【像素】，将【宽度】、【高度】分别设置为750px、38.762px，将【颜色模式】设置为【RGB颜色】，设置完成后，单击【创建】按钮。将【抽奖素材01.jpg】、【电量条.ai】素材文件置入文档，将其嵌入，并调整其位置，如图6-2所示。

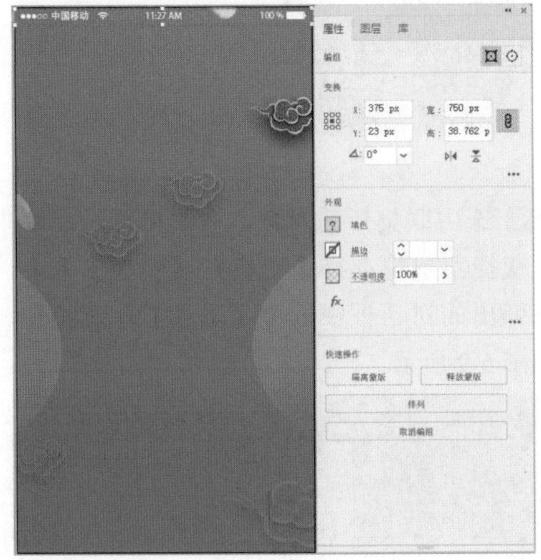

图 6-2

02 在工具箱中单击【文字工具】T，在画板中单击鼠标并输入文字，选中输入的文字，在【属性】面板中将【填色】设置为白色，将【字体】设置为【微软简综艺】，将【字体大小】设置为120pt，将【字符间距】设置为-50，并适当调整其位置，如图6-3所示。

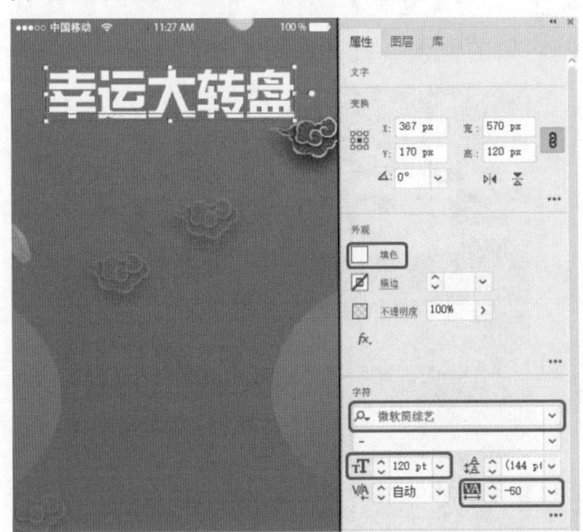

图 6-3

03 选中输入的文字，在【外观】面板中单击【添加新效果】按钮fx，在弹出的下拉菜单中选择【风格化】|【投影】命令，在弹出的【投影】对话框中将【模式】设置为【正片叠底】，将【不透明度】、【X位移】、【Y位移】、【模糊】分别设置为50%、0px、20px、0px，将【颜色】设置为#b2392a，如图6-4所示。

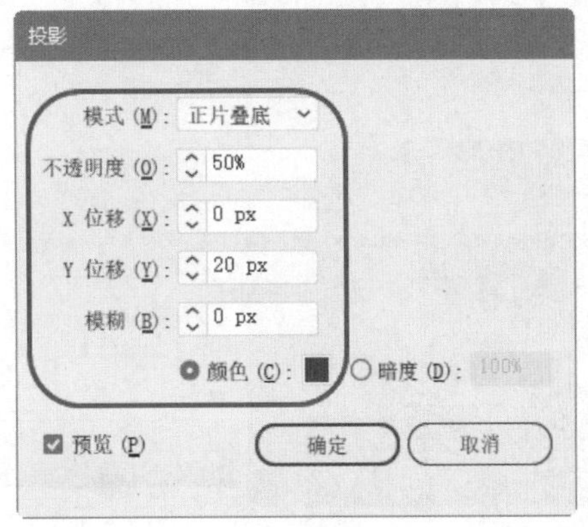

图 6-4

04 设置完成，单击【确定】按钮，在工具箱中单击【圆角矩形工具】，在画板中绘制一个圆角矩形，在【变换】面板中将【宽】、【高】分别设置为397px、48px，将所有的圆角半径均设置为24px，在【颜色】面板中将填色设置为#ffe736，将描边设置为无，并在画板中调整其位置，如图6-5所示。

图 6-5

05 在工具箱中单击【矩形工具】，在画板中绘制一个矩形，在【变换】面板中将【宽】、【高】分别设置为39px、3px，在【颜色】面板中将填色设置为#ff3f31，将描边设置为无，并在画板中调整其位置，如图6-6所示。

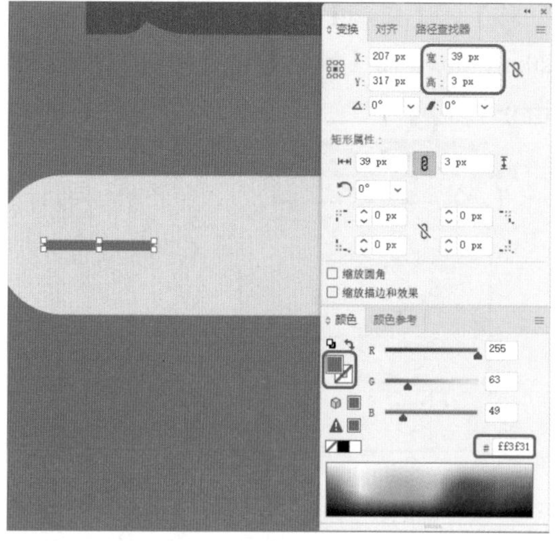

图 6-6

06 在工具箱中单击【椭圆工具】，在画板中绘制一个圆形，在【变换】面板中将【宽】、【高】均设置为7px，在【颜色】面板中将填色设置为#ff3f31，将描边设置为无，并在画板中调整其位置，如图6-7所示。

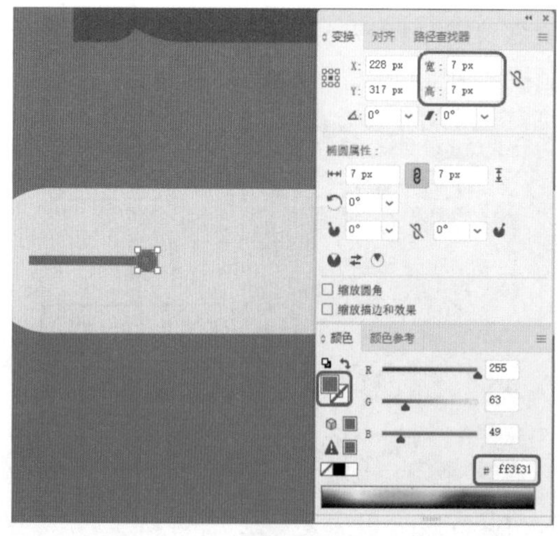

图 6-7

07 在画板中选择红色的矩形与圆形，在【路径查找器】面板中单击联集按钮，如图6-8所示。

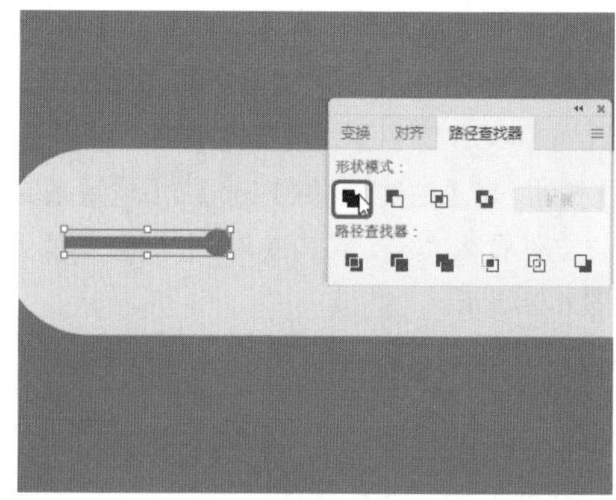

图 6-8

08 选中联集后的对象，右击鼠标，在弹出的快捷菜单中选择【变换】|【镜像】命令，在弹出的对话框中选中【垂直】单选按钮，如图6-9所示。

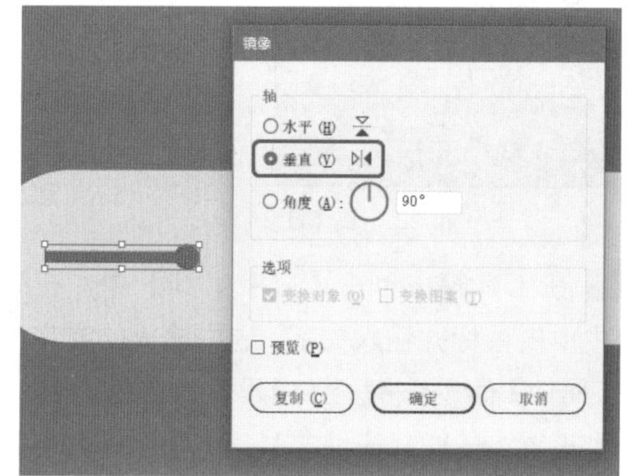

图 6-9

09 单击【复制】按钮，并在画板中调整复制对象的位置，效果如图6-10所示。

图 6-10

10 在工具箱中单击【文字工具】T，在画板中单击鼠标并输入文字，选中输入的文字，在【属性】面板中将【填色】设置为 #ff402b，将【字体】设置为【方正黑体简体】，将字体大小设置为 27pt，将字符间距设置为 - 10，并适当调整其位置，如图 6-11 所示。

图 6-11

11 将【抽奖素材 02.png】素材文件置入文档，将其嵌入，选中置入的素材文件，在画板中调整其位置，在【外观】面板中单击【添加新效果】按钮 fx，在弹出的下拉菜单中选择【风格化】|【投影】命令，在弹出的【投影】对话框中将【模式】设置为【正片叠底】，将【不透明度】、【X 位移】、【Y 位移】、【模糊】分别设置为 50%、0px、20px、0px，将【颜色】设置为 #b2392a，如图 6-12 所示。

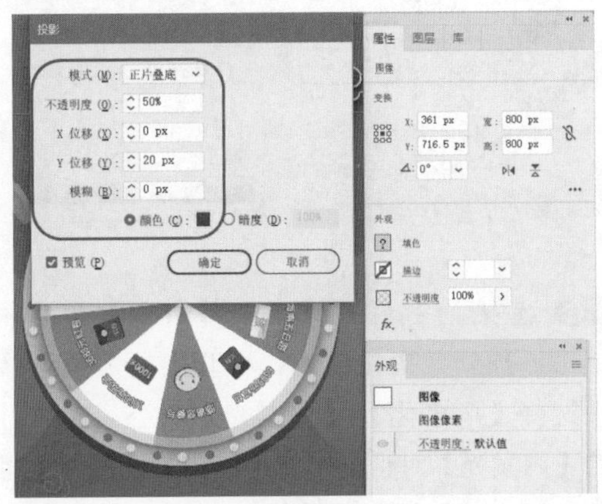

图 6-12

12 设置完成后，单击【确定】按钮，在工具箱中单击【椭圆工具】，在画板中按住 Shift 键绘制一个正圆，在【属性】面板中将【宽】、【高】均设置为 184px，将【填色】设置为白色，将【描边】设置为无，并在画板中调整其位置，如图 6-13 所示。

图 6-13

13 使用【椭圆工具】在画板中按住 Shift 键绘制一个正圆，在【属性】面板中将【宽】、【高】均设置为 168px，将【填色】设置为 #ff4a3f，将【描边】设置为无，并在画板中调整其位置，如图 6-14 所示。

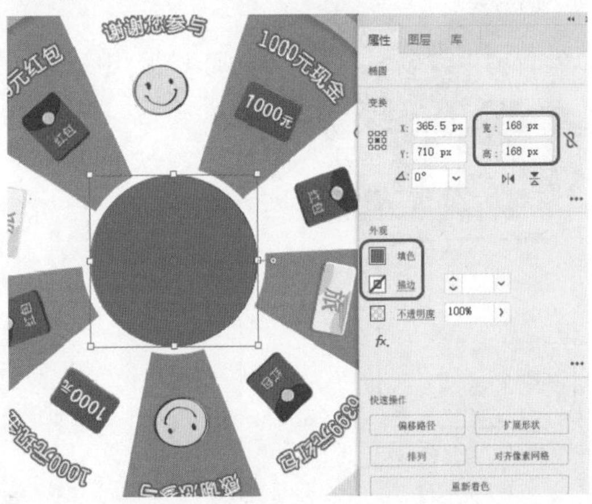

图 6-14

14 在工具箱中单击【钢笔工具】，在画板中绘制一个三角形，在【属性】面板中将【填色】设置为 #ff4a3f，将【描边】设置为无，并在画板中适当调整其位置，如图 6-15 所示。

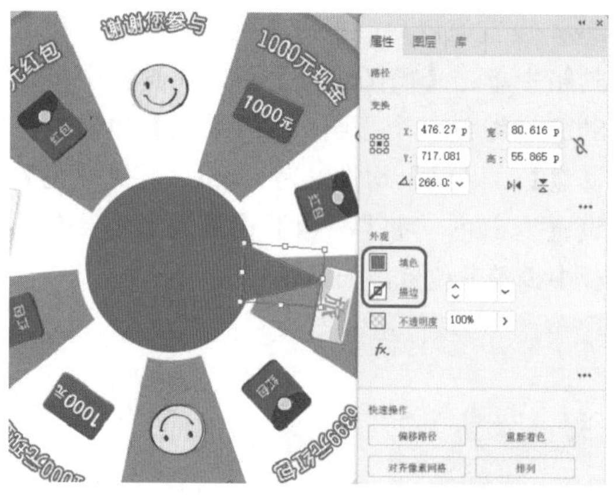

图 6-15

15 在画板中选择新绘制的图形与红色圆形，在【路径查找器】面板中单击【联集】按钮，选中联集后的图形，在【外观】面板中单击【添加新效果】按钮 fx，在弹出的下拉菜单中选择【风格化】|【投影】命令，在弹出的【投影】对话框中将【模式】设置为【正片叠底】，将【不透明度】、【X 位移】、【Y 位移】、【模糊】分别设置为 50%、0px、0px、3px，将【颜色】设置为 #720700，如图 6-16 所示。

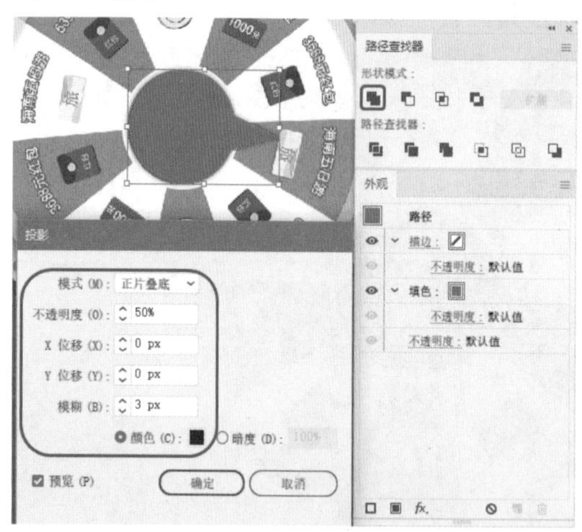

图 6-16

16 设置完成后，单击【确定】按钮，在工具箱中单击【钢笔工具】，在画板中绘制图形，在【颜色】面板中将【填色】设置为 #e9261a，将【描边】设置为无，如图 6-17 所示。

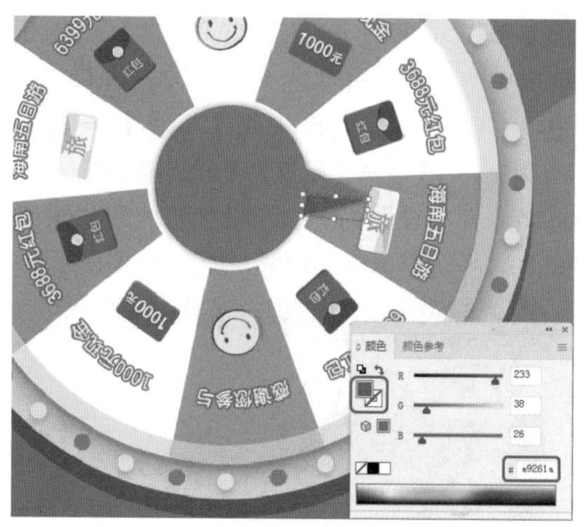

图 6-17

17 在工具箱中单击【椭圆工具】，在画板中按住 Shift 键绘制一个正圆，在【变换】面板中将【宽】、【高】均设置为 134px，并在画板中调整其位置，在【渐变】面板中将填色的【类型】设置为【线性】，将【角度】设置为 119°，将左侧色标的颜色值设置为 #eea429，将右侧色标的颜色值设置为 #ffe48a，如图 6-18 所示。

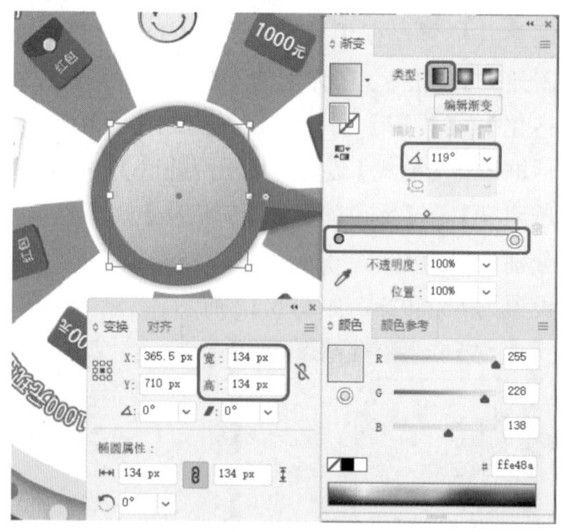

图 6-18

18 选中新绘制的圆形，在【外观】面板中单击添加新效果按钮 fx，在弹出的下拉菜单中选择【风格化】|【内发光】命令，在弹出的【内发光】对话框中将【模式】设置为【滤色】，将发光颜色设置为 #ffffff，将【不透明度】、【模糊】分别设置为 35%、7px，选中【边

缘】单选按钮，如图6-19所示。

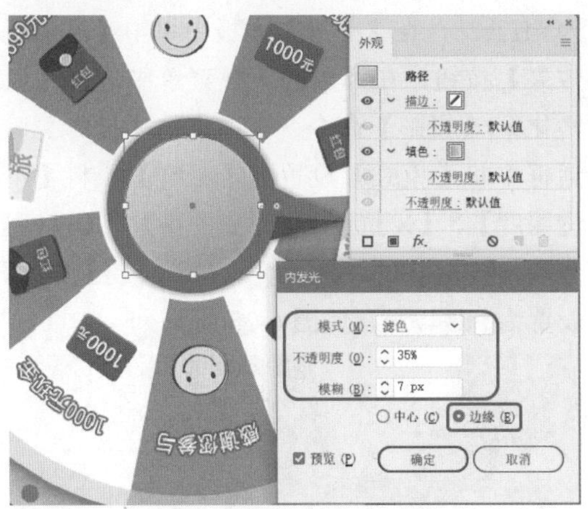

图 6-19

19 设置完成后，单击【确定】按钮，在【外观】面板中单击添加新效果按钮 fx，在弹出的下拉菜单中选择【风格化】|【投影】命令，在弹出的【投影】对话框中将【模式】设置为【正片叠底】，将【不透明度】、【X位移】、【Y位移】、【模糊】分别设置为18%、0px、3px、3px，将【颜色】设置为#000000，如图6-20所示。

图 6-20

20 设置完成后，单击【确定】按钮，在工具箱中单击【椭圆工具】，在画板中绘制一个椭圆，在【变换】面板中将【椭圆宽度】、【椭圆高度】分别设置为23px、26px，将【椭圆角度】设置为300°，在【透明度】面板中将【不透明度】设置为66%，在【外观】面板中将【填色】设置为白色，单击添加新效果按钮 fx，在弹出的下拉菜单中选择【风格化】|【羽化】命令，在弹出的对话框中将【半径】设置为10px，如图6-21所示。

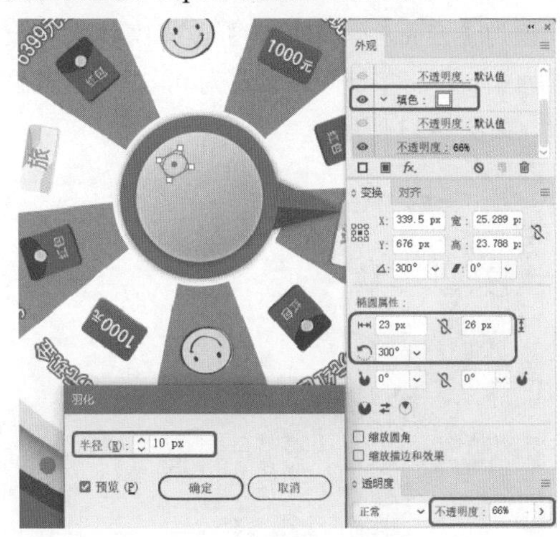

图 6-21

21 设置完成后，单击【确定】按钮，在画板中调整其位置，在工具箱中单击【椭圆工具】，在画板中绘制一个椭圆，在【变换】面板中将【椭圆宽度】、【椭圆高度】分别设置为13px、16px，将【椭圆角度】设置为300°，在【透明度】面板中将【不透明度】设置为100%，在【外观】面板中将【填色】设置为白色，单击【添加新效果】按钮 fx，在弹出的下拉菜单中选择【风格化】|【羽化】命令，在弹出的对话框中将【半径】设置为10px，如图6-22所示。

图 6-22

22 设置完成后，单击【确定】按钮，并在画板中调整其位置，在工具箱中单击【文字工具】T，在画板中单击鼠标，输入文字，选中输入的文字，在【属性】面板中将【字体】设置为【方正粗黑宋简体】，将字体大小设置为43pt，将字符间距设置为0，并调整其位置，如图6-23所示。

图 6-23

23 选中输入的文字，右击鼠标，在弹出的快捷菜单中选择【创建轮廓】命令，如图6-24所示。

图 6-24

24 选中创建轮廓的文字对象，在【渐变】面板中将填色的【类型】设置为【线性】，将【角度】设置为90°，将左侧色标的颜色值设置为#ff392f，将右侧色标的颜色值设置为#ff7e28，在【外观】面板中单击【添加新效果】按钮，在弹出的下拉菜单中选择【风格化】|【投影】命令，在弹出的【投影】对话框中将【模式】设置为【正常】，将【不透明度】、【X位移】、【Y位移】、【模糊】分别设置为100%、0px、1px、0px，将【颜色】设置为#d9472b，如图6-25所示。

图 6-25

25 设置完成后，单击【确定】按钮，根据前面所介绍的方法在画板中输入其他文字内容，并进行相应的设置，如图6-26所示。

图 6-26

26 在工具箱中单击【圆角矩形工具】，在画板中绘制一个圆角矩形，在【变换】面板中将【宽】、【高】分别设置为269px、80px，将所有的圆角半径均设置为40px，在

工具箱中单击【颜色】图标，在【颜色】面板中将【填色】设置为 #fff3f0，将【描边】设置为无，在【外观】面板中单击【添加新效果】按钮，在弹出的下拉菜单中选择【风格化】|【投影】命令，在弹出的【投影】对话框中将【模式】设置为【正片叠底】，将【不透明度】、【X 位移】、【Y 位移】、【模糊】分别设置为 15%、0px、6px、0px，将【颜色】设置为 #851c04，如图 6-27 所示。

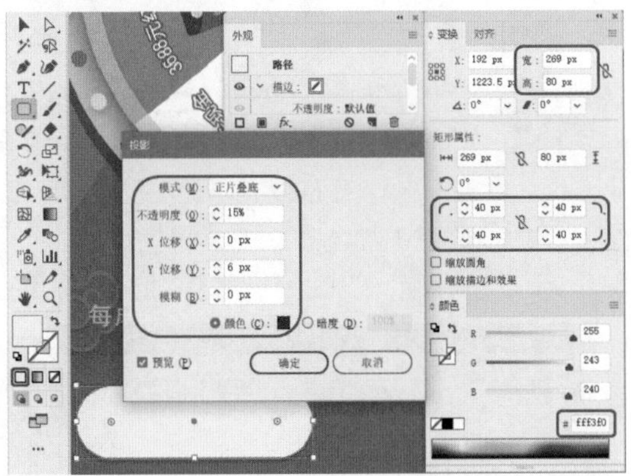

图 6-27

27 设置完成后，单击【确定】按钮，在画板中调整其位置，再次使用【圆角矩形工具】，在画板中绘制一个圆角矩形，在【变换】面板中将【宽】、【高】分别设置为 269px、80px，将所有的圆角半径均设置为 40px，在【渐变】面板中将填色的【类型】设置为【线性】，将【角度】设置为 90°，将右侧色标的颜色值设置为 #ffffff，将左侧色标的颜色值设置为 #ffffff，将其调整至 85% 位置处，将其【不透明度】设置为 0%，在如图 6-28 所示。

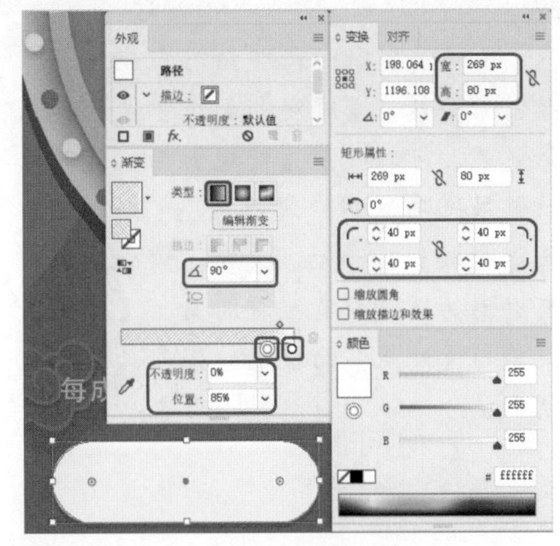

图 6-28

28 根据前面所介绍的方法制作其他内容，进行相应的设置，并置入相应的素材，效果如图 6-29 所示。

图 6-29

知识链接：效果的基本知识

在 Illustrator 中，可以通过【效果】菜单添加效果，也可以通过在【外观】面板中单击【添加新效果】按钮，在弹出的下拉菜单中选择相应的效果，【效果】菜单上半部分的效果是矢量效果，在【外观】面板中，只能将这些效果应用于矢量对象，或者某个位图对象的填色或者描边，但是下列效果以及【效果】菜单上半部分的效果类别例外，这些效果可以同时应用于矢量和位图对象：3D 效果、SVG 滤镜、变形效果、变换效果、投影、羽化、内发光以及外发光。

效果是实时的，即向对象应用一个效果命令后，【外观】面板中便会列出该效果。可以使用【外观】面板随时修改效果选项或删除该效果，可以对该效果进行编辑、移动、复制、删除，或将其存储为图形样式的一部分。【效果】菜单与【外观】面板中的列表如图 6-30 所示。

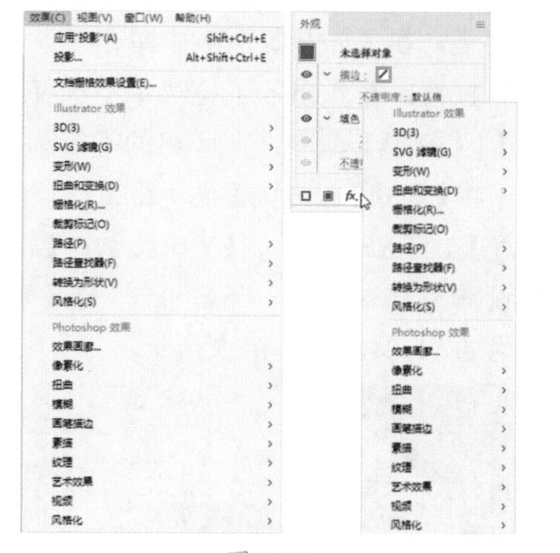

图 6-30

6.1 3D 效果

通过 3D 效果功能可以从二维图稿创建三维对象，可以通过高光、阴影、旋转及其他属性来控制 3D 对象的外观，还可以将图稿贴到 3D 对象中的每一个表面上。

6.1.1 凸出和斜角

在 Illustrator 中的【3D 凸出和斜角】效果命令，可以通过挤压平面对象的方法，为平面对象增加厚度来创建立体对象。在【3D 凸出和斜角选项】对话框中，用户可以通过设置位置、透视、凸出厚度、端点、斜角 / 高度等选项，来创建具有凸出和斜角效果的逼真立体图形。

在场景中绘制一个图形后并将其填充颜色与背景色区分开，在菜单栏中选择【效果】|【3D（3）】|【凸出和斜角选项】命令，打开【3D 凸出和斜角选项】对话框，单击对话框中的【更多选项】按钮，可以查看完整的选项列表，如图 6-31 所示。

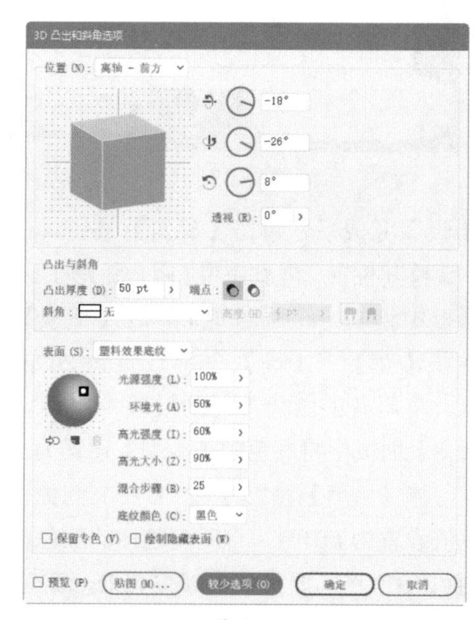

图 6-31

6.1.2 绕转

绕转是围绕全局 Y 轴（绕转轴）绕转一条路径或剖面，使其做圆周运动。在菜单栏中选择【效果】|3D（3）|【绕转】命令，打开【3D 绕转选项】对话框，单击对话框中的【更多选项】按钮，可以查看完整的选项列表，如图 6-32 所示。

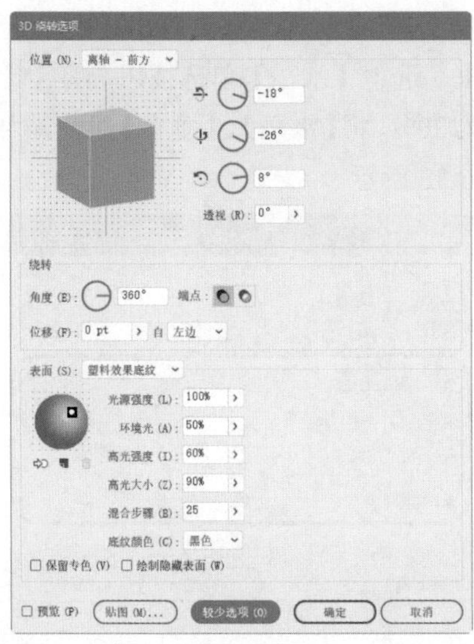

图 6-32

6.2 SVG 滤镜

SVG 滤镜是 Scalable Vector Graphics 的首字母缩写，即可缩入的矢量图形。它是一种开放标准的矢量图形语言，用于为 Web 提供非栅格的图像标准，是将图像描述为形状、路径、文本和滤镜效果的矢量格式。

1. 应用 SVG 滤镜

在菜单栏中选择【效果】|【SVG 滤镜】|【应用 SVG 滤镜】命令，打开【应用 SVG 滤镜】对话框，如图 6-33 所示，在对话框中选择需要的 SVG 滤镜效果，其中的滤镜与【SVG 滤镜】子菜单中的滤镜是相同的，如图 6-34 所示。

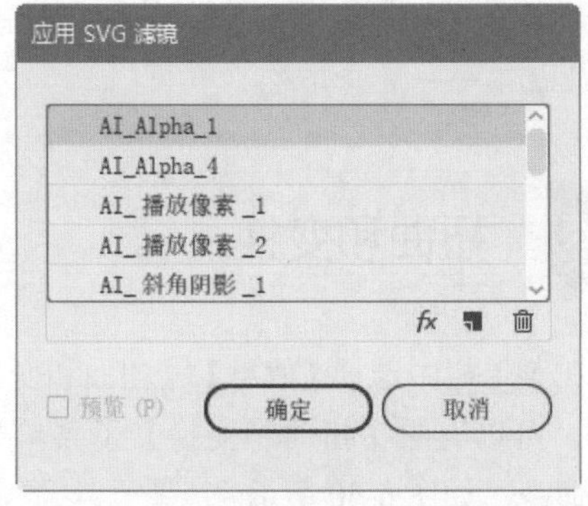

图 6-33

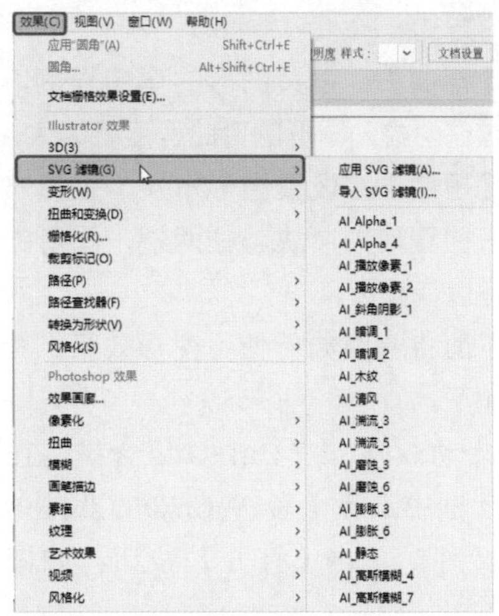

图 6-34

2. 导入 SVG 滤镜

在菜单栏中选择【效果】|【SVG 滤镜】|【导入 SVG 滤镜】命令，弹出【选择 SVG 文件】对话框，其中可以选择自己下载的 SVG 滤镜。

6.3 变形

通过【变形】命令，可以对矢量图形内容进行改变，但是其基本形状不会改变。在菜单栏中选择【效果】|【变形】命令，在子菜单中查看变形方式，选择任意一项打开【变形选项】对话框，如图 6-35 所示，其中选项说明如下。

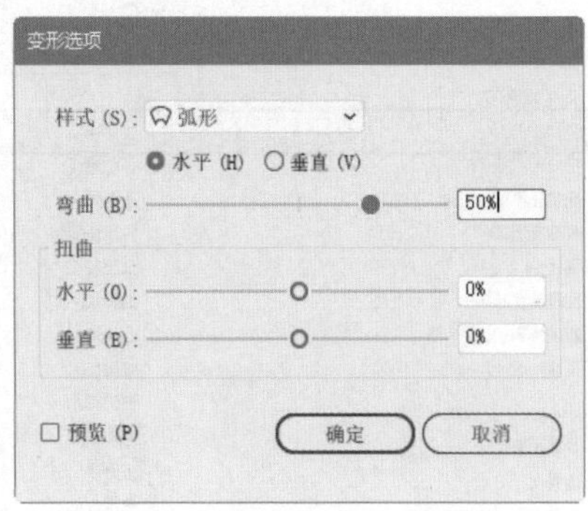

图 6-35

◎ 【样式】：设置图形变形的样式，其中包含有弧形、下弧形、上弧形等 15 种变形方式。

◎ 【弯曲】：设置图形的弯曲程度，滑块越往两端，图形的弯曲程度就越大。

◎ 【扭曲】：设置图形水平、垂直方向的扭曲程度，滑块越往两端，图形的扭曲程度就越大。

下面将介绍如何使用变形效果，其操作步骤如下。

01 启动软件，按 Ctrl+O 组合键，在弹出的对话框中选择【素材 \Cha06\ 素材 01.ai】素材文件，单击【打开】按钮，如图 6-36 所示。

图 6-36

02 在画板中选择文字与矩形对象，在菜单栏中选择【效果】|【变形】|【弧形】命令，如图 6-37 所示。

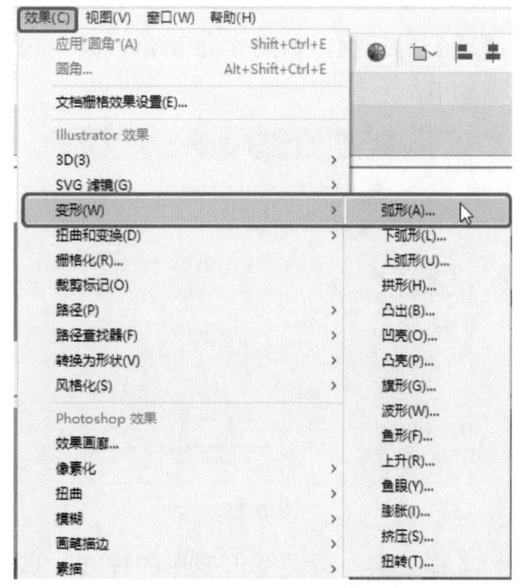

图 6-37

03 执行该操作后，将会弹出【变形选项】对话框，选中【水平】单选按钮，将【弯曲】设置为 20%，将【水平】、【垂直】都设置为 0%，如图 6-38 所示。

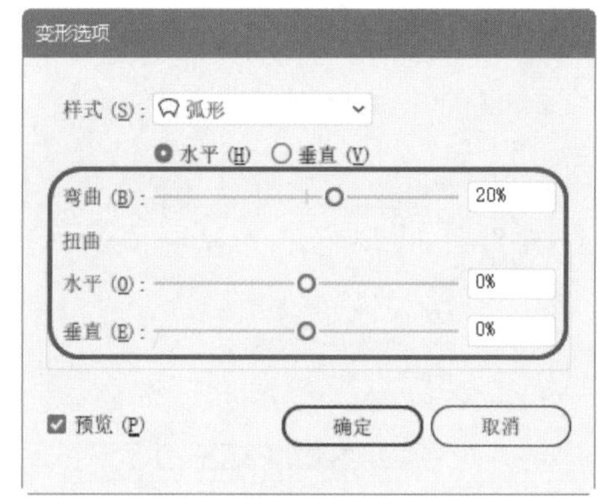

图 6-38

04 设置完成后，单击【确定】按钮，即可为选中对象应用【弧形】效果，效果如图 6-39 所示。

图 6-39

提示：在【变形】子菜单中提供了多种效果，使用方法与【弧形】效果相同，在此就不一一进行介绍了。

6.4 扭曲和变换

在菜单栏中选择【效果】|【扭曲和变换】命令，可以查看【扭曲和变换】子菜单中包含的命令，如图 6-40 所示。

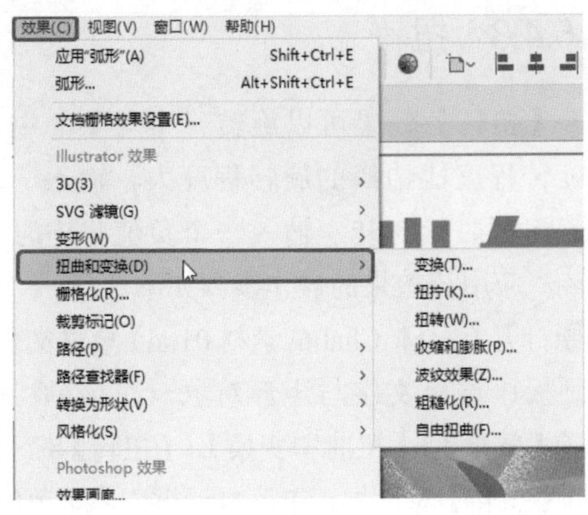

图 6-40

6.4.1 变换

【变换】通过重设大小、移动、旋转、镜像（翻转）和复制的方法来改变对象形状。下面将简单介绍【变换】效果的应用操作步骤。

01 打开【素材\Cha06\素材01.ai】素材文件，在画板中选择文字与矩形对象，如图6-41所示。

图 6-41

02 选择完成后，在菜单栏中选择【效果】|【扭曲和变换】|【变换】命令，如图6-42所示。

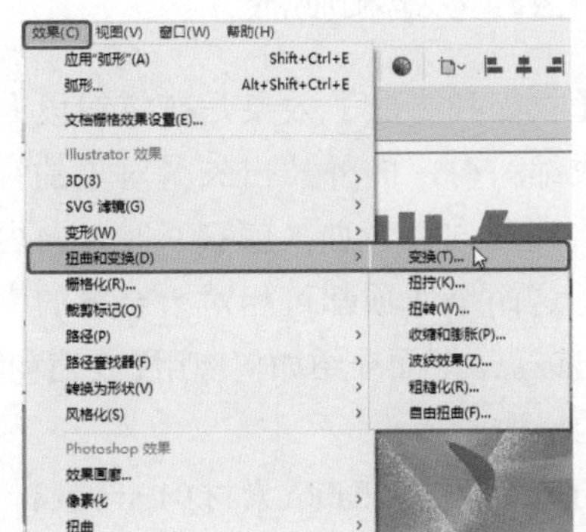

图 6-42

03 执行该命令后，即可打开【变换效果】对话框，在该对话框中将【缩放】选项组中的【水平】、【垂直】分别设置为130%、72%，如图6-43所示。

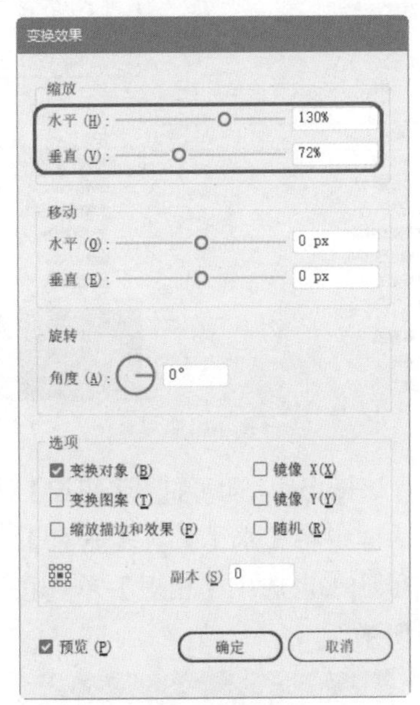

图 6-43

04 设置完成后，单击【确定】按钮，完成后的效果如图6-44所示。

图 6-44

6.4.2 扭拧

【扭拧】效果可以随机地向内或向外弯曲和扭曲路径段，可以使用绝对量或相对量设置垂直和水平扭曲，操作步骤如下。

01 打开【素材\Cha06\素材01.ai】素材文件，在画板中选择文字与矩形对象，在菜单栏中

选择【效果】|【扭曲和变换】|【扭拧】命令，如图 6-45 所示。

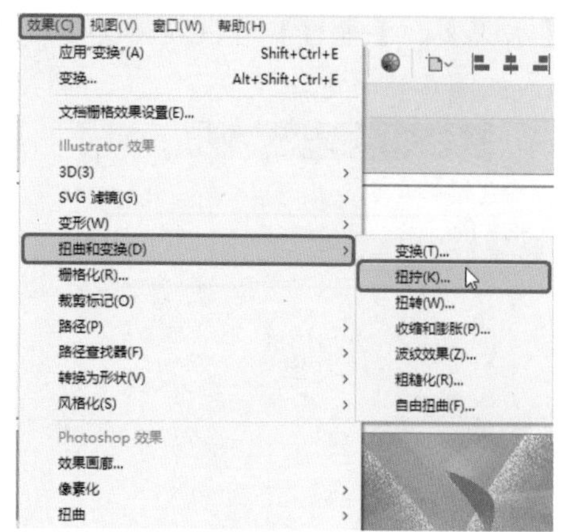

图 6-45

02 执行该操作后，即可打开【扭拧】对话框，在该对话框中将【水平】、【垂直】分别设置为 16%、5%，选中【相对】单选按钮，如图 6-46 所示。

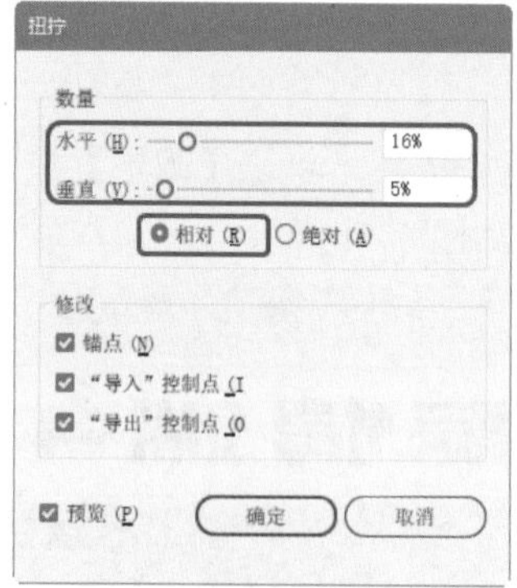

图 6-46

03 设置完成后，单击【确定】按钮，调整后的效果如图 6-47 所示。

图 6-47

6.4.3 扭转

【扭转】效果可以旋转一个对象，中心的旋转程度比边缘的旋转程度大。输入一个正值将顺时针扭转，输入一个负值将逆时针扭转，应用该效果的操作步骤如下。

01 打开【素材\Cha06\素材 01.ai】素材文件，在画板中选择文字与矩形对象，在菜单栏中选择【效果】|【扭曲和变换】|【扭转】命令，打开【扭转】对话框，在该对话框中将【角度】设置为 15°，如图 6-48 所示。

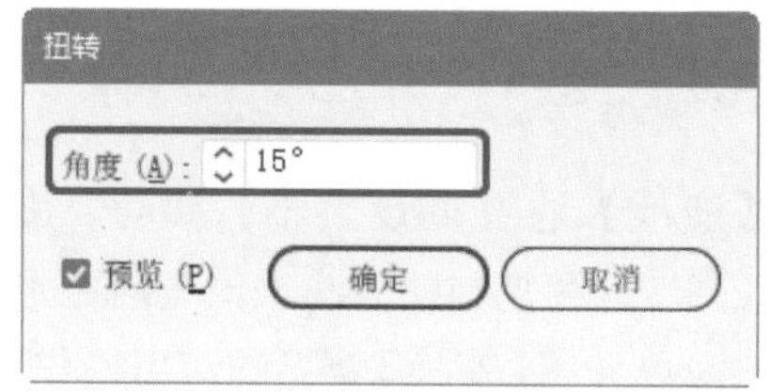

图 6-48

02 设置完成后，单击【确定】按钮，即可对选中对象应用该效果，如图 6-49 所示。

图 6-49

6.4.4 收缩和膨胀

【收缩和膨胀】效果是在将线段向内弯曲（收缩）时，向外拉出矢量对象的锚点；或在将线段向外弯曲（膨胀）时，向内拉入锚点。这两个选项都可相对于对象的中心点来拉出锚点。下面介绍如何应用【收缩和膨胀】效果的操作步骤。

01 打开【素材\Cha06\素材 01.ai】素材文件，在画板中选择文字与矩形对象，在菜单栏中

选择【效果】|【扭曲和变换】|【收缩和膨胀】命令，如图 6-50 所示。

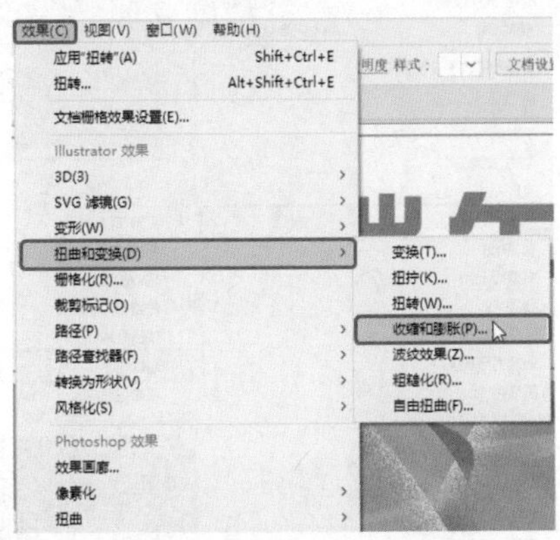

图 6-50

02 执行该操作后，在弹出的对话框中将参数设置为 30%，即可将选中对象改为膨胀效果，如图 6-51 所示。

图 6-51

03 若在该对话框中将参数设置为 -30%，即可将选中的对象改为收缩效果，如图 6-52 所示。

图 6-52

04 设置完成后，单击【确定】按钮，即可完成对选中对象的设置。

6.4.5 波纹效果

【波纹效果】可以将对象的路径段变换为同样大小的尖峰和凹谷形成的锯齿和波形数组，可以使用绝对大小或相对大小设置尖峰与凹谷之间的长度，也可以设置每个路径段的脊状数量，并在波形边缘（平滑）或锯齿边缘（尖锐）之间作出选择，下面将介绍如何应用【波纹效果】的操作步骤。

01 打开【素材 \Cha06\ 素材 01.ai】素材文件，在工具箱中单击【椭圆工具】，在画板中绘制一个圆形，在【属性】面板中将【宽】、【高】均设置为 29px，将【填色】设置为 #ffda00，将【描边】设置为无，并在画板中调整其位置，效果如图 6-53 所示。

图 6-53

02 在画板中选择圆形对象，在菜单栏中选择【效果】|【扭曲和变换】|【波纹效果】命令，如图 6-54 所示。

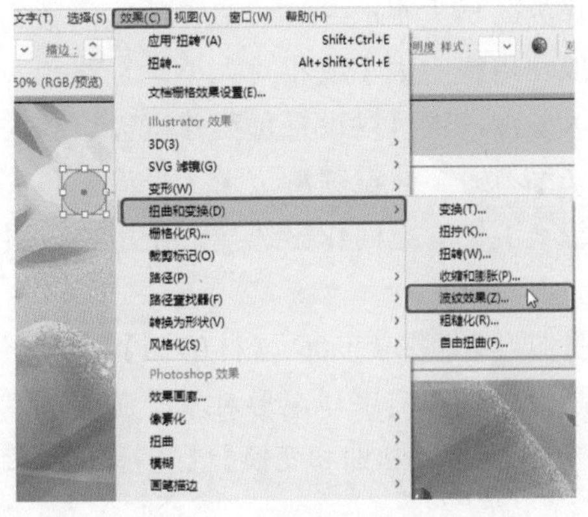

图 6-54

03 执行该操作后，即可打开【波纹效果】对话框，将【大小】设置为36px，选中【绝对】单选按钮，将【每段的隆起数】设置为15，选中【尖锐】单选按钮，如图6-55所示。

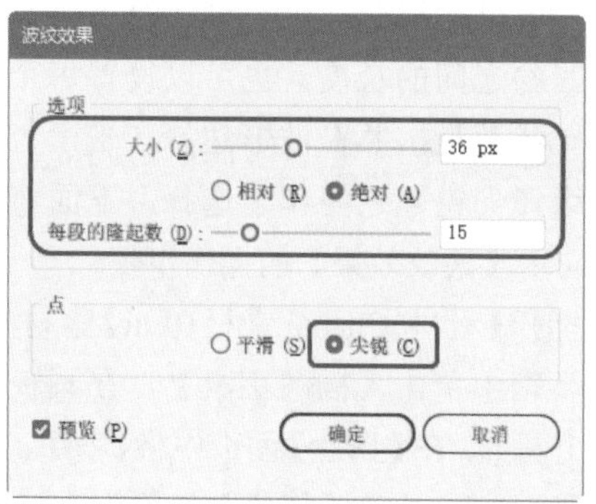

图 6-55

04 设置完成后，单击【确定】按钮，完成后的效果如图6-56所示。

图 6-56

6.4.6 粗糙化

【粗糙化】效果可将矢量对象的路径段变形为各种大小的尖峰和凹谷的锯齿数组，可以使用绝对大小或相对大小设置路径段的最大长度，也可以设置每英寸锯齿边缘的密度（细节），并在圆滑边缘（平滑）和尖锐边缘（尖锐）之间作出选择。使用该效果的操作步骤如下。

01 打开【素材\Cha06\素材01.ai】素材文件，在画板中选择文字与矩形对象，在菜单栏中选择【效果】|【扭曲和变换】|【粗糙化】命令，如图6-57所示。

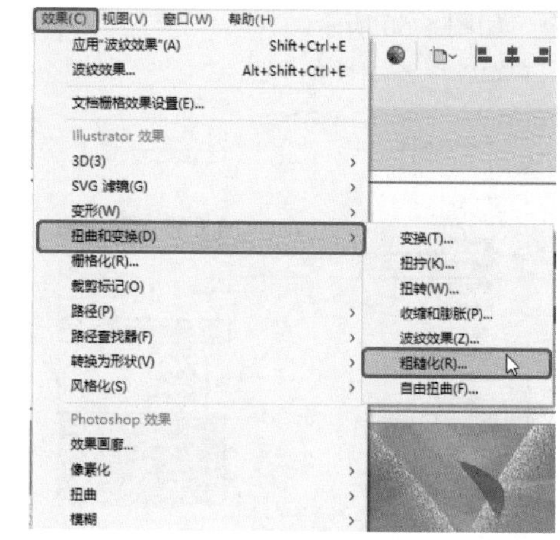

图 6-57

02 执行该操作后，在弹出的对话框中将【大小】设置为5px，选中【绝对】单选按钮，将【细节】设置为10，选中【平滑】单选按钮，如图6-58所示。

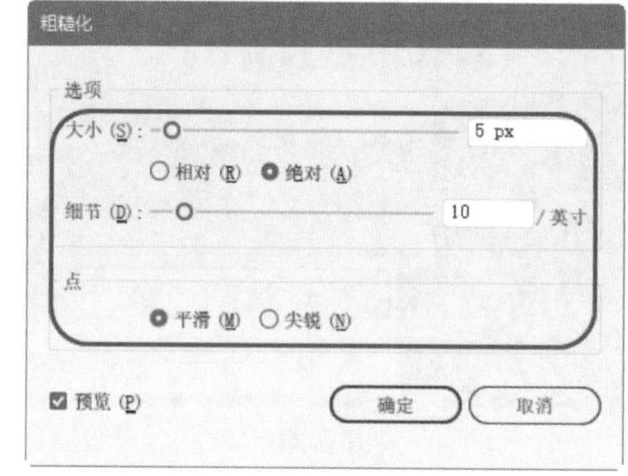

图 6-58

03 设置完成后，单击【确定】按钮，即可完成【粗糙化】效果的应用，如图6-59所示。

图 6-59

6.4.7 自由扭曲

【自由扭曲】效果可以通过拖动 4 个角落任意控制点的方式来改变矢量对象的形状，使用该效果的操作步骤如下。

01 打开【素材\Cha06\素材 01.ai】素材文件，在画板中选择文字与矩形对象，在菜单栏中选择【效果】|【扭曲和变换】|【自由扭曲】命令，如图 6-60 所示。

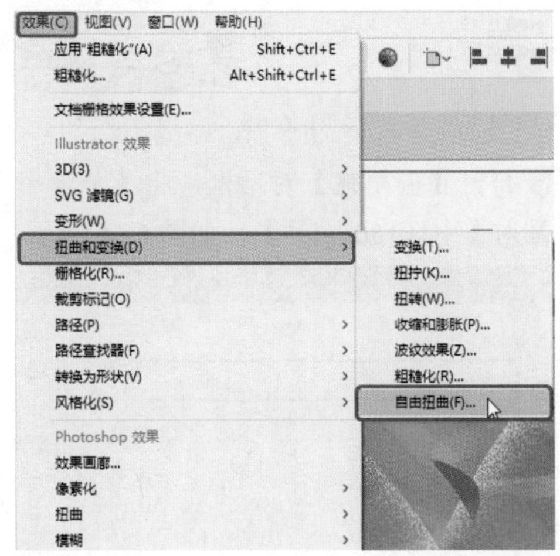

图 6-60

02 执行该操作后，在弹出的对话框中可调整控制点，改变选中对象的形状，如图 6-61 所示。

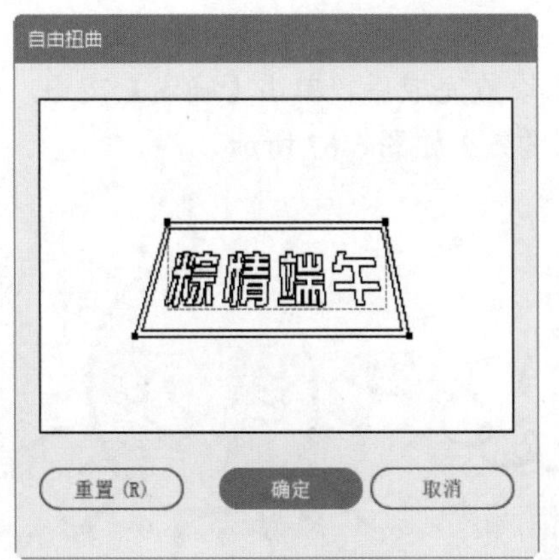

图 6-61

03 调整完成后，单击【确定】按钮，即可完成【自由扭曲】效果的应用，如图 6-62 所示。

图 6-62

6.5 栅格化

栅格化是将矢量图形转换为位图图像的过程，执行【栅格化】命令后，Illustrator 会将图形和路径转换为像素。在菜单栏中选择【效果】|【栅格化】命令，打开【栅格化】对话框，如图 6-63 所示。

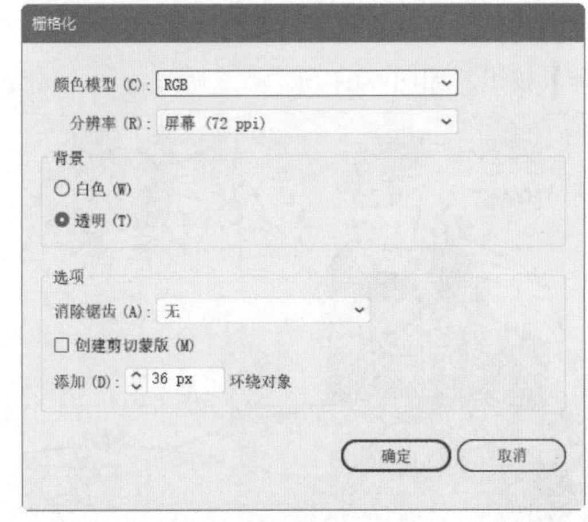

图 6-63

【栅格化】对话框中各个选项的功能介绍如下。

◎ 【颜色模型】：用于确定在栅格化过程中所用的颜色模型。可以生成 RGB 或 CMYK 颜色的图像（取决于文档的颜色模式）、灰度图像或位图。

◎ 【分辨率】：可以设置栅格化图像中的每英寸像素数（ppi）。栅格化矢量对象时，可以选择【使用文档栅格效果分辨率】选项来设置全局分辨率。

◎ 【背景】：可以设置矢量图形栅格后是否为透明底色。当选择【白色】选项时，可以用白色像素填充透明区域；当选择【透明】选项时，可以创建一个 Alpha 通道，如果图稿被导出到 Photoshop 中，Alpha 通道将会保留。

◎ 【消除锯齿】：应用消除锯齿效果可以改善栅格化图像的锯齿边缘外观。设置文档的栅格化选项时，如果取消选择此选项，将保留细小线条和细小文本的尖锐边缘。

◎ 【创建剪切蒙版】：可以创建一个使栅格化图像的背景显示为透明的蒙版。

◎ 【添加环绕对象】：可以在栅格化图像的周围添加指定数量的像素。

栅格化图形的操作步骤如下。

01 按 Ctrl+O 组合键，在弹出的对话框中选择【素材\Cha06\素材02.ai】素材文件，单击【打开】按钮，如图 6-64 所示。

图 6-64

02 打开文件后，在工具箱中选择【选择工具】，在画板中选择太阳对象，然后在菜单栏中选择【效果】|【栅格化】命令，如图 6-65 所示。

图 6-65

03 打开【栅格化】对话框，将【分辨率】设置为【中（150ppi）】，如图 6-66 所示。

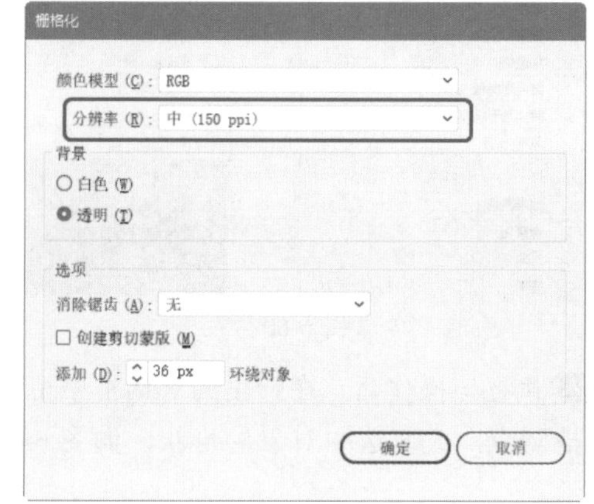

图 6-66

04 设置完成后，单击【确定】按钮，栅格化后的效果如图 6-67 所示。

图 6-67

6.6 裁剪标记

裁剪标记可以指定其他工作区域以裁剪要输出的图稿之外，也可以在图稿中建立并使用多组裁剪标记。裁剪标记指出要裁剪列印纸张的位置。若要在页面上绕着几个物件建立标记，裁剪标记就很有用，例如印刷名片用的完稿。若要对齐已转存至其他应用程序的 Illustrator 图稿，裁剪标记也十分有用。

裁剪标记与工作区域有下列几点不同。

◎ 工作区域指定可列印边界，而裁剪标记则完全不影响列印区域。

◎ 一次只能启用一个工作区域，但是可以同时建立并显示多个裁剪标记。

◎ 工作区域是由可见但不会列印的标记来显示，而裁剪标记则是使用黑色拼版标示色列印。

提示：裁剪标记并不会取代以【列印】对话框中【标记与出血】选项建立的剪裁标记。

6.6.1 建立裁剪标记

下面将介绍建立裁剪标记的操作步骤。

01 打开【素材\Cha06\素材02.ai】素材文件，在画板中选择太阳图形，然后在菜单栏中选择【效果】|【裁剪标记】命令，如图6-68所示。

图 6-68

02 选择【裁剪标记】命令后，即可创建裁剪标记，如图6-69所示。

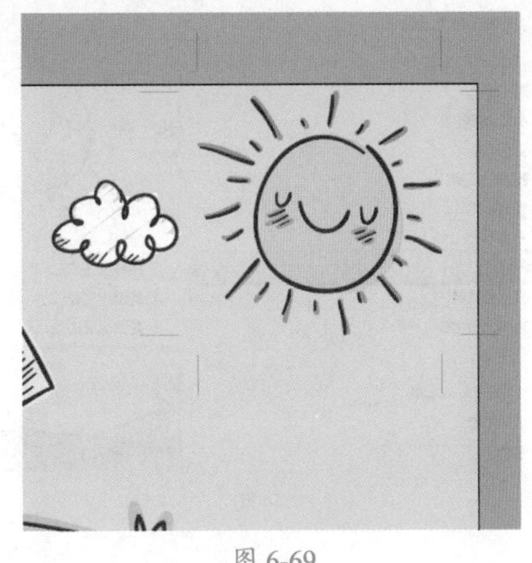

图 6-69

6.6.2 删除裁剪标记

选择添加裁剪标记的图形后，打开【外观】对话框，在该对话框中选择【裁剪标记】，单击【删除所选项目】按钮🗑，即可删除所选的裁剪标记。

6.7 路径

在菜单栏中选择【效果】|【路径】命令，在弹出的子菜单中包含3种用于处理路径的命令，分别是【偏移路径】、【轮廓化对象】和【轮廓化描边】，如图6-70所示，其中各个命令的功能如下。

◎ 【偏移路径】：使用【偏移路径】命令可以将图形扩展或收缩。

◎ 【轮廓化对象】：使用【轮廓化对象】命令可以将对象创建为轮廓。该菜单命令通常用于处理文字，将文字创建为轮廓。

◎ 【轮廓化描边】：使用【轮廓化描边】命令可以将对象的描边创建为轮廓。创建为轮廓后，还可以继续对描边的粗细进行调整。

图 6-70

6.8 路径查找器

在菜单栏中选择【效果】|【路径查找器】命令，在弹出的子菜单中包含 13 种命令，如图 6-71 所示。这些效果与【路径查找器】面板中的命令作用相同，都可以在重叠的路径中创建新的形状。但是在【效果】菜单中的路径查找器效果仅可应用于组、图层与文本对象，应用后仍可以在【外观】面板中对应用的效果进行修改。而【路径查找器】面板可以应用于任何对象，但是应用后无法修改。

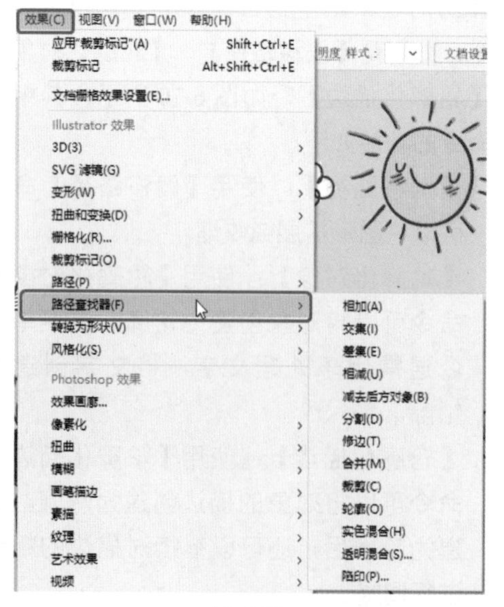

图 6-71

【路径查找器】子菜单中各个命令的功能如下。

◎ 【相加】：描摹所有对象的轮廓，就像它们是单独的、已合并的对象一样。此选项产生的结果形状会采用顶层对象的上色属性。如图 6-72 所示为应用【相加】命令的前后对比效果。

图 6-72

◎ 【交集】：描摹被所有对象重叠的区域轮廓，如图 6-73 所示。

图 6-73

图 6-73（续）

◎ 【差集】：描摹对象所有未被重叠的区域，并使重叠区域透明。若有偶数个对象重叠，则重叠处会变成透明。而有奇数个对象重叠时，重叠的地方则会填充颜色。如图 6-74 所示为应用【差集】命令的前后对比效果。

图 6-74

◎ 【相减】：从最后面的对象中减去最前面的对象。应用此命令，用户可以通过调整堆栈顺序来删除插图中的某些区域。如图 6-75 所示为应用【相减】命令的前后对比效果。

图 6-75

◎ 【减去后方对象】：从最前面的对象中减去后面的对象。应用此命令，可以通过调整堆栈顺序来删除插图中的某些区域。

◎ 【分割】：将一份图稿分割成由组件填充的表面（表面是未被线段分割的区域）。

◎ 【修边】：删除已填充对象被隐藏的部分。删除所有描边，且不合并相同颜色的对象。

◎ 【合并】：删除已填充对象被隐藏的部分。删除所有描边，且合并具有相同颜色的相邻或重叠的对象。

◎ 【裁剪】：将图稿分割成由组件填充的表面，然后删除图稿中所有落在最上方对象边界之外的部分。除此之外，还会删除所有描边。如图6-76所示为应用【裁剪】命令的前后对比效果。

图 6-76

◎ 【轮廓】：将对象分割为其组件线段或边缘。准备需要对叠印对象进行陷印的图稿时，此命令非常有用。如图6-77所示为应用【轮廓】命令的前后对比效果。

图 6-77

图 6-77（续）

◎ 【实色混合】：通过选择每个颜色组件的最高值来组合颜色。例如，如果颜色1为20%青色、66%洋红色、40%黄色和0%黑色；而颜色2为40%青色、20%洋红色、30%黄色和10%黑色，则产生的实色混合色为40%青色、66%洋红色、40%黄色和10%黑色。

◎ 【透明混合】：使底层颜色透过重叠的图稿可见，然后将图像划分为其构成部分的表面。用户可以指定在重叠颜色中的可视性百分比。如图6-78所示为应用【透明混合】命令的前后对比效果。

图 6-78

◎ 【陷印】：通过在两个相邻颜色之间创建一个小重叠区域（称为陷印）来补偿图稿中各颜色之间的潜在间隙。

6.9 转换为形状

在菜单栏中选择【效果】|【转换为形状】命令，在弹出的子菜单中包含 3 种命令，使用这些命令可以将矢量对象的形状转换为矩形、圆角矩形与椭圆形，如图 6-79 所示。

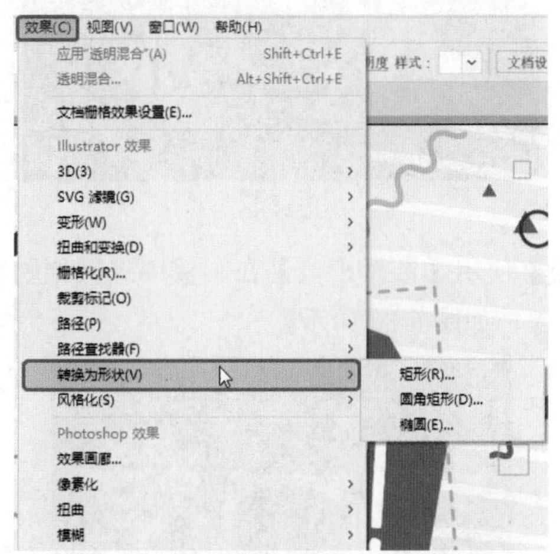

图 6-79

转换为形状的操作步骤如下。

01 按 Ctrl+O 组合键，在弹出的对话框中选择【素材\Cha06\素材 03.ai】素材文件，单击【打开】按钮，如图 6-80 所示。

图 6-80

02 在工具箱中选择【选择工具】，在画板中选择如图 6-81 所示的对象。

图 6-81

03 在菜单栏中选择【效果】|【转换为形状】|【矩形】命令，在弹出的对话框中选中【绝对】单选按钮，将【宽度】、【高度】均设置为 275px，效果如图 6-82 所示。

图 6-82

在【形状选项】对话框中，用户可以在【形状】下拉列表中选择【圆角矩形】或【椭圆】选项。

◎ 选择【圆角矩形】命令：使用该命令可以将选择对象的形状转换为圆角矩形，如图 6-83 所示。

图 6-83

◎ 选择【椭圆】命令：使用该命令可以将选择对象的形状转换为椭圆形，如图 6-84 所示。

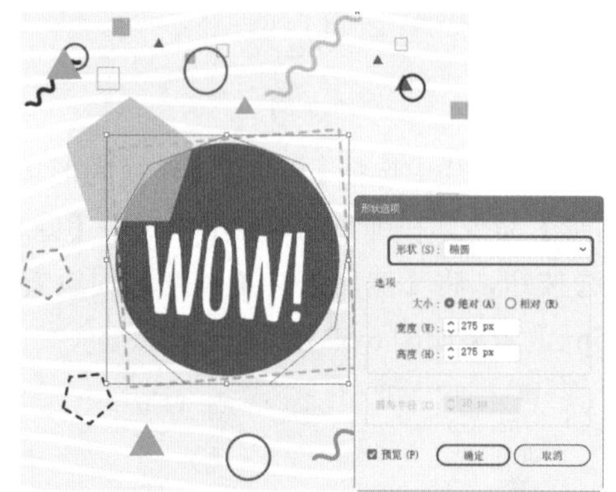

图 6-84

6.10 风格化

在菜单栏中选择【效果】|【风格化】命令，在弹出的子菜单中包含 6 种命令，使用这些命令可以为对象添加外观样式，如图 6-85 所示。

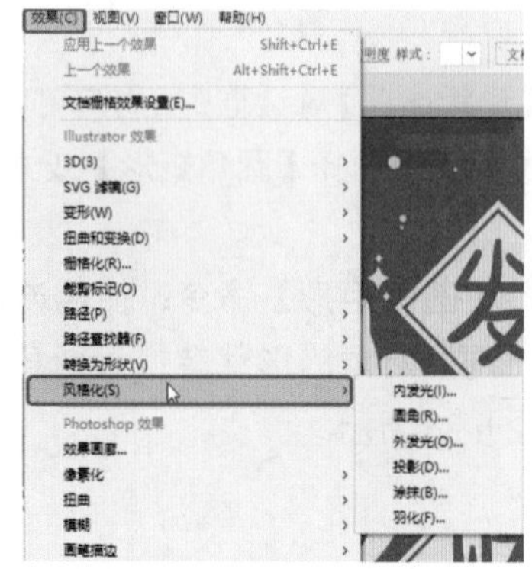

图 6-85

6.10.1 内发光

使用【内发光】效果可以在选中的对象内部创建发光效果。

01 按 Ctrl+O 组合键，在弹出的对话框中选择【素材 \Cha06\ 素材 04.ai】素材文件，单击【打开】按钮，如图 6-86 所示。

图 6-86

02 使用【选择工具】在画板中选择招财猫对象，如图 6-87 所示。

图 6-87

03 在菜单栏中选择【效果】|【风格化】|【内发光】命令，如图 6-88 所示。

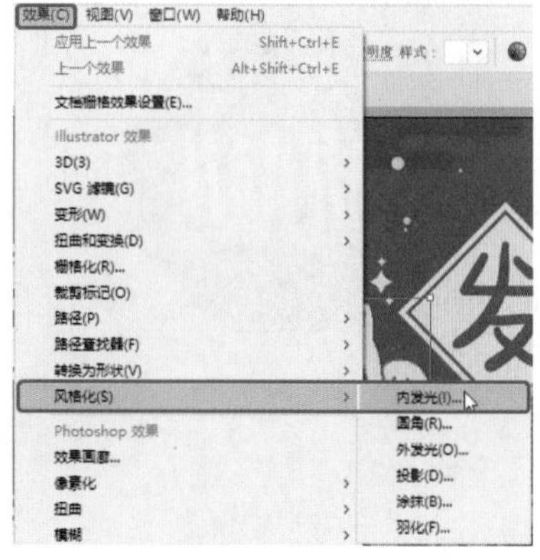

图 6-88

04 执行该操作后，即可弹出【内发光】对话框，在该对话框中将【模式】设置为【正常】，将发光颜色设置为 #ff0000，将【不透明度】、【模糊】分别设置为 75%、35px，选中【边缘】单选按钮，如图 6-89 所示。

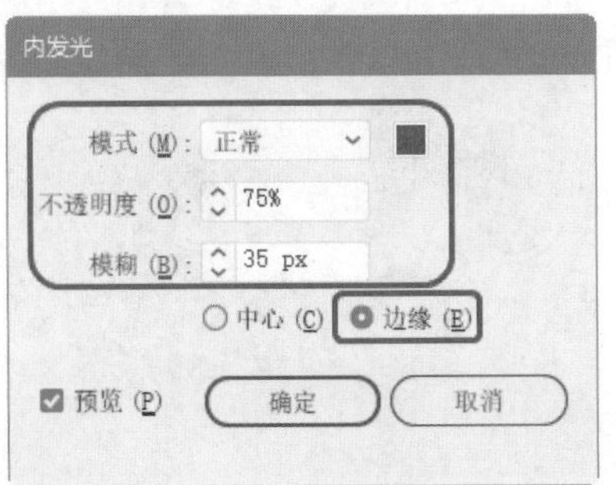

图 6-89

05 设置完成后，单击【确定】按钮，即可为选中对象添加内发光效果，如图 6-90 所示。

图 6-90

【内发光】对话框中的各个选项功能如下。

◎ 【模式】：在该选项的下拉列表中可以选择内发光的混合模式，单击下拉列表框右侧的颜色框，弹出【拾色器】对话框，可以设置内发光的颜色。

◎ 【不透明度】：用来设置发光颜色的不透明度。

◎ 【模糊】：用来设置发光效果的模糊范围。

◎ 【中心】/【边缘】：选择【中心】选项时，可以从对象中心产生发散的发光效果；选择【边缘】选项时，可以从对象边缘产生发散的发光效果。

6.10.2 圆角

使用【圆角】效果可以将对象的尖角转换为圆角，操作步骤如下。

01 打开【素材 \Cha06\ 素材 04.ai】素材文件，在画板中选择招财猫图形，在菜单栏中选择【效果】|【风格化】|【圆角】命令，打开【圆角】对话框，在该对话框中将【半径】设置为 90px，如图 6-91 所示。

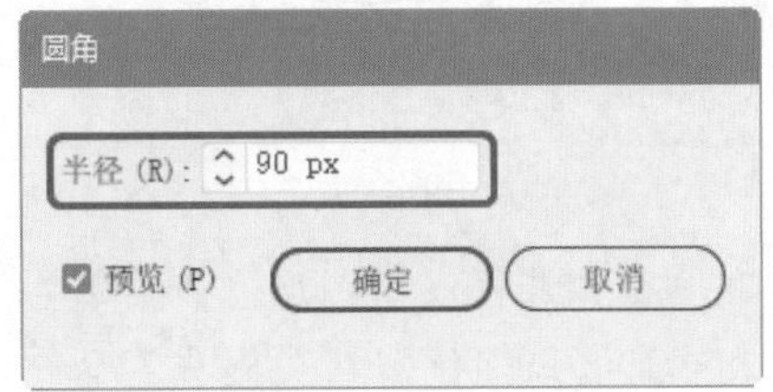

图 6-91

02 设置完成后，单击【确定】按钮，即可为选中的对象添加【圆角】效果，如图 6-92 所示。

图 6-92

【实战】外发光

使用【外发光】选项可以为选择的对象添加外发光。

素材	素材 \Cha06\ 外发光素材 .ai
场景	场景 \Cha06\【实战】外发光 .ai
视频	视频教学 \Cha06\【实战】外发光 .mp4

01 打开【素材 \Cha06\ 外发光素材 .ai】素材文件，如图 6-93 所示。

图 6-93

02 在画板中选择汉堡图形，在菜单栏中选择【效果】|【风格化】|【外发光】命令，如图 6-94 所示。

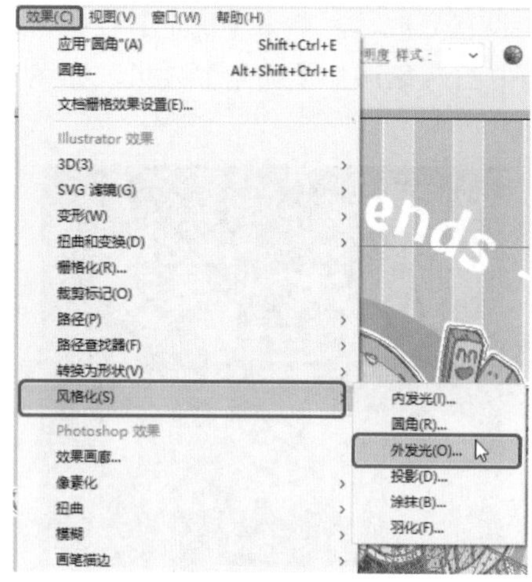

图 6-94

03 弹出【外发光】对话框，在该对话框中将【模式】设置为【正片叠底】，将外发光颜色设置为 #00776b，将【不透明度】、【模糊】分别设 80%、10px，如图 6-95 所示。

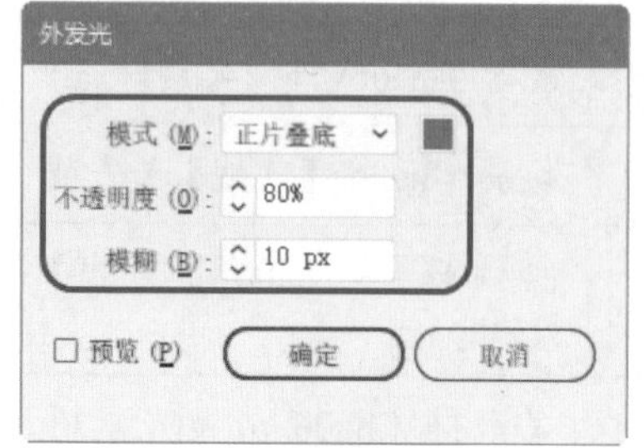

图 6-95

04 设置完成后，单击【确定】按钮，添加外发光后的效果如图 6-96 所示。

图 6-96

【实战】投影

使用【投影】效果可以为选择的对象添加投影。

素材	素材 \Cha06\ 投影素材 .ai
场景	场景 \Cha06\【实战】投影 .ai
视频	视频教学 \Cha06\【实战】投影 .mp4

01 打开【素材 \Cha06\ 投影素材 .ai】素材文件，如图 6-97 所示。

图 6-97

02 在画板中选择文字，在菜单栏中选择【效果】|【风格化】|【投影】命令，如图 6-98 所示。

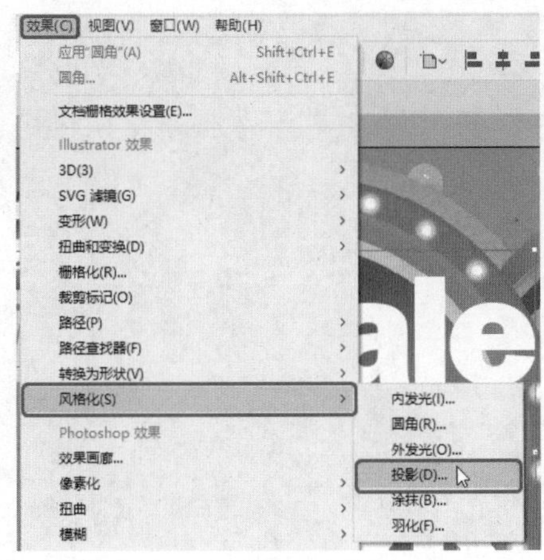

图 6-98

03 即可弹出【投影】对话框，在该对话框中将【模式】设置为【正片叠底】，将【不透明度】、【X 位移】、【Y 位移】、【模糊】分别设置为 75%、7px、7px、1px，将【颜色】值设置为 #ce2e3d，如图 6-99 所示。

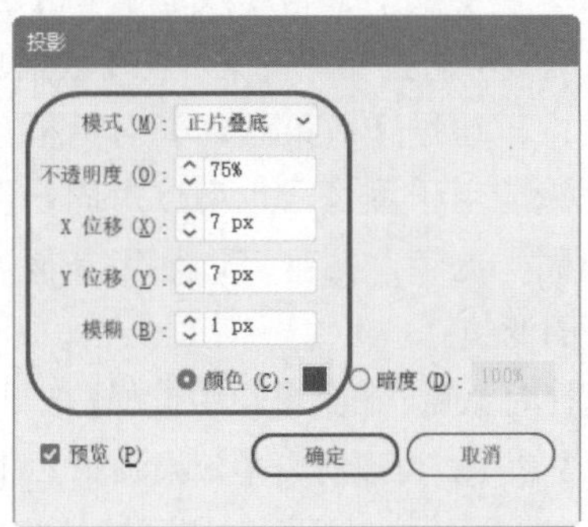

图 6-99

04 设置完成后，单击【确定】按钮，添加投影后的效果如图 6-100 所示。

图 6-100

6.10.3 涂抹

使用【涂抹】效果可以将选中的对象转换为素描效果。

01 打开【素材 \Cha06\ 素材 04.ai】素材文件，在画板中选择招财猫图形，在菜单栏中选择【效果】|【风格化】|【涂抹】命令，在弹出的对话框中将【设置】设置为【素描】，如图 6-101 所示。

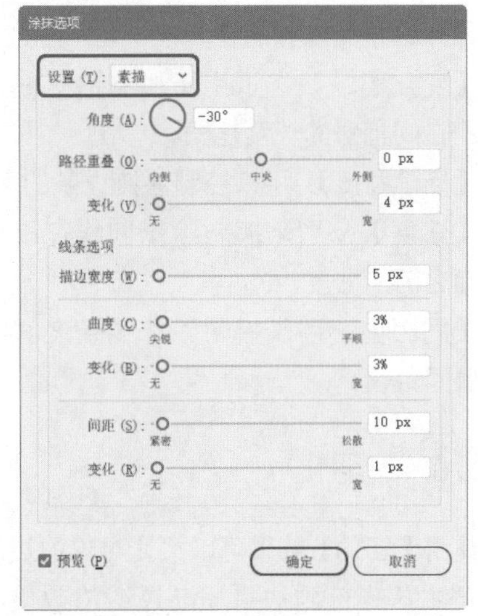

图 6-101

02 设置完成后，单击【确定】按钮，即可为选中的图形添加【涂抹】效果，如图 6-102 所示。

图 6-102

【涂抹选项】对话框中的各个选项功能如下。

◎ 【设置】：在该下拉列表中可以选择 Illustrator 中预设的涂抹效果，也可以根据需要自定义设置。

◎ 【角度】；该选项用来控制涂抹线条的方向。

◎ 【路径重叠】：用来控制涂抹线条在路径边界内距路径边界的量，或在路径边界外距路径边界的量。

◎ 【变化】：该选项用于控制涂抹线条彼此之间相对的长度差异。

◎ 【描边宽度】：用来控制涂抹线条的宽度。

◎ 【曲度】：用来控制涂抹曲线在改变方向之前的曲度。

◎ 【间距】：用来控制涂抹线条之间的折叠间距量。

6.10.4 羽化

使用【羽化】效果可以柔化对象的边缘，使其产生从内部到边缘逐渐透明的效果，操作步骤如下。

01 打开【素材\Cha06\素材 04.ai】素材文件，在画板中选择招财猫图形，在菜单栏中选择【效果】|【风格化】|【羽化】命令，在弹出的对话框中将【半径】设置为 30px，如图 6-103 所示。

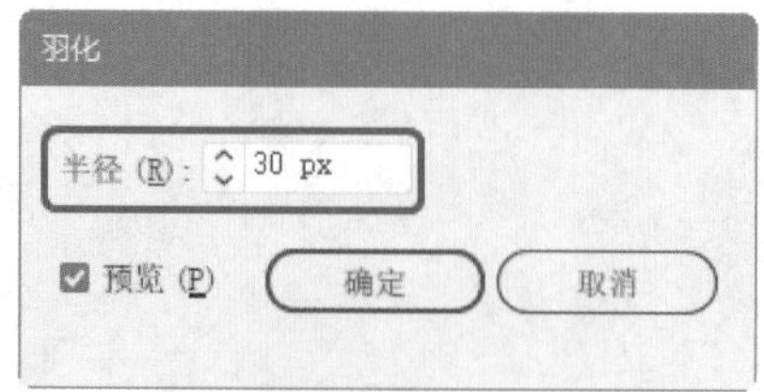

图 6-103

02 单击【确定】按钮，即可将选中的图形进行羽化，效果如图 6-104 所示。

图 6-104

6.11 效果画廊

Illustrator 将【风格化】、【画笔描边】、【扭曲】、【素描】、【纹理】和【艺术效果】滤镜组中的主要滤镜集合在【效果画廊】对话框中。通过【效果画廊】对话框可以将多个滤镜应用于图像，也可以对同一图像多次应用同一滤镜，并且可以使用其他滤镜替换原有的滤镜。

选择对象后，在菜单栏中选择【效果】|【效果画廊】命令，可以打开【效果画廊】对话框，如图 6-105 所示。对话框左侧区域是效果预览区，中间区域是 6 组滤镜，右侧区域是参数设置区和效果图层编辑区。

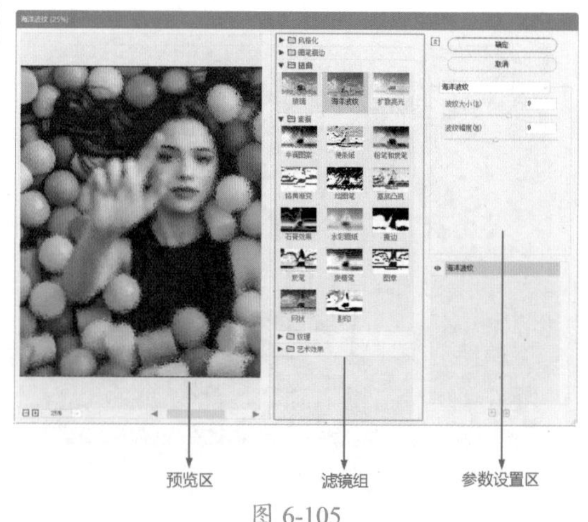

图 6-105

6.12 【像素化】滤镜组

【像素化】滤镜组中的滤镜是通过使用单元格中颜色值相近的像素结成块来应用变化的，它们可以将图像分块或平面化，然后重新组合，创建类似像素艺术的效果。【像素化】滤镜组中包含了4种滤镜，下面介绍几种滤镜的使用方法。

6.12.1 【彩色半调】滤镜

【彩色半调】滤镜模拟在图像的每个通道上使用放大的半调网屏效果，对每个通道，滤镜将其划分为矩形，再以和矩形区域亮度成比例的圆形替代这些矩形，从而使图像产生一种点构成的艺术效果。选择对象后，在菜单栏中选择【效果】|【像素化】|【彩色半调】命令，可以弹出【彩色半调】对话框，如图6-106所示；使用【彩色半调】滤镜的前后效果如图6-107所示。

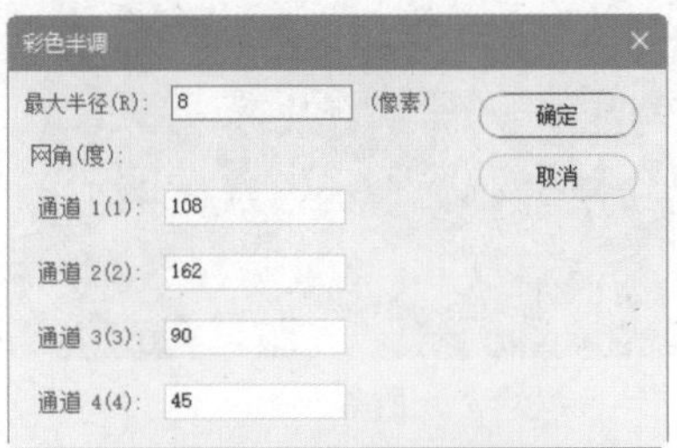

图 6-106

图 6-107

【彩色半调】对话框中的选项介绍如下。

◎ 【最大半径】：用来设置生成的网点的大小。

◎ 【网角（度）】：用来设置图像各个原色通道的网点角度。如果图像为灰度模式，则只能使用【通道1】；如果图像为RGB颜色模式，可以使用三个通道；如果图像为CMYK颜色模式，则可以使用所有通道。当各个通道中的网角设置的数值相同时，生成的网点会重叠显示出来。

6.12.2 【晶格化】滤镜

【晶格化】滤镜可以使相近的像素集中到一个像素的多角形网格中，使图像明朗化，其对话框中的【单元格大小】文本框用于控制多边形的网格大小。选择对象后，在菜单栏中选择【效果】|【像素化】|【晶格化】菜单命令，弹出【晶格化】对话框，如图6-108所示；使用【晶格化】滤镜后的效果，如图6-109所示。

图 6-108

图 6-109

6.12.3 【点状化】滤镜

【点状化】滤镜可以将图像中的颜色分散为随机分布的网点，如同点状化绘画的效果，并使用背景色作为网点之间的画布区域。使用该滤镜时，可通过【单元格大小】选项来控制网点的大小。选择对象后，在菜单栏中选择【效果】|【像素化】|【点状化】命令，弹出【点状化】对话框，如图 6-110 所示。使用【点状化】滤镜后的效果，如图 6-111 所示。

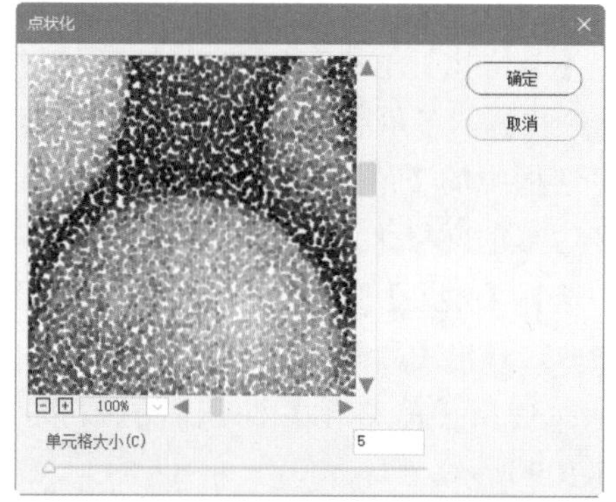

图 6-110

图 6-111

6.12.4 【铜版雕刻】滤镜

【铜版雕刻】滤镜可以将图像转换为黑白区域的随机图案或彩色图像中完全饱和颜色的随机图案。选择对象后，在菜单栏中选择【效果】|【像素化】|【铜版雕刻】命令，弹出【铜版雕刻】对话框，可以在对话框的【类型】下拉列表中选择一种网点图案，包括【精细点】、【中等点】、【粒状点】、【粗网点】、【短线】、【中长直线】、【长线】、【短描边】、【中长描边】和【长边】，如图 6-112 所示。使用【铜版雕刻】滤镜后的效果如图 6-113 所示。

图 6-112

图 6-113

6.13 【扭曲】滤镜组

【扭曲】滤镜组中的滤镜可以对图像进行几何形状的扭曲及改变对象形状，在菜单栏中选择【效果】|【扭曲】命令，【扭曲】滤镜组包括【扩散高光】、【海洋波纹】和【玻璃】3 个滤镜。

6.13.1 【扩散亮光】滤镜

【扩散亮光】滤镜可以将图像渲染成像是透过一个柔和的扩散滤镜来观看的。此效

果将透明的白杂色添加到图像，并从选区的中心向外渐隐亮光。使用该滤镜可以将照片处理为柔光效果。选择对象后，在菜单栏中选择【效果】|【扭曲】|【扩散亮光】命令，弹出【扩散亮光】对话框，如图6-114所示。设置完成后，单击【确定】按钮，使用【扩散亮光】滤镜的效果如图6-115所示。

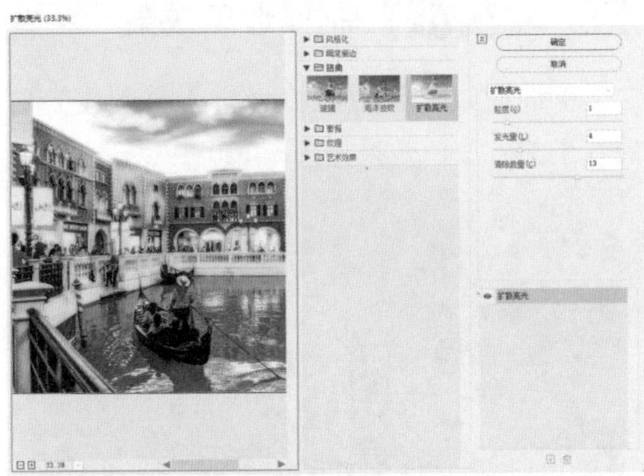

图 6-114

图 6-115

【扩散亮光】对话框中的选项介绍如下。

◎ 【粒度】：用来设置在图像中添加的颗粒的密度。

◎ 【发光量】：用来设置图像中辉光的强度。

◎ 【清除数量】：用来设置限制图像中受到滤镜影响的范围，数值越高，滤镜影响的范围就越小。

6.13.2 【海洋波纹】滤镜

【海洋波纹】滤镜可以将随机分隔的波纹添加到对象中，它产生的波纹细小，边缘有较多抖动，使图像看起来像是在海洋中。选择对象后，在菜单栏中选择【效果】|【扭曲】|【海洋波纹】命令，弹出【海洋波纹】对话框，如图6-116所示。设置完成后，单击【确定】按钮，使用【海洋波纹】滤镜的效果如图6-117所示。

图 6-116

图 6-117

【海洋波纹】对话框中的选项介绍如下。

◎ 【波纹大小】：可以控制图像中生成的波纹大小。

◎ 【波纹幅度】：可以控制波纹的变形程度。

6.13.3 【玻璃】滤镜

【玻璃】滤镜可以使图像看起来像是透过不同类型的玻璃来观看的。选择对象后，在菜单栏中选择【效果】|【扭曲】|【玻璃】命令，弹出【玻璃】对话框，如图 6-118 所示。设置完成后，使用【玻璃】滤镜的效果如图 6-119 所示。

图 6-118

图 6-119

【玻璃】对话框中的选项介绍如下。

◎ 【扭曲度】：用来设置扭曲效果的强度，数值越高，图像的扭曲效果越强烈。

◎ 【平滑度】：用来设置扭曲效果的平滑程度，数值越低，扭曲的纹理越细小。

◎ 【纹理】：在该选项的下拉列表中可以选择扭曲时产生的纹理，包括【块状】、【画布】、【磨砂】和【小镜头】。单击【纹理】右侧的按钮，选择【载入纹理】命令，可以载入一个用 Photoshop 创建的 PSD 格式的文件作为纹理文件，并可使用它来扭曲当前的图像。

◎ 【缩放】：用来设置纹理的缩放程度。

◎ 【反相】：选择该选项，可以反转纹理的效果。

【实战】制作玻璃效果

下面通过实例讲解将城市素材制作为玻璃效果的方法，效果如图 6-120 所示。

图 6-120

素材	素材 \Cha06\ 城市 .ai
场景	场景 \Cha06\【实战】制作玻璃效果 .ai
视频	视频教学 \Cha06\【实战】制作玻璃效果 .mp4

01 按 Ctrl+O 组合键，打开【素材 \Cha06\ 城市 .ai】素材文件，单击【打开】按钮，在【图层】面板中，拖曳【图层 1】至【创建新图层】按钮上，复制图层副本。选择副本图层，如图 6-121 所示。

图 6-121

02 在工具箱中单击【矩形工具】▢，在画板中创建矩形，如图 6-122 所示。

图 6-122

03 选择复制后的图片和矩形对象，然后在菜单栏中选择【对象】|【剪切蒙版】|【建立】命令，可以在【图层】面板中将【图层 1】隐藏看一下效果，如图 6-123 所示，然后将图层显示出来。

图 6-123

04 在【图层】面板中选择图层副本，在菜单栏中选择【效果】|【扭曲】|【玻璃】命令，在弹出的对话框中选择【纹理】为【磨砂】，设置【扭曲度】为 20、【平滑度】为 3，单击【确定】按钮，如图 6-124 所示。

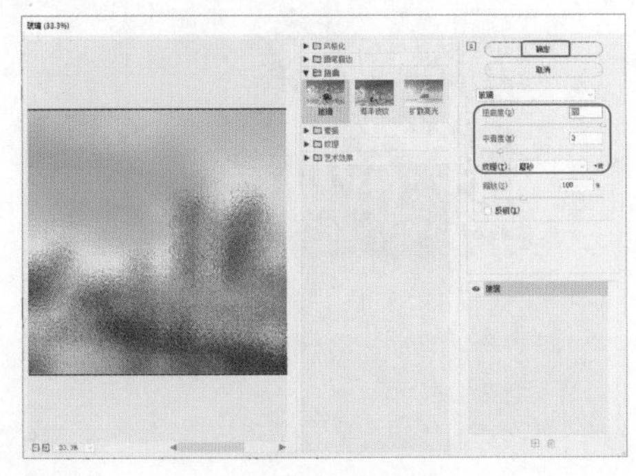

图 6-124

05 显示【图层 1】，设置玻璃效果前后对比如图 6-125 所示。

图 6-125

6.14 【模糊】滤镜组

【模糊】滤镜组可以在图像中对指定线条和阴影区域的轮廓边线旁的像素进行平衡，从而润色图像，使过渡显得更柔和。【效果】|【模糊】子菜单中的命令是基于栅格的，无论何时对矢量对象应用这些效果，都将使用文档的栅格效果设置。

6.14.1 【径向模糊】滤镜

【径向模糊】滤镜可以模拟相机缩放或旋转而产生的柔和模糊效果。选择对象后，在菜单中选择【效果】|【模糊】|【径向模糊】命令，弹出【径向模糊】对话框，如图 6-126 所示。在对话框中可以选择使用【旋转】和【缩放】两种模糊方法模糊图像。

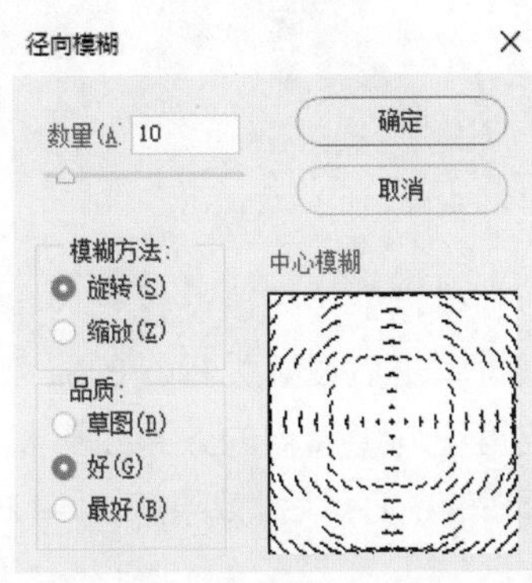

图 6-126

【径向模糊】对话框中的选项介绍如下。

◎ 【数量】：用来设置模糊的强度，数值越高，模糊效果越强烈。

◎ 【模糊方法】：选择【旋转】时，图像会沿同心圆环线产生旋转的模糊效果，应用旋转模糊方法的图像效果如图 6-127 所示。选择【缩放】时，图像会产生放射状的模糊效果，有如对图像进行放大或缩小，应用缩放模糊方法的图像效果如图 6-128 所示。

图 6-127

图 6-128

◎ 【中心模糊】：在该设置框内单击时，可以将单击点设置为模糊的原点，原点的位置不同，模糊的效果也不相同。设置模糊的中心点后，效果如图 6-129 所示。

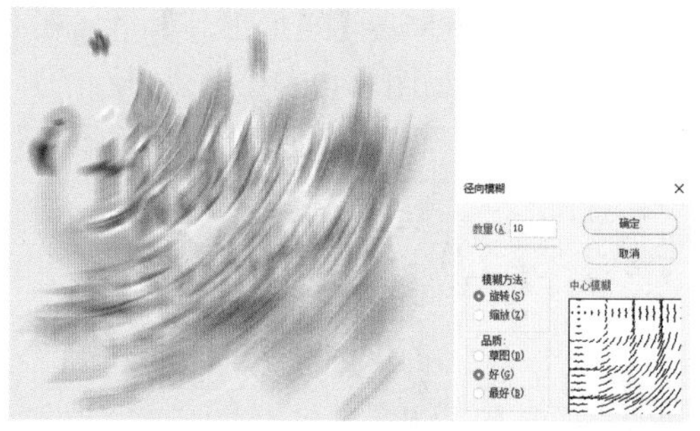

图 6-129

◎ 【品质】：用来设置应用模糊效果后图像的显示品质。选择【草图】，处理的速度最快，会产生颗粒状的效果；选择【好】和【最好】都可以产生较为平滑的效果，但在较大的图像上应用才可以看出两者的区别。

提示：在使用【径向模糊】滤镜处理图像时，需要进行大量的计算。如果图像的尺寸较大，可以先设置较低的【品质】来观察效果；在确认最终效果后，再提高【品质】质量。

6.14.2 【特殊模糊】滤镜

【特殊模糊】滤镜可以精确地模糊图像，提供了半径、阈值和模糊品质设置选项，可以精确地模糊图像。选择对象后，在菜单栏中选择【效果】|【模糊】|【特殊模糊】命令。弹出【特殊模糊】对话框，如图 6-130 所示，其中的选项介绍如下。

图 6-130

◎ 【半径】：用来设置模糊的范围，数值越高，模糊效果越明显。

◎ 【阈值】：用来确定像素应具备多大差异时，才会被模糊处理。

◎ 【品质】：用来设置图像的品质，包括低、中等和高3种品质。

◎ 【模式】：在此下拉列表中可以选择产生模糊效果的模式。在【正常】模式下，不会添加特殊的效果，如图6-131所示。在【仅限边缘】模式下，会以黑色显示图像，以白色描出图像边缘像素亮度值变化强烈的区域，如图6-132所示。在【叠加边缘】模式下，则以白色描出图像边缘像素亮度值变化强烈的区域，如图6-133所示。

图6-131

图6-132

图6-133

6.14.3 【高斯模糊】滤镜

【高斯模糊】滤镜以可调节的量快速模糊对象，移去高频出现的细节，并和参数产生一种朦胧的效果。选择对象后，在菜单栏中选择【效果】|【模糊】|【高斯模糊】命令，弹出【高斯模糊】对话框，如图6-134所示；调整【半径】值可以设置模糊的范围，它以像素为单位，数值越高，模糊效果越强烈。

设置完成后，使用【高斯模糊】滤镜的效果对比如图6-135所示。

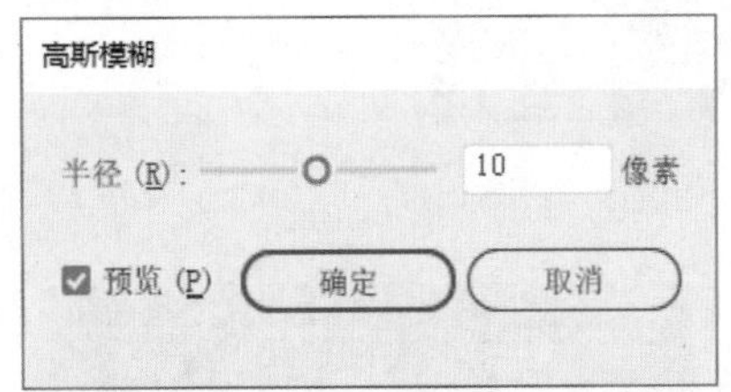

图6-134

图6-135

6.15 【画笔描边】滤镜组

【画笔描边】效果是基于栅格的效果，无论何时对矢量对象应用该效果，都将使用文档的栅格效果设置。该组中的一部分滤镜通过不同的油墨和画笔勾画图像来产生绘画效果，有些滤镜则可以添加颗粒、绘画、杂色、边缘细节或纹理。

6.15.1 【喷溅】滤镜

【喷溅】滤镜能够模拟喷枪的效果，使图像产生笔墨喷溅的艺术效果。选择对象后，在菜单栏中选择【效果】|【画笔描边】|【喷溅】命令，弹出【喷溅】对话框，如图 6-136 所示。设置完成后，使用【喷溅】滤镜后的效果对比如图 6-137 所示。

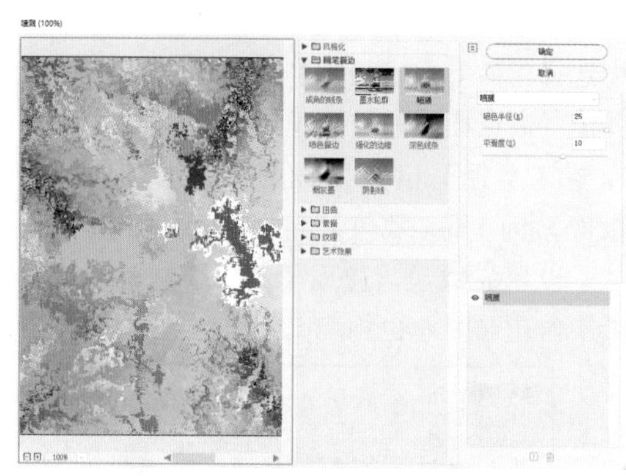

图 6-136

图 6-137

【喷溅】对话框中的选项介绍如下。

◎ 【喷色半径】：用来处理不同颜色的区域，数值越高颜色越分散，图像越简化。

◎ 【平滑度】：用来确定喷射效果的平滑程度。

6.15.2 【喷色描边】滤镜

【喷色描边】滤镜可以使用图像的主导色，用成角的、喷溅的颜色线条重绘图像，产生斜纹飞溅的效果。选择对象后，在菜单栏中选择【效果】|【画笔描边】|【喷色描边】命令，弹出【喷色描边】对话框，如图 6-138 所示。设置完成后，使用【喷色描边】滤镜后的效果对比如图 6-139 所示。

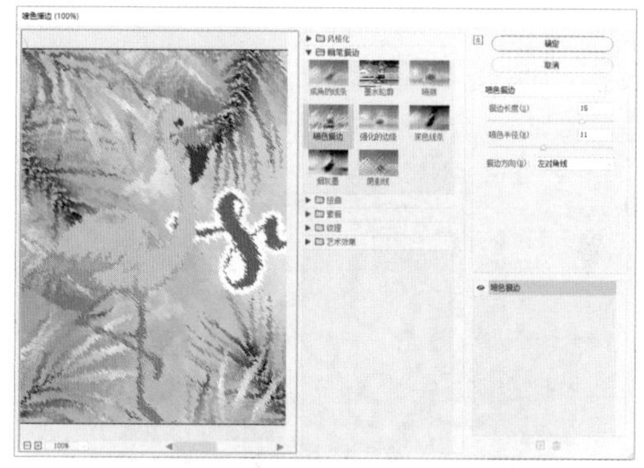

图 6-138

图 6-139

【喷色描边】对话框中的选项介绍如下。

◎ 【描边长度】：用来设置笔触的长度。

◎ 【喷色半径】：用来控制喷洒的范围。

◎ 【描边方向】：用来控制线条的描边方向。

6.15.3 【墨水轮廓】滤镜

【墨水轮廓】滤镜能够以钢笔画的风格，用纤细的线条在原细节上重绘图像。选择对象后，在菜单栏中选择【效果】|【画笔描边】|【墨水轮廓】命令，弹出【墨水轮廓】对话框，如图6-140所示。设置完成后，使用【墨水轮廓】滤镜后的效果对比如图6-141所示。

图 6-140

图 6-141

【墨水轮廓】对话框中的选项介绍如下。

◎ 【描边长度】：用来设置图像中产生线条的长度。

◎ 【深色强度】：用来设置线条阴影的强度。数值越高，图像越暗。

◎ 【光照强度】：用来设置线条高光的强度。数值越高，图像越亮。

6.15.4 【强化的边缘】滤镜

【强化的边缘】滤镜可以强化图像的边缘。在菜单栏中选择【效果】|【画笔描边】|【强化的边缘】命令，弹出【强化的边缘】对话框，如图6-142所示，其中的选项介绍如下。

图 6-142

◎ 【边缘宽度】：用来设置需要强化的宽度。

◎ 【边缘亮度】：用来设置边缘的亮度。设置低的边缘亮度值时，强化效果类似黑色油墨，如图6-143所示；设置高的边缘高亮值时，强化效果类似白色粉笔，如图6-144所示。

◎ 【平滑度】：用来设置边缘的平滑程度，数值越高，画面越柔和。

图 6-143

图 6-144

6.15.5 【成角的线条】滤镜

【成角的线条】滤镜可以使用对角描边重新绘制图像。用一个方向的线条绘制亮部区域，再用相反方向的线条绘制暗部区域。在菜单栏中选择【效果】|【画笔描边】|【成角的线条】命令，弹出【成角的线条】对话框，如图 6-145 所示。设置完成后，使用【成角的线条】滤镜后的效果对比如图 6-146 所示。

图 6-145

图 6-146

【成角的线条】对话框中的选项介绍如下。

◎ 【方向平衡】：用来设置对角线条的倾斜角度。

◎ 【描边长度】：用来设置对角线条的长度。

◎ 【锐化程度】：用来设置对角线条的清晰程度。

6.15.6 【深色线条】滤镜

【深色线条】滤镜用短而紧密的深色线条绘制暗部区域，用长的白色线条绘制亮部区域。选择对象后，在菜单栏中选择【效果】|【画笔描边】|【深色线条】命令，弹出【深色线条】对话框，如图 6-147 所示。设置完成后，使用【深色线条】滤镜后的效果对比如图 6-148 所示。

图 6-147

图 6-148

【深色线条】对话框中的选项介绍如下。

◎ 【平衡】：用来控制绘制的黑白色调的比例。

◎ 【黑色强度】：用来设置绘制的黑色调的强度。

◎ 【白色强度】：用来设置绘制的白色调的强度。

6.15.7 【烟灰墨】滤镜

【烟灰墨】滤镜能够以日本画的风格绘画图像，它使用非常黑的油墨在图像中创建柔和的模糊边缘，使图像看起来像是用蘸满油墨的画笔在宣纸上绘画。选择对象后，执行【效果】|【画笔描边】|【烟灰墨】命令。弹出【烟灰墨】对话框，如图6-149所示，设置【烟灰墨】滤镜的相关选项。设置完成后，使用【烟灰墨】滤镜后的效果对比如图6-150所示。

图 6-149

图 6-150

【烟灰墨】对话框中的选项介绍如下。

◎ 【描边宽度】：用来设置笔触的宽度。

◎ 【描边压力】：用来设置笔触的压力。

◎ 【对比度】：用来设置颜色的对比程度。

6.15.8 【阴影线】滤镜

【阴影线】滤镜可以保留原始图像的细节和特征，同时使用模拟的钢笔阴影线添加纹理，并使彩色区域的边缘变得粗糙。选择对象后，在菜单栏中选择【效果】|【画笔描边】|【阴影线】命令，弹出【阴影线】对话框，如图6-151所示。设置【阴影线】滤镜的相关选项，设置完成后，使用【阴影线】滤镜后的效果对比如图6-152所示。

图 6-151

图 6-152

【阴影线】对话框中的选项介绍如下。

◎ 【描边长度】：用来设置线条的长度。

◎ 【锐化程度】：用来设置线条的清晰程度。

◎ 【强度】：用来设置生成的线条的数量和清晰程度。

6.16 【素描】滤镜组

使用【素描】滤镜组中的滤镜可以将纹理添加到图像上，常用来模拟素描和速写等艺术效果或手绘图形，其中大部分滤镜都使用黑白颜色来重绘图像。本节将介绍常用的【素描】滤镜。

6.16.1 【半调图案】滤镜

使用【半调图案】滤镜可以在保持连续色调范围的同时，模拟半调用屏的效果。选择图像后，在菜单栏中选择【效果】|【素描】|【半调图案】命令，弹出【半调图案】对话框，如图 6-153 所示，其中选项介绍如下。

图 6-153

◎ 【大小】：用来设置生成网状图案的大小。

◎ 【对比度】：用来设置图像的对比度，即清晰程度。

◎ 【图案类型】：在该选项的下拉列表中可以选择图案的类型，包括【圆形】、【网点】和【直线】。如图 6-154 所示为选择【圆形】的效果，如图 6-155 所示为选择【网点】的效果，如图 6-156 所示为选择【直线】的效果。

图 6-154

图 6-155

图 6-156

6.16.2 【图章】滤镜

使用【图章】滤镜可以简化图像，使之看起来就像是用橡皮或木制图章创建的一样，该滤镜用于处理黑白图像时效果最佳。选择对象后，在菜单栏中选择【效果】|【素描】|【图章】命令，弹出【图章】对话框，如图 6-157 所示。设置【图章】滤镜的相关选项后，单击

【确定】按钮，使用【图章】滤镜后的效果如图6-158所示。

图 6-157

6-158

【图章】对话框中的选项介绍如下。

◎ 【明/暗平衡】：用来设置图像中亮调与暗调区域的平衡。

◎ 【平滑度】：用来设置图像的平滑程度。

6.16.3 【影印】滤镜

使用【影印】滤镜可以模拟影印图像的效果，大的暗区趋向于只复制边缘四周，而中间色调不是纯黑色就是纯白色。选择对象后，在菜单栏中选择【效果】|【素描】|【影印】命令，弹出【影印】对话框，如图6-159所示。设置完成后，使用【影印】滤镜后的效果如图6-160所示。

【影印】对话框中的选项介绍如下。

◎ 【细节】：用来设置图像细节的保留程度。

◎ 【暗度】：用来设置图像暗部区域的强度。

图 6-159

图 6-160

6.16.4 【水彩画纸】滤镜

使用【水彩画纸】滤镜可以表现画在湿润而有纹的纸上的涂抹方式，使颜色渗出并混合，图像会产生浸湿颜色扩散的水彩效果。选择对象后，在菜单栏中选择【效果】|【素描】|【水彩画纸】命令，弹出【水彩画纸】对话框，如图6-161所示。设置完成后，使用【水彩画纸】滤镜后的效果如图6-162所示。

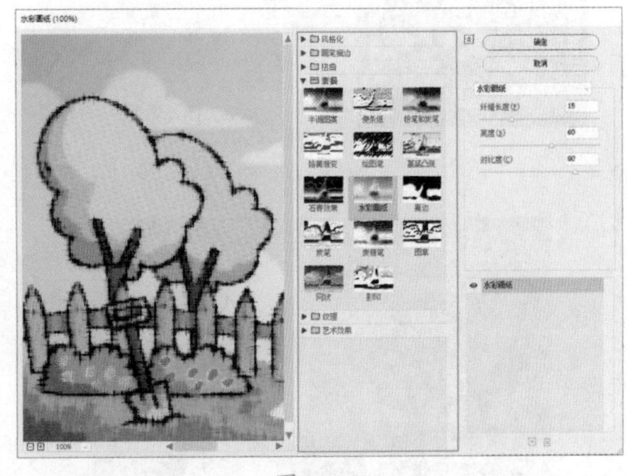

图 6-161

图 6-162

【水彩画纸】对话框中的选项介绍如下。

◎ 【纤维长度】：用来设置图像中生成的纤维的长度。

◎ 【亮度】：用来设置图像的亮度。

◎ 【对比度】：用来设置图像的对比度。

6.16.5 【炭精笔】滤镜

使用【炭精笔】滤镜可以对暗色区域使用黑色，对亮色区域使用白色，在图像上模拟浓黑和纯白的炭精笔纹理。选择对象后，在菜单栏中选择【效果】|【素描】|【炭精笔】命令，弹出【炭精笔】对话框，如图 6-163 所示；设置完成后，使用【炭精笔】滤镜后的效果如图 6-164 所示。

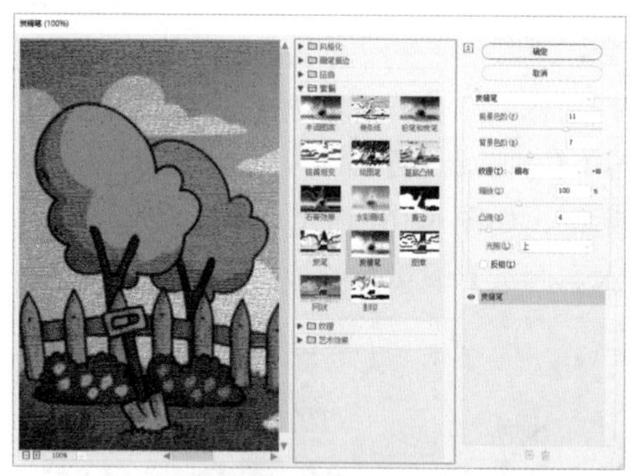

图 6-163

图 6-164

【炭精笔】对话框中的选项介绍如下。

◎ 【前景色阶】：用来调节前景色的平衡，数值越高前景色越突出。

◎ 【背景色阶】：用来调节背景色的平衡，数值越高背景色越突出，

◎ 【纹理】：在该选项的下拉列表中可以选择纹理格式，如砖形、粗麻布、画布和砂岩。

◎ 【缩放】：用来设置纹理的大小，变化范围为 50%～200%，数值越高纹理越粗糙。

◎ 【凸现】：用来设置纹理的凹凸程度。

◎ 【光照】：在该选项的下拉列表中可以选择光照的方向。

◎ 【反相】：可反转纹理的凹凸方向。

6.16.6 【绘图笔】滤镜

使用【绘图笔】滤镜可以通过纤细的线性油墨线条捕获原始图像的细节，此滤镜使用黑色代表油墨，用白色代表纸张来替换原始图像中的颜色，在处理扫描图像时的效果十分出色。在菜单栏中选择【效果】|【素描】|【绘图笔】命令，弹出【绘图笔】对话框，如图 6-165 所示；设置完成后，使用【绘图笔】滤镜后的效果如图 6-166 所示。

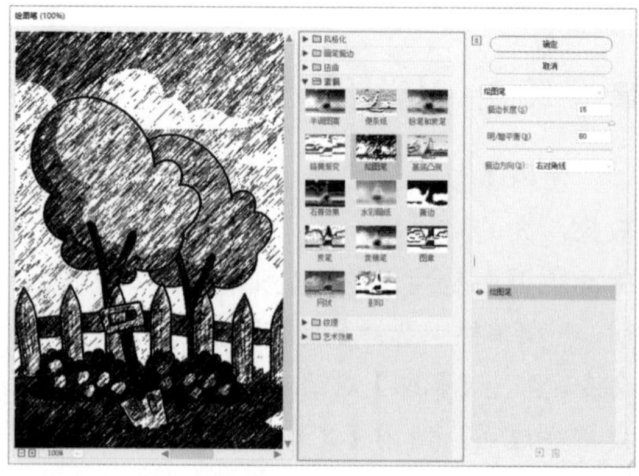

图 6-165

图 6-166

【绘图笔】对话框中的选项介绍如下。

◎ 【描边长度】：用来设置图像中产生的线条的长度。

◎ 【明/暗平衡】：用来设置图像的亮调与暗调的平衡。

◎ 【描边方向】：在该选项的下拉列表中可以选择线条的方向，包括右对角线、水平、左对角线和垂直。

6.16.7 【网状】滤镜

使用【网状】滤镜可以模拟胶片乳胶的可控收缩和扭曲来创建图像，使之在阴影处呈结块状，在高光处呈轻微的颗粒化。在菜单栏中选择【效果】|【素描】|【网状】命令，弹出【网状】对话框，如图6-167所示；设置完成后，使用【网状】滤镜的效果如图6-168所示。

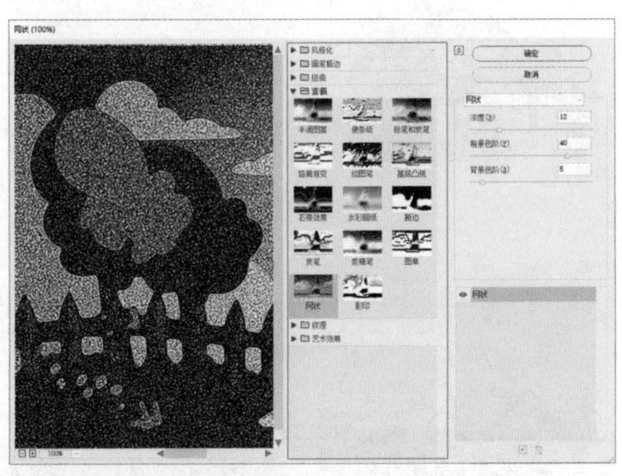

图 6-167

图 6-168

【网状】对话框中的选项介绍如下。

◎ 【浓度】：用来设置图像中产生的网纹的密度。

◎ 【前景色阶】：用来设置图像中使用的前景色的色阶数。

◎ 【背景色阶】：用来设置图像中使用的背景色的色阶数。

6.17 【纹理】滤镜组

使用【纹理】滤镜组中的滤镜可以在图像中加入各种纹理，使图像具有深度感或物质感的外观。

6.17.1 【拼缀图】滤镜

使用【拼缀图】滤镜可以将图像分解为由若干方形图块组成的效果，图块的颜色由该区域的主色决定。此滤镜可随机减小或增大拼贴的深度，以复现高光和暗调。在菜单栏中选择【效果】|【纹理】|【拼缀图】命令，弹出【拼缀图】对话框，如图6-169所示；设置完成后，使用【拼缀图】滤镜后的效果对比如图6-170所示。

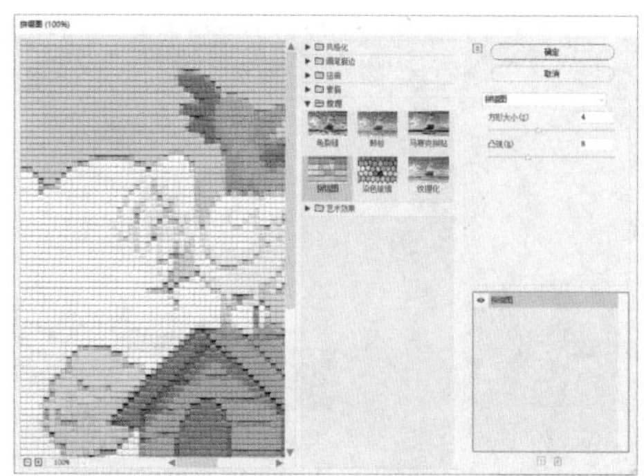

图 6-169

图 6-170

【拼缀图】对话框中的选项介绍如下。

◎ 【方形大小】：用来设置生成的方块的大小。

◎ 【凸现】：用来设置方块的凸出程度。

6.17.2 【染色玻璃】滤镜

使用【染色玻璃】滤镜可以将图像重新绘制成许多相邻的单色单元格，边框由前景色填充，使图像产生彩色玻璃的效果。在菜单栏中选择【效果】|【纹理】|【染色玻璃】命令，弹出【染色玻璃】对话框，如图 6-171 所示；设置完成后，使用【染色玻璃】滤镜后的效果对比如图 6-172 所示。

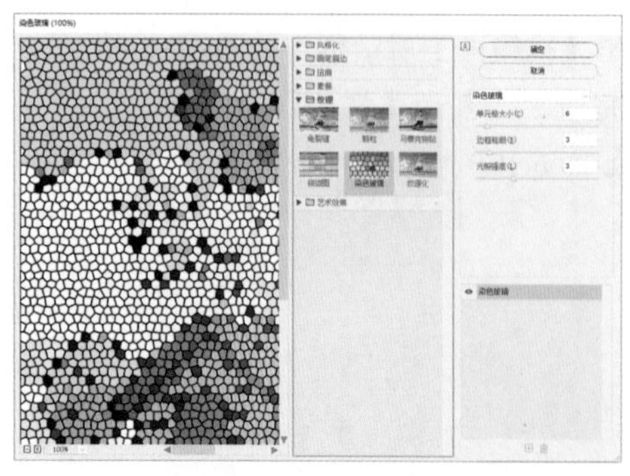

图 6-171

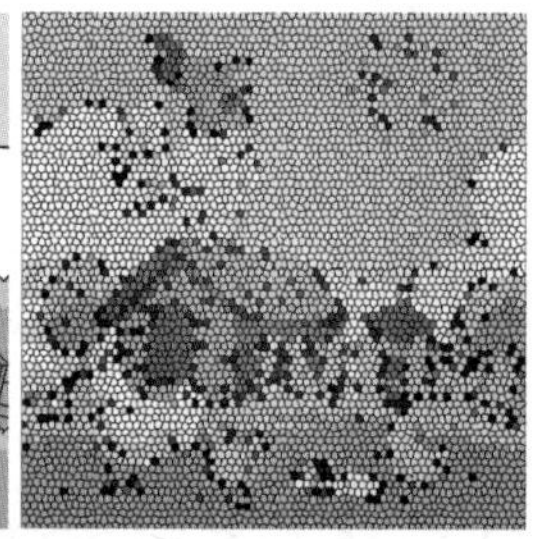

图 6-172

【染色玻璃】对话框中的选项介绍如下。

◎ 【单元格大小】：用来设置图像中生成的色块的大小。

◎ 【边框粗细】：设置色块边界的宽度。

◎ 【光照强度】：用来设置图像中心的光照强度。

6.17.3 【纹理化】滤镜

使用【纹理化】滤镜可以在图像中加入各种纹理，使图像呈现纹理质感。在菜单栏中选择【效果】|【纹理】|【纹理化】命令，弹出【纹理化】对话框，如图 6-173 所示；设置完成后，使用【纹理化】滤镜后的效果对比如图 6-174 所示。

图 6-173

图 6-174

【纹理化】对话框中的选项介绍如下。

◎ 【纹理】：可在该选项的下拉列表中选择一种纹理，将其添加到图像中。可选择的纹理包括砖形、粗麻布、画布和砂岩4种。

◎ 【缩放】：设置纹理的凸出程度。

◎ 【光照】：在该选项的下拉列表中可以选择光线照射的方向。

◎ 【反相】：可反转光线照射的方向。

6.17.4 【颗粒】滤镜

使用【颗粒】滤镜可通过模拟不同种类的颗粒在图像中添加纹理。在菜单栏中选择【效果】|【纹理】|【颗粒】命令，弹出【颗粒】对话框，如图6-175所示；设置完成后，使用【颗粒】滤镜后的效果对比如图6-176所示。

图 6-175

图 6-176

【颗粒】对话框中的选项介绍如下。

◎ 【强度】：用来设置图像中加入的颗粒的强度。

◎ 【对比度】：用来设置颗粒的对比度。

◎ 【颗粒类型】：在该选项的下拉列表中可以选择颗粒的类型，包括常规、柔和、喷洒、结块、强反差、扩大、点刻、水平、垂直和斑点。

6.17.5 【马赛克拼贴】滤镜

使用【马赛克拼贴】滤镜可以绘制图像，使图像看起来像是由小的碎片拼贴组成，然后在拼贴之间添加缝隙。在菜单栏中选择【效果】|【纹理】|【马赛克拼贴】命令，弹出【马赛克拼贴】对话框，如图6-177所示；设置完成后，使用【马赛克拼贴】滤镜后的效果对比如图6-178所示。

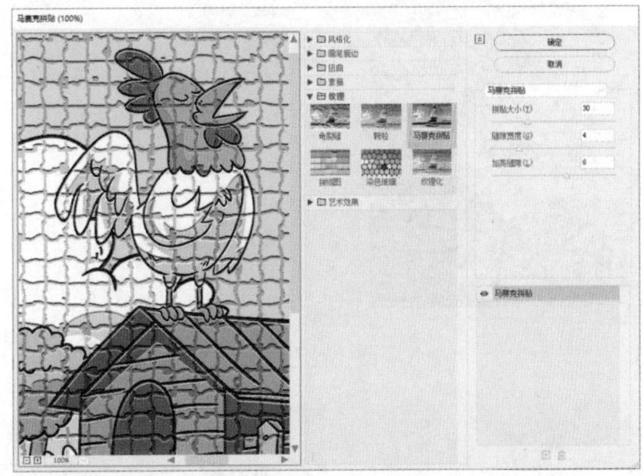

图 6-177

图 6-178

【马赛克拼贴】对话框中的选项介绍如下。

◎ 【拼贴大小】：用来设置图像中生成的块状图形的大小。

◎ 【缝隙宽度】：用来设置块状图形单元间的裂缝宽度。

◎ 【加亮缝隙】：用来设置块状图形缝隙的亮度。

6.17.6 【龟裂缝】滤镜

使用【龟裂缝】滤镜可以将图像绘制在一个凸现在石膏表面上，循着图像等高线生成较细的网状裂缝。使用该滤镜可以对包含多种颜色值或灰度值的图像创建浮雕效果。在菜单栏中选择【效果】|【纹理】|【龟裂缝】命令，弹出【龟裂缝】对话框，如图 6-179 所示；设置完成后，使用【龟裂缝】滤镜后的效果对比如图 6-180 所示。

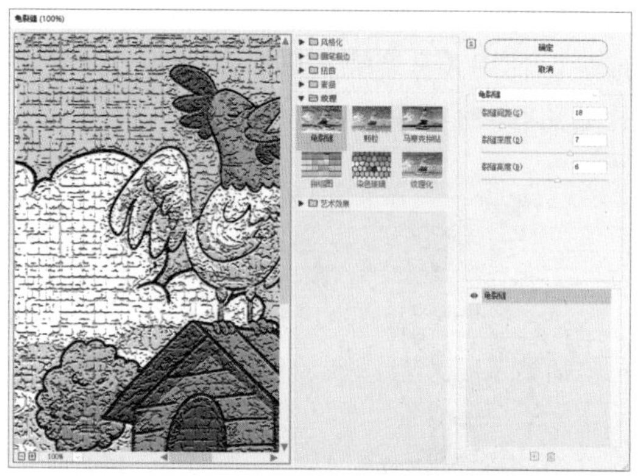

图 6-179

图 6-180

【龟裂缝】对话框中的选项介绍如下。

◎ 【裂缝间距】：用来设置图像中生成裂缝的间距，数值越小，生成的裂缝越细密。

◎ 【裂缝深度】：用来设置裂缝的深度。

◎ 【裂缝亮度】：用来设置裂缝的亮度。

6.18 【艺术效果】滤镜组

使用【艺术效果】滤镜组中的滤镜可以模仿自然或传统介质，使图像看起来更贴近绘画或艺术效果。

6.18.1 【塑料包装】滤镜

【塑料包装】滤镜产生的效果类似在图像上罩了一层光亮的塑料，可以强调图像的表面细节。选择对象后，在菜单栏中选择【效果】|【艺术效果】|【塑料包装】命令，弹出【塑料包装】对话框，在该对话框中可以对相关属性进行设置，如图 6-181 所示；使用【塑料包装】滤镜后的效果对比如图 6-182 所示。

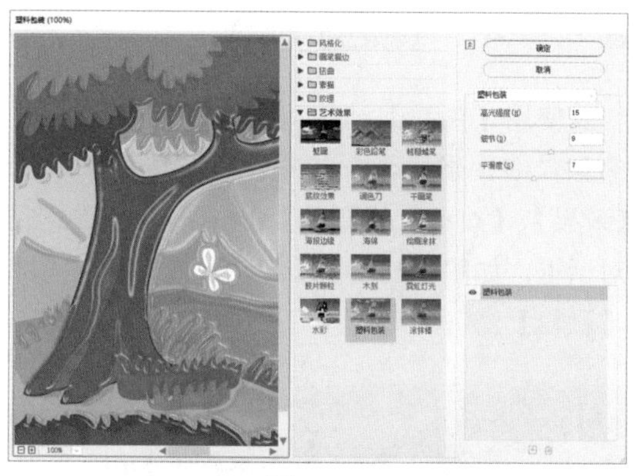

图 6-181

图 6-182

【塑料包装】对话框中的选项介绍如下。

◎ 【高光强度】：用来设置高光区域的亮度。

◎ 【细节】：用来设置高光区域细节的保留程度。

◎ 【平滑度】：用来设置塑料效果的平滑程度，数值越高，滤镜产生的效果越明显。

■ 6.18.2 【干画笔】滤镜

【干画笔】滤镜的功能是使用介于油彩和水彩之间的干画笔绘制图像边缘，使图像产生一种不饱和的干枯油画效果。选择对象后，在菜单栏中选择【效果】|【艺术效果】|【干画笔】命令，弹出【干画笔】对话框，在该对话框中可以对相关属性进行设置，如图 6-183 所示；使用【干画笔】滤镜后的效果对比如图 6-184 所示。

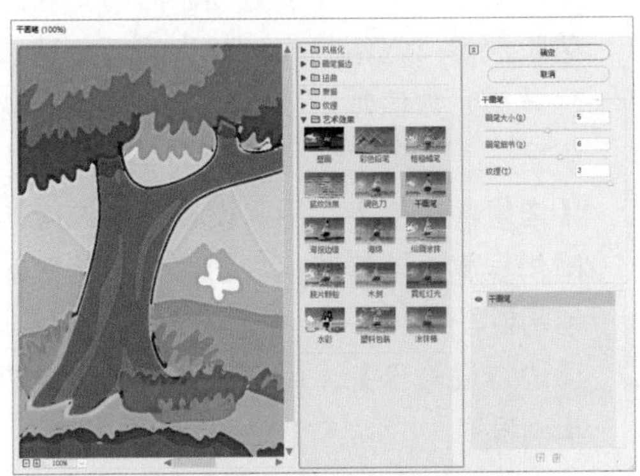

图 6-183

图 6-184

【干画笔】对话框中的选项介绍如下。

◎ 【画笔大小】：用来设置画笔的大小，数值越小，绘制的效果越细腻。

◎ 【画笔细节】：用来设置画笔的细腻程度，数值越高，效果越与原图像接近。

◎ 【纹理】：用来设置画笔纹理的清晰程度，数值越高，画笔的纹理越明显。

■ 6.18.3 【底纹效果】滤镜

使用【底纹效果】滤镜可以在带纹理的背景上绘制图像，然后将最终图像绘制在该图像上。选择对象后，在菜单栏中选择【效果】|【艺术效果】|【底纹效果】命令，弹出【底纹效果】对话框，在该对话框中可以对相关属性进行设置，如图 6-185 所示；使用【底纹效果】滤镜后的效果对比如图 6-186 所示。

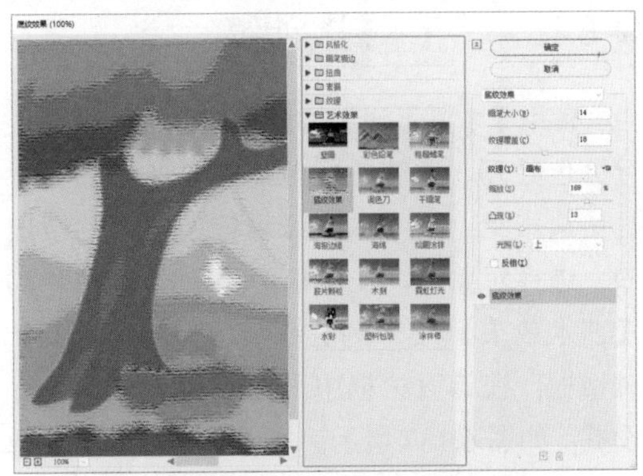

图 6-185

图 6-186

【底纹效果】对话框中的选项介绍如下。

◎ 【画笔大小】：用来设置产生底纹的画笔的大小，数值越高，绘画效果越强烈。

◎ 【纹理覆盖】：用来设置纹理覆盖范围。

◎ 【纹理】：在该选项的下拉列表中可以选择纹理样式，包括【砖形】、【粗麻布】、

【画布】和【砂岩】，单击选项右侧的▾≡按钮，选择【载入纹理】命令，可以载入一个PSD格式的文件作为纹理文件。

◎ 【缩放】：用来设置纹理的大小。

◎ 【凸现】：用来设置纹理的凸出程序。

◎ 【光照】：在该选项的下拉列表中可以选择光照的方向。

◎ 【反相】：可以反转光照方向。

6.18.4 【木刻】滤镜

使用【木刻】滤镜可以将图像中的颜色进行分色处理，并简化颜色，使图像看上去像是由从彩纸上剪下的边缘粗糙的剪纸片组成的。选择对象后，在菜单栏中选择【效果】|【艺术效果】|【木刻】命令，弹出【木刻】对话框，在该对话框中可以对相关属性进行设置，如图 6-187 所示；使用【木刻】滤镜后的效果对比如图 6-188 所示。

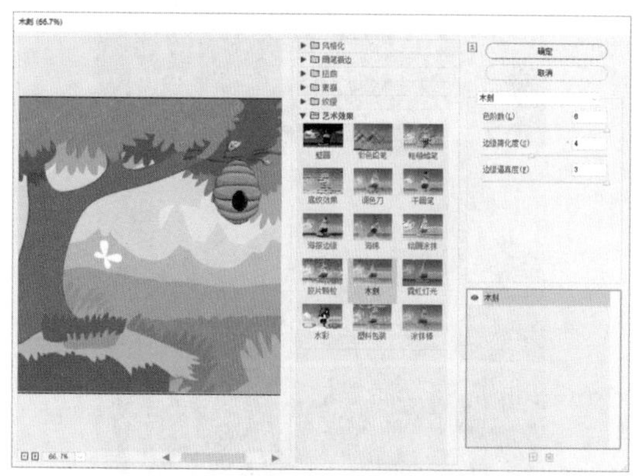

图 6-187

图 6-188

图 6-188（续）

【木刻】对话框中的选项介绍如下。

◎ 【色阶数】：用来设置简化后的图像的色阶数量。数值越高，图像的颜色层次越丰富。数值越小，图像的简化效果越明显。

◎ 【边缘简化度】：用来设置图像边缘的简化程度，该值越高，图像的简化程度越明显。

◎ 【边缘逼真度】：用来设置图像边缘的精确程度。

6.18.5 【水彩】滤镜

使用【水彩】滤镜可以简化图像的细节，改变图像边界的色调和饱和度，使图像产生水彩画的效果，当边缘有显著的色调变化时，此滤镜会使颜色更加饱满。选择对象后，在菜单栏中选择【效果】|【艺术效果】|【水彩】命令，弹出【水彩】对话框，在该对话框中可以对相关属性进行设置，如图 6-189 所示；使用【水彩】滤镜后的效果对比如图 6-190 所示。

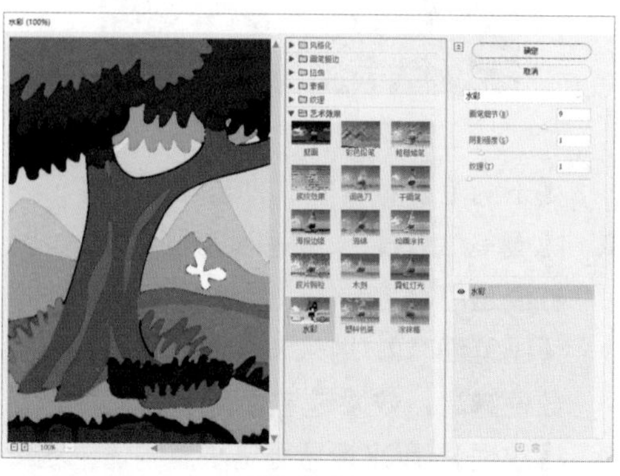

图 6-189

图 6-190

【水彩】对话框中的选项介绍如下。

◎ 【画笔细节】：用来设置画笔的精确程度，数值越高，画面越精细。

◎ 【阴影强度】：用来设置暗调区域的范围，数值越高，暗调范围越广。

◎ 【纹理】：用来设置图像边界的纹理效果，数值越高，纹理效果越明显。

6.18.6 【海报边缘】滤镜

使用【海报边缘】滤镜可根据设置的海报选项值减少图像中的颜色数，然后找到图像的边缘，并在边缘上绘制黑色线条。选择对象后，在菜单栏中选择【效果】|【艺术效果】|【海报边缘】命令，弹出【海报边缘】对话框，在该对话框中可以对相关属性进行设置，如图 6-191 所示；使用【海报边缘】滤镜后的效果对比如图 6-192 所示。

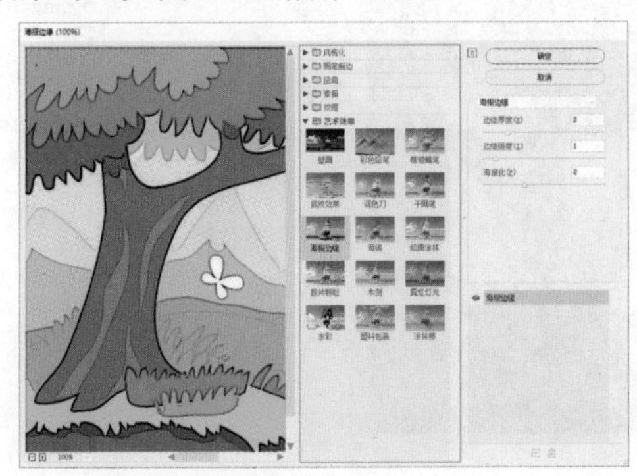

图 6-191

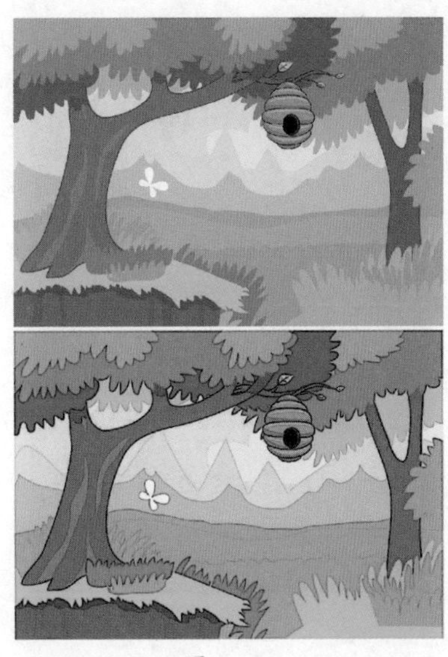

图 6-192

【海报边缘】对话框中的选项介绍如下。

◎ 【边缘厚度】：用来设置图像边缘像素的宽度，数值越高，轮廓越宽。

◎ 【边缘强度】：用来设置图像边缘的强化程度。

◎ 【海报化】：用来设置颜色的浓度。

6.18.7 【海绵】滤镜

【海绵】滤镜的功能是使用颜色对比强烈、纹理较重的线条创建图像，使图像看起来像是用海绵绘制的。选择对象后，在菜单栏中选择【效果】|【艺术效果】|【海绵】命令，弹出【海绵】对话框，在该对话框中可以对相关属性进行设置，如图 6-193 所示；使用【海绵】滤镜后的效果对比如图 6-194 所示。

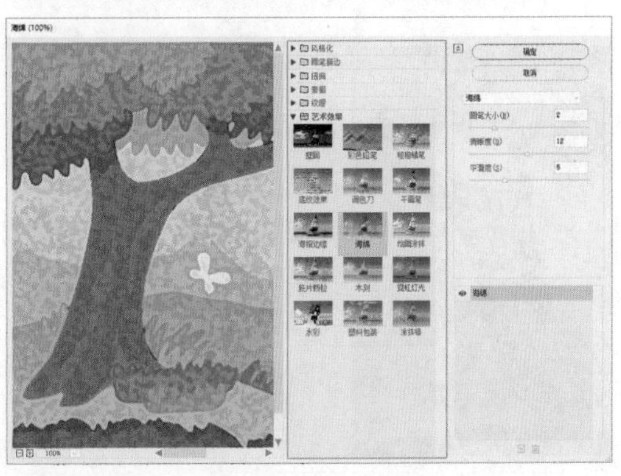

图 6-193

图 6-194

【海绵】对话框中的选项介绍如下。

◎ 【画笔大小】：用来设置海绵的大小。

◎ 【清晰度】：可调整海绵上气孔的大小，数值越高，气孔的印记越清晰。

◎ 【平滑度】：用来模拟海绵的压力，数值越高，画面的浸湿感越强，图像越柔和。

6.18.8 【涂抹棒】滤镜

【涂抹棒】滤镜的功能是使用较短的对角线条涂抹图像中暗部的区域，从而柔化图像，亮部区域会因变亮而丢失细节。选择对象后，在菜单栏中选择【效果】|【艺术效果】|【涂抹棒】命令，弹出【涂抹棒】对话框，在该对话框中可以对相关属性进行设置，如图 6-195 所示；使用【涂抹棒】滤镜后的对比效果如图 6-196 所示。

图 6-195

图 6-196

【涂抹棒】对话框中的选项介绍如下。

◎ 【描边长度】：用来设置图像中产生的线条的长度。

◎ 【高光区域】：用来设置图像中高光范围的大小，该值越高，被视为高光区域的范围就越广。

◎ 【强度】：用来设置高光的强度。

6.18.9 【粗糙蜡笔】滤镜

使用【粗糙蜡笔】滤镜可以使图像看上去好像是用彩色蜡笔在带纹理的背景上描绘出来的。选择对象后，在菜单栏中选择【效果】|【艺术效果】|【粗糙蜡笔】命令，弹出【粗糙蜡笔】对话框，在该对话框中可以对相关属性进行设置，如图 6-197 所示；使用【粗糙蜡笔】滤镜后的效果对比如图 6-198 所示。

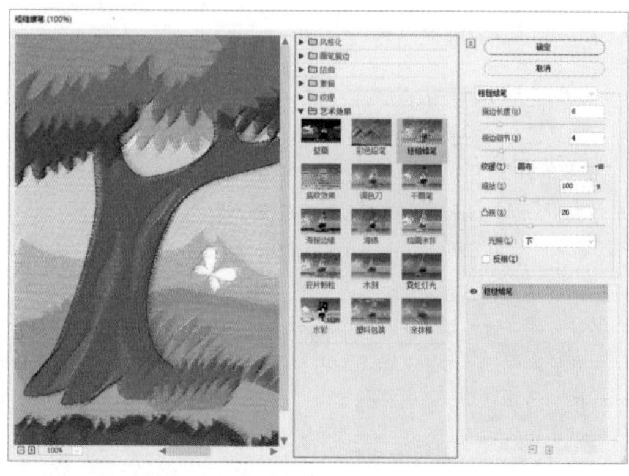

图 6-197

图 6-198

【粗糙蜡笔】对话框中的选项介绍如下。

◎ 【描边长度】：用来设置画笔线条的长度。

◎ 【描边细节】：用来设置线条的细腻程度。

6.18.10 【绘画涂抹】滤镜

【绘画涂抹】滤镜的功能是可以使用不同大小和不同类型的画笔来创建绘画效果。选择对象后，在菜单栏中选择【效果】|【艺术效果】|【绘画涂抹】命令，弹出【绘画涂抹】对话框，在该对话框中可以对相关属性进行设置，如图 6-199 所示；使用【绘画涂抹】滤镜后的效果对比如图 6-200 所示。

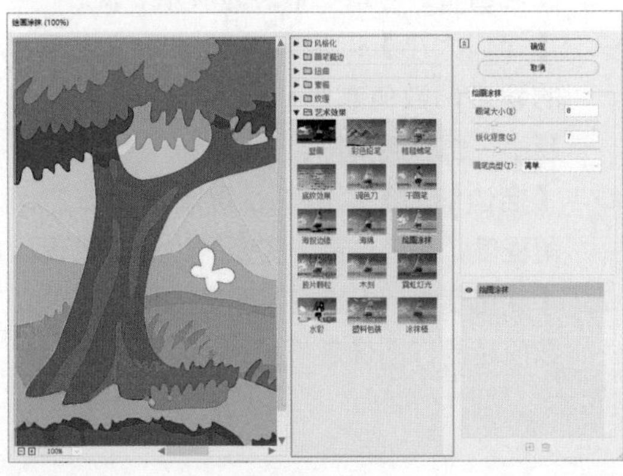

图 6-199

图 6-200

【绘画涂抹】对话框中的选项介绍如下。

◎ 【画笔大小】：用来设置画笔的大小，数值越高，涂抹的范围越广。

◎ 【锐化程度】：用来设置图像的锐化程度，数值越高，效果越锐利。

◎ 【画笔类型】：在该选项的下拉列表中可以选择画笔的类型，包括【简单】、【未处理光照】、【未处理深色】、【宽锐化】、【宽模糊】和【火花】。

6.18.11 【胶片颗粒】滤镜

使用【胶片颗粒】滤镜可将平滑的图案应用于阴影和中间色调，将一种更平滑、饱和度更高的图案添加到亮区，产生类似胶片颗粒状的纹理效果。选择对象后，在菜单栏中选择【效果】|【艺术效果】|【胶片颗粒】命令，弹出【胶片颗粒】对话框，在该对话框中可以对相关属性进行设置，如图 6-201 所示；使用【胶片颗粒】滤镜后的效果对比如图 6-202 所示。

图 6-201

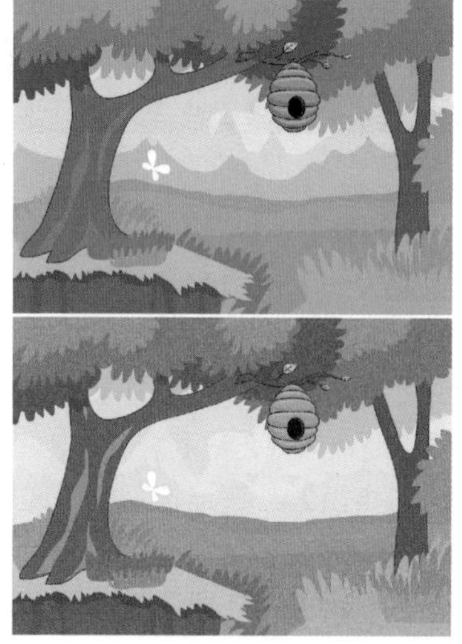

图 6-202

【胶片颗粒】对话框中的选项介绍如下。

◎ 【颗粒】：用来设置产生的颗粒的密度，数值越高，颗粒越多。

◎ 【高光区域】：用来设置图像中高光的范围。

◎ 【强度】：用来设置颗粒的强度，当该值较小时，会在整个图像上显示颗粒；当数值较高时，只在图像的阴影部分显示颗粒。

6.18.12 【调色刀】滤镜

使用【调色刀】滤镜可以减少图像中的细节以生成描绘得很淡的画布效果，并显示出下面的纹理。选择对象后，在菜单栏中选择【效果】|【艺术效果】|【调色刀】命令，弹出【调色刀】对话框，在该对话框中可以对相关属性进行设置，如图 6-203 所示；使用【调色刀】滤镜后的效果对比如图 6-204 所示。

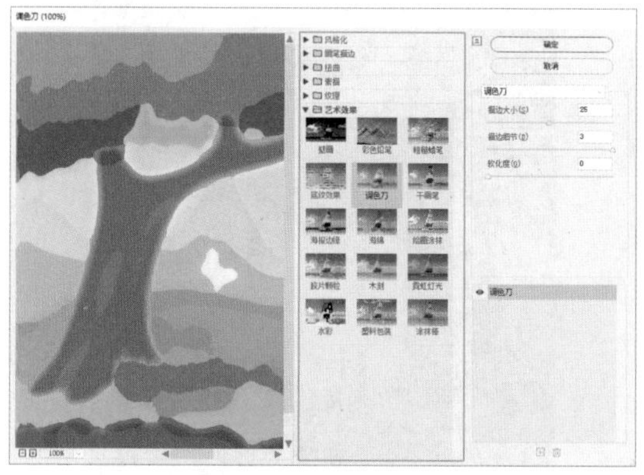

图 6-203

图 6-204

【调色刀】对话框中的选项介绍如下。

◎ 【描边大小】：用来设置图像颜色混合的程度，数值越高，图像越模糊；数值越小，图像越清晰。

◎ 【描边细节】：用来设置图像细节的保留程度，数值越高，图像的边缘越明确。

◎ 【软化度】：用来设置图像的柔化程度，数值越高，图像越模糊。

课后项目练习 手机出票 UI 界面设计

本节将介绍如何制作手机出票 UI 界面设计，本例主要利用图形工具绘制 UI 界面，并为其添加【投影】等效果，输入文字内容。

1. 课后项目练习效果展示

效果如图 6-205 所示。

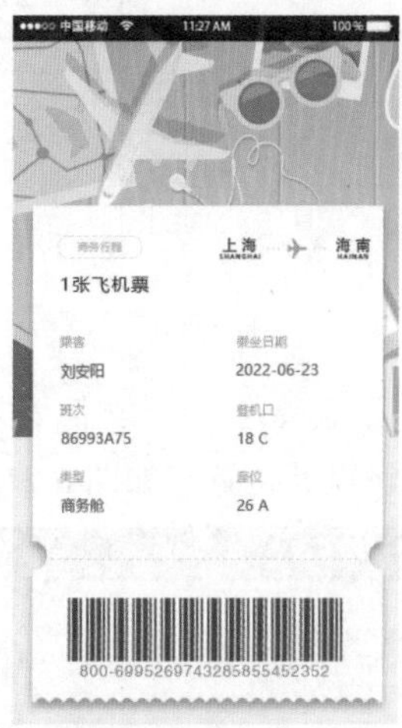

图 6-205

2. 课后项目练习过程概要

01 使用【矩形工具】绘制 UI 界面背景，置入素材图像，并临摹图像，使图像更加清晰、真实。

02 绘制矩形与圆形，并为其添加路径查找效果，使版面更加活泼。

03 为图形添加【投影】效果，输入文字内容，并置入相应的素材文件，使整体效果更加丰富，富有层次感。

素材	素材 \Cha06\ 出票界面素材 01.jpg、出票界面素材 02.ai、出票界面素材 03.ai、电量条 .ai
场景	场景 \Cha06\ 手机出票 UI 界面设计 .ai
视频	视频教学 \Cha06\ 手机出票 UI 界面设计 .mp4

3. 课后项目练习操作步骤

01 按 Ctrl+N 组合键，在弹出的对话框中将单位设置为【像素】，将【宽度】、【高度】分别设置为 750px、1334px，将【颜色模式】设置为【RGB 颜色】，设置完成后，单击【创建】按钮，在工具箱中单击【矩形工具】，在画板中绘制一个矩形，在【属性】面板中将【宽】、【高】分别设置为 750px、1334px，将【填色】设置为 #edf1fa，将【描边】设置为无，在画板中调整其位置，如图 6-206 所示。

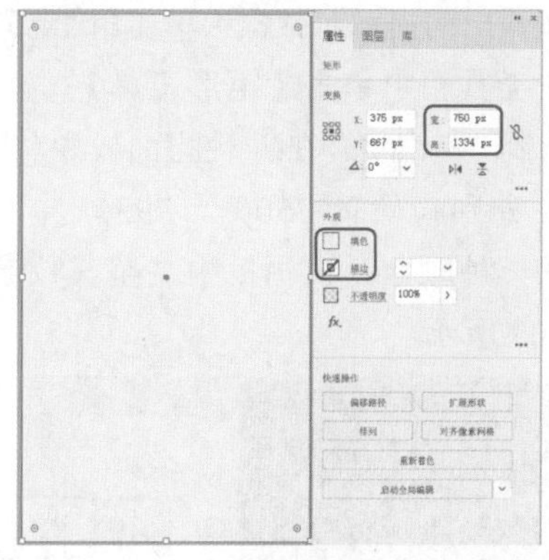

图 6-206

02 将【出票界面素材 01.jpg】素材文件置入文档，将其嵌入，在【属性】面板中将【宽】、【高】分别设置为 1204px、803px，并在画板中调整其位置，如图 6-207 所示。

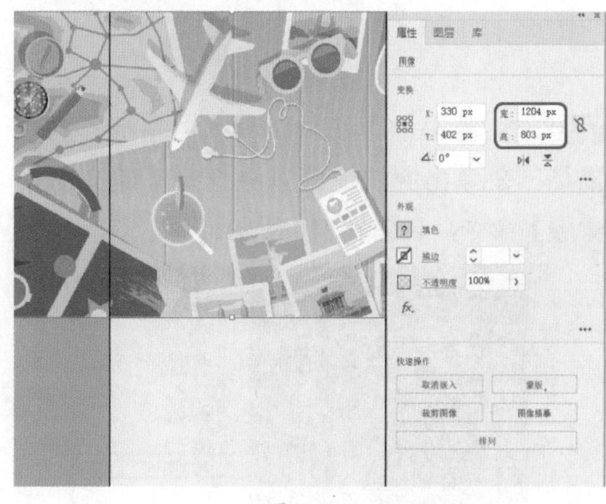

图 6-207

03 选中置入的素材图像，在选项栏中单击【图像临摹】右侧的下三角按钮，在弹出的下拉菜单中选择【高保真度照片】命令，如

图 6-208 所示。

图 6-208

04 在弹出的提示对话框中单击【确定】按钮，然后在工具箱中单击【矩形工具】，在画板中绘制一个矩形，在【属性】面板中将【宽】、【高】分别设置为 750px、793px，为其填充任意一种颜色，在画板中调整其位置，如图 6-209 所示。

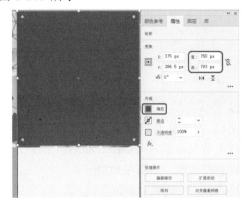

图 6-209

05 选中临摹的图像与新绘制的矩形，右击鼠标，在弹出的快捷菜单中选择【建立剪切蒙版】命令，如图 6-210 所示。

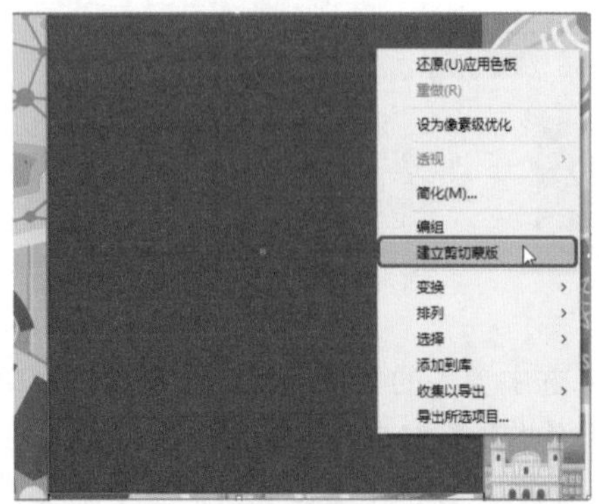

图 6-210

06 使用【矩形工具】在画板中绘制一个矩形，在【属性】面板中将【宽】、【高】分别设置为 750px、50px，将【填色】设置为 #000000，将【不透明度】设置为 80%，如图 6-211 所示。

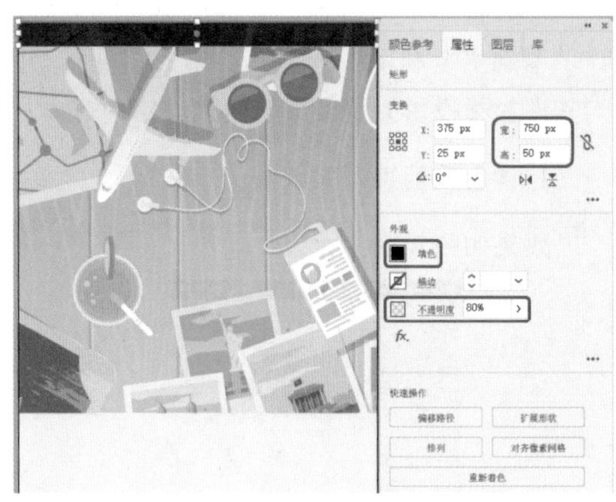

图 6-211

07 将【电量条 .ai】素材文件置入文档，将其嵌入，并调整其位置，如图 6-212 所示。

图 6-212

08 在工具箱中单击【矩形工具】，在画板中绘制一个矩形，在【属性】面板中将【宽】、【高】分别设置为 678px、931px，将【填色】设置为 #fdfdfd，并在画板中调整其位置，如图 6-213 所示。

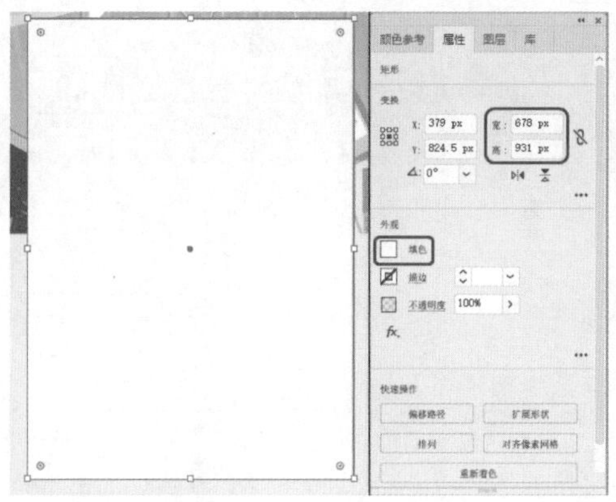
图 6-213

09 在工具箱中单击【椭圆工具】，在画板中按住 Shift 键绘制一个正圆，在【属性】面板中将【宽】、【高】均设置为 55px，将【填色】设置为 #0099ff，并在画板中调整其位置，如图 6-214 所示。

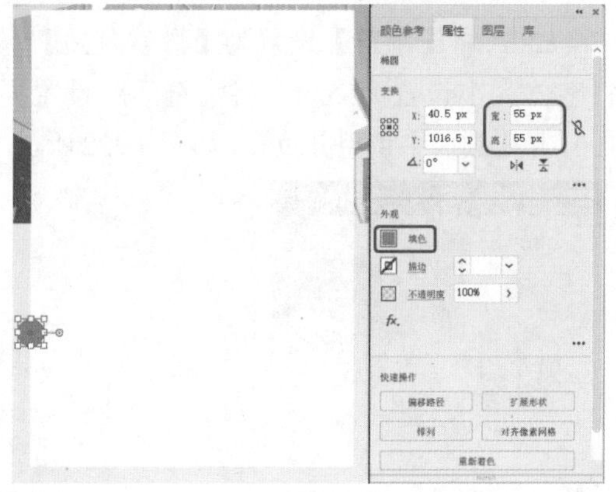
图 6-214

10 在工具箱中单击【选择工具】，选中绘制的圆形，按住 Alt+Shift 键向右进行水平复制，如图 6-215 所示。

图 6-215

11 在画板中选择两个蓝色圆形与白色矩形，在【路径查找器】面板中单击【减去顶层】按钮，减去后的效果如图 6-216 所示。

图 6-216

12 使用【椭圆工具】在画板中绘制多个【宽】、【高】为 23.5px 的正圆，并为其填充任意一种颜色，如图 6-217 所示。

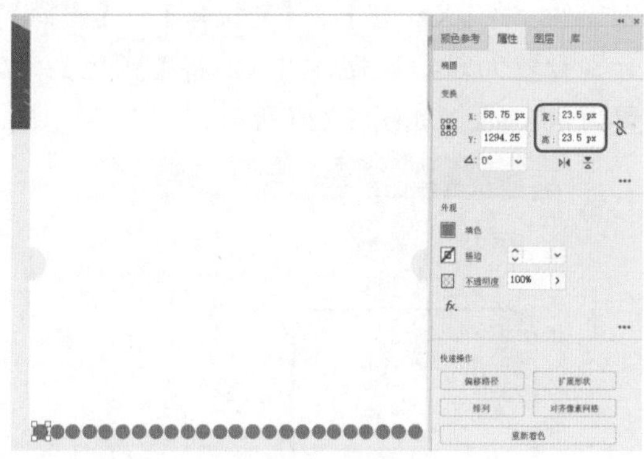
图 6-217

13 在画板中选择绘制的所有圆形与白色矩形，在【路径查找器】面板中单击【减去顶层】按钮，减去后的效果如图 6-218 所示。

图 6-218

14 选中白色矩形，在【外观】面板中单击添加新效果按钮 fx.，在弹出的下拉菜单中选择【风格化】|【投影】命令，如图 6-219 所示。

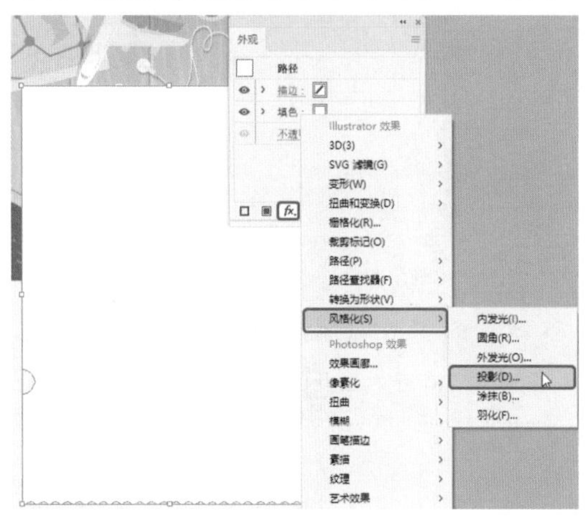

图 6-219

15 在弹出的【投影】对话框中将【模式】设置为【正片叠底】，将【不透明度】设置为 75%，将【X 位移】、【Y 位移】、【模糊】分别设置为 0px、11px、8px，将【颜色】设置为 #0b7aec，如图 6-220 所示。

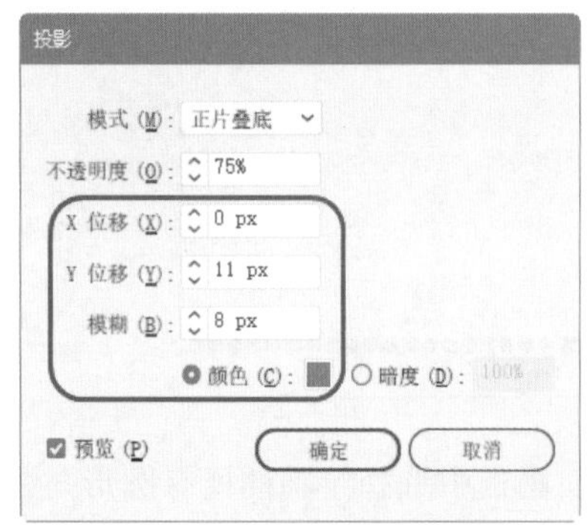

图 6-220

16 设置完成后，单击【确定】按钮，在工具箱中单击【圆角矩形工具】，在画板中绘制圆角矩形，在【变换】面板中将【宽】、【高】分别设置为 164px、43px，将所有的圆角半径均设置为 21.5px，在【颜色】面板中将【填色】设置为无，将描边设置为 #7ed321，在【描边】面板中将【粗细】设置为 0.7pt，并在画板中调整其位置，如图 6-221 所示。

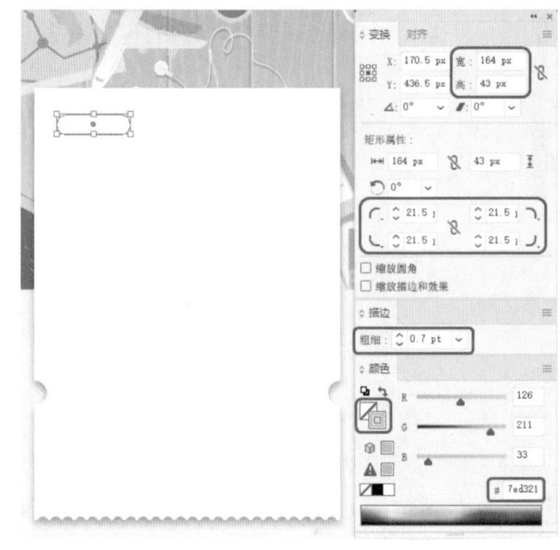

图 6-221

17 在工具箱中单击【文字工具】T，在画板中单击鼠标，输入文字，选中输入的文字，在【属性】面板中将【填色】设置为 #76be26，将【字符】设置为【微软雅黑】，将字体大小设置为 20pt，将字符间距设置为 100，并在画板中调整其位置，如图 6-222 所示。

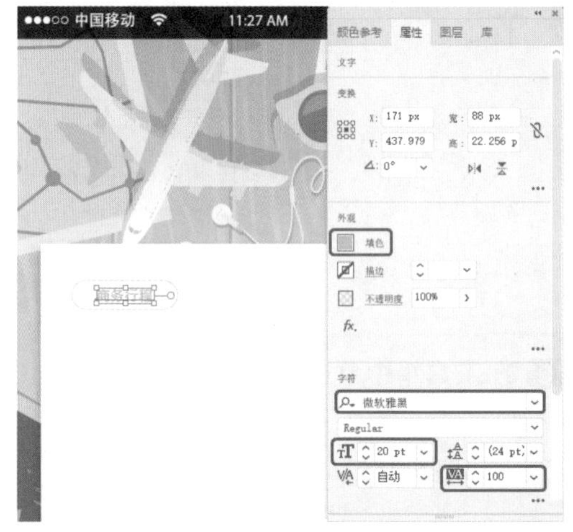

图 6-222

18 使用【文字工具】在画板中单击鼠标，输入文字，选中输入的文字，在【属性】面板中将【填色】设置为 #161646，将【字符】设置为【微软雅黑】，将字体大小设置为 34pt，将字符间距设置为 130，并在画板中调整其位置，如图 6-223 所示。

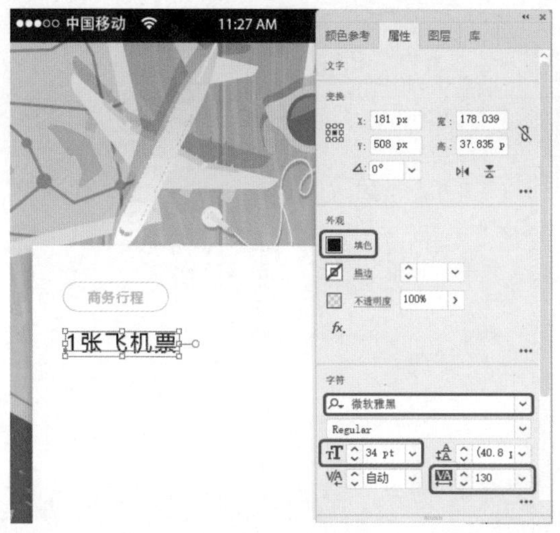

图 6-223

19 根据前面所介绍的方法在画板中输入其他文字内容，并进行相应的设置，如图 6-224 所示。

图 6-224

20 在工具箱中单击【直线段工具】，在画板中按住 Shift 键绘制一条水平直线，在【变换】面板中将【宽】设置为 604px，在画板中调整其位置，在【描边】面板中将【粗细】设置为 1pt，勾选【虚线】复选框，将【虚线】设置为 7pt，在【颜色】面板中将填色设置为无，将描边设置为 #979797，如图 6-225 所示。

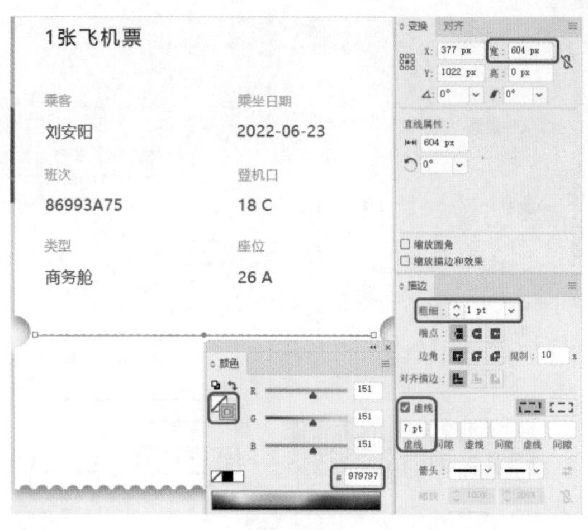

图 6-225

21 将【出票界面素材 02.ai】、【出票界面素材 03.ai】素材文件置入文档，将其嵌入，并调整其位置，如图 6-226 所示。

图 6-226

22 在工具箱中单击【文字工具】T，在画板中单击鼠标，输入文字，选中输入的文字，在【属性】面板中将【填色】设置为 #848484，将【字符】设置为【创艺简黑体】，将字体大小设置为 30pt，将字符间距设置为 75，并在画板中调整其位置，如图 6-227 所示。

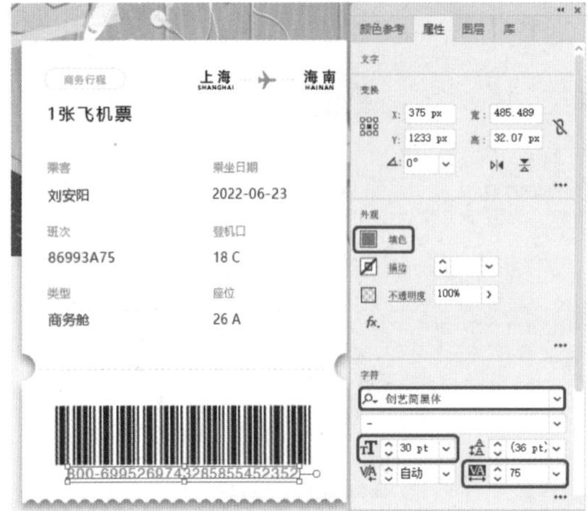
商务行程
上海
SHANGHAI
海南
HAINAN
1张飞机票
乘客
刘安阳
乘坐日期
2022-06-23
班次
86993A75
登机口
18 C
类型
商务舱
座位
26 A
颜色参考
属性
图层
库
文字
变换
X: 375 px
宽: 485.489
Y: 1233 px
高: 32.07 px
外观
填色
描边
不透明度
100%
字符
创艺简黑体
30 pt
(36 pt)
自动
75

图 6-227

第 7 章

企业月度收支报表设计——符号与图表

本章导读：

图表作为一种比较形象、直观的表达形式，不仅可以表示各种数据的数量多少，还可以表示数量增减变化的情况以及部分数量同总数之间的关系等信息。通过图表，用户易于理解枯燥的数据，更容易发现隐藏在数据背后的趋势和规律；通过使用符号工具和图表工具，可以绘制各种符号和创建多种图表，能够明显地提高工作效率。本章将介绍符号、图表工具以及修改图表数据及类型等内容。

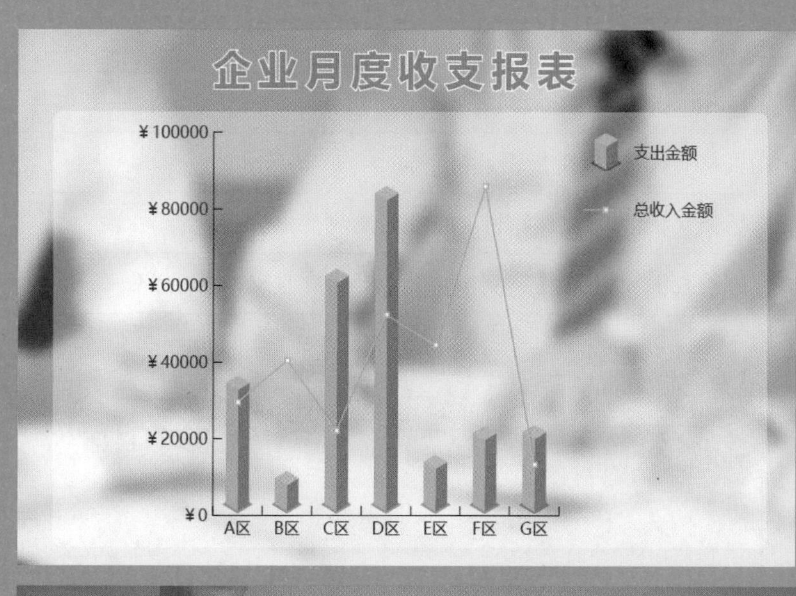

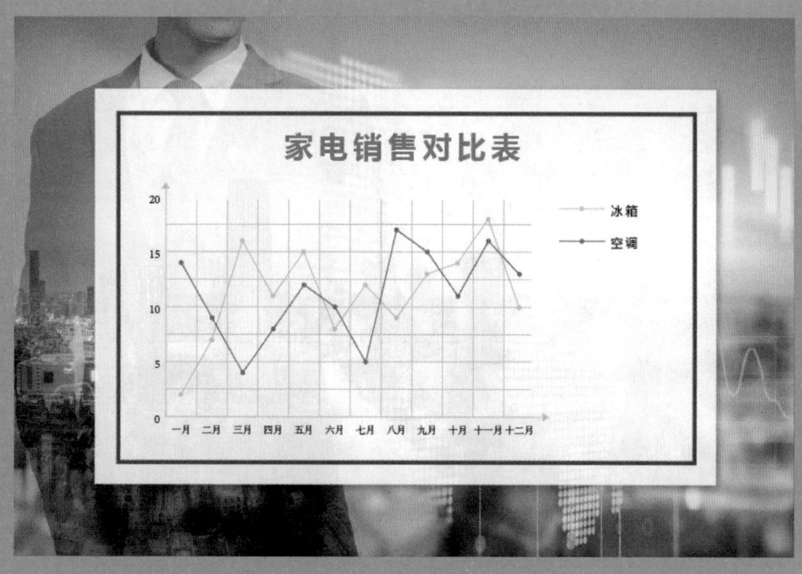

【案例精讲】企业月度收支报表

为了更好地完成本设计案例，现对制作要求及设计内容做如下规划，效果如图 7-1 所示。

作品名称	企业月度收支报表
作品尺寸	342mm×228mm
设计创意	（1）打开素材文件，利用【柱形图工具】在画板中绘制柱形图，并输入数据。 （2）对数值轴进行设置，并将部分柱形图类型更改为折线图。 （3）导入素材文件，将其添加至图表设计中，并为柱形图应用图表设计效果。 （4）对折线图的数据点与数据线进行美化
主要元素	（1）收支报表背景。 （2）柱形图
应用软件	Illustrator CC
素材	素材 \Cha07\ 收支报表素材 01.ai
场景	场景 \Cha07\【案例精讲】企业月度收支报表 .ai
视频	视频教学 \Cha07\【案例精讲】企业月度收支报表 .mp4
企业月度收支报表效果欣赏	图 7-1

01 按 Ctrl+O 组合键，打开【素材 \Cha07\ 收支报表素材 01.ai】素材文件，如图 7-2 所示。

企业月度收支报表

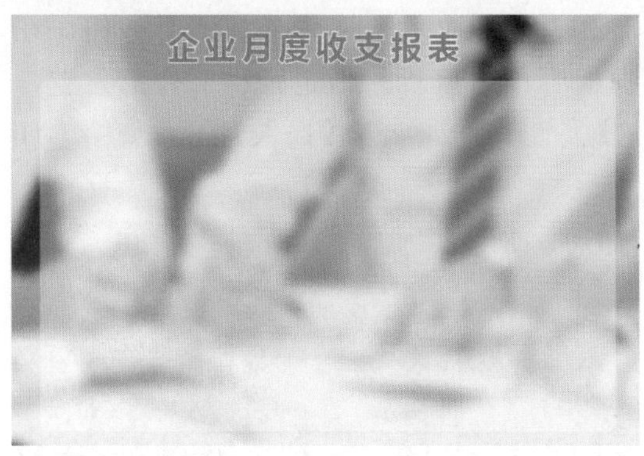

图 7-2

02 在工具箱中单击【柱形图工具】，在画板中按住鼠标进行绘制，释放鼠标后，在弹出的对话框中输入内容，如图 7-3 所示。

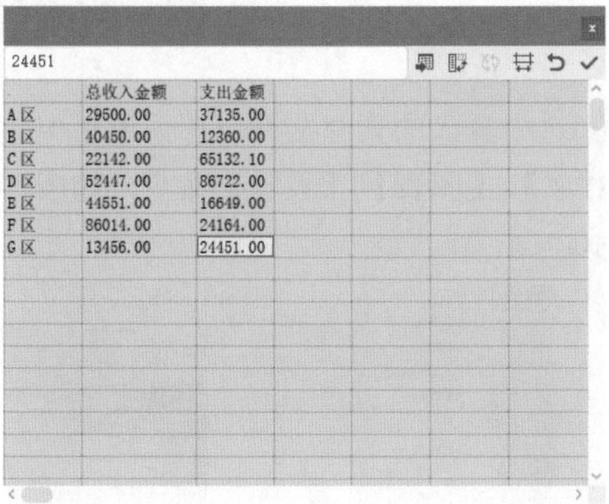

24451
总收入金额 支出金额
A 区 29500.00 37135.00
B 区 40450.00 12360.00
C 区 22142.00 65132.10
D 区 52447.00 86722.00
E 区 44551.00 16649.00
F 区 86014.00 24164.00
G 区 13456.00 24451.00

图 7-3

提示：在初次安装 Illustrator CC 后，会发现工具箱中的工具按钮较少，我们可以通过切换工具箱的模式来显示更多工具。在菜单栏中选择【窗口】|【工具箱】|【高级】命令，可以发现工具箱中的工具显示得更加全面，除此之外，还可以根据需求新建工具箱。

03 输入完成后，单击【应用】按钮，将该对话框关闭，在画板中选择创建的图表，右击鼠标，在弹出的快捷菜单中选择【类型】命令，如图 7-4 所示。

企业月度收支报表
100000
80000
60000
40000
20000
0
A区 B区 C区 D区 E区 F区 G区
支出金额
总收入金额

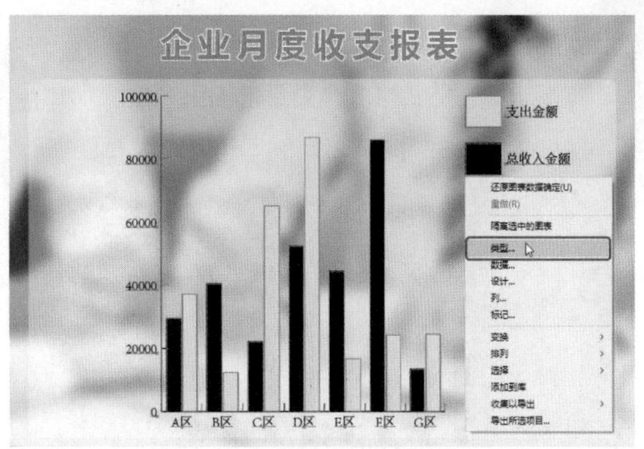

图 7-4

04 在弹出的对话框中取消勾选【在顶部添加图例】复选框，如图 7-5 所示。

图表类型
图表选项
类型
数值轴 (X)：位于左侧
样式
添加投影 (D)
在顶部添加图例 (L)
第一行在前 (B)
第一列在前 (C)
选项
列宽 (I)：90%
簇宽度 (U)：80%
确定
取消

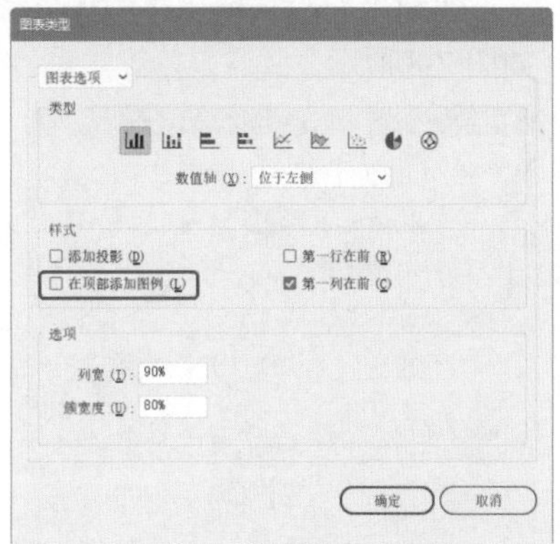

图 7-5

05 在该对话框中选择【数值轴】，将【绘制】设置为 0，在【前缀】文本框中输入“￥”，如图 7-6 所示。

图表类型
数值轴
刻度值
忽略计算出的值 (V)
刻度线
长度 (H)：短
绘制 (A) 0 个刻度线 / 刻度
添加标签
前缀 (P)：￥
后缀 (F)：
确定
取消

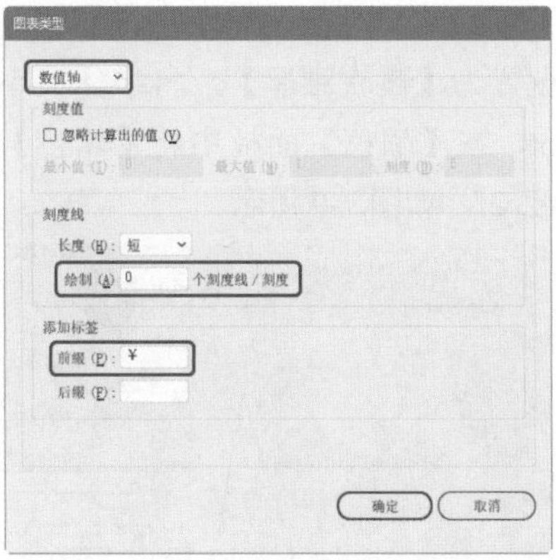

图 7-6

06 设置完成后，单击【确定】按钮，在工具箱中单击【编组选择工具】，在画板中单击 3 次黑色的颜色条，选中黑色颜色条，如图 7-7 所示。

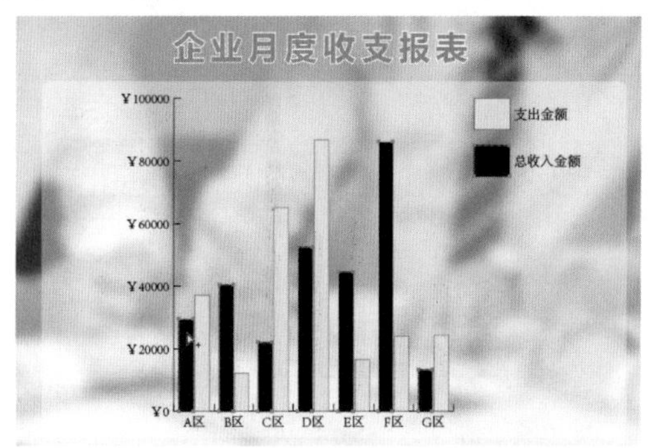

图 7-7

07 在菜单栏中选择【对象】|【图表】|【类型】命令，在弹出的对话框中单击【折线图】按钮，如图 7-8 所示。

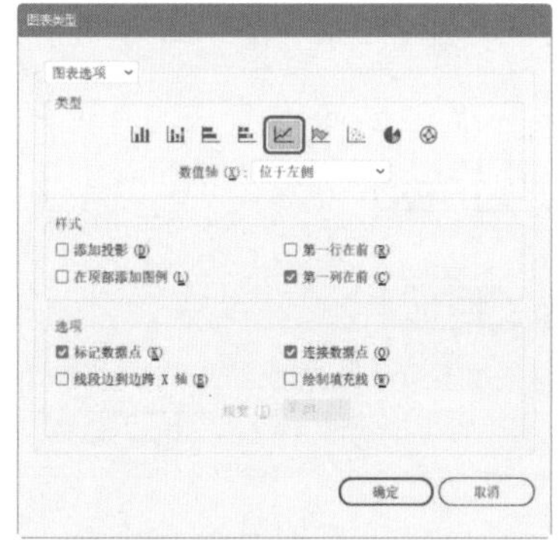

图 7-8

08 设置完成后，单击【确定】按钮，在工具箱中单击【直接选择工具】，在画板中选择所有的文字对象，在【字符】面板中将字体设置为【微软雅黑】，将字体大小设置为 20pt，在【颜色】面板中将【填色】设置为 #402c2f，如图 7-9 所示。

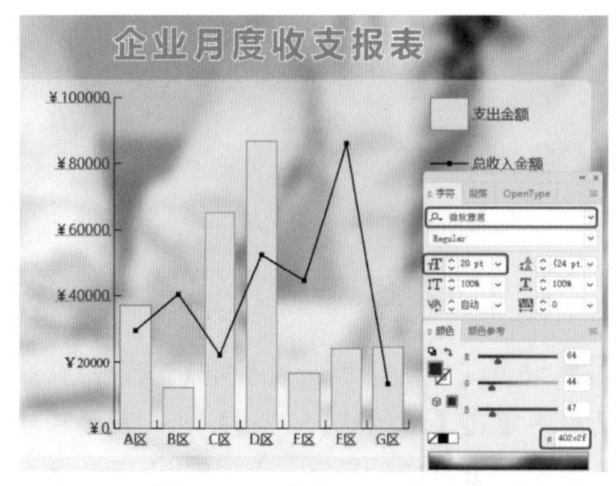

图 7-9

09 按 Shift+Ctrl+P 组合键，在弹出的对话框中选择【素材 \Cha07\ 收支报表素材 02.ai】素材文件，单击【置入】按钮，在画板中单击鼠标，指定素材文件的位置，在【属性】面板中单击【嵌入】按钮，如图 7-10 所示。

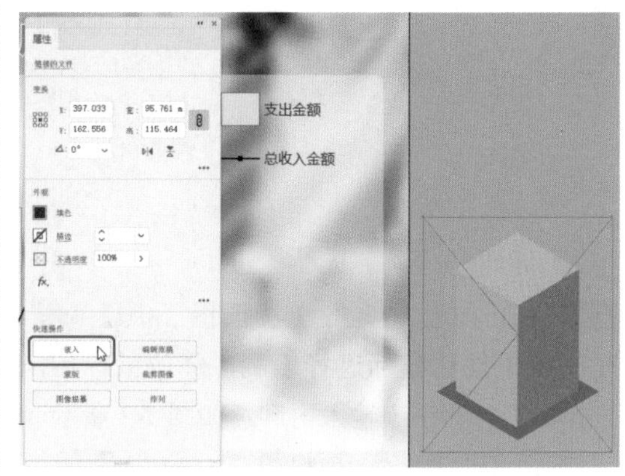

图 7-10

10 选中置入的素材文件，在菜单栏中选择【对象】|【图表】|【设计】命令，如图 7-11 所示。

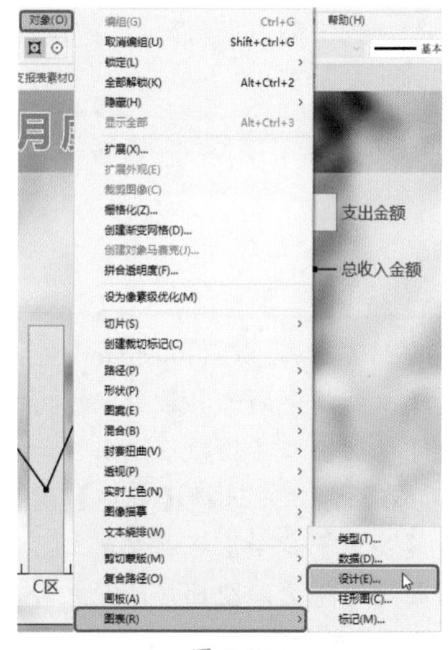

图 7-11

11 在弹出的对话框中单击【新建设计】按钮，然后单击【重命名】按钮，将其重新命名为【柱形图】，单击【确定】按钮，如图 7-12 所示。

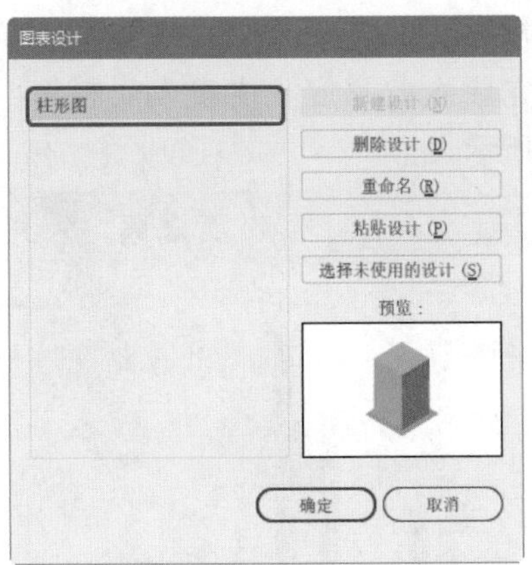

图 7-12

12 再次单击【确定】按钮，在工具箱中单击【直接选择工具】▷，在画板中选择如图 7-13 所示的对象。

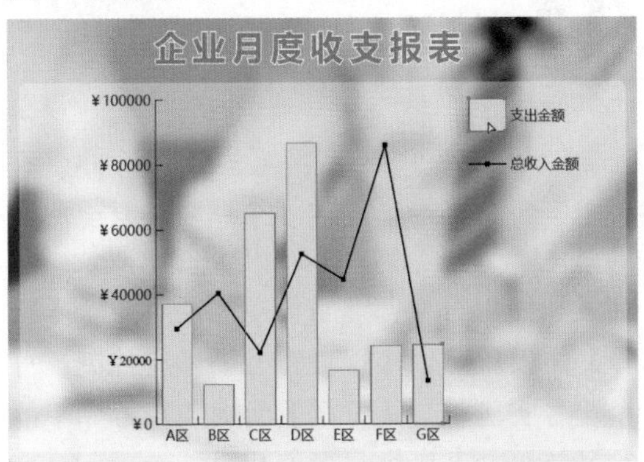

图 7-13

13 在菜单栏中选择【对象】|【图表】|【柱形图】命令，如图 7-14 所示。

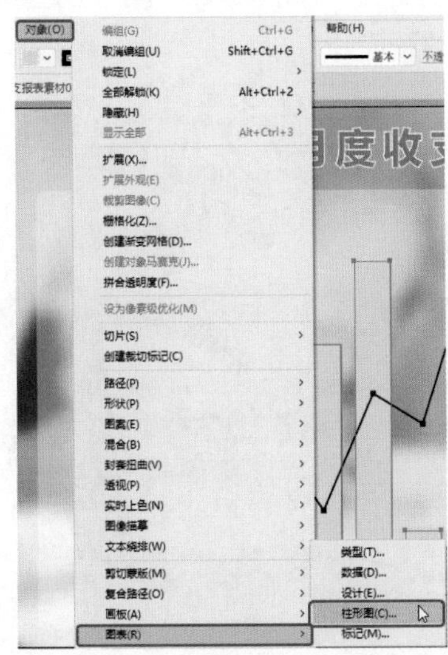

图 7-14

14 在弹出的对话框中选择【柱形图】，将【列类型】设置为【局部缩放】，如图 7-15 所示。

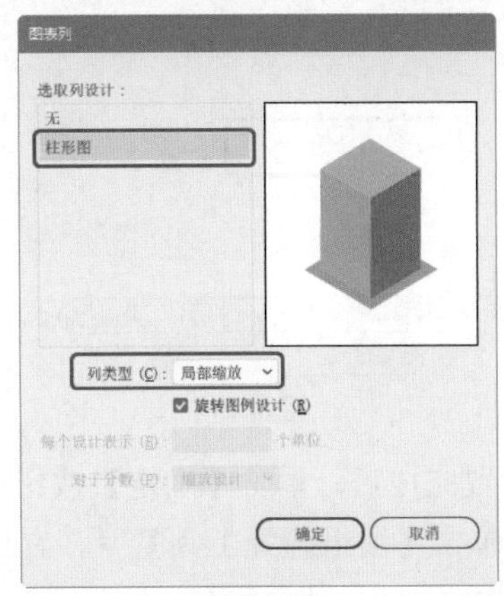

图 7-15

15 设置完成后，单击【确定】按钮，即可设置选中的对象，效果如图 7-16 所示。

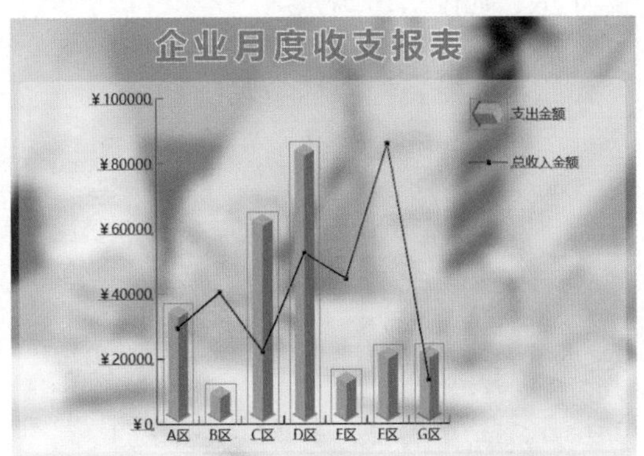

图 7-16

16 使用【编组选择工具】▷⁺，在画板中对【支出金额】左侧的图例双击，选中该对象，右击鼠标，在弹出的快捷菜单中选择【变换】|【旋转】命令，如图 7-17 所示。

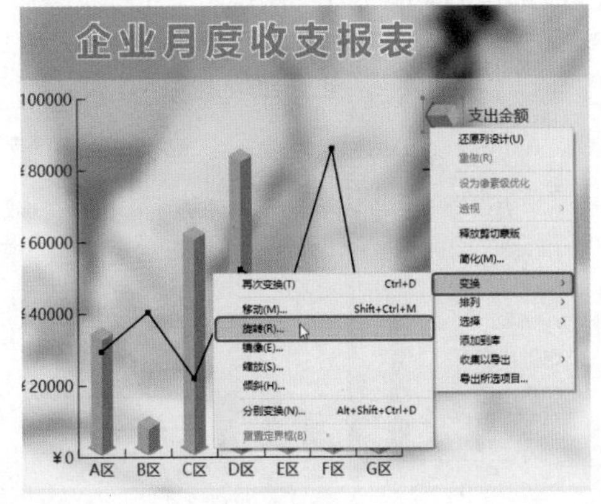

图 7-17

17 在弹出的对话框中将【角度】设置为90°，如图 7-18 所示。

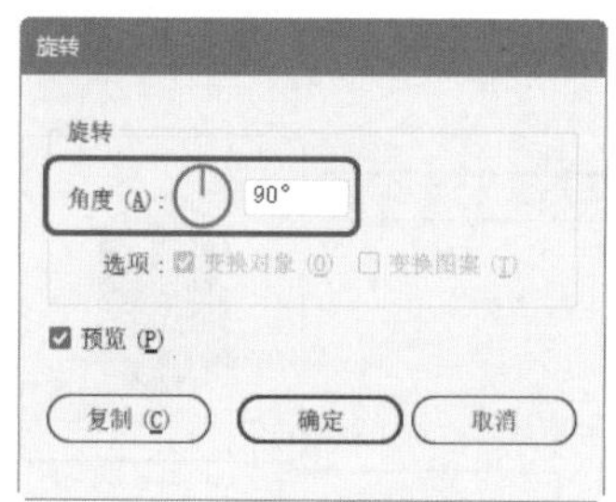

图 7-18

18 设置完成后，单击【确定】按钮，在工具箱中单击【编组选择工具】，在画板中单击 3 次数据点，选中所有的数据点，在【颜色】面板中将填色设置为 #ffffff，将描边设置为 #fbb03b，在【描边】面板中将【粗细】设置为 2pt，如图 7-19 所示。

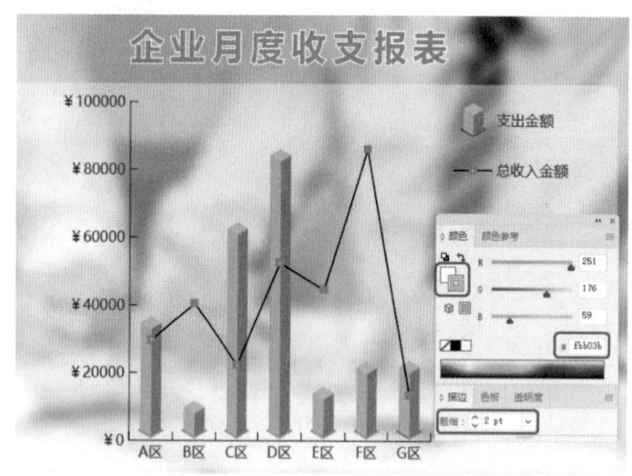

图 7-19

19 使用【直接选择工具】在画板中选择黑色线段对象，在【颜色】面板中将描边设置为 #fbb03b，在【描边】面板中将【粗细】设置为 2pt，如图 7-20 所示。

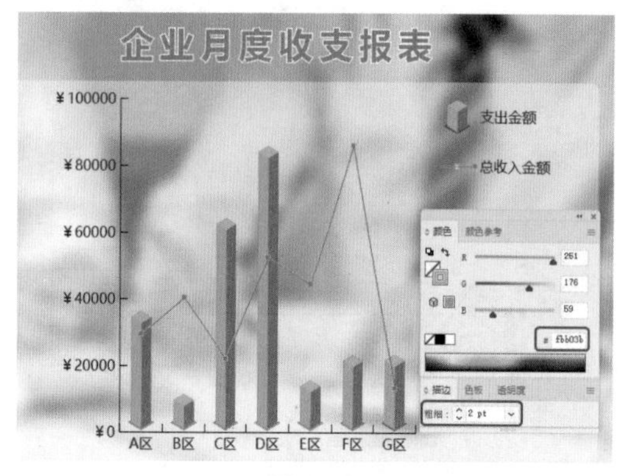

图 7-20

20 执行该操作后，在空白位置单击鼠标，即可完成企业月度收支报表的制作，如图 7-21 所示。

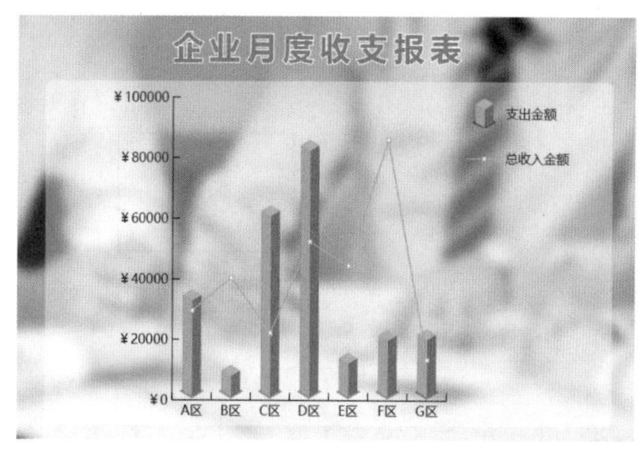

图 7-21

7.1 符号

在 Illustrator CC 中创建的任何作品，无论是绘制的元素，还是文本、图像等，都可以保存成一个符号，在文档中进行重复使用。定义和使用符号都非常简单，通过一个【符号】面板就可以实现对符号的所有控制。每个符号实例都与【符号】面板或符号库中的符号链接，不仅容易对变化进行管理，又可以显著减少文件大小。重新定义一个符号时，所有用到这个符号的案例都可以自动更新成新定义的符号。如图 7-22 所示为使用符号工具创建的画面。

图 7-22

如果用户需要在 Illustrator CC 中创建符号，可通过【符号】面板来创建。在菜单栏中选择【窗口】|【符号】命令，如图 7-23 所示，或按 Shift+Ctrl+F11 组合键，即可打开【符号】面板，如图 7-24 所示。

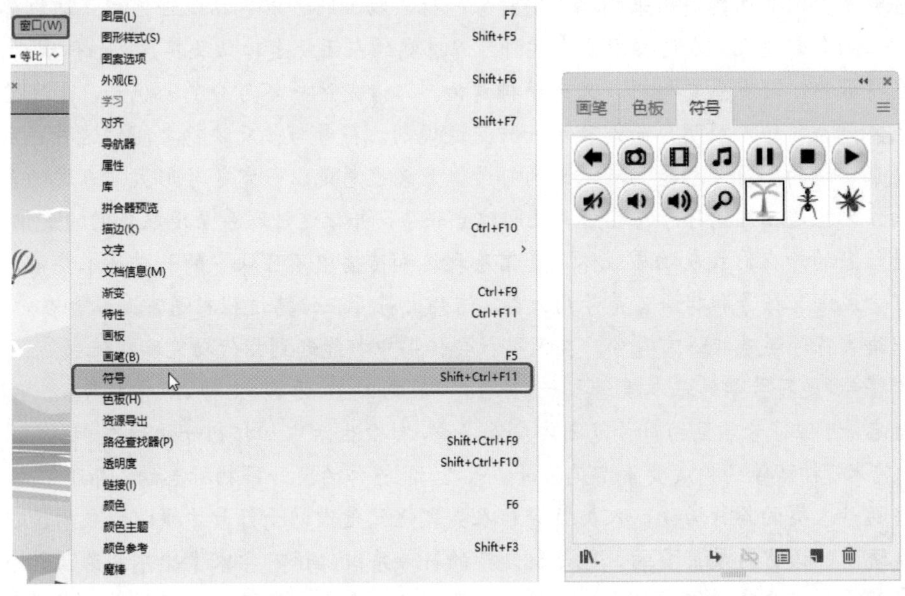

图 7-23　　　　图 7-24

■ 7.1.1　改变显示方式

在【符号】面板中单击其右上角的≡按钮，在弹出的下拉菜单中可以选择视图的显示方式，包括【缩览图视图】、【小列表视图】、【大列表视图】3 种显示方式，其中【缩览图视图】是指只显示缩览图，【小列表视图】是指显示带有小缩览图及名称的列表，【大列表视图】是指显示带有大缩览图及名称的列表，更改显示方式后的效果如图 7-25 所示。

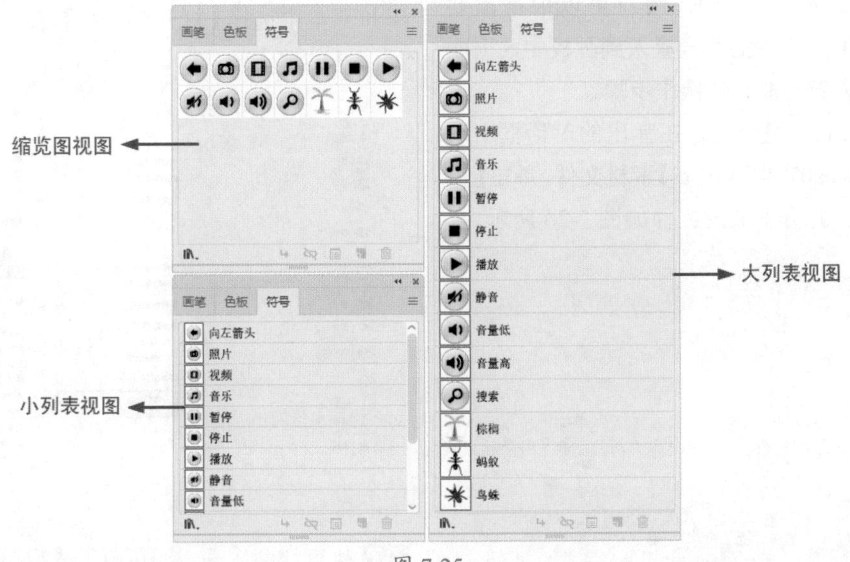

图 7-25

知识链接：符号的定义

符号是人们共同约定用来指称一定对象的标志物，它可以包括以任何形式通过感觉来显示意义的全部现象。在这些现象中某种可以感觉的东西就是对象及其意义的体现者。

在符号中，既有感觉材料，又有精神意义，二者是统一不可分的。例如，十字路口红绿灯已不是为了给人照明，而是表示一种交通规则。符号与被反映物之间的这种联系是通过意义来实现的。符号总是具有意义的符号，意义也总是以一定符号形式来表现的。符号的建构作用就是在知觉符号与其意义之间建立联系，并把这种联系呈现在我们的意识之中。符号是信息的外在形式或物质载体，是信息表达和传播中不可缺少的一种基本要素。符号通常可分成语言符号和非语言符号两大类，这两大符号在传播过程中通常是结合在一起的。无论是语言符号还是非语言符号，在人类社会传播中都能起到指代功能和交流功能。

“符号”是符号学的基本概念之一。符号，一般指文字、语言、电码、数学符号、化学符号、交通标志等。但符号学里的符号范围要广泛得多，社会生活中如打招呼的动作、仪式、游戏、文学、艺术、神话等的构成要素都是符号。总之，能够作为某一事物标志的，都可称为符号。符号伴随着人类的各种活动，人类社会和人类文化就是借助于符号才得以形成的。在各种符号系统中，语言是最重要的，也是最复杂的符号系统。语言学家索绪尔认为，一个符号包括了两个不可分割的组成部分：能指（即语言的一套表述语音或一套印刷、书写记号）和所指（即作为符号含义的概念或观念）。而语词符号是“任意性”的，除了拟声法构词之外，语词的能指和它的所指之间没有固定的天然联系。符号论美学家卡西尔认为，“艺术可以被定义为一种符号语言”，是我们的思想、感情的形式符号语言。每一个艺术形象，都可以说是一个有特定涵义的符号或符号体系。

7.1.2 置入符号

在 Illustrator CC 中，用户可以根据需要将【符号】面板中的符号置入到画板中，下面将介绍置入符号的具体操作步骤。

01 按 Ctrl+O 组合键，在弹出的对话框中选择【素材\Cha07\素材 01.ai】素材文件，单击【打开】按钮，打开的素材文件如图 7-26 所示。

图 7-26

02 按 Shift+Ctrl+F11 组合键打开【符号】面板，单击该面板右上角的≡按钮，在弹出的下拉菜单中选择【打开符号库】|【提基】命令，如图 7-27 所示。

图 7-27

03 执行该命令后，即可打开【提基】面板，选中该面板中的所有对象，在【提基】面板中单击其右上角的≡按钮，在弹出的下拉菜单中选择【添加到符号】命令，如图 7-28 所示。

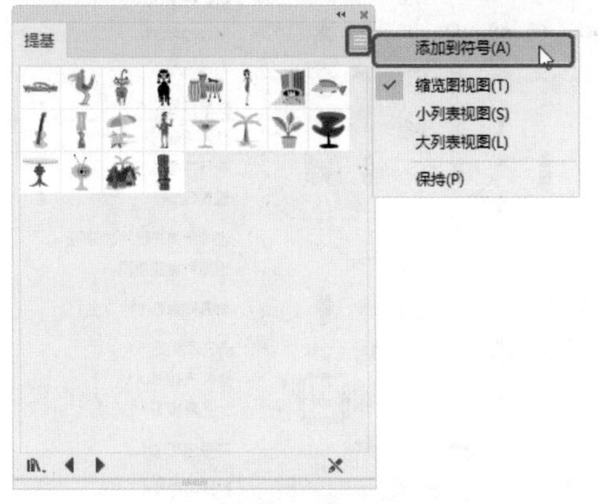

图 7-28

04 执行该操作后，即可将【提基】面板中的符号全部添加至【符号】面板中，效果如图 7-29 所示。

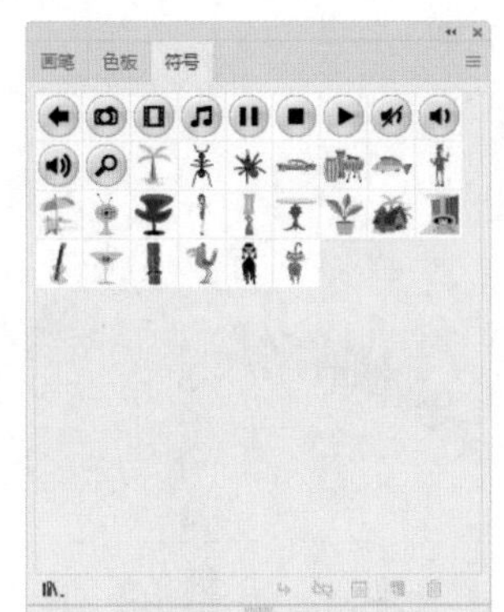

图 7-29

05 在【符号】面板中选择【棕榈】符号对象，单击【置入符号实例】按钮，使用【选择工具】在画板中选择符号对象，在画板中调整符号的大小与位置，效果如图 7-30 所示。

图 7-30

06 在【符号】面板中单击右上角的≡按钮，在弹出的下拉菜单中选择【打开符号库】|【自然】命令，如图 7-31 所示。

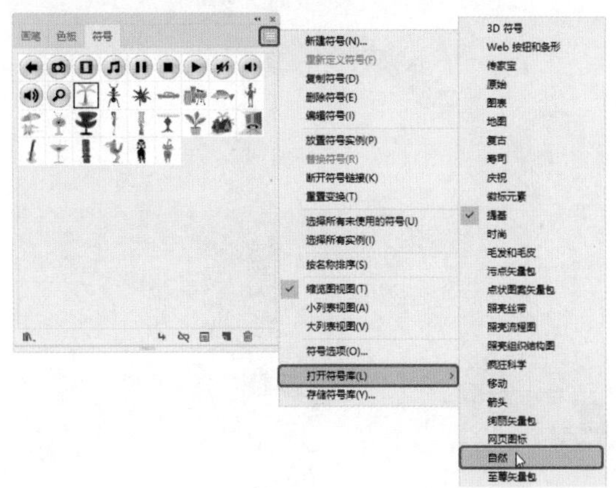

图 7-31

07 根据前面所介绍的方法将【自然】面板中的符号全部添加至【符号】面板中，如图 7-32 所示。

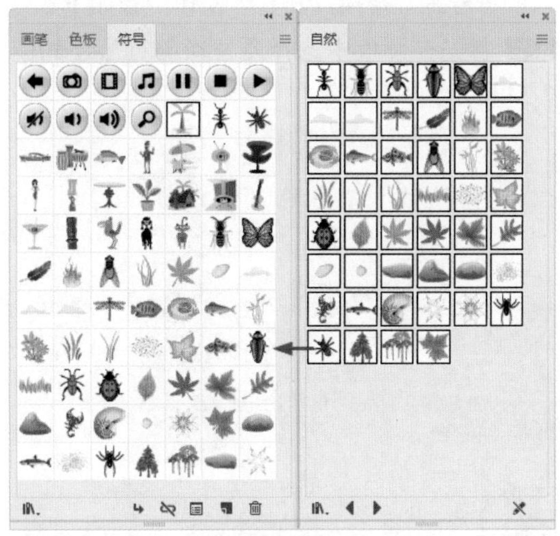

图 7-32

08 在【符号】面板中选择【鸟蛛】符号对象，单击【置入符号实例】按钮，使用【选择工具】在画板中选择符号对象，在画板中调整符号的大小、位置与角度，效果如图 7-33 所示。

图 7-33

■ 7.1.3 替换符号

在 Illustrator CC 中，可以根据需要将置入的符号进行替换，其具体操作步骤如下。

01 首先在画板中选择要替换的符号，如图 7-34 所示。

图 7-34

02 在【符号】面板中选择要替换的符号，单击【符号】面板右上角的≡按钮，在弹出的下拉菜单中选择【替换符号】命令，如图 7-35 所示。

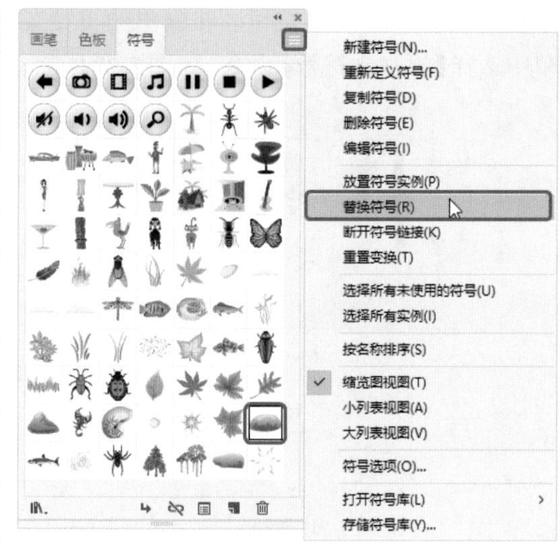

图 7-35

03 执行该操作后，即可将选中的符号进行替换，在画板中对替换的符号进行调整，效果如图 7-36 所示。

图 7-36

■ 7.1.4 修改符号

在 Illustrator CC 中，用户可以对置入画板中的符号进行修改，如缩放比例、旋转等，还可以重新定义该符号。下面将如何修改符号的具体操作步骤。

01 在画板中选择要修改的符号，如图 7-37 所示。

图 7-37

02 在【符号】面板单击【断开符号链接】按钮，断开页面上的符号与【符号】面板中对应符号的链接，如图 7-38 所示。

图 7-38

03 继续在画板中选择断开链接的符号对象，右击鼠标，在弹出的快捷菜单中选择【取消编组】命令，如图 7-39 所示。

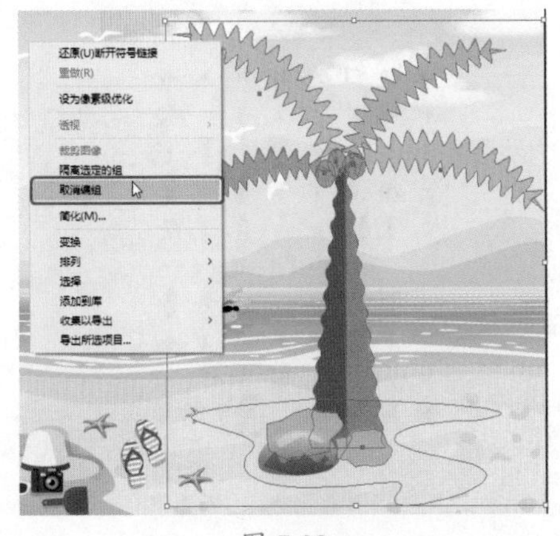

图 7-39

04 在画板中选择要修改的对象，在【颜色】面板中将【填色】设置为#f2e4a1，在【透明度】面板中将【不透明度】设置为 40%，效果如图 7-40 所示。

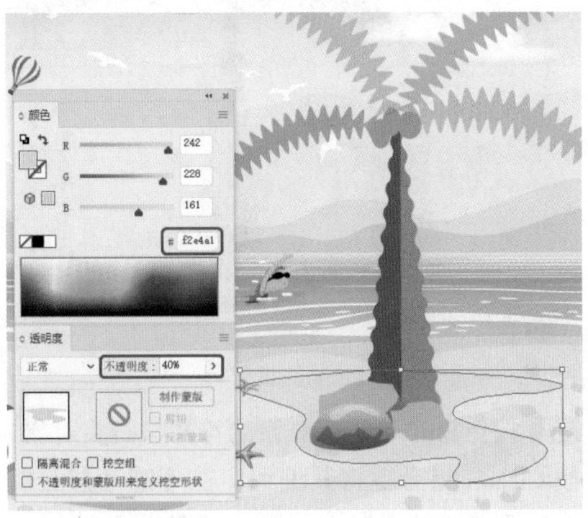

图 7-40

05 在画板中选择如图 7-41 所示的两个对象。

图 7-41

06 按 Delete 键将选中的对象删除，在画板中调整石头的位置，并对其进行复制，调整复制后的对象的大小与位置，效果如图 7-42 所示。

图 7-42

07 按住Shift键选择剩余的符号与石头对象，按 Ctrl+G 组合键将其编组，在【符号】面板中选中【棕榈】符号，单击【符号】面板右上角的≡按钮，在弹出的下拉菜单中选择【重新定义符号】命令，如图 7-43 所示。

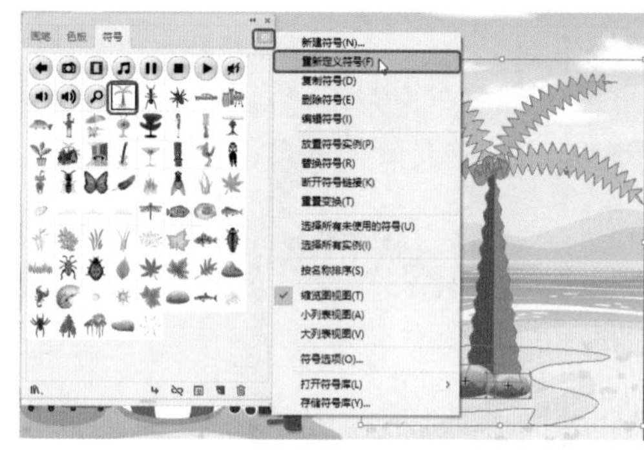

图 7-43

08 执行该操作后，即可完成对符号的修改，其效果如图 7-44 所示。

图 7-44

提示：按住 Alt 键将修改的符号拖曳到【符号】面板中旧符号的顶部，也可将该符号在【符号】面板重新定义并在当前文件中更新。

7.1.5 复制符号

在 Illustrator CC 中，用户可以对【符号】面板中的符号进行复制，下面将介绍对符号进行复制的具体操作步骤。

01 在【符号】面板中选择要进行复制的符号，单击【符号】面板右上角的≡按钮，在弹出的下拉菜单中选择【复制符号】命令，如图 7-45 所示。

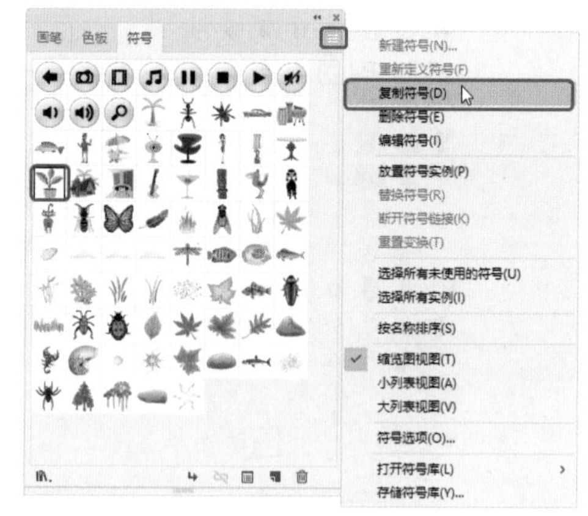

图 7-45

02 执行该操作后，即可复制选中的符号，如图 7-46 所示。

图 7-46

7.1.6 新建符号

在 Illustrator CC 中，用户可以根据需要创建一个新的符号，其具体操作步骤如下。

01 按 Ctrl+O 组合键，在弹出的对话框中选择【素材\Cha07\素材 02.ai】素材文件，单击【打开】按钮，效果如图 7-47 所示。

图 7-47

02 在工具箱中单击【选择工具】，在画板中选择如图 7-48 所示的对象。

图 7-48

03 打开【符号】面板，单击【符号】面板右上角的≡按钮，在弹出的下拉菜单中选择【新建符号】命令，如图 7-49 所示。

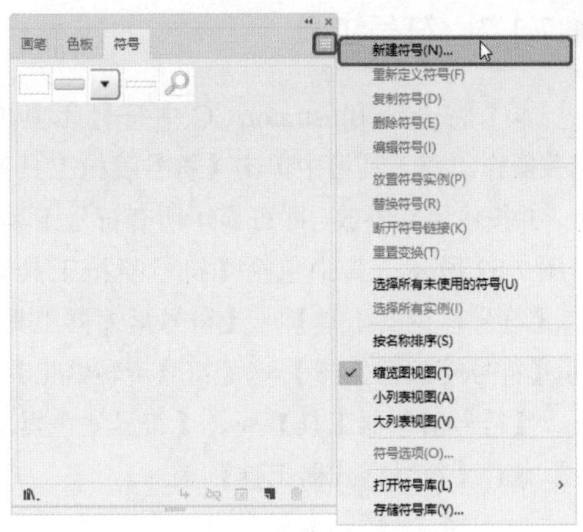

图 7-49

04 在弹出的对话框中将【名称】设置为【小雏菊】，将【符号类型】设置为【动态符号】，如图 7-50 所示。

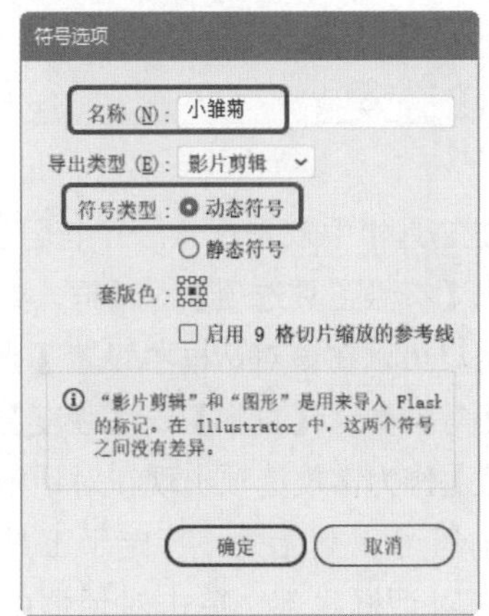

图 7-50

05 设置完成后，单击【确定】按钮，即可新建符号，效果如图 7-51 所示。

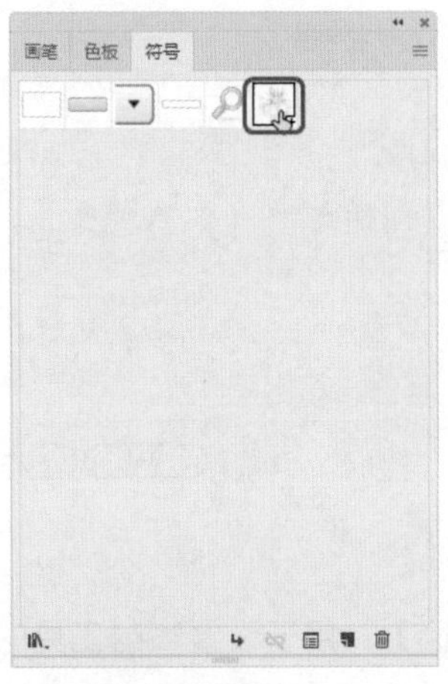

图 7-51

7.1.7 符号工具

本节将介绍 Illustrator CC 中符号工具的相关操作。在工具箱中单击【符号喷枪工具】，并按住鼠标不放，即可显示所有符号工具，如图 7-52 所示。其中包括【符号喷枪工具】、【符号移位器工具】、【符号紧缩器工具】、【符号缩放器工具】、【符号旋转器工具】、【符号着色器工具】、【符号滤色器工具】、【符号样式器工具】。

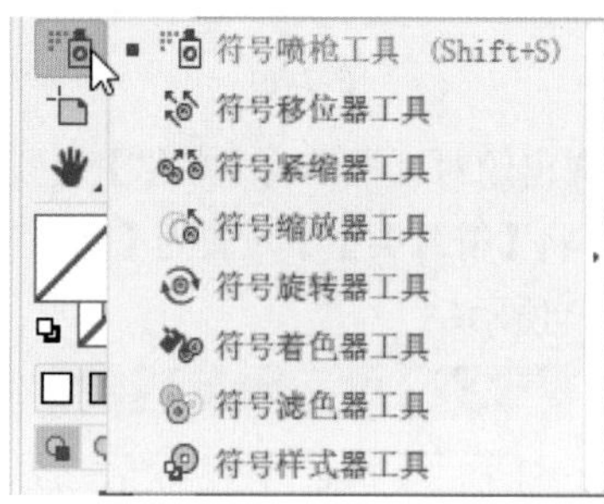

图 7-52

当在工具箱中双击任意一个符号工具时，都会弹出【符号工具选项】对话框，如图 7-53 所示。用户可以在该对话框中设置【直径】、【强度】等参数，【直径】、【强度】和【符号组密度】作为常规选项出现在对话框顶部，与所选的符号工具无关。特定于工具的选项则出现在对话框底部。单击对话框中的工具图标，可以切换到另外一个工具的选项。该对话框中各个选项的功能如下。

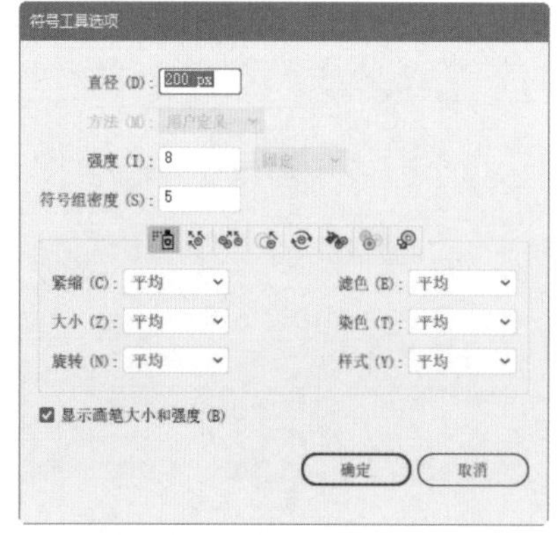

图 7-53

◎ 【直径】：用于设置喷射工具的直径。

◎ 【方法】：指定【符号紧缩器】、【符号缩放器】、【符号旋转器】、【符号着色器】、【符号滤色器】和【符号样式器】工具调整符号实例的方式，包括【平均】、【用户定义】和【随机】3 种。选择【用户定义】后，将根据光标位置逐步调整符号。选择【随机】后，将在光标下的区域随机修改符号。选择【平均】后，将逐步平滑符号值。

◎ 【强度】：用来调整喷射工具的喷射量，数值越大，单位时间内喷射的符号数量就越大。

◎ 【符号组密度】：是指页面上的符号堆积密度，数值越大，符号的堆积密度也就越大。

◎ 【符号喷枪选项】：仅选择【符号喷枪工具】时，符号喷枪选项(【紧缩】、【大小】、【旋转】、【滤色】、【染色】和【样式】)才会显示在【符号工具选项】对话框中的常规选项下，并控制新符号实例添加到符号集的方式。每个选项提供【平均】和【用户定义】两个选择。

◎ 【显示画笔大小和强度】：选中【显示画笔大小和强度】复选框，使用工具时可显示大小。

1. 符号喷枪工具

下面将如何使用【符号喷枪工具】的具体操作步骤。

01 继续上面的操作，在【符号】面板中选中新建的【小雏菊】符号，如图 7-54 所示。

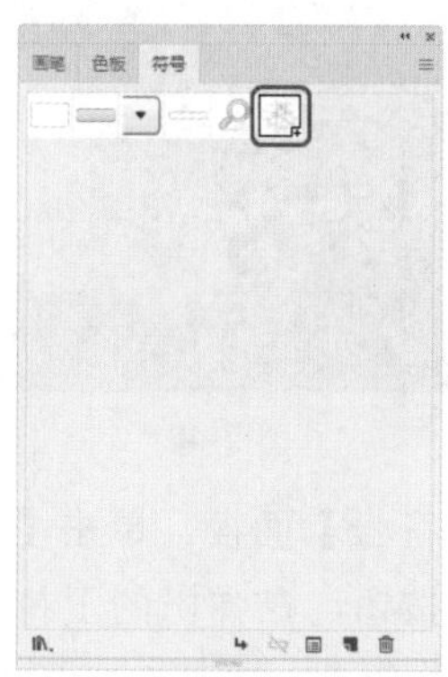

图 7-54

02 在工具箱中单击【符号喷枪工具】，在画板中单击鼠标创建符号，如图 7-55 所示。

图 7-55

提示：使用【符号喷枪工具】可以多次单击鼠标创建多个符号对象。

2. 符号移位器工具

在 Illustrator CC 中，用户可以使用【符号位移器工具】对符号进行移动，其具体操作步骤如下。

01 继续上面的操作，在工具箱中单击【选择工具】，在画板中选择要移动的符号，再在工具箱中单击【符号移位器工具】，将鼠标指针移动至移动的符号上，如图 7-56 所示。

图 7-56

02 按住鼠标左键对其进行拖动，将其拖曳至合适位置，并释放鼠标，即可移动该符号的位置，效果如图 7-57 所示。

图 7-57

3. 符号紧缩器工具

【符号紧缩器工具】可以将多个符号进行收缩或扩展，下面将介绍使用【符号紧缩器工具】的具体操作步骤。

01 继续上面的操作，在工具箱中单击【选择工具】，在画板中选择要紧缩的符号对象，如图 7-58 所示。

图 7-58

02 在工具箱中单击【符号紧缩器工具】，在画板中按住 Alt 键并按住鼠标向外进行拖动，即可完成符号的紧缩，如图 7-59 所示。

图 7-59

4. 符号缩放器工具

在 Illustrator CC 中，用户可以使用【符号缩放器工具】在页面中调整符号的大小，其具体操作步骤如下。

01 继续上面的操作，在工具箱中双击【符号缩放器工具】，在弹出的对话框中勾选【等比缩放】复选框，如图 7-60 所示。

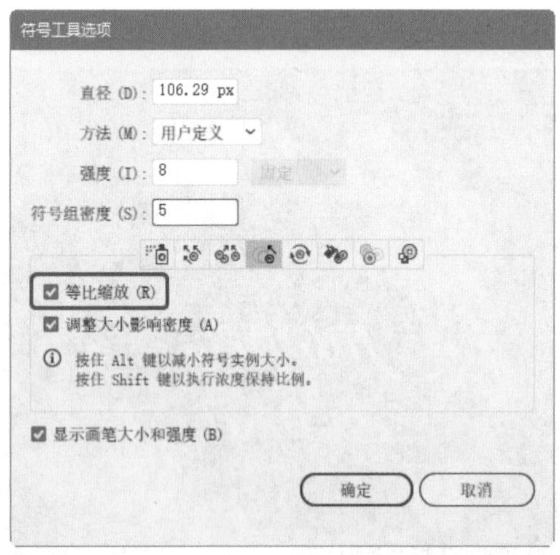

图 7-60

02 设置完成后，单击【确定】按钮，在需要放大的符号上按住鼠标左键不放，可以将符号放大，如图 7-61 所示。若持续地按住鼠标，时间越长，符号就会越大。

图 7-61

03 按住 Alt 键并单击鼠标左键可以使符号缩小。按照所需调整符号的大小，效果如图 7-62 所示。

图 7-62

5. 符号旋转器工具

在 Illustrator CC 中，用户可以使用【符号旋转器工具】对符号进行旋转，其具体操作步骤如下。

01 继续上面的操作，在画板中选中符号，在工具箱中单击【符号喷枪工具】，在【自然】符号库中选择【瓢虫】，在画板中单击鼠标，创建符号，如图 7-63 所示。

图 7-63

02 在工具箱中单击【符号旋转器工具】，在符号上单击并按住鼠标进行拖动，可以看到符号上出现箭头形的方向线，随光标的移动而改变，如图 7-64 所示。

图 7-64

6. 符号着色器工具

在 Illustrator CC 中，用户不但可以添加符号，还可以为符号改变颜色，下面将介绍为符号改变颜色的具体操作步骤。

01 继续上面的操作，在画板中选择要进行着色的符号对象，在【颜色】面板中将【填色】设置为 #ffc100，如图 7-65 所示。

图 7-65

02 在工具箱中单击【符号着色器工具】，将光标移动至要着色的符号上，如图 7-66 所示。

图 7-66

7. 符号滤色器工具

下面将介绍使用【符号滤色器工具】改变符号的透明度的具体操作步骤。

01 继续上面的操作，在工具箱中单击【选择工具】，在画板中选择要进行操作的符号对象，在【符号】面板中单击【小雏菊】符号，如图 7-67 所示。

图 7-67

02 在工具箱中单击【符号滤色器工具】，在选中的符号上单击鼠标，可以看到符号变得透明，如图 7-68 所示，持续按住鼠标，符号的透明度会增大。

图 7-68

8. 符号样式器工具

下面将介绍使用【符号样式器工具】对符号添加图形样式效果的具体操作步骤。

01 继续上面的操作，在菜单栏中选择【窗口】|【图形样式】命令，如图 7-69 所示。

图 7-69

02 执行该命令后，即可打开【图形样式】面板，在该面板中单击右上角的≡按钮，在弹出的下拉菜单中选择【涂抹效果】命令，如图 7-70 所示。

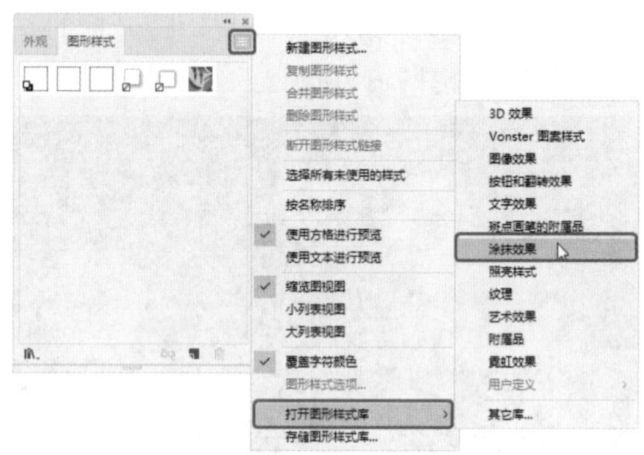

图 7-70

03 在【涂抹效果】面板中按住 Shift 键选择所有对象，按住鼠标左键将其拖曳至【图形样式】面板中，如图 7-71 所示。

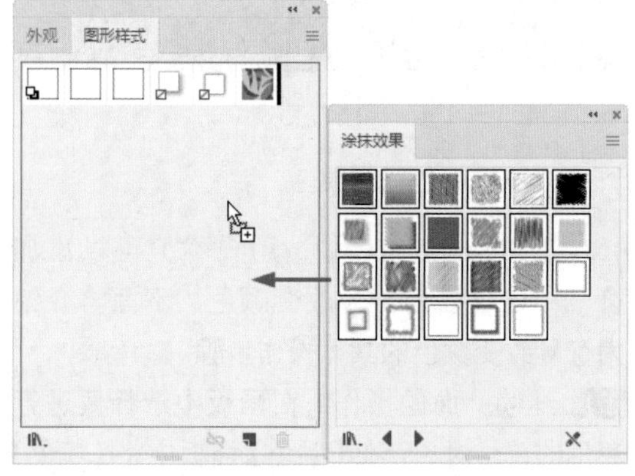

图 7-71

04 释放鼠标，即可将选中的对象添加至【图形样式】面板中，在该面板中选择【涂抹 7】图形样式，在工具箱中单击【符号样式器工具】，将光标移至要添加样式的符号上，单击鼠标，即可为该符号添加样式，如图 7-72 所示。

图 7-72

7.2 图表

图表是数据可视化的常用手段，其中又以基本柱形图、折线图、饼图等最为常用。本节将介绍图表的应用方法。

7.2.1 柱形图工具

在 Illustrator CC 中，创建的图表可用于比较数值，可直观地观察不同形式的数值，如创建柱形图之前，首先要在工具箱中单击【柱形图工具】，在画板中按住鼠标进行拖动，释放鼠标后，将会弹出一个对话框，如图 7-73 所示。该对话框中各个选项的功能如下。

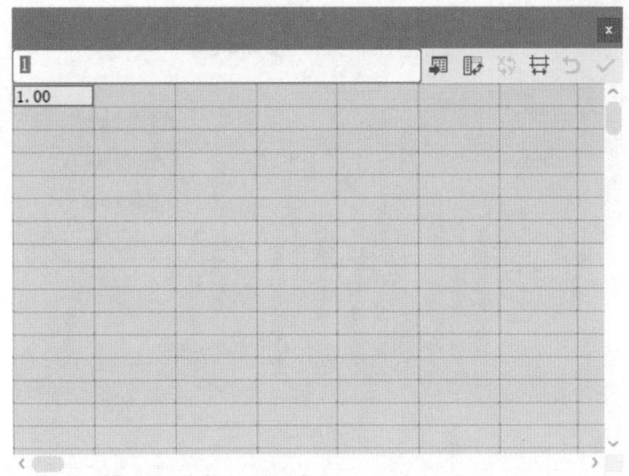

图 7-73

◎ 【导入数据】按钮：单击该按钮，可以弹出【导入图表数据】对话框，在对话框中可以导入其他软件创建的数据作为图表的数据。

◎ 【换位行 / 列】按钮：单击该按钮，可以转换行与列中的数据。

◎ 【切换 x/y】按钮：该按钮只有在创建散点图表时才可用，单击该按钮，可以对调 X 轴和 Y 轴的位置。

◎ 【单元格样式】按钮：单击该按钮，弹出【单元格样式】对话框，可以在其中设置【小数位数】和【列宽度】。

◎ 【恢复】按钮：单击该按钮，可将修改的数据恢复到初始状态。

◎ 【应用】按钮：输入完数据后，单击该按钮，即可创建图表。

【实战】服饰季度销售表

销售报表是从事销售工作人员定期需要做的一种报表。销售表主要是对所做事情进行总结，找出问题，分析原因，并为今后的工作提供资料和经验支持。本节将介绍如何制作服饰季度销售表，效果如图 7-74 所示。

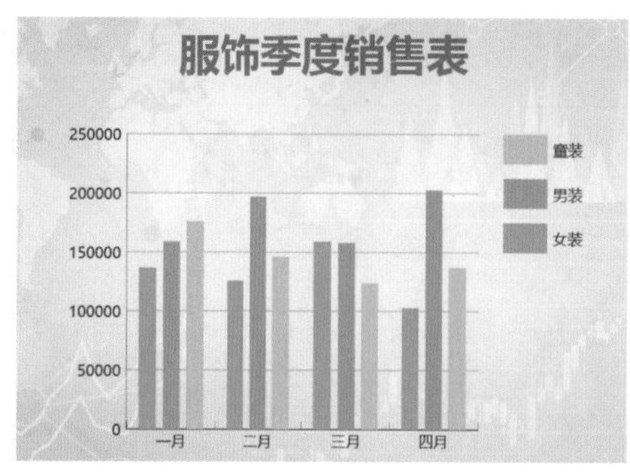

图 7-74

素材	素材 \Cha07\ 销售表素材 01.ai
场景	场景 \Cha07\【实战】服饰季度销售表 .ai
视频	视频教学 \Cha07\【实战】服饰季度销售表 .mp4

01 按 Ctrl+O 组合键，打开【素材 \Cha07\ 销售表素材 01.ai】素材文件，如图 7-75 所示。

图 7-75

02 在工具箱中单击【柱形图工具】，在画板中按住鼠标并拖动，绘制一个柱形图，在弹出的对话框中输入数据，如图 7-76 所示。

136988

	女装	男装	童装
一月	136690.00	158690.00	175890.00
二月	125889.00	196889.00	145899.00
三月	158969.00	158036.00	124000.00
四月	102588.00	202588.00	136988.00

图 7-76

03 输入完成后，单击【应用】按钮，关闭该对话框，在工具箱中单击【直接选择工具】，在画板中按住 Shift 键选择如图 7-77 所示的对象。

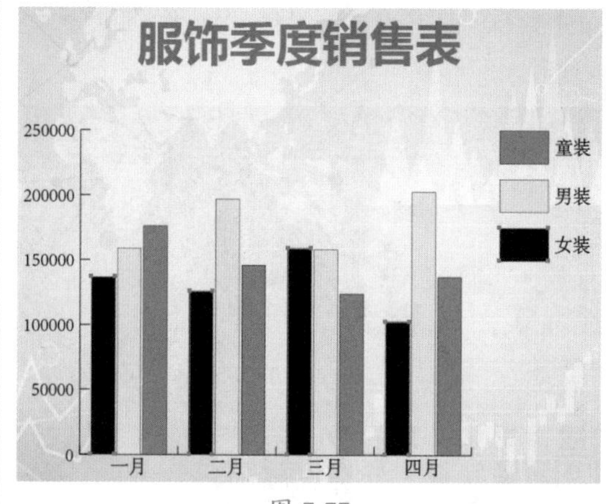

图 7-77

04 在【颜色】面板中将【填色】设置为 #00a8ad，将【描边】设置为无，如图 7-78 所示。

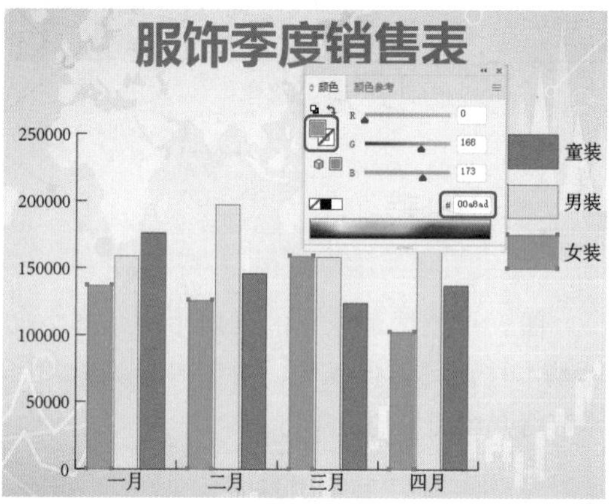

图 7-78

提示：创建柱形图后，通过观察可以发现柱形图为黑灰色。柱形图的默认颜色为灰度模式，若需要对颜色进行更改，选中对象后，在【颜色】面板中单击≡按钮，在弹出的下拉菜单中选择 RGB、HSB、CMYK 等选项，通过调整参数，即可将选中的对象设置为彩色效果。

05 继续使用【直接选择工具】在画板中按住 Shift 键选择所有的浅灰色对象，在【颜色】面板中将【填色】设置为 #7497ed，将【描边】设置为无，如图 7-79 所示。

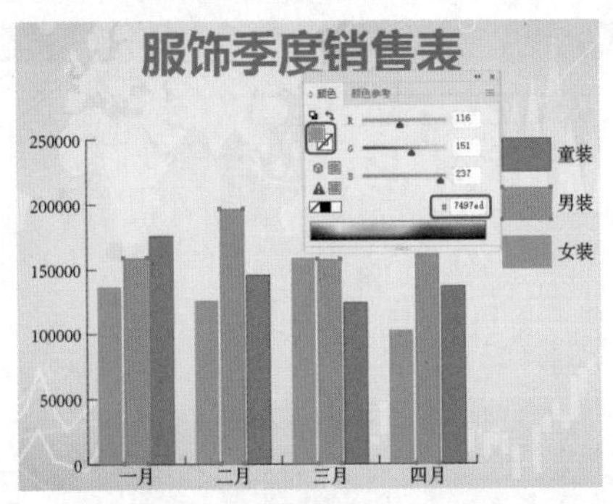

图 7-79

06 使用【直接选择工具】在画板中按住 Shift 键选择所有的深灰色对象，在【颜色】面板中将【填色】设置为 #99cc66，将【描边】设置为无，如图 7-80 所示。

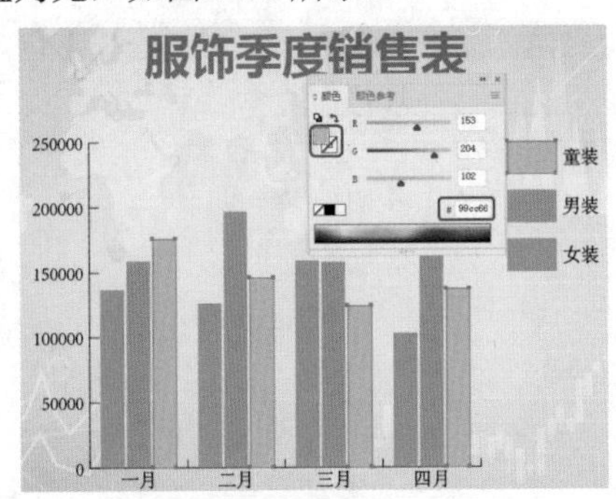

图 7-80

07 在工具箱中单击【选择工具】，在画板中选择绘制的柱形图对象，右击鼠标，在弹出的快捷菜单中选择【类型】命令，如图 7-81 所示。

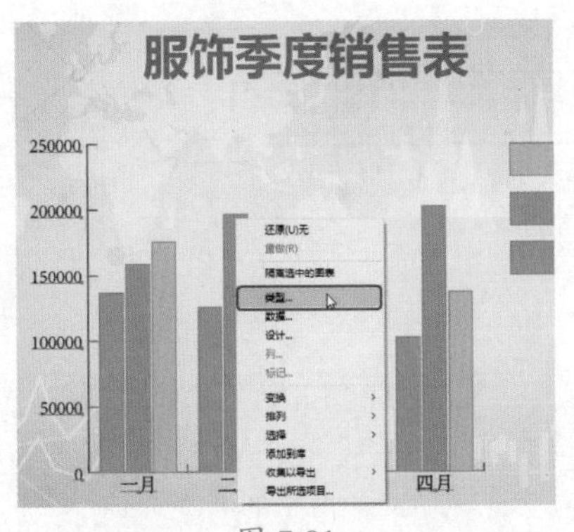

图 7-81

08 在弹出的对话框中将【列宽】、【簇宽度】分别设置为 70%、80%，如图 7-82 所示。

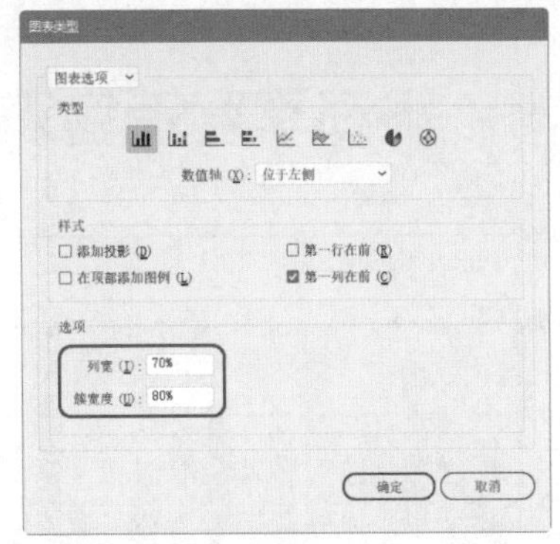

图 7-82

09 在该对话框中选择【数值轴】，将【长度】设置为【全宽】，将【绘制】设置为 0，如图 7-83 所示。

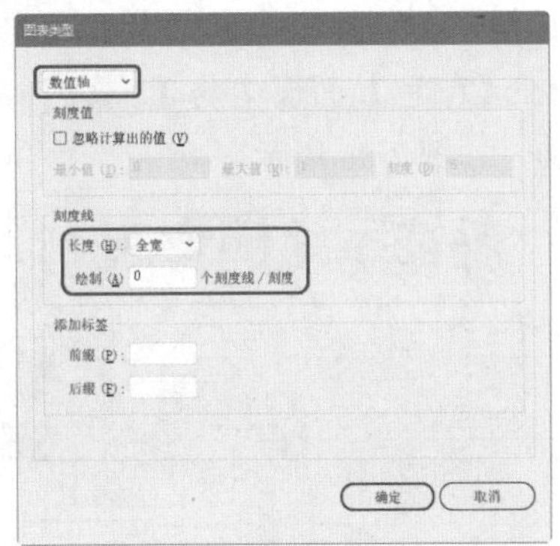

图 7-83

10 设置完成后，单击【确定】按钮，使用【直接选择工具】在画板中按住 Shift 键选择图表中的文字对象，在【字符】面板中将【字体】设置为【微软雅黑】，将【字体大小】设置为 21pt，在【颜色】面板中将【填色】设置为 #3f3b00，如图 7-84 所示。

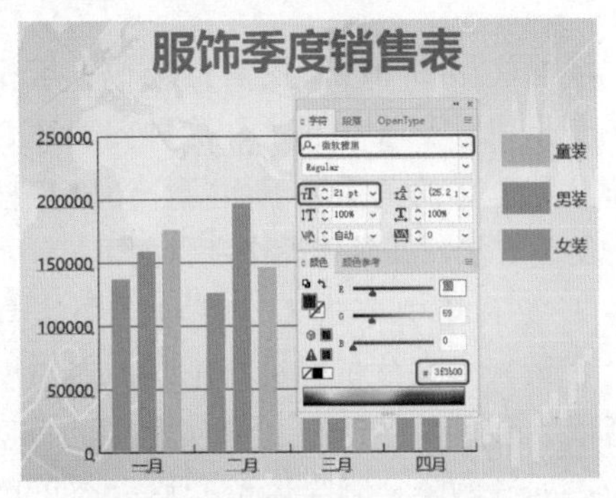

图 7-84

11 使用【直接选择工具】在画板中按住Shift键选择图表中所有线段对象，如图7-85所示。

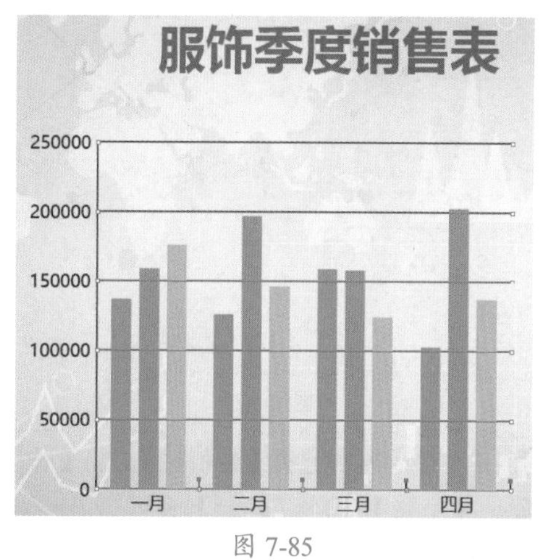

图 7-85

12 在【描边】面板中将【粗细】设置为0.5pt，在【颜色】面板中将【描边】设置为#333300，如图7-86所示。

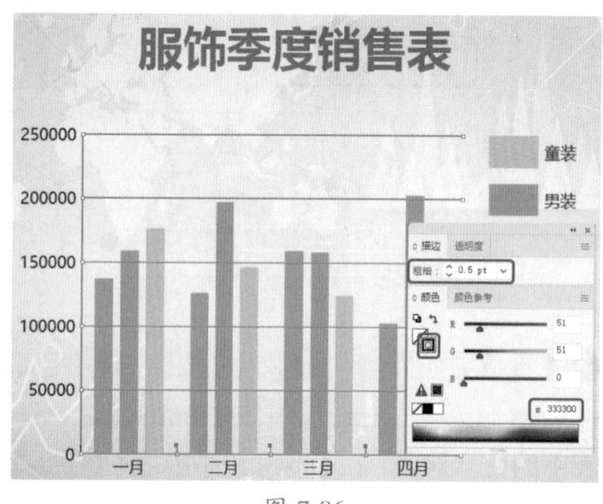

图 7-86

7.2.2 堆积柱形图工具

堆积柱形图与柱形图有些类似。堆积柱形图是指将柱形堆积起来，这种图表适合表示部分和总体的关系，下面将介绍堆积柱形图的创建方法，其具体操作步骤如下。

01 在工具箱中单击【堆积柱形图工具】，在画板中按住鼠标进行拖动，在弹出的对话框中选择第1行第1个单元格中的数据，按Delete键删除，删除该单元格内容可以让Illustrator为图表生成图例。然后单击第1行第2个单元格，输入【电视】，按Tab键到该行下一列单元格，继续输入【冰箱】、【洗衣机】、【空调】，如图7-87所示。

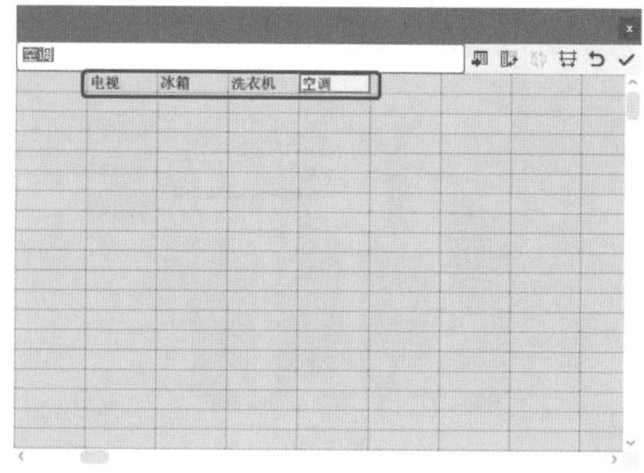

图 7-87

02 在第2行的第1个单元格中输入【六月】，接着在第2行第2列输入数据，并将第2行的数据全部输完，如图7-88所示。

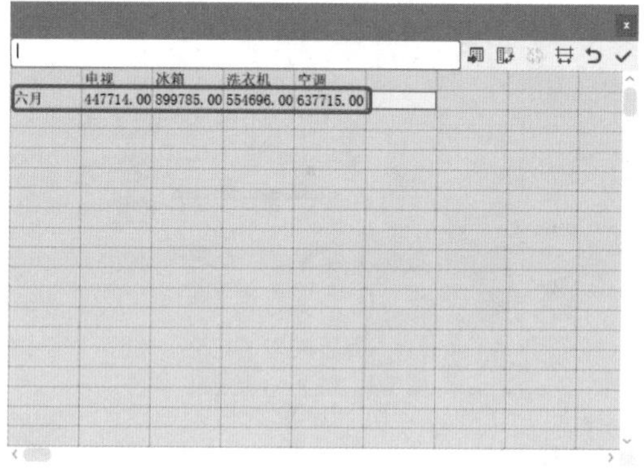

	电视	冰箱	洗衣机	空调
六月	447714.00	899785.00	554696.00	637715.00

图 7-88

03 按Enter键转到第3行第1个单元格，使用同样的方法输入其他数据，如图7-89所示。

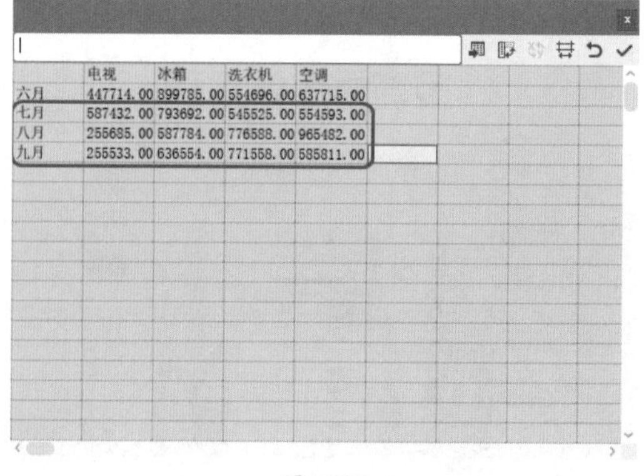

	电视	冰箱	洗衣机	空调
六月	447714.00	899785.00	554696.00	637715.00
七月	587432.00	793692.00	545525.00	554593.00
八月	255685.00	587784.00	776588.00	965482.00
九月	255533.00	636554.00	771558.00	585811.00

图 7-89

04 输入完成后，在该对话框中单击【应用】按钮，即可完成堆积柱形图的创建，如图 7-90 所示。

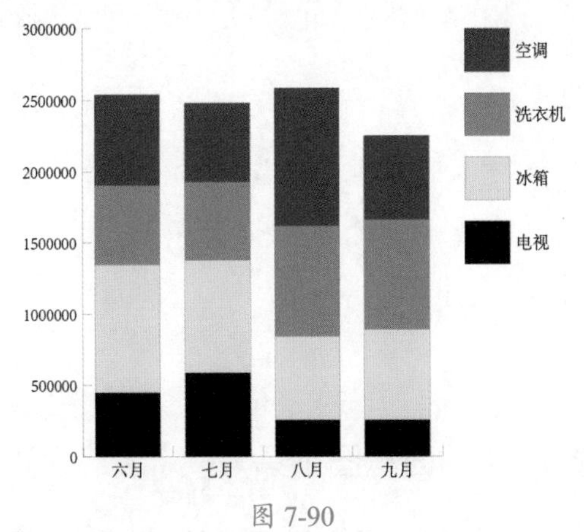

图 7-90

7.2.3 条形图工具

在 Illustrator CC 中，条形图与柱形图有些相似，唯一不同的是，条形图是水平放置的，而柱形图是垂直放置的，本节将对其进行简单介绍。

01 单击工具箱中的【条形图工具】，在画板中拖曳鼠标进行绘制，在弹出的对话框输入数据，如图 7-91 所示。

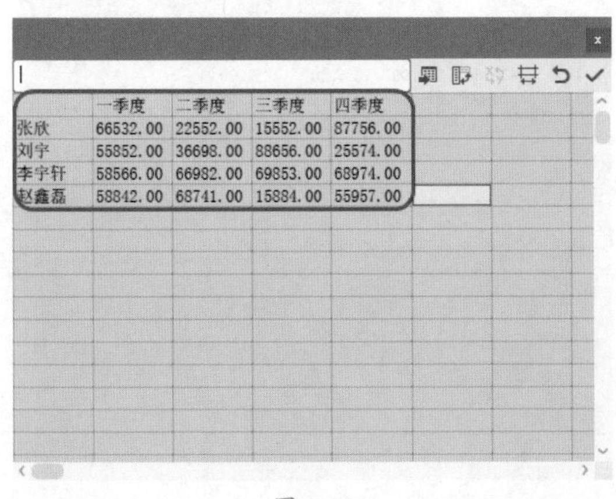

	一季度	二季度	三季度	四季度
张欣	66532.00	22552.00	15552.00	87756.00
刘宇	55852.00	36698.00	88656.00	25574.00
李宇轩	58566.00	66982.00	69853.00	68974.00
赵鑫磊	58842.00	68741.00	15884.00	55957.00

图 7-91

02 输入完成后，在该对话框中单击【应用】按钮，即可完成条形图的创建，其效果如图 7-92 所示。

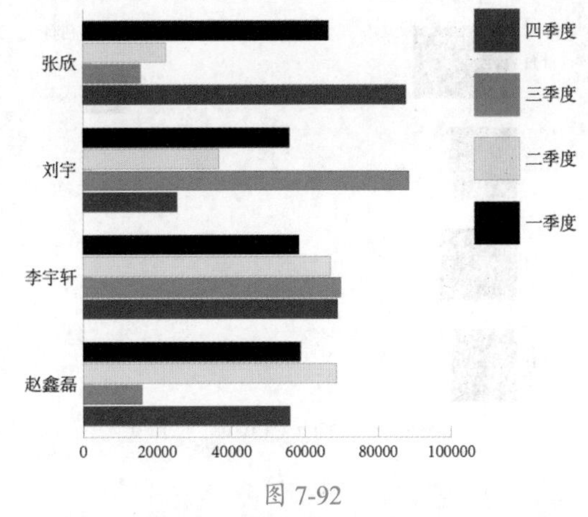

图 7-92

7.2.4 堆积条形图工具

下面将介绍创建堆积条形图的具体操作步骤。

01 单击工具箱中的【堆积条形图工具】，在画板中按住鼠标左键进行拖动，拖出一个矩形，在弹出的对话框中输入数据，如图 7-93 所示。

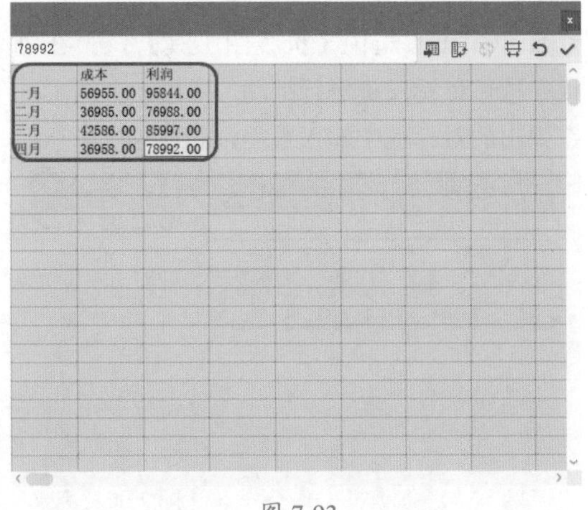

78992

	成本	利润
一月	56955.00	95844.00
二月	36985.00	76988.00
三月	42586.00	85997.00
四月	36958.00	78992.00

图 7-93

02 输入完成后，在该对话框中单击【应用】按钮，即可完成堆积条形图的创建，其效果如图 7-94 所示。

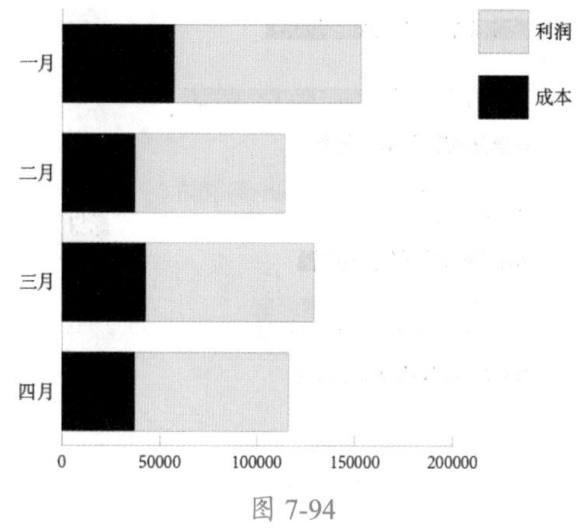

图 7-94

7.2.5 折线图工具

在 Illustrator CC 中，【折线图工具】用于创建折线图。折线图使用点来表示一组或多组数据，并且将每组中的点用不同的线段连接起来。这种图表类型常用于表示一段时间内一个或多个事物的变化趋势，例如可以用来制作股市行情图等，其具体操作步骤如下。

01 单击工具箱中【折线图工具】，在画板中按住鼠标左键进行拖动，拖出一个矩形，在弹出的对话框中输入数据，如图 7-95 所示。

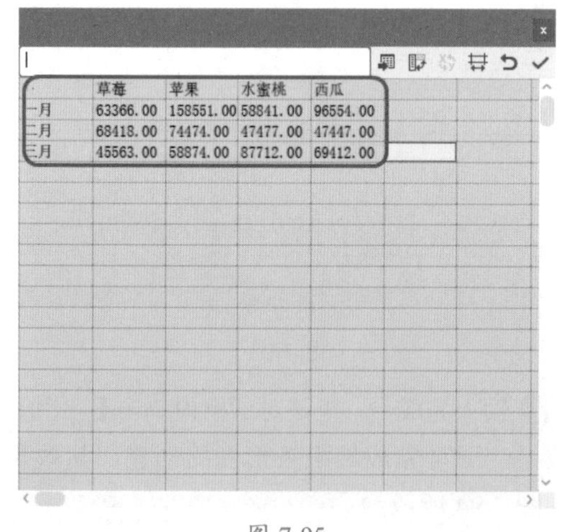

	草莓	苹果	水蜜桃	西瓜
一月	63366.00	158551.00	58841.00	96554.00
二月	68418.00	74474.00	47477.00	47447.00
三月	45563.00	58874.00	87712.00	69412.00

图 7-95

02 输入完成后，在该对话框中单击【应用】按钮，即可完成折线图的创建，其效果如图 7-96 所示。

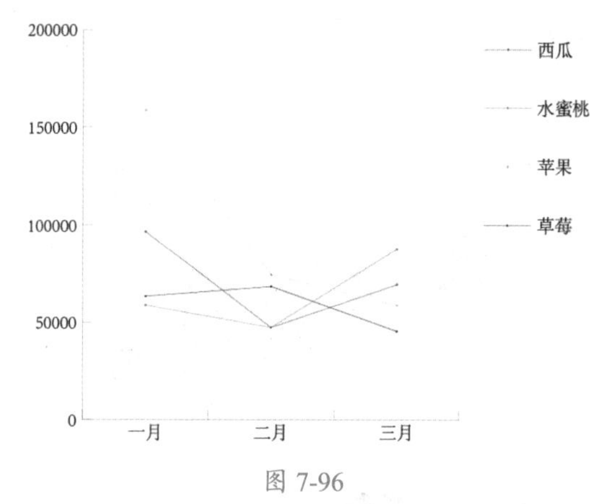

图 7-96

7.2.6 面积图工具

【面积图工具】用于创建面积图。面积图主要强调数值的整体和变化情况，下面将介绍如何创建面积图，其具体操作步骤如下。

01 在工具箱中单击【面积图工具】，在画板中按住鼠标左键进行拖动，拖出一个矩形，在弹出的对话框中输入数据，如图 7-97 所示。

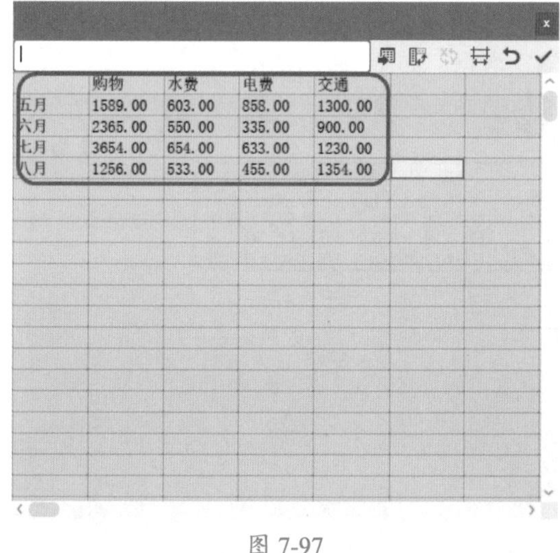

	购物	水费	电费	交通
五月	1589.00	603.00	858.00	1300.00
六月	2365.00	550.00	335.00	900.00
七月	3654.00	654.00	633.00	1230.00
八月	1256.00	533.00	455.00	1354.00

图 7-97

02 输入完成后，在该对话框中单击【应用】按钮，即可完成面积图的创建，其效果如图 7-98 所示。

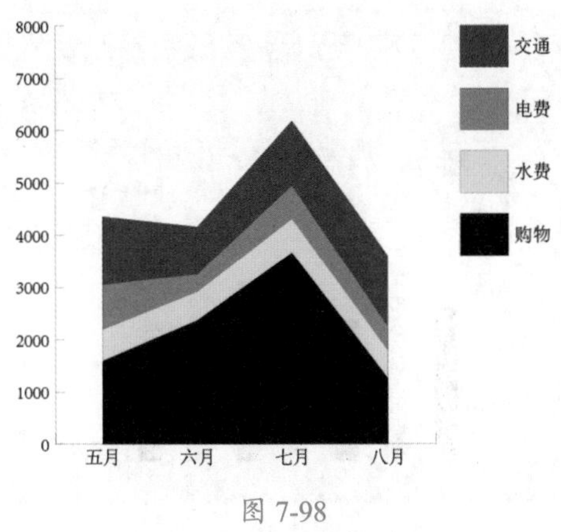

图 7-98

7.2.7 散点图工具

【散点图工具】用于创建散点图。散点图沿 X 轴和 Y 轴将数据点作为成对的坐标组进行绘制，可用于识别数据中的图案和趋势，还可以表示变量是否互相影响。如果散点图是一个圆，则表示数据之间的随机性比较强；如果散点图接近直线，则表示数据之间有较强的相关关系。

7.2.8 饼图工具

饼图是把一个圆划分为若干的扇形面，每个扇形面代表一项数据值，不同颜色的扇形表示所比较的数据的相对比例。创建饼图的具体操作步骤如下。

01 单击工具箱中的【饼图工具】，在画板中按住鼠标左键进行拖动，拖出一个矩形，在弹出的对话框中输入数据，如图 7-99 所示。

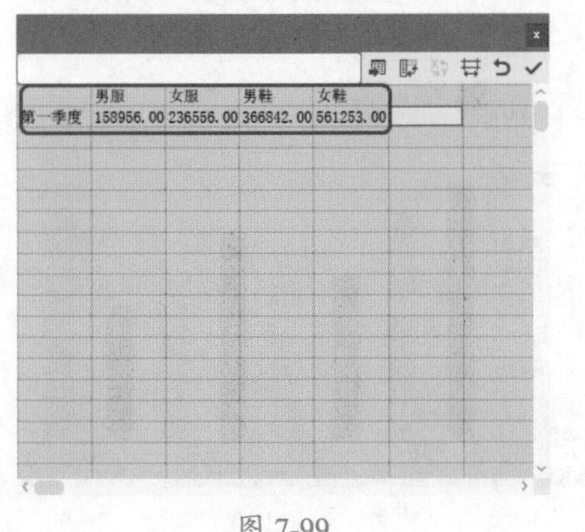

	男服	女服	男鞋	女鞋
第一季度	158956.00	236556.00	366842.00	561253.00

图 7-99

02 输入完成后，在该对话框中单击【应用】按钮，即可完成饼图的创建，其效果如图 7-100 所示。

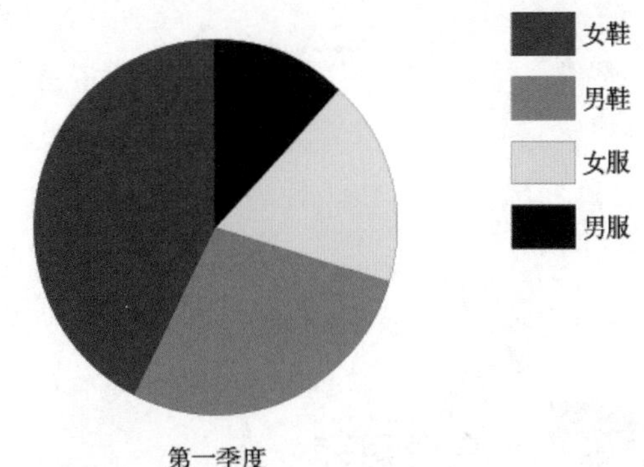

图 7-100

7.2.9 雷达图工具

雷达图可以在某一特定时间点或特定数据类型上比较数值组，并以圆形格式显示出来，这种图表也称为【网状图】。本节将介绍创建雷达图的具体操作步骤。

01 在工具箱中单击【雷达图工具】，在画板中按住鼠标左键进行拖动，拖出一个矩形，在弹出的对话框中输入数据，如图 7-101 所示。

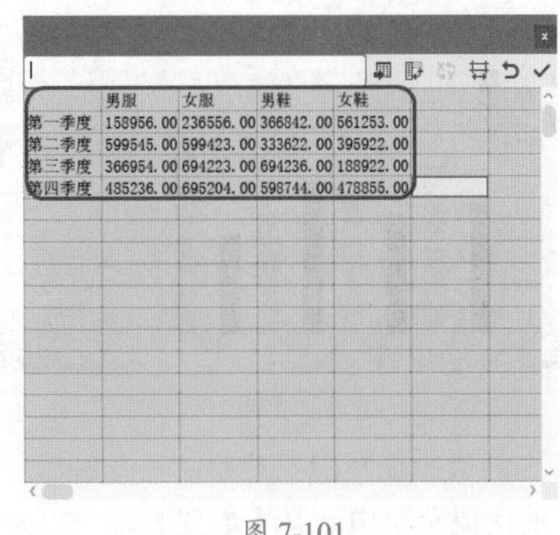

	男服	女服	男鞋	女鞋
第一季度	158956.00	236556.00	366842.00	561253.00
第二季度	599545.00	599423.00	333622.00	395922.00
第三季度	366954.00	694223.00	694236.00	188922.00
第四季度	485236.00	695204.00	598744.00	478855.00

图 7-101

02 输入完成后，在该对话框中单击【应用】按钮，即可完成雷达图的创建，其效果如图 7-102 所示。

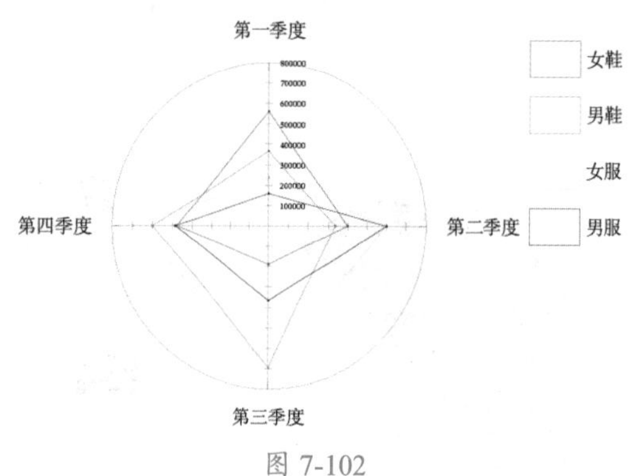

图 7-102

7.3 编辑图表

在创建完成图标后，可以对图表数据、图表类型、数值轴等内容进行修改。

7.3.1 修改图表数据

下面将介绍修改图表中的数据的具体操作步骤。

01 按 Ctrl+O 组合键，在弹出的对话框中选择【素材\Cha07\素材03.ai】素材文件，单击【打开】按钮，如图 7-103 所示。

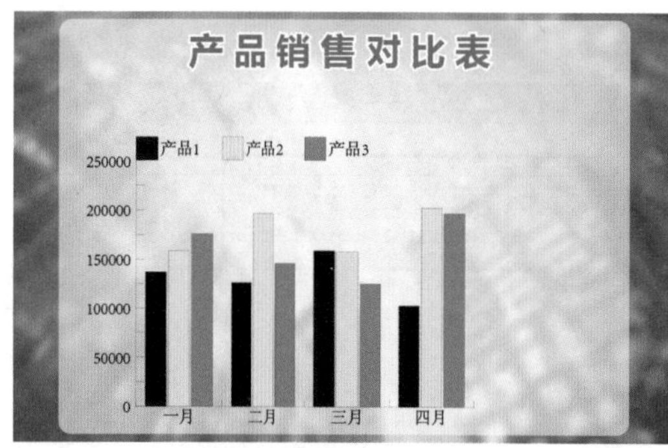

图 7-103

02 在画板中选择图表对象，右击鼠标，在弹出的快捷菜单中选择【数据】命令，如图 7-104 所示。

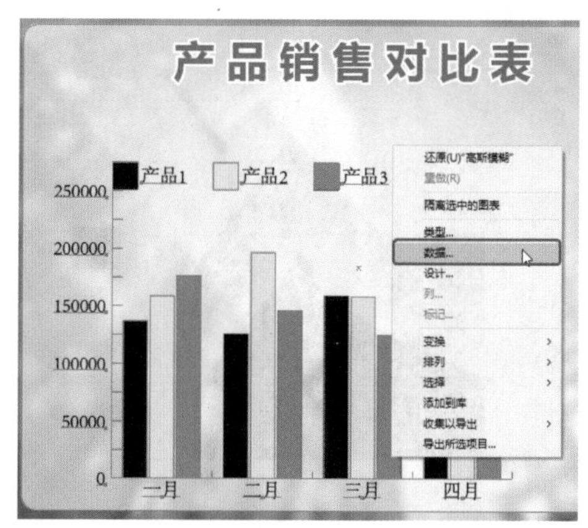

图 7-104

03 在弹出的对话框中选中要修改的数据格，然后在文本框中修改数据，如图 7-105 所示。

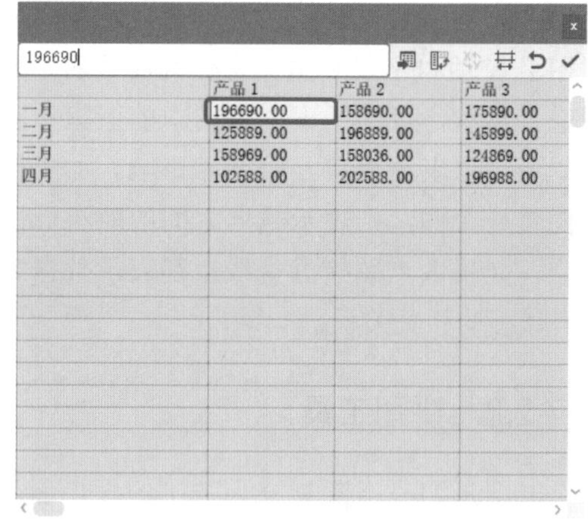

196690

	产品 1	产品 2	产品 3
一月	196690.00	158690.00	175890.00
二月	125889.00	196889.00	145899.00
三月	158969.00	158036.00	124869.00
四月	102588.00	202588.00	196988.00

图 7-105

04 输入完成后，单击【应用】按钮，即可对选中的图表进行修改，修改后的效果如图 7-106 所示。

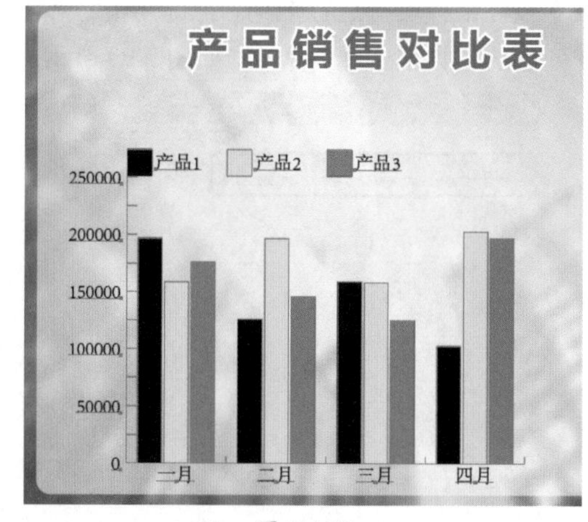

图 7-106

提示：除了上述方法之外，用户还可以选中要修改的图表，在菜单栏中选择【对象】|【图表】|【数据】命令，如图 7-107 所示。

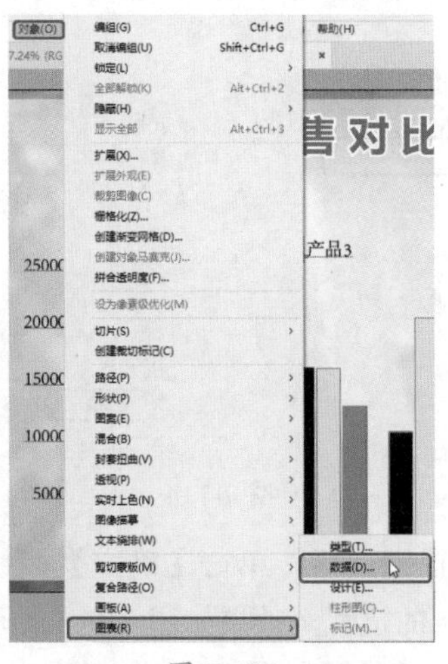

图 7-107

■ 7.3.2 修改图表类型

下面将介绍修改图表类型的具体操作步骤。

01 继续上面的操作，在画板中选择要进行修改的图表，在菜单栏中选择【对象】|【图表】|【类型】命令，如图 7-108 所示。

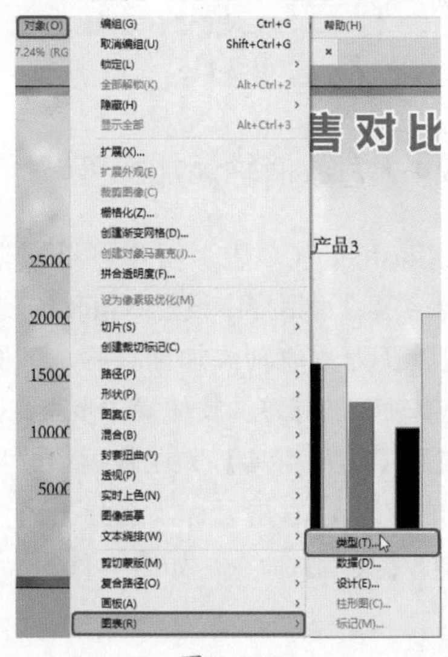

图 7-108

02 在弹出的对话框中单击【堆积柱形图】按钮，如图 7-109 所示。

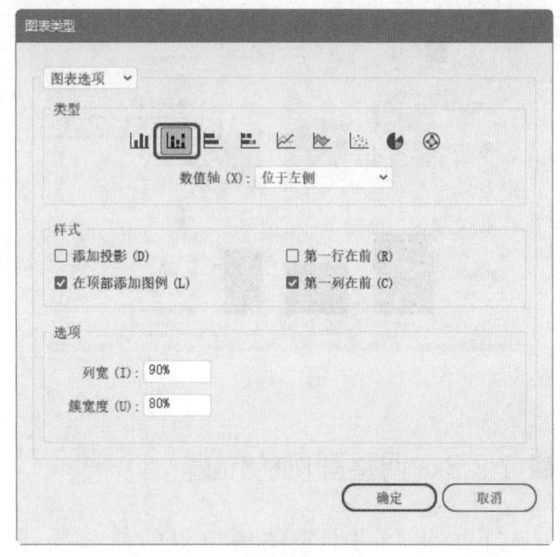

图 7-109

03 单击【确定】按钮，即可修改选中图表的类型，修改后的效果如图 7-110 所示。

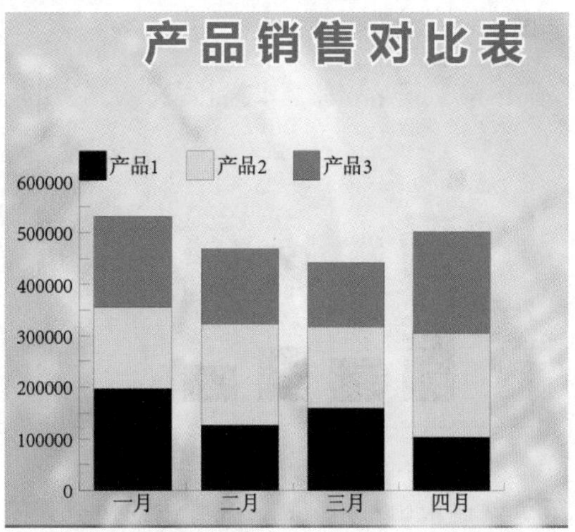

图 7-110

提示：除了上述方法之外，用户可以在工具箱中双击【图表工具】按钮，在弹出的对话框中选择相应的类型；用户还可以在选中要修改类型的图表后右击鼠标，从弹出的快捷菜单中选择【类型】命令，如图 7-111 所示。

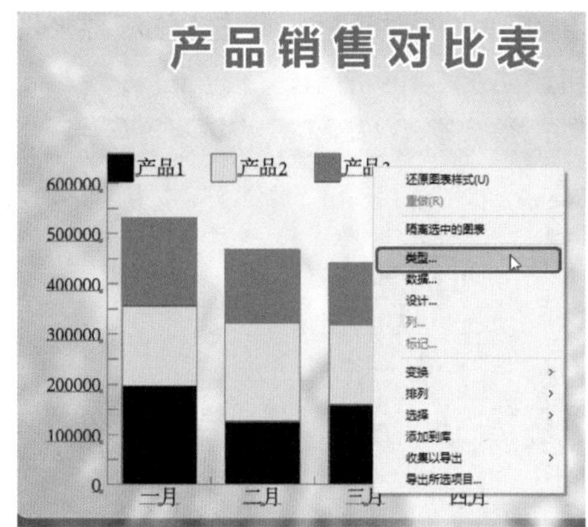

图 7-111

7.3.3 调整图例的位置

下面将介绍调整图例位置的具体操作步骤。

01 继续上面的操作，在工具箱中单击【选择工具】▶，在画板中选择要调整图例的图表，如图 7-112 所示。

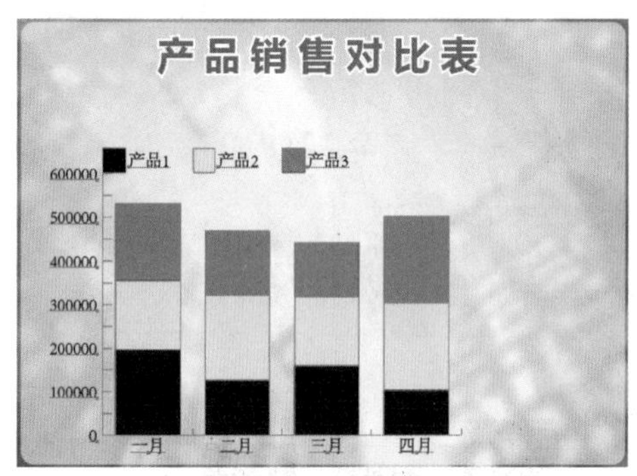

图 7-112

02 在画板中右击鼠标，在弹出的快捷菜单中选择【类型】命令，如图 7-113 所示。

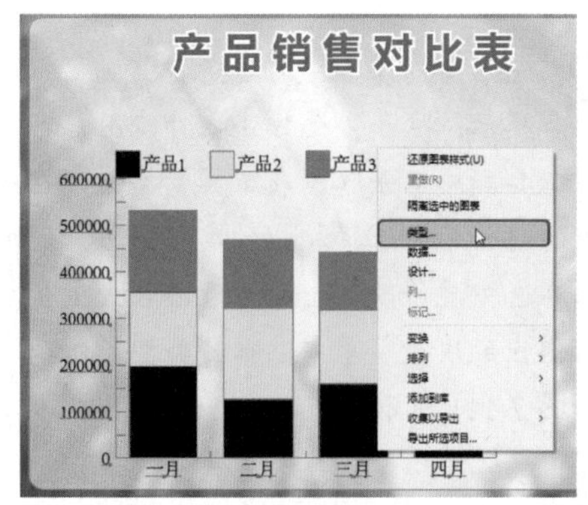

图 7-113

03 执行该操作后，即可打开【图表类型】对话框，在该对话框中取消勾选【在顶部添加图例】复选框，如图 7-114 所示。

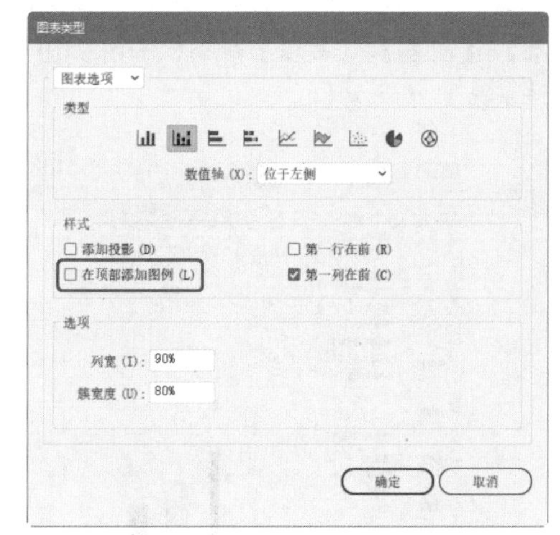

图 7-114

04 设置完成后，单击【确定】按钮，即可改变图例的位置，效果如图 7-115 所示。

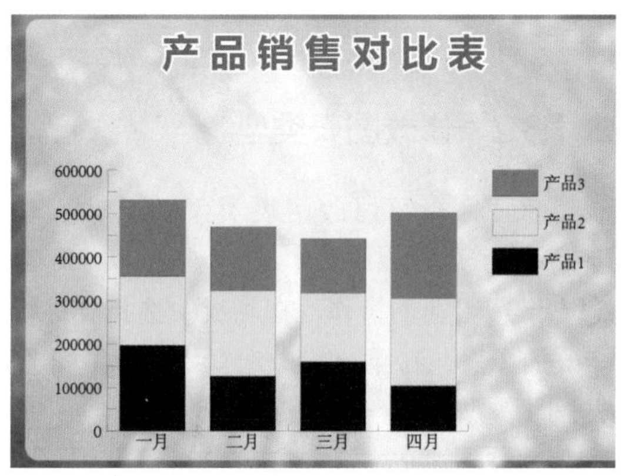

图 7-115

7.3.4 为数值轴添加标签

在 Illustrator CC 中，用户可以根据需要在【图表类型】对话框中设置数值轴的刻度值、刻度线以及为数值轴添加标签等，下面将介绍为数值轴添加标签的具体操作步骤。

01 使用【选择工具】▶在画板中选择要进行设置的图表，右击鼠标，在弹出的快捷菜单中选择【类型】命令，如图 7-116 所示。

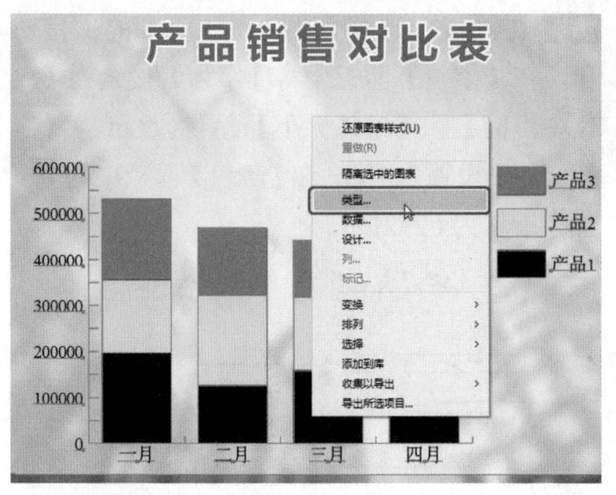

图 7-116

02 执行该操作后，即可打开【图表类型】对话框，在该对话框左上角的下列列表中选择【数值轴】选项，如图 7-117 所示。

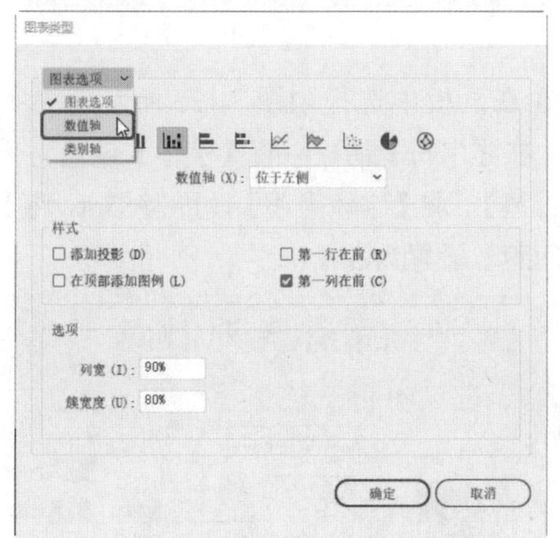

图 7-117

03 在【添加标签】选项组的【后缀】文本框中输入【元】，如图 7-118 所示。

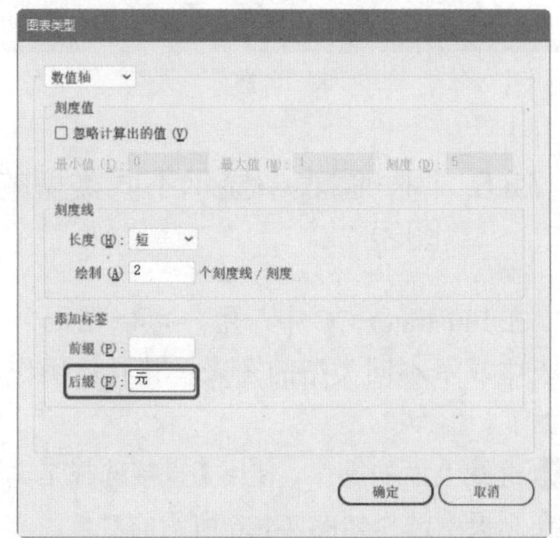

图 7-118

04 设置完成后，单击【确定】按钮，完成后的效果如图 7-119 所示。

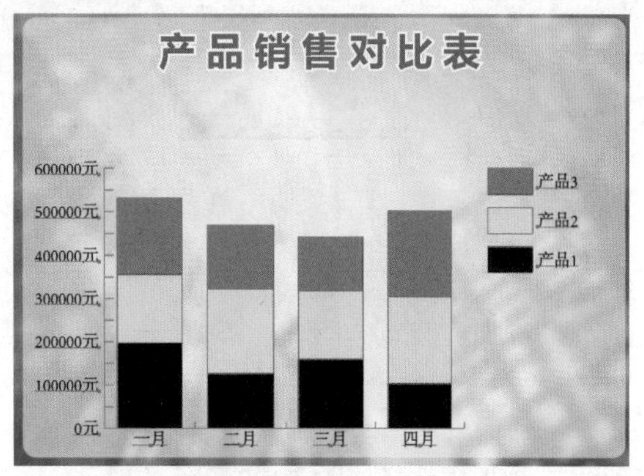

图 7-119

7.3.5 改变图表的颜色及字体

下面将介绍改变图表颜色及文字字体的具体操作步骤。

01 继续上一个操作，在工具箱中单击【编组选择工具】，在画板中选择如图 7-120 所示的对象，在【颜色】面板中将【填色】设置为 #ed7d31，将【描边】设置为无。

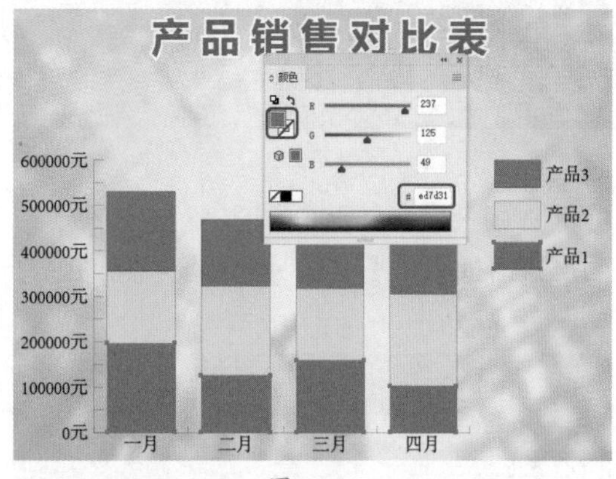

图 7-120

02 在画板中选择如图 7-121 所示的对象，在【颜色】面板中将【填色】设置为 #ffc000，将【描边】设置为无。

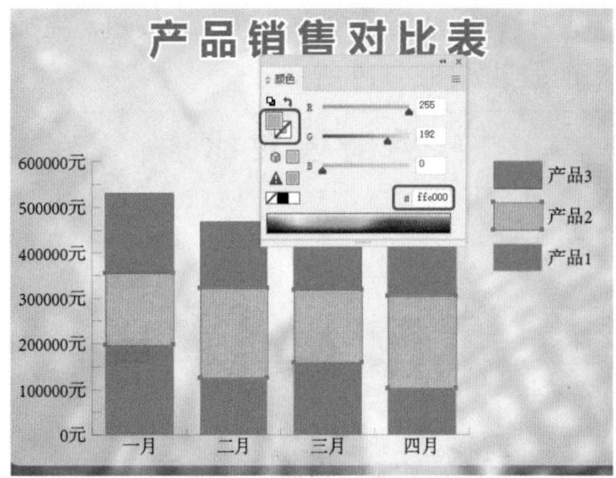

图 7-121

03 在画板中选择如图 7-122 所示的对象，在【颜色】面板中将【填色】设置为 #70ad47，将【描边】设置为无。

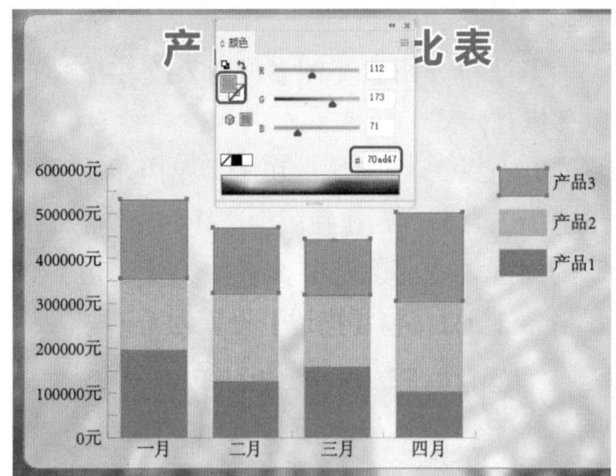

图 7-122

04 在画板中选择所有的图例对象，在【透明度】面板中将【不透明度】设置为 90%，如图 7-123 所示。

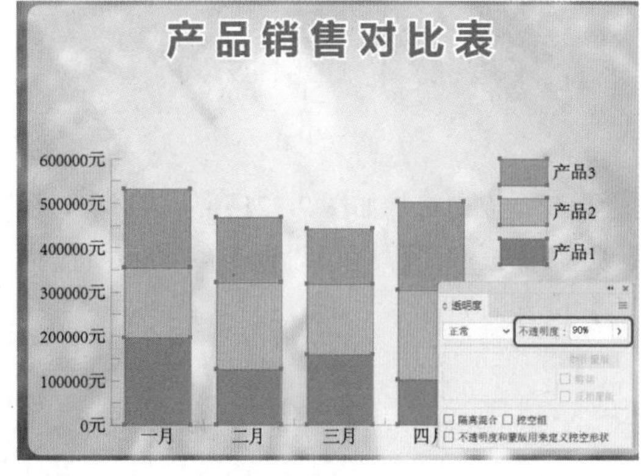

图 7-123

05 在画板中选择如图 7-124 所示的文字对象，在【字符】面板中将【字体】设置为【汉仪中黑简】，将【字体大小】设置为 60pt，将【字符间距】设置为 100，在【颜色】面板中将【填色】设置为 #212121。

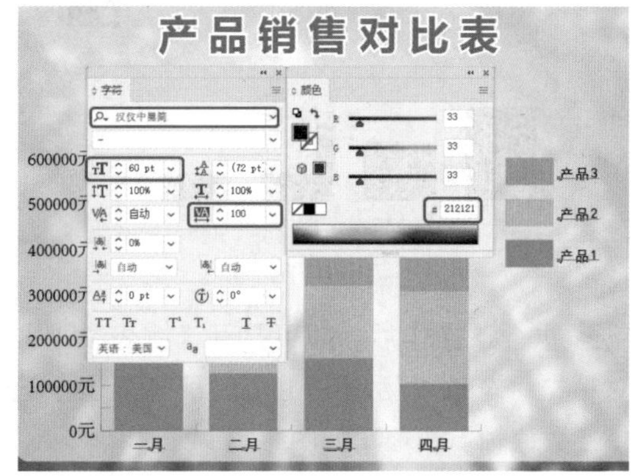

图 7-124

06 在画板中选择如图 7-125 所示的文字对象，在【字符】面板中将【字体】设置为【微软雅黑】，将【字体大小】设置为 55pt，将【字符间距】设置为 50。

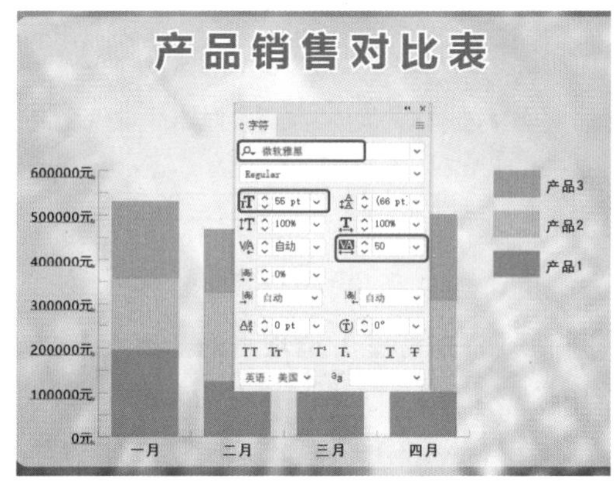

图 7-125

7.3.6 同一图表中显示不同类型的图表

在 Illustrator CC 中，用户可以在同一个图表中显示不同类型的图表，其具体操作步骤如下。

01 继续上面的操作，使用【直接选择工具】 在画板中选择如图 7-126 所示的对象。

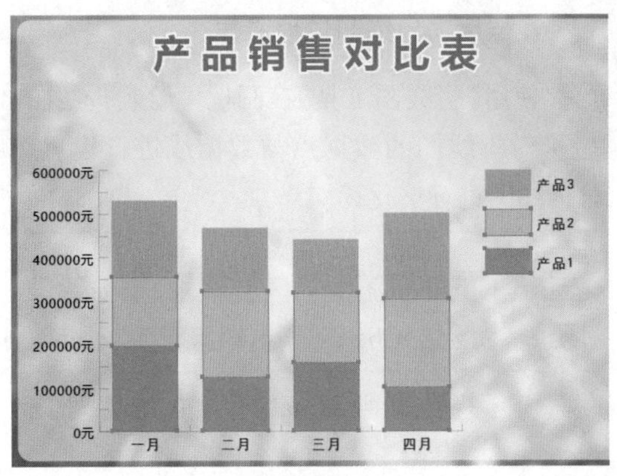

图 7-126

02 在菜单栏中选择【对象】|【图表】|【类型】命令，如图 7-127 所示。

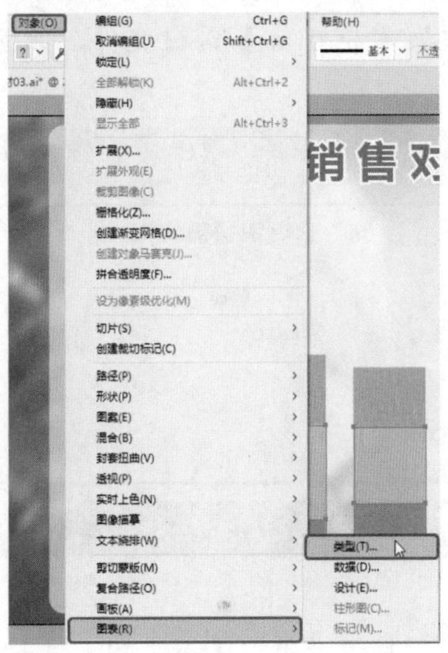

图 7-127

03 在弹出的对话框中单击【柱形图】按钮，将【列宽】设置为 80%，如图 7-128 所示。

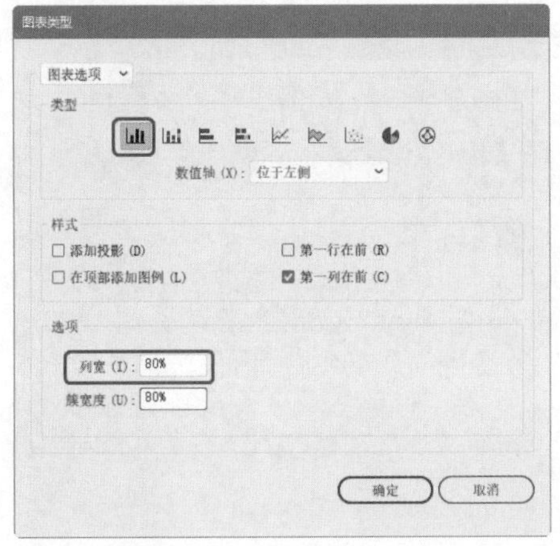

图 7-128

04 设置完成后，单击【确定】按钮，即可更改图表类型，效果如图 7-129 所示。

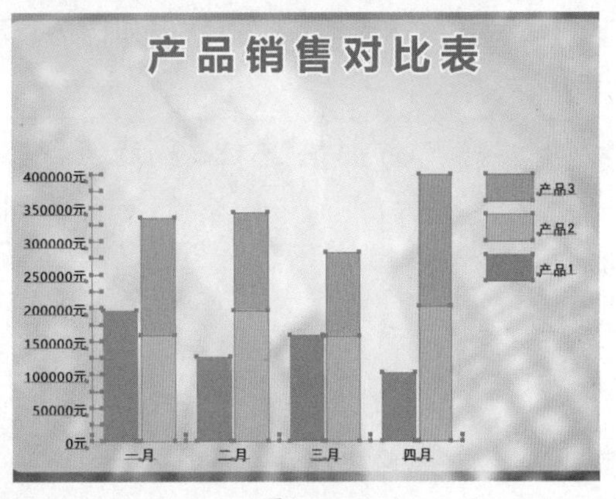

图 7-129

05 在画板中使用【直接选择工具】选择如图 7-130 所示的对象。

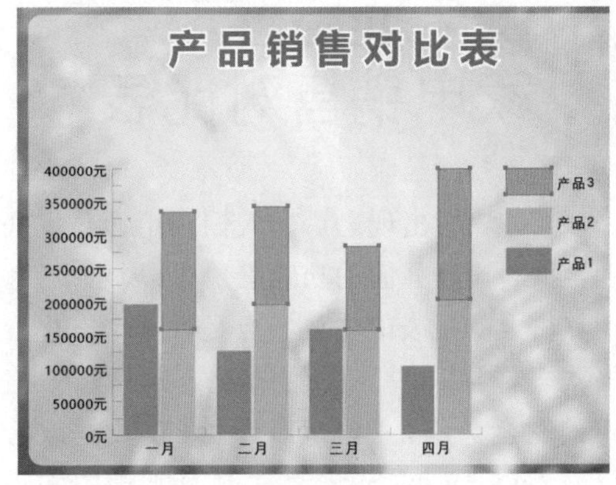

图 7-130

06 在菜单栏中选择【对象】|【图表】|【类型】命令，在弹出的对话框中单击【折线图】按钮，如图 7-131 所示。

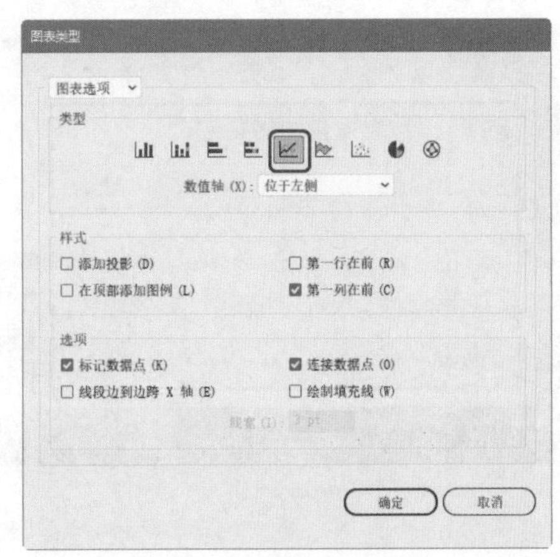

图 7-131

07 设置完成后，单击【确定】按钮，即可为同一图表设置两种不同类型的图表，在画板中适当调整图表的位置，效果如图 7-132 所示。

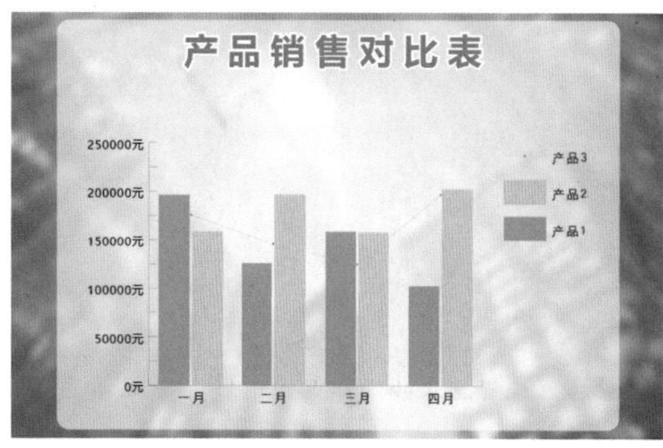

图 7-132

课后项目练习
家电销售对比表

当计算机出现之后，人们利用计算机处理数据和设计界面的功能来生成、展示报表。计算机上的报表的主要特点是数据动态化，格式多样化，并且实现报表数据和报表格式的完全分离，用户可以只修改数据或者只修改格式。本节将通过前面所学的知识制作家电销售对比表。

1. 课后项目练习效果展示

效果如图 7-133 所示。

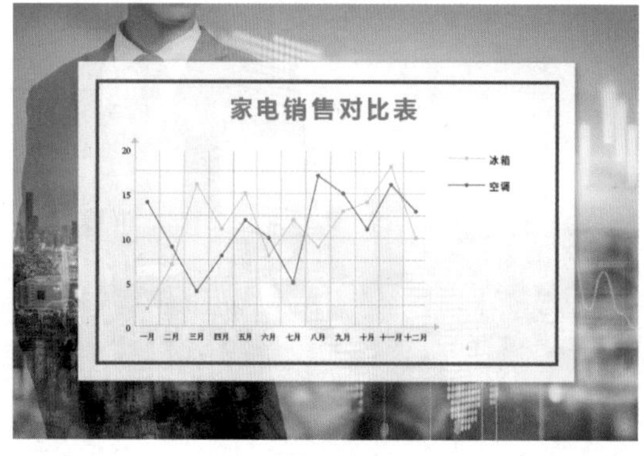

图 7-133

2. 课后项目练习过程概要

01 使用【折线图工具】在画板中绘制折线图。

02 对折线图的数据点与数据线进行设置，对折线图进行美化。

素材	素材 \Cha07\ 销售对比表素材 01.ai
场景	场景 \Cha07\ 家电销售对比表 .ai
视频	视频教学 \Cha07\ 家电销售对比表 .mp4

3. 课后项目练习操作步骤

01 按 Ctrl+O 组合键，打开【素材 \Cha07\ 销售对比表素材 01.ai】素材文件，如图 7-134 所示。

图 7-134

02 在工具箱中单击【折线图工具】，在画板中按住鼠标拖动绘制一个矩形，释放鼠标后，在弹出的对话框中输入数据，如图 7-135 所示。

	空调	冰箱
一月	14.00	2.00
二月	9.00	7.00
三月	4.00	16.00
四月	8.00	11.00
五月	12.00	15.00
六月	10.00	8.00
七月	5.00	12.00
八月	17.00	9.00
九月	15.00	13.00
十月	11.00	14.00
十一月	16.00	18.00
十二月	13.00	10.00

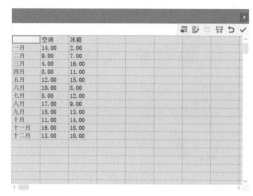

图 7-135

03 输入完成后，单击【应用】按钮，将该对话框关闭，选中折线图对象，右击鼠标，在弹出的快捷菜单中选择【类型】命令，如图 7-136 所示。

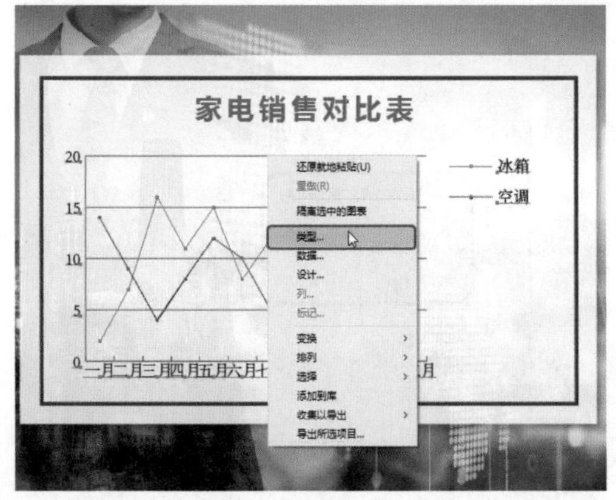

图 7-136

04 在弹出的对话框中取消勾选【在顶部添加图例】复选框，勾选【标记数据点】复选框，如图 7-137 所示。

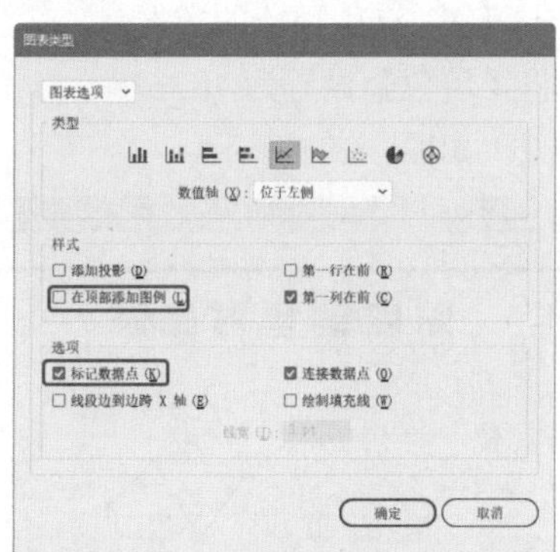

图 7-137

05 在该对话框中选择【数值轴】选项，将【刻度线】选项组中的【绘制】设置为 2，如图 7-138 所示。

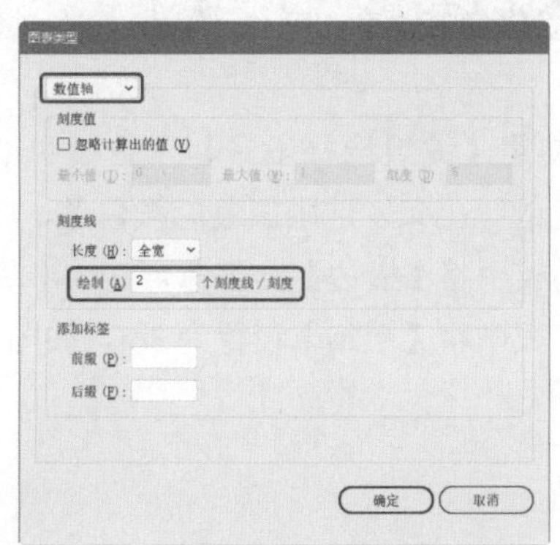

图 7-138

06 设置完成后，单击【确定】按钮，在工具箱中单击【直接选择工具】，在画板中选择图表左侧的文字对象，在【字符】面板中将【字体大小】设置为 30pt，如图 7-139 所示。

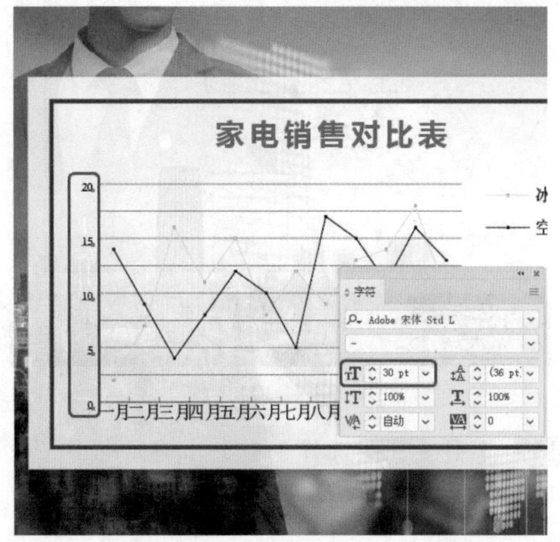

图 7-139

07 继续使用【直接选择工具】在画板中选择图表下方的文字对象，在【字符】面板中将【字体大小】设置为 24pt，如图 7-140 所示。

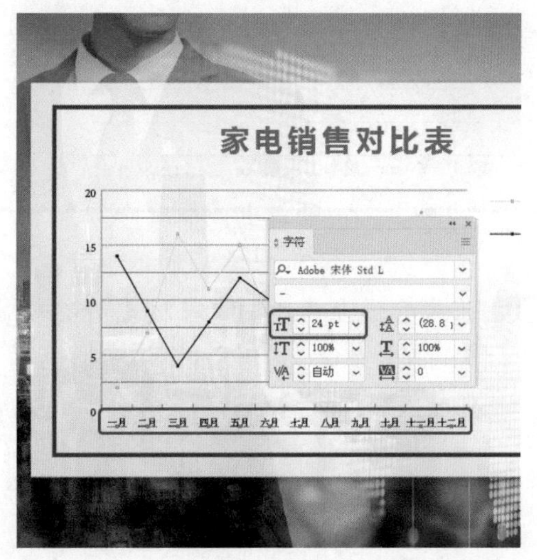

图 7-140

08 使用【直接选择工具】在画板中选择图表的图例文字对象，在【字符】面板中将【字体】设置为【微软雅黑】，将【字体大小】设置为 30pt，将【字符间距】设置为 200，如图 7-141 所示。

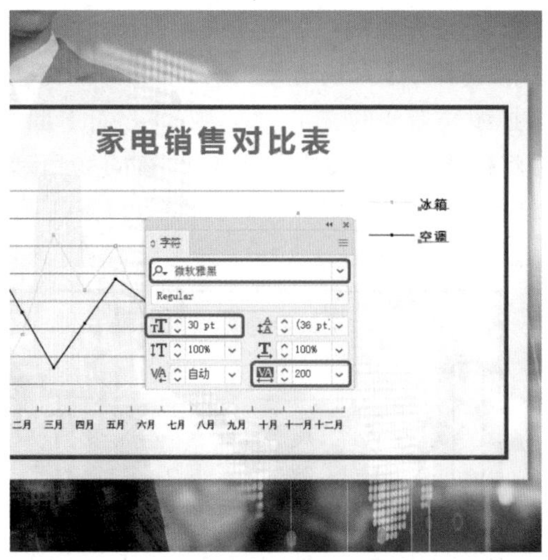

图 7-141

09 使用【直接选择工具】 在画板中选择所有的数据点，如图 7-142 所示。

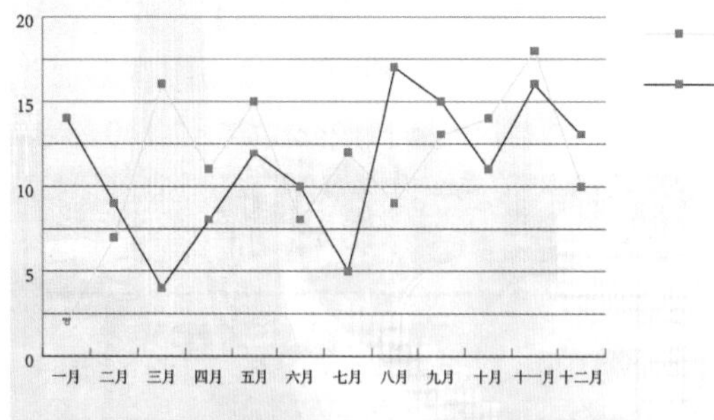

图 7-142

10 在菜单栏中选择【效果】|【转换为形状】|【椭圆】命令，如图 7-143 所示。

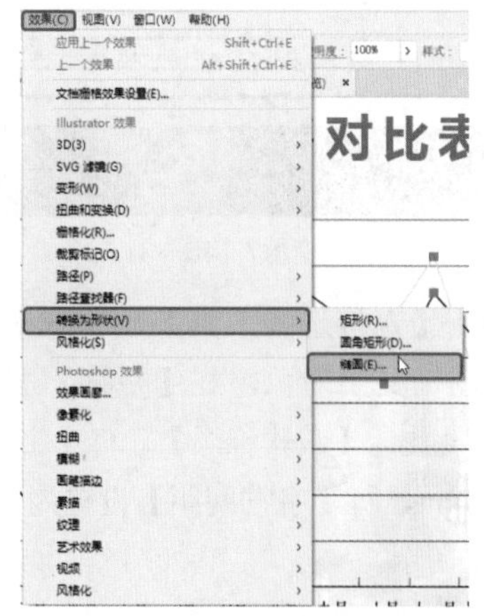

图 7-143

11 在弹出的对话框中选中【绝对】单选按钮，将【宽度】、【高度】均设置为 0.4cm，如图 7-144 所示。

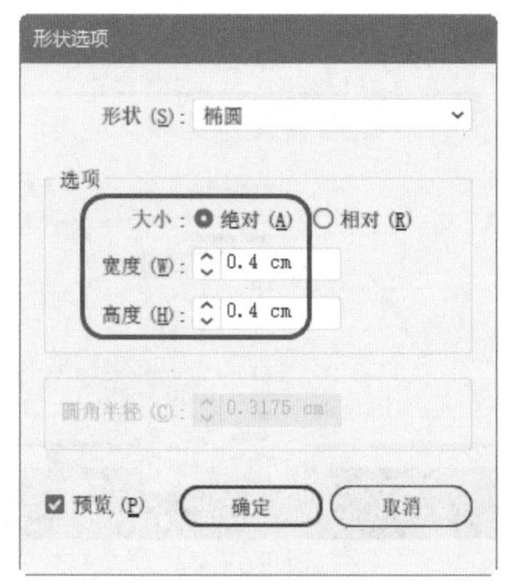

图 7-144

12 设置完成后，单击【确定】按钮，在工具箱中单击【编组选择工具】 ，在黑色圆形上单击三次，选中黑色的数据点，在【颜色】面板中将【填色】设置为 #ff3c38，将【描边】设置为无，如图 7-145 所示。

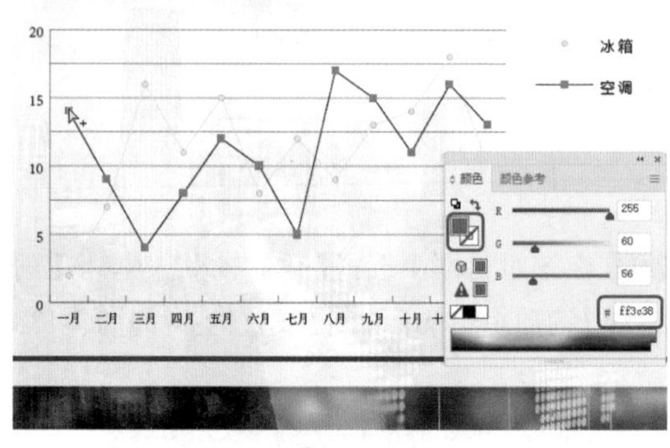

图 7-145

13 使用【编组选择工具】在画板中单击三次黑色的颜色条，选中黑色的颜色条，在【颜色】面板中将【描边】设置为 #ff3c38，在【描边】面板中将【粗细】设置为 3pt，如图 7-146 所示。

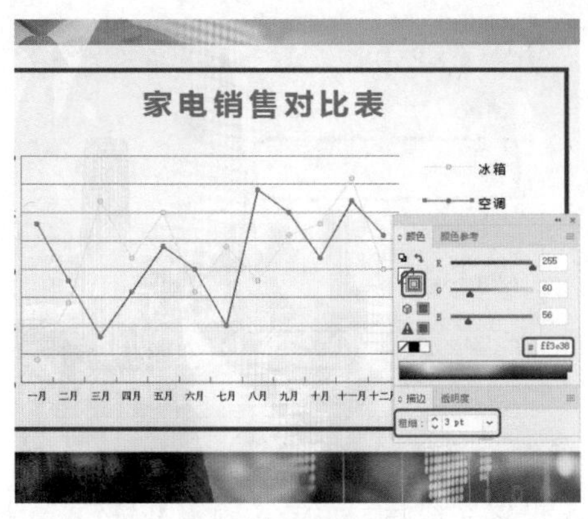

图 7-146

14 使用【编组选择工具】在灰色圆形上单击 3 次，选中灰色的数据点，在【颜色】面板中将【填色】设置为 #7cc7c6，将【描边】设置为无，如图 7-147 所示。

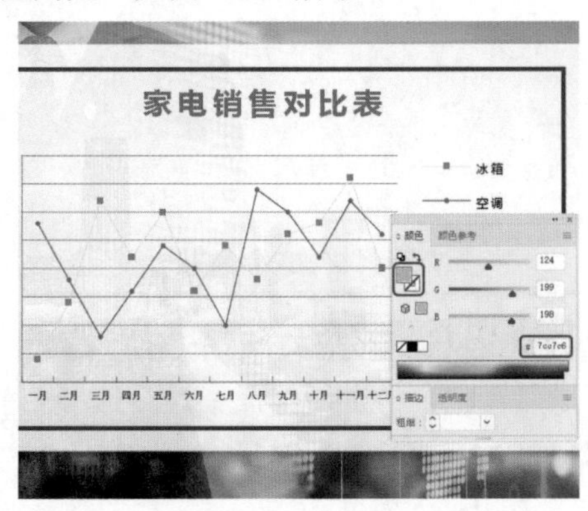

图 7-147

15 使用【编组选择工具】在画板中单击 3 次灰色的颜色条，选中灰色的颜色条，在【颜色】面板中将【描边】设置为 #7cc7c6，在【描边】面板中将【粗细】设置为 3pt，如图 7-148 所示。

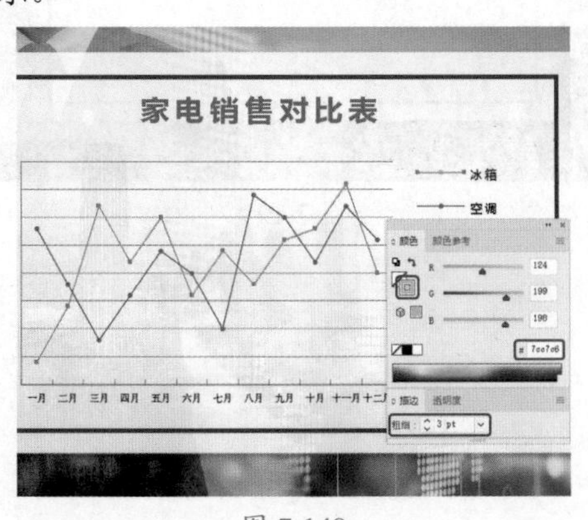

图 7-148

16 使用【直接选择工具】在画板中对数据表的刻度线进行调整，如图 7-149 所示。

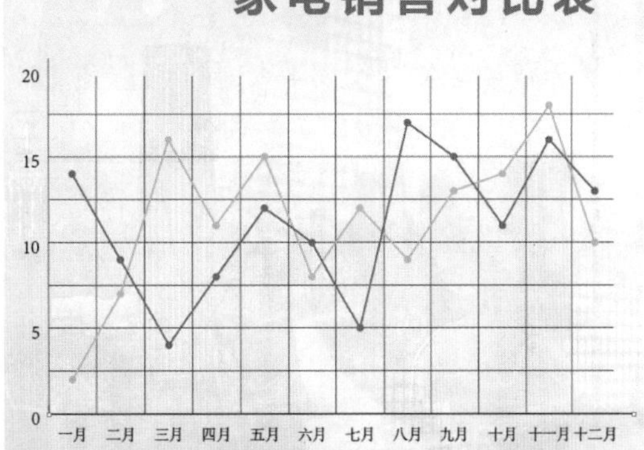

图 7-149

17 使用【直接选择工具】在画板中选择所有的刻度线，在【颜色】面板中将【描边】设置为 #c6b298，在【描边】面板中将【粗细】设置为 2pt，如图 7-150 所示。

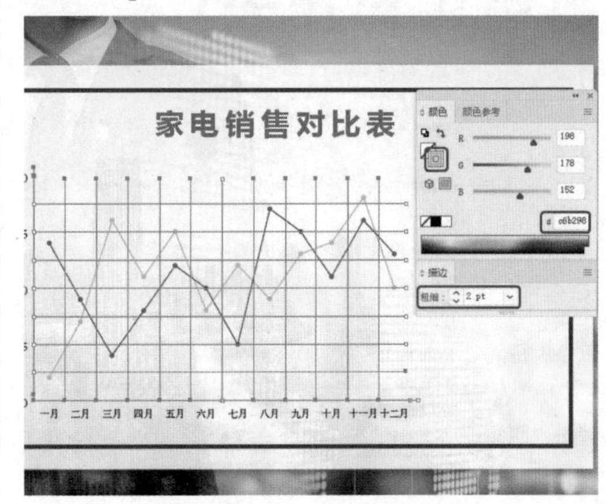

图 7-150

18 在工具箱中单击【钢笔工具】，在画板中绘制一个三角形，选中绘制的图形，在【属性】面板中将【填色】设置为 #c6b298，将【描边】设置为无，并在画板中调整该图形的位置，如图 7-151 所示。

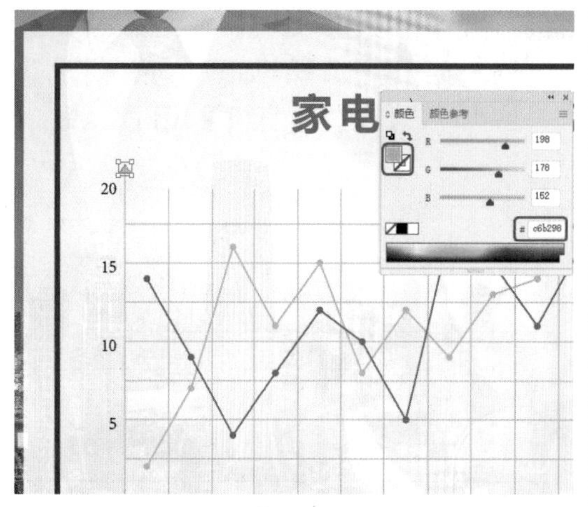

图 7-151

19 选中绘制的三角形，按 Ctrl+C 组合键进行复制，按 Ctrl+V 组合键进行粘贴，选中粘贴后的对象，右击鼠标，在弹出的快捷菜单中选择【变换】|【旋转】命令，如图 7-152 所示。

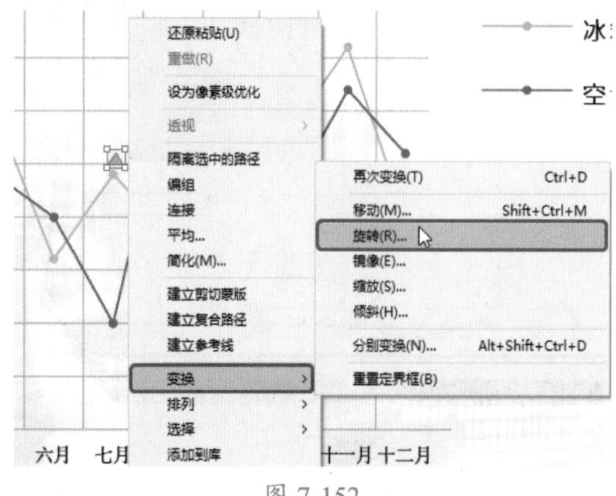

图 7-152

20 在弹出的对话框中将【角度】设置为 - 90°，如图 7-153 所示。

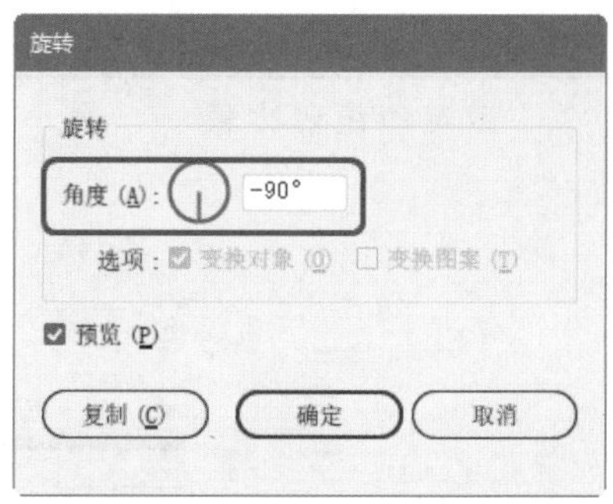

图 7-153

21 设置完成后，单击【确定】按钮，调整旋转对象的位置，如图 7-154 所示。

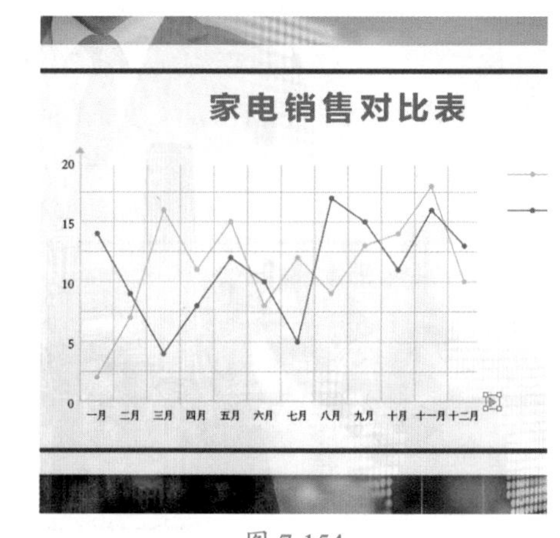

图 7-154

22 至此，家电销售对比表就制作完成了，效果如图 7-155 所示。

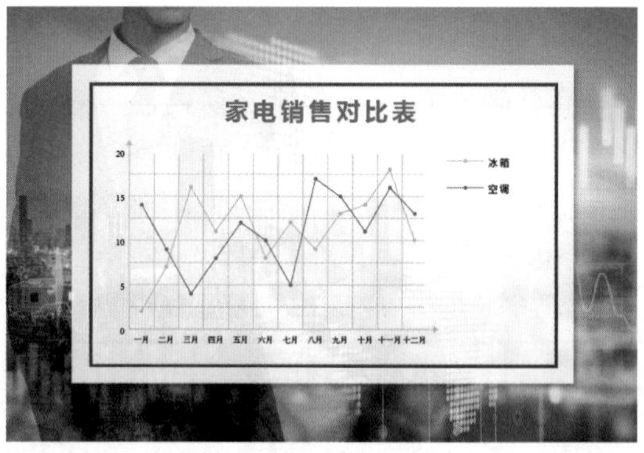

图 7-155

第 8 章

汽车海报设计——外观、图形样式和图层

本章导读：

在 Illustrator 中，用户可以通过【图层】面板对图层进行操作及管理。在制作复杂的图形对象时，使用图层将不同的内容进行放置，可以将管理对象变得更为简洁方便。同时本章还会对外观、图形样式进行简单的介绍。

【案例精讲】汽车海报设计

为了更好地完成本设计案例，现对制作要求及设计内容做如下规划，汽车海报设计效果如图 8-1 所示。

作品名称	汽车海报设计
作品尺寸	556px×742px
设计创意	海报背景采用跑车与城市夜景相呼应，呈现出炫酷效果，通过【文字工具】制作出海报的文本内容，在【图层】面板中选择汽车海报主标题和副标题，为文字添加渐变与投影效果
主要元素	（1）汽车背景。 （2）海报文字
应用软件	Illustrator CC
素材	素材 \Cha08\ 汽车背景 .jpg、Q1.png
场景	场景 \Cha08\【案例精讲】汽车海报设计 .ai
视频	视频教学 \Cha08\【案例精讲】汽车海报设计 .mp4
汽车海报设计效果欣赏	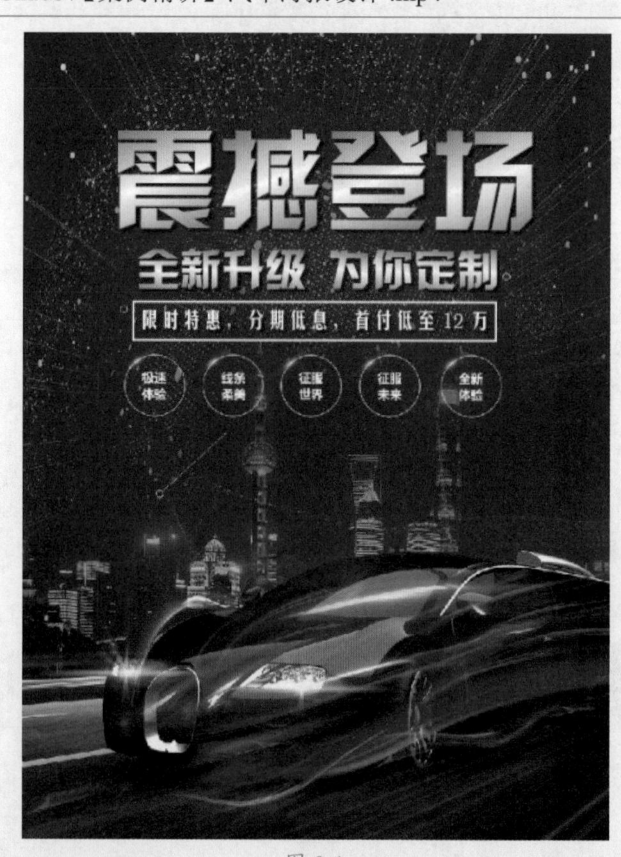 图 8-1

01 新建【宽】、【高】为 556px、742px 的文档，置入【素材 \Cha08\ 汽车背景 .jpg】素材文件，调整素材的大小及位置，在【属性】面板中单击【嵌入】按钮，如图 8-2 所示。

图 8-2

02 在工具箱中单击【文字工具】，输入文本，将【字体】设置为【汉仪菱心体简】，将【字体大小】设置为 100pt，将【字符间距】设置为 0，为了便于观察将【填色】设置为白色，如图 8-3 所示。

图 8-3

03 使用【文字工具】输入文本，将【字体】设置为【汉仪菱心体简】，【字体大小】设置为 40pt，将【字符间距】设置为 0，为了便于观察将【填色】设置为白色，如图 8-4 所示。

图 8-4

04 在【图层】面板中选择输入的文本图层，在文本上右击鼠标，在弹出的快捷菜单中选择【创建轮廓】命令，如图 8-5 所示。

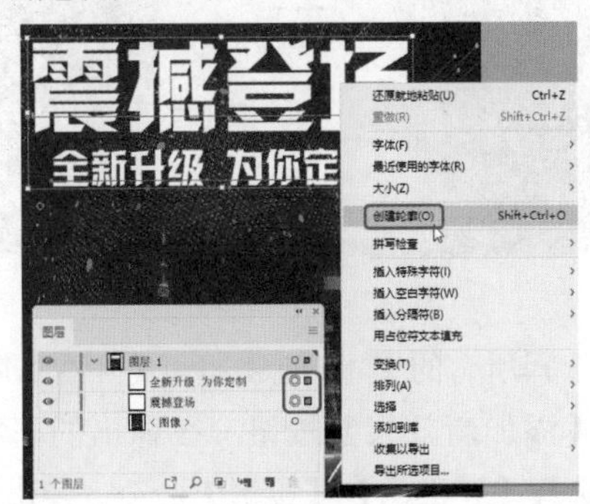

图 8-5

05 在文本上右击鼠标，在弹出的快捷菜单中选择【取消编组】命令。选择【震撼登场】文本图层，在【渐变】面板中将填色的【类型】设置为【线性渐变】，将左侧色标的颜色值设置为 #7B7B7B，在 50% 位置处添加一个色标，将其颜色值设置为 #FFFFFF；将右侧色标的颜色值设置为 #878787，将【角度】设置为－71°，如图 8-6 所示。

图 8-6

06 选择【全新升级 为你定制】文本，单击工具箱中的【吸管工具】，拾取【震撼登场】文本的渐变色，在【渐变】面板中将【角度】设置为 - 100°，如图 8-7 所示。

图 8-7

07 选择所有的文本对象，打开【外观】面板，单击【添加新效果】按钮，在弹出的下拉菜单中选择【风格化】|【投影】命令，弹出【投影】对话框，将【模式】设置为【正片叠底】，将【不透明度】、【X 位移】、【Y 位移】、【模糊】分别设置为 65%、3px、3px、1px，将【颜色】设置为黑色，单击【确定】按钮，如图 8-8 所示。

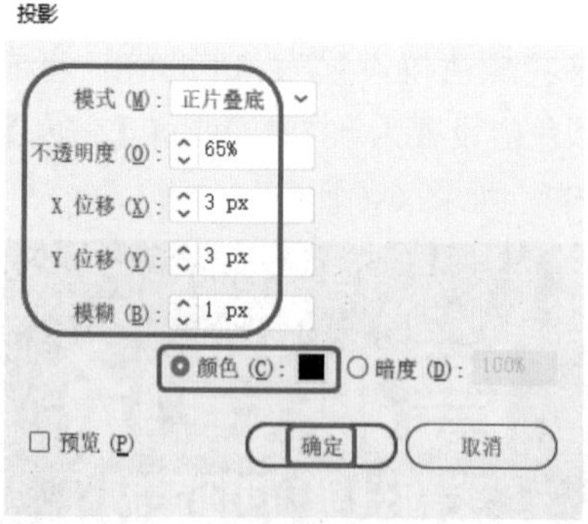

图 8-8

08 在工具箱中单击【矩形工具】，在画板中绘制一个矩形，在【变换】面板中将【宽】、【高】分别设置为 340px、35px，将【填色】设置为无，将【描边】设置为白色，将描边【粗细】设置为 2pt，如图 8-9 所示。

图 8-9

09 使用【文字工具】输入文本，将【字体】设置为【汉仪长美黑简】，【字体大小】设置为 20pt，【字符间距】设置为 0，【填色】设置为白色，如图 8-10 所示。

图 8-10

10 打开【外观】面板，单击【添加新效果】按钮，在弹出的下拉菜单中选择【风格化】|【投影】命令，弹出【投影】对话框，将【模式】设置为【正片叠底】，将【不透明度】、【X 位移】、【Y 位移】、【模糊】分别设置为 75%、3px、3px、1px，将【颜色】设置为黑色，单击【确定】按钮，如图 8-11 所示。

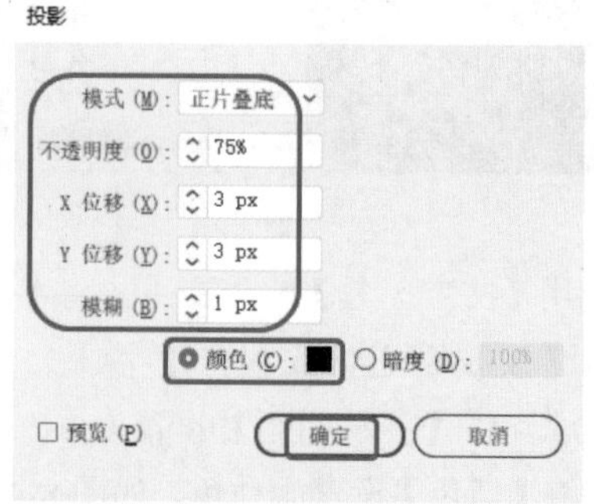

图 8-11

11 置入【素材 \Cha08\Q1.png】素材文件，并调整对象的大小及位置，在【属性】面板中单击【嵌入】按钮，如图 8-12 所示。

图 8-12

12 在【透明度】面板中将【混合模式】设置为【滤色】，调整对象的位置，如图 8-13 所示。

图 8-13

8.1 外观与图形样式

在制作案例时，往往会通过【外观】面板添加特效，本节讲解外观与图形样式的使用方法。

8.1.1 编辑图形的外观属性

在新建对象后，希望继承外观属性或至具有基本外观，若要将新对象只应用单一的【填充】和【描边】效果，可以单击【外观】面板右上方的≡按钮，在打开的下拉菜单中选择【新建图稿具有基本外观】命令，如图 8-14 所示。

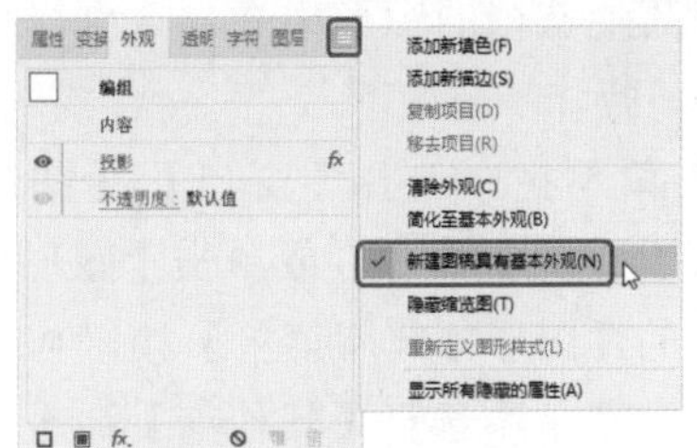

图 8-14

要通过拖动复制或移动外观属性，在【外观】面板中，选择要复制其外观的对象或组，也可以在【图层】面板中定位到相应的图层，进行下列操作。

01 将【外观】面板顶部的缩览图拖曳到要复制外观属性的对象上。若没有显示缩览图，可单击【外观】面板右上方的≡按钮，在打开的下拉菜单中选择【显示缩览图】命令，如图 8-15 所示。

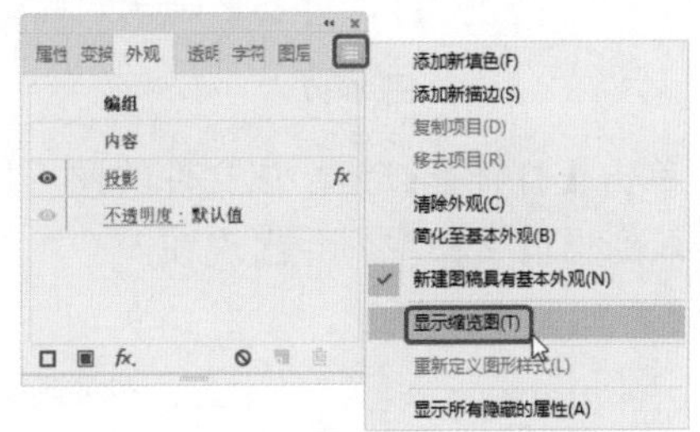

图 8-15

02 按住 Alt 键，将【图层】面板中的要复制外观属性的对象的定位图标○或●拖动到要复制的项目按钮○或●上，可复制外观属性。

03 若要移动外观属性，将使用【图层】面板中的要复制外观属性的对象的定位图标○或● 拖动到要复制的项目的○或●图标上，如图 8-16 所示。

图 8-16

8.1.2 从其他文档中导入图形样式

将其他文档的图形样式导入到当前文档中使用，操作步骤如下。

01 在菜单栏中选择【窗口】|【图形样式库】|【其他库】命令，或单击【图形样式】面板中的【图形样式库菜单】按钮，在弹出的下拉菜单中选择【其他库】命令，在弹出的【选择要打开的库】对话框中选择要从中导入图形样式的文件，如图 8-17 所示。

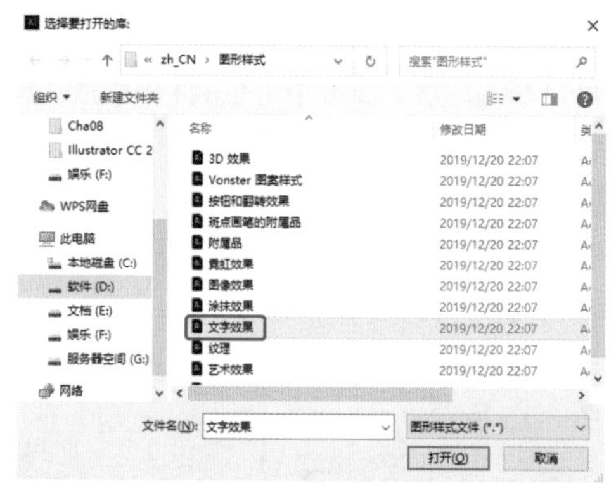

图 8-17

02 单击【打开】按钮，该文件的图形样式将导入到当前文档中，并出现在一个单独的面板中，如图 8-18 所示。

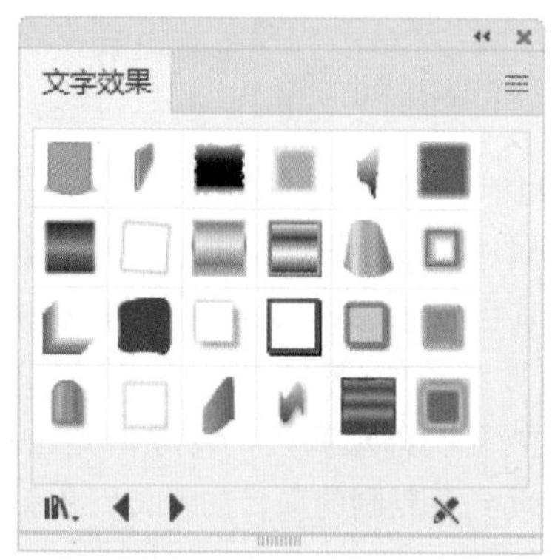

图 8-18

8.1.3 新建图形样式

使用图形样式可以快速更改对象的外观，包括填色、描边、透明度与效果。应用图形样式可以明显地提高绘图效率，可以将图形样式应用于对象、组和图层。将图形样式应用于组或图层时，组和图层内的所有对象都具有图形样式的属性；但若将对象移出该图层，将恢复其原有的对象外观。

在【图形样式】面板中，提供了一些默认的图形样式，用户也可以自己创建图形样式。

创建图形样式时，可以选择一个对象并对其应用任意外观属性组合，包括填色、描边、不透明度或效果，在【外观】面板中调整和排列外观属性，并创建多种填充和描边。例如，在一种图形样式中包含有多种填充、每种填充均带有不同的不透明度和混合模式，可以进行下列操作。

◎ 选择绘制的图形，单击【图形样式】面板中的【新建图形样式】按钮，如图 8-19 所示，将该样式存储到【图形样式】面板中，如图 8-20 所示。

图 8-19

图 8-20

◎ 单击【图形样式】面板右上方的≡按钮，在打开的下拉菜单中选择【新建图形样式】命令，如图 8-21 所示，或按住 Alt 键单击【图形样式】面板中的【新建图形样式按钮】，打开【图形样式选项】

对话框，如图 8-22 所示，单击【确定】按钮，将该样式添加为图形样式。

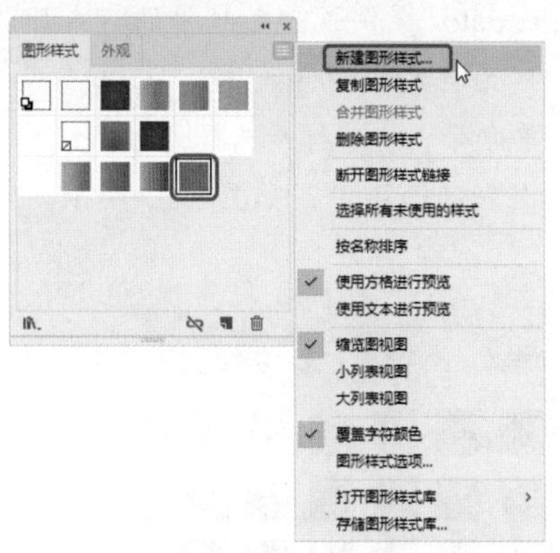

图 8-21

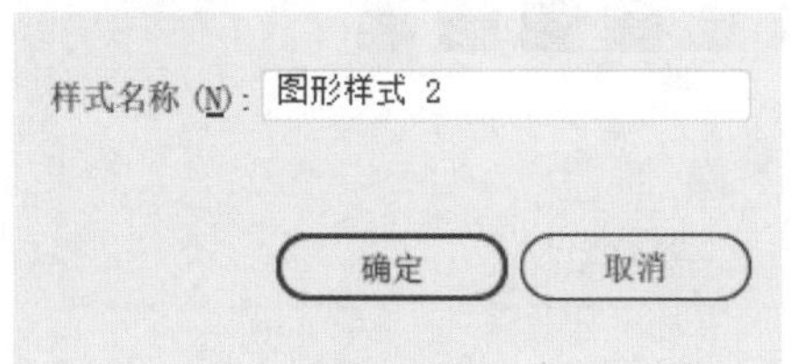

图 8-22

◎ 将【外观】面板中的对象缩览图拖动到【图形样式】面板中，如图 8-23 所示；将该样式存储到【图形样式】面板中，如图 8-24 所示。

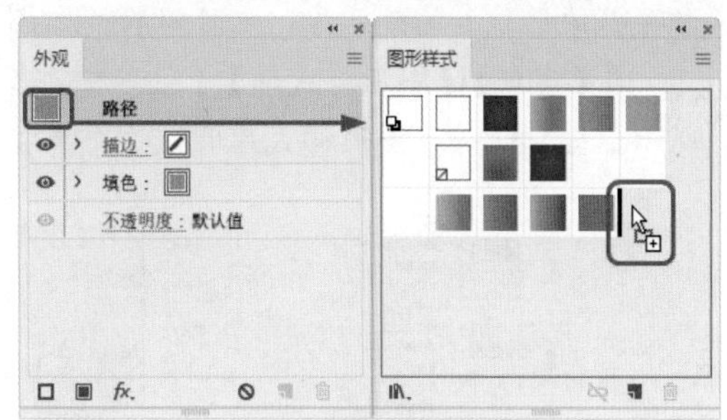

图 8-23

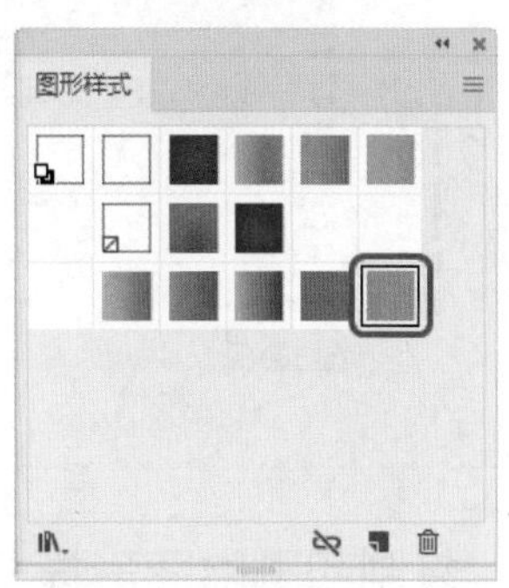

图 8-24

知识链接：认识与应用【图形样式】面板

【图形样式】面板用来创建、命名和应用外观属性。在菜单栏中选择【窗口】|【图形样式】命令，打开【图形样式】面板，如图 8-25 所示，其中选项介绍如下。

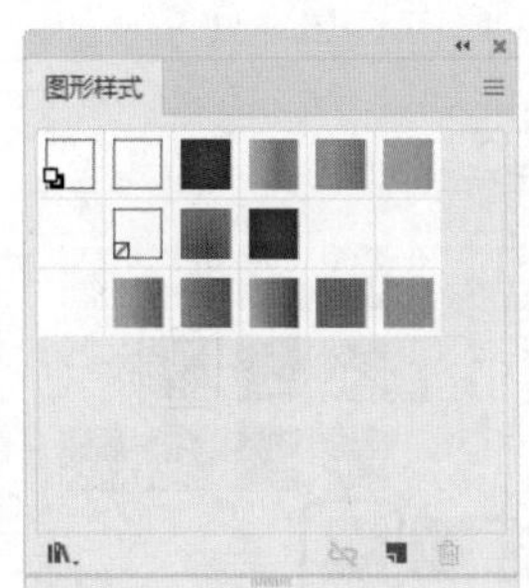

图 8-25

◎ 【默认图形样式】：单击该按钮，可以将当前选择的对象设置为默认的基本样式，即黑色描边和白色填充。

◎ 【图形样式库菜单】：单击该按钮，可在打开的下拉菜单中选择一个图形样式库。

◎ 【断开图形样式链接】：用来断开当前对象使用的样式与面板中样式的链接。断开链接后，可单独修改应用于对象的样式，而不会影响面板中的样式。

◎ 【新建图形样式】：可以将当前对象的样式保存到【图形样式】面板中。

◎ 【删除图形样式】：选择面板中的图形样式后，单击该按钮，可将选中的图形样式删除。

【图形样式】库是一组预设的图形样式集合。Illustrator 提供了一定数量的样式库。读者可以使用预置的样式库，也可以将多个图形样式创建为自定义的样式库。

在【窗口】|【图形样式库】子菜单中，选择一个菜单命令，即可打开选择的库，如图 8-26 所示。当打开一个图形样式库时，这个库将打开在一个新的面板中，如图 8-27 所示。

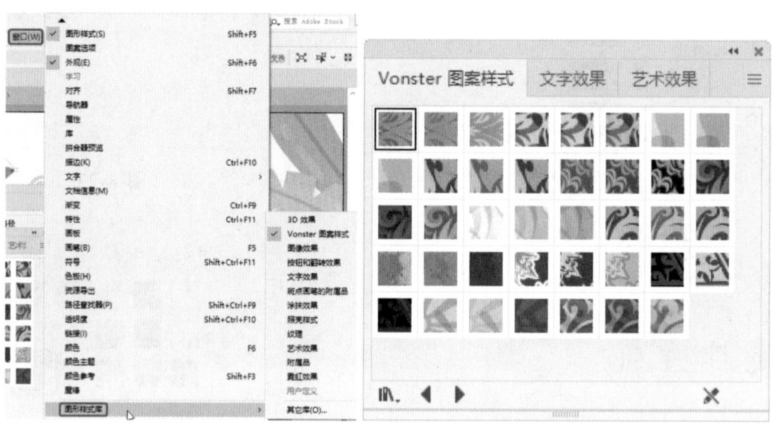

图 8-26　　图 8-27

8.1.4　复制和删除图形样式

下面介绍如何复制和删除图形样式。

1. 复制图形样式

◎ 在【图形样式】面板中选择需要复制的图形样式，并将其拖曳到【新建图形样式】按钮 处，如图 8-28 所示；复制出图形样式，如图 8-29 所示。

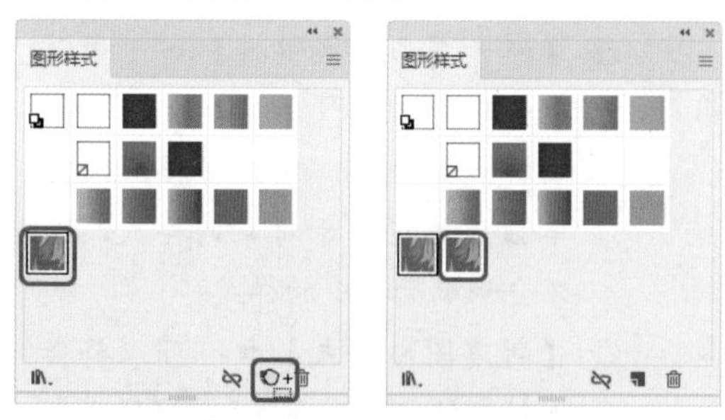

图 8-28　　图 8-29

◎ 在【图形样式】面板中选择需要复制的图形样式，在面板的右上角单击≡按钮，在弹出的下拉菜单中选择【复制图形样式】命令，如图 8-30 所示。复制出图形样式，如图 8-31 所示。

图 8-30

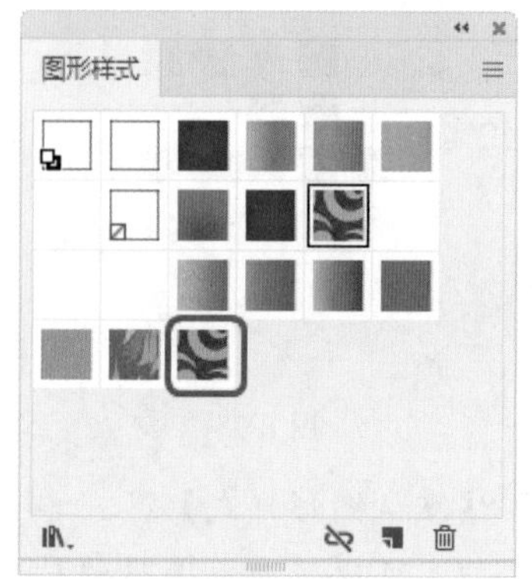

图 8-31

2. 删除图形样式

删除图形样式有 3 种方法，下面分别对其进行介绍。

◎ 拖曳需要删除的图形样式至【删除图形样式】按钮上，删除图形样式，如图 8-32 所示。

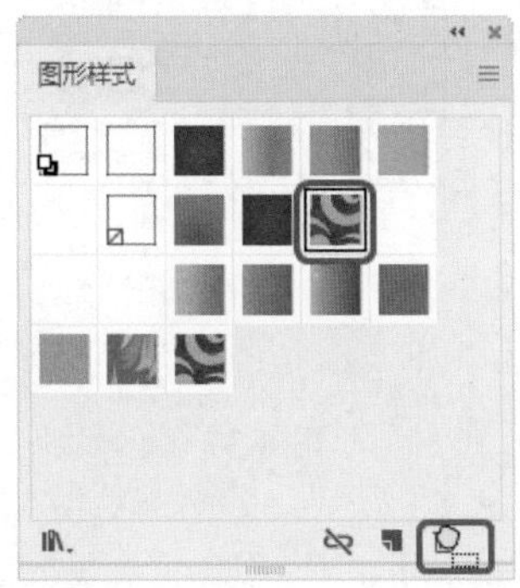

图 8-32

◎ 选择需要删除的图形样式，单击【图形样式】面板底部的【删除图形样式】按钮，删除图形样式。

◎ 选择需要删除的图形样式，在【图形样式】面板的右上角单击≡按钮，在弹出的下拉菜单中选择【删除图形样式】命令，如图 8-33 所示。

图 8-33

8.2 图层的创建与管理

当设计内容比较复杂、设计对象较多时，【图层】面板可以单独对每一个图层内的图形进行编辑和修改，还可以重新安排图层顺序，灵活有效地管理对象，提高工作效率。

8.2.1 复制、删除和合并图层

在【图层】面板中，通过选择该图形所在的图层，复制出多个图层，就可以复制出多个相同的图形。

1. 复制图层

01 按 Ctrl+O 组合键，打开【素材 \Cha08\001.ai】素材文件，在【图层】面板中选择如图 8-34 所示的图层。

图 8-34

02 在【图层】面板中，将需要复制的图层拖曳至【创建新图层】按钮上，如图 8-35 所示。

图 8-35

03 即可复制该图层。将复制后得到的图层调整至【图层】面板最上方，在画板中调整该对象的位置，如图 8-36 所示。

图 8-36

除了上述方法之外，用户还可以在【图层】面板中选择要复制的图层，单击【图层】面板右上角的≡按钮，在弹出的下拉菜单中选择【复制“<编组>”】命令，如图 8-37 所示，执行该操作后，即可将选中的图层进行复制。

图 8-37

提示：如果在拖动调整图层的排列顺序时，按住键盘上的 Alt 键，光标会显示为⊕状，如图 8-38 所示。当光标到达需要的位置后，放开鼠标，可以复制图层并将复制所得图层调到指定的位置，如图 8-39 所示。

图 8-38

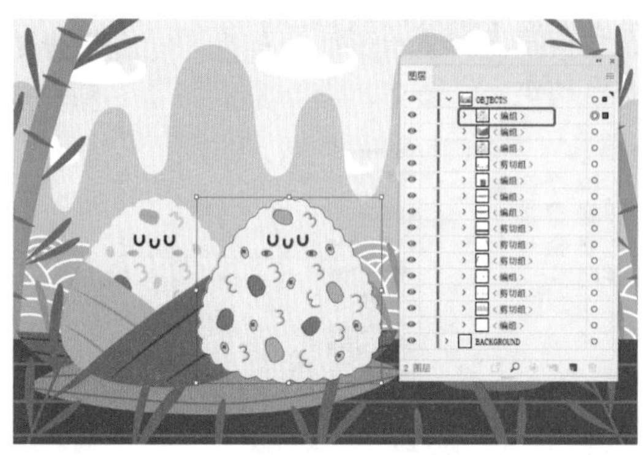

图 8-39

2. 删除图层

在删除图层时，会同时删除图层中的所有对象，例如，如果删除了一个包含子图层、组、路径和剪切组的图层，那么，所有这些对象会随图层一起被删除。删除子图层时，不会影响图层和图层中的其他子图层。

如果要删除某个图层或组，首先在【图层】面板中选择要删除的图层或组，然后单击【删除所选图层】按钮🗑，即可删除选择的图层；也可以将图层拖曳至【删除所选图层】按钮🗑上，如图 8-40 所示，释放鼠标后，即可将选中的图层删除。

图 8-40

除此之外，用户还可以在【图层】面板中选择要删除的图层，单击【图层】面板右上角的≡按钮，在弹出的下拉菜单中选择【删除“< 编组 >”】命令，如图 8-41 所示，执行该操作后，即可将选中的图层删除。

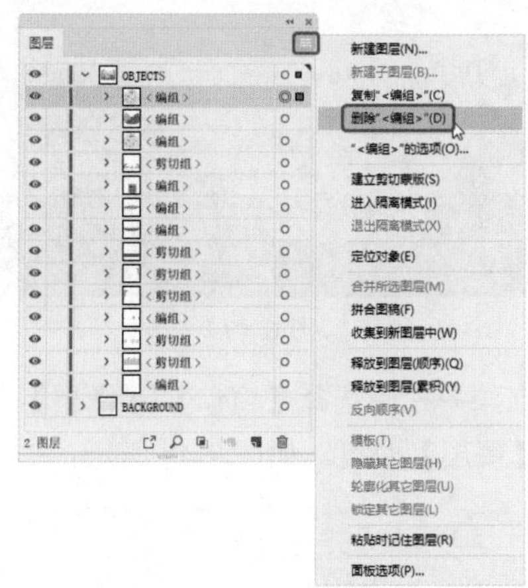

图 8-41

3. 合并图层

合并图层的功能与拼合图层的功能类似，二者都可以将对象、群组和子图层合并到同一图层或群组中。而使用拼合功能，则只能将图层中的所有可见对象合并到同一图层中。无论使用哪种功能，图层的排列顺序都保持不变，但其他的图层级属性将不会保留，例如，剪切蒙版。

在合并图层时，图层只能与【图层】面板中相同层级上的其他图层合并，而子图层也只能与相同层级的其他子图层合并。

01 继续上面的操作，在【图层】面板中选择要合并的图层，单击【图层】面板右上角的≡按钮，在弹出的下拉菜单中选择【合并所选图层】命令，如图 8-42 所示。

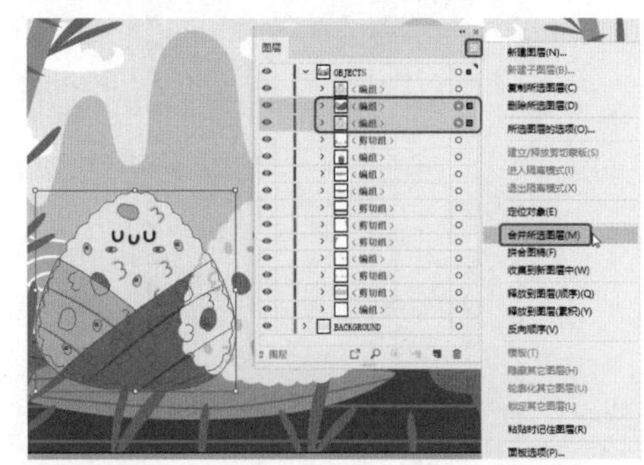

图 8-42

02 执行该操作后，即可将选中的图层进行合并，合并后的效果如图 8-43 所示。

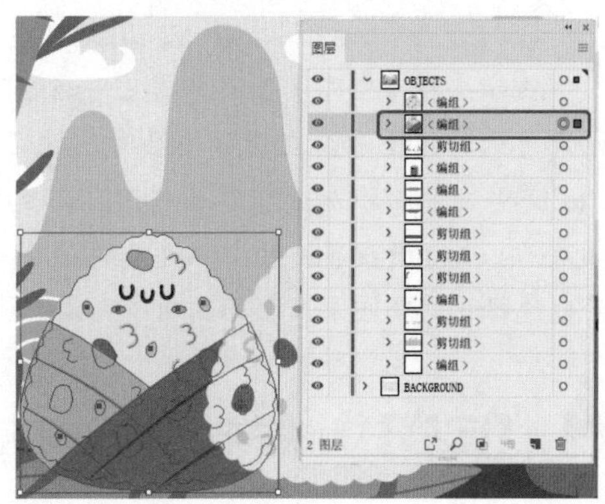

图 8-43

03 拼合图层是将所有的图层全部拼合成一个图层。首先选择图层，单击【图层】面板右上角的≡按钮，在弹出的下拉菜单中选择【拼合图稿】命令，如图 8-44 所示。

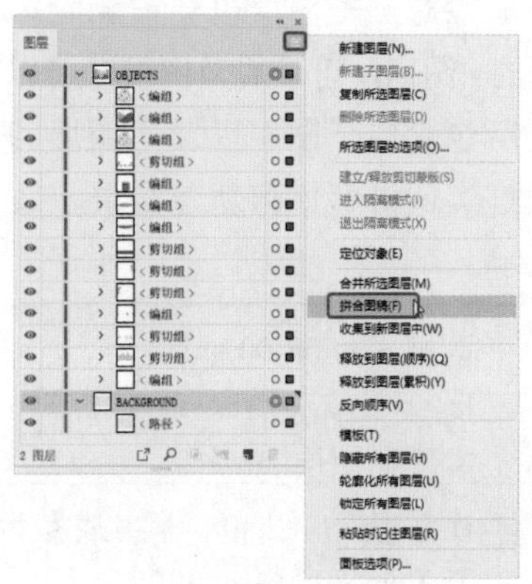

图 8-44

04 执行该操作后，即可完成拼合图稿，【图层】面板效果如图 8-45 所示。

图 8-45

提示：在【图层】面板中单击一个图层即可选择该图层。在选择图层时，按住 Ctrl 键单击可以添加或取消选择不连续的图层；按住 Shift 键单击两个不连续的图层，可以选择这两个图层及之间的所有图层。

【实战】为端午节文本新建图层

在创建一个新的 Illustrator 文件后，Illustrator 会自动创建一个图层即【图层 1】；在绘制图形后，便会添加一个子图层，即子图层包含在图层之内。对图层进行隐藏、锁定等操作时，子图层也会同时被隐藏和锁定；将图层删除时，子图层也会被删除。单击图层前面的 › 图标，可以展开图层，可以查看到该图层所包含的子图层以及子图层的内容。下面通过实例讲解如何新建图层，效果如图 8-46 所示。

素材	素材 \Cha08\002.ai
场景	场景 \Cha08\【实战】为端午节文本新建图层 .ai
视频	视频教学 \Cha08\【实战】为端午节文本新建图层 .mp4

图 8-46

01 按 Ctrl+O 组合键，打开【素材 \Cha08\002.ai】素材文件，单击【打开】按钮，如图 8-47 所示。

图 8-47

02 在菜单栏中选择【窗口】|【图层】命令，打开【图层】面板，如图 8-48 所示。

图 8-48

知识链接：【图层】面板

在【图层】面板中可以创建新的图层，然后将图形的各个部分放置在不同的图层上，每个图层上的对象都可以单独编辑和修改，所有的图层相互堆叠。如图 8-49 所示为图稿效果，如图 8-50 所示为【图层】面板。

图 8-49

图 8-50

在【图层】面板中可以选择、隐藏、锁定对象，以及修改图稿的外观；通过【图层】面板可以有效地管理复杂的图形对象，简化制作流程，提高工作效率。在菜单栏中选择【窗口】|【图层】命令，可以打开【图层】面板，面板中列出了当前文档中所有的图层，如图 8-51 所示。

◎ 【图层颜色】：默认情况下，Illustrator 会为每一个图层指定一个颜色，最多可指定 9 种颜色。此颜色会显示在图层名称的旁边，当选择一个对象后，它的定界框、路径、锚点及中心点也会显示与此相同的颜色。如图 8-52 所示为选择的图形效果和【图层】面板。

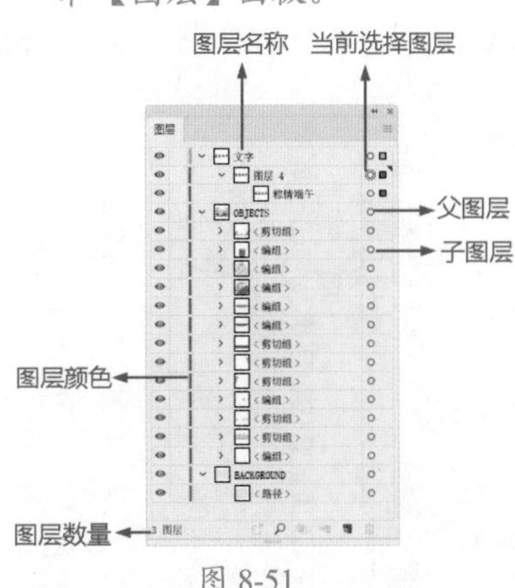

图 8-51

图 8-52

◎ 【图层名称】：显示了图层的名称，当图层中包含子图层或者其他项目时，图层名称的左侧会出现一个 › 三角形，单击三角形可展开列表，显示出图层中包含的项目；再次单击三角形，可隐藏项目；如果没有出现三角形，则表示图层中不包含其他的任何项目。

◎【建立/释放剪切蒙版】：用来创建剪切蒙版。

◎【创建新子图层】：单击该按钮，可以新建一个子图层。

◎【创建新图层】：单击该按钮，可以新建一个图层。

◎【删除所选图层】：用来删除当前选择的图层。如果当前图层中包含子图层，则子图层也会被同时删除。

03 如果要在当前选择的图层之上添加新图层，单击【图层】面板上的【创建新图层】按钮，可创建一个新的图层，将其命名为【文字】，如图 8-53 所示。

图 8-53

04 要在当前选择的图层内创建新子图层，可以单击【图层】面板上的【创建新子图层】按钮，完成后的【图层】面板如图 8-54 所示。

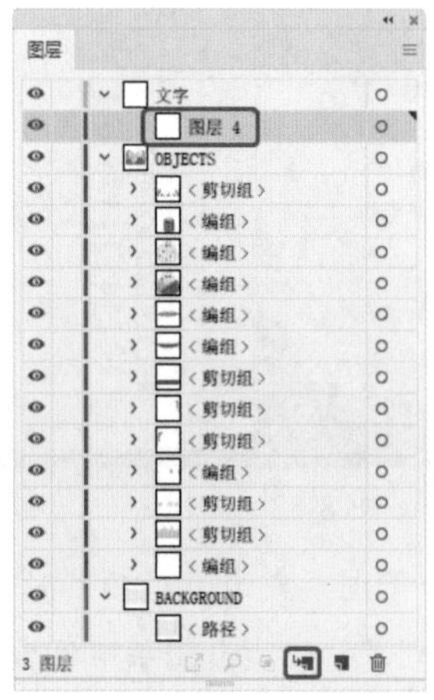

图 8-54

05 在工具箱中单击【文字工具】，在画板中单击鼠标，输入文字，选中输入的文字，在【属性】面板中将【字体】设置为【方正启笛繁体】，将【字体大小】设置为 100pt，将【水平缩放】设置为 110%，将【字符间距】设置为 0，将【填色】设置为 #128765，将【描边】设置为无，如图 8-55 所示。

图 8-55

06 在【图层】面板中观察图层效果，如图 8-56 所示。

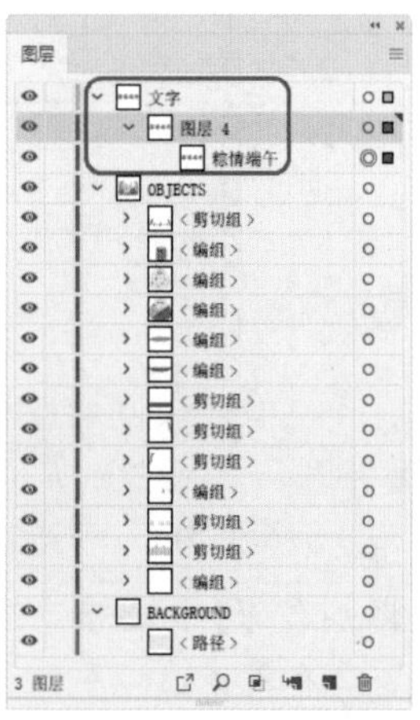

图 8-56

提示：如果按住 Ctrl 键单击【创建新图层】按钮，则可以在【图层】面板的顶部新建一个图层。如果按住 Alt 键单击【创建新图层】按钮，则弹出【图层选项】对话框，在对话框中可以修改图层的名称、设置图层的颜色。

8.2.2 设置图层选项

在输出打印时，可以通过设置【图层选项】对话框，只打印需要的图层，对不需要的图层进行设置。

01 继续上面的操作，在【图层】面板中选择【文字】图层，在菜单栏中选择【窗口】|【图层】命令，打开【图层】面板，单击该面板右上角的≡按钮，在下拉菜单中选择【“文字”的选项】命令，如图 8-57 所示。

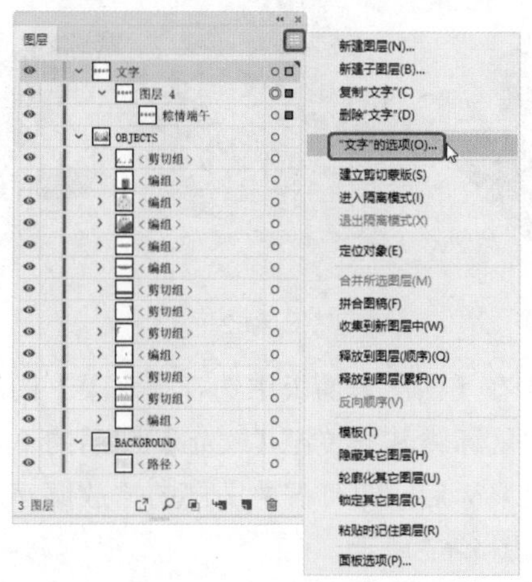

图 8-57

02 执行该操作后，即可弹出【图层选项】对话框，如图 8-58 所示。

图层选项
名称 (N)：文字
颜色 (C)：绿色
模板 (T) 锁定 (L)
显示 (S) 打印 (P)
预览 (V) 变暗图像至 (D)：50%
确定 取消

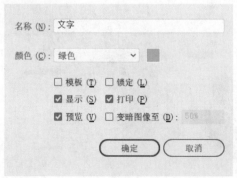

图 8-58

在【图层选项】对话框中，可以修改图层名称、颜色和其他选项，各选项介绍如下。

◎ 【名称】：可输入图层的名称。在图层数量较多的情况下，为图层命名可以更加方便地查找和管理对象。

◎ 【颜色】：在该选项的下拉列表中可以为图层选择一种颜色，也可以双击选项右侧的颜色块，弹出【颜色】对话框，在该对话框中设置颜色。默认情况下，Illustrator 会为每一个图层指定一种颜色，该颜色将显示在【图层】面板图层缩览图的前面，在选择该图层中的对象时，所选对象的定界框、路径、锚点及中心点也会显示与此相同的颜色。

◎ 【模板】：选择该选项，可以将当前图层创建为模板图层。模板图层前会显示图标，图层的名称为倾斜的字体，并自动处于锁定状态，如图 8-59 所示。模板能被打印和导出。取消该选项的选择时，可以将模板图层转换为普通图层。

◎ 【显示】：选择该选项，当前图层为可见图层，取消选择时，则隐藏图层。

◎ 【预览】：选择该选项时，当前图层中的对象为预览模式，图层前会显示图标，取消选择时，图层中的对象为轮廓模式，图层前会显示图标。

◎ 【锁定】：选择该选项，可将当前图层锁定。

◎ 【打印】：选择该选项，可打印当前图层。如果取消选择，则该图层中的对象不能被打印，图层的名称也会变为斜体，如图 8-60 所示。

图 8-59 　　图 8-60

◎ 【变暗图像至】：选择该选项，然后再输入一个百分比值，可以淡化当前图层中图像和链接图像的显示效果。该选项只对位图有效，矢量图形不会发生任何化。这一功能在描摹位图图像时十分有用。

【实战】调整图层的排列顺序

在【图层】面板中，图层的排列顺序，与在画板中创建图像的排列顺序是一致的：在【图层】面板中顶层的对象，在画板中则排列在最上方；在最底层的对象，在画板中则排列在最底层。同一图层中的对象也是按照该结构进行排列的，效果如图 8-61 所示。

图 8-61

素材	素材 \Cha08\003.ai
场景	场景 \Cha08\【实战】调整图层的排列顺序 .ai
视频	视频教学 \Cha08\【实战】调整图层的排列顺序 .mp4

01 按 Ctrl+O 组合键，打开【素材 \Cha08\003.ai】素材文件，单击【打开】按钮，如图 8-62 所示。

图 8-62

02 在【图层】面板中选择【水果】图层，按住鼠标将其拖曳至【文字】图层的下方，释放鼠标后，即可调整图层的排放顺序，效果如图 8-63 所示。

图 8-63

03 如果要反转图层的排列顺序，选择需要调整排列顺序的两个图层，单击【图层】面板右上角的≡按钮，在弹出的下拉菜单中选择【反向顺序】命令，如图 8-64 所示。

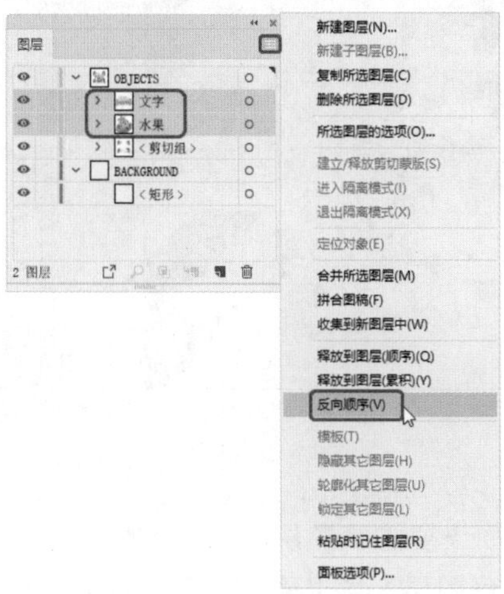

图 8-64

04 执行该操作后，即可执行反向顺序，完成后的【图层】面板效果如图 8-65 所示。

图 8-65

8.2.3 管理图层

图层用来管理组成图稿的所有对象。图层就像是结构清晰的文件夹，在这个文件夹中，包含了所有的图稿内容，可以在图层间移动对象，也可以在图层中创建子图层，如果重新调整了图层的顺序，就会改变对象的排列顺序，调整图层排列顺序后就会影响到对象的最终显示效果。

1. 选择图层及图层中的对象

通过图层可以快速、准确地选择比较难选择的对象，减少了选择对象的难度。

◎ 如果要选择单一的对象，可在【图层】面板中单击○图标，当该图标变为◎时，表示该图层被选中，如图 8-66 所示。

图 8-66

◎ 按住 Shift 键并单击其他子图层，可以添加选择或取消选择对象。如果要取消选择图层或群组中的所有对象，在画板的空白处单击鼠标，则所有的对象都不被选中，如图 8-67 所示。

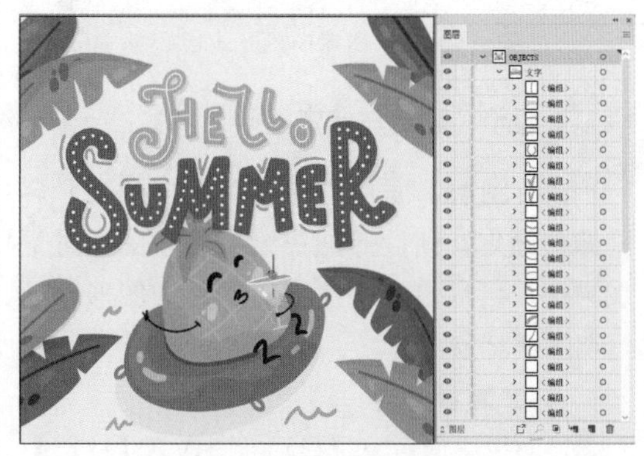

图 8-67

◎ 如果要在当前所选择对象的基础上，再选择其所在图层中的所有对象，在菜单栏中选择【选择】|【对象】|【同一图层上的所有对象】命令，即可选择该图层上的所有对象，如图 8-68 所示。执行该操作后，即可选择该图层上的所有对象，

如图 8-69 所示。

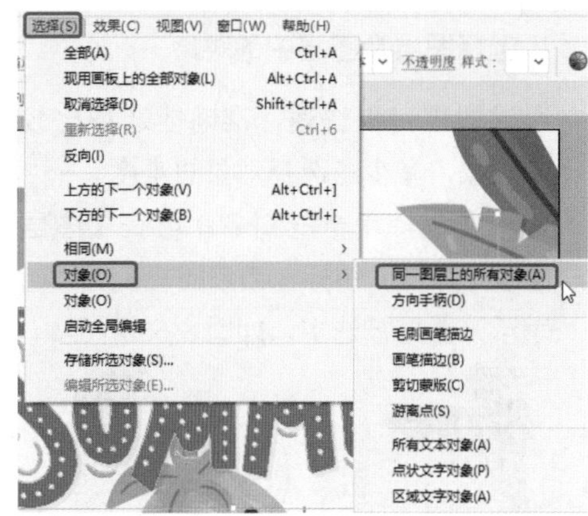

图 8-68

图 8-69

2. 显示、隐藏与锁定图层

在【图层】面板中通过对图层的显示、隐藏与锁定，使设计师在绘制复杂图像时更加方便，可以更加快速地绘制复杂图形以及选取某个对象。

（1）显示图层

当面板中的对象呈显示状态时，【图层】面板中该对象所在的图层缩览图前面会显示一个眼睛的图标，如图 8-70 所示为【图层】面板效果。

图 8-70

（2）隐藏图层

如果要隐藏图层，单击眼睛图标，可以隐藏图层；如果隐藏了图层或者群组，则图层或群组中所有的对象都会被隐藏，并且这些对象的缩览图前面的眼睛图标会显示为灰色，如图 8-71 所示为隐藏图层后的效果。

图 8-71

在处理复杂的图像时，将暂时不用的对象隐藏，这样可以减少不用图像的干扰，同时还可以加快屏幕的刷新速度。如果要显示图层，在原图标的位置再次单击即可。

> 提示：①隐藏所选对象。选择对象后，选择【对象】|【隐藏】|【所选对象】菜单命令，可以隐藏当前选择的对象。②隐藏上方所有图稿。选择一个对象后，选择【对象】|【上方所有图稿】菜单命令，可以隐藏图层中位于该对象上方的所有对象。③隐藏其他图层。选择【对象】|【隐藏】|【其他对象】菜单命令，可以隐藏所有未选择的图层。④显示全部。隐藏对象后，选择【对象】|【显示全部】菜单命令，可以显示所有被隐藏的对象。

（3）锁定图层

在【图层】面板中，单击一个图层的 图标右侧的方块，可以锁定图层。锁定图层后，该方块中会显示出一个 状图标。当锁定父图层时，可同时锁定其中的路径、群组和子图层。如图 8-72 所示为未锁定的【图层】面板效果，如图 8-73 所示为锁定后的【图层】面板效果。如果要解除锁定，单击 图标即可。

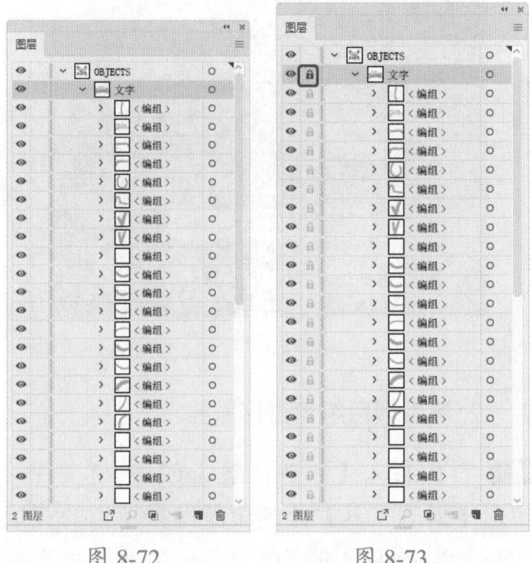

图 8-72　　图 8-73

在 Illustrator 中，被锁定的对象不能被选择和修改，但锁定的图层是可见的，并且能被打印出来。

提示：①锁定所选对象。如果要锁定选择的对象，选择【对象】|【锁定】|【所示对象】菜单命令即可。②锁定上方所有图稿。如果要锁定与所选对象重叠、且位于同一图层中的所有对象，可以选择【对象】|【锁定】|【其他图层】菜单命令。③锁定所有图层。如果要锁定所有图层，在【图层】面板中选择所有的图层，单击【图层】面板右上角的 按钮，在弹出的下拉菜单中选择【锁定所有图层】选项即可。

3. 更改【图层】面板的显示模式

更改【图层】面板中的显示模式，便于在处理复杂图像时，更加方便地选择对象；在实际操作中，往往只需切换个别对象的视图模式，此时可以通过【图层】面板进行设置，对显示模式进行切换。

更改图层显示模式的操作步骤如下。

01 打开【图层】面板，选择要进行操作的图层，如图 8-74 所示。

图 8-74

02 单击【图层】面板右上角的 按钮，在弹出的下拉菜单中选择【轮廓化其它图层】命令，如图 8-75 所示。

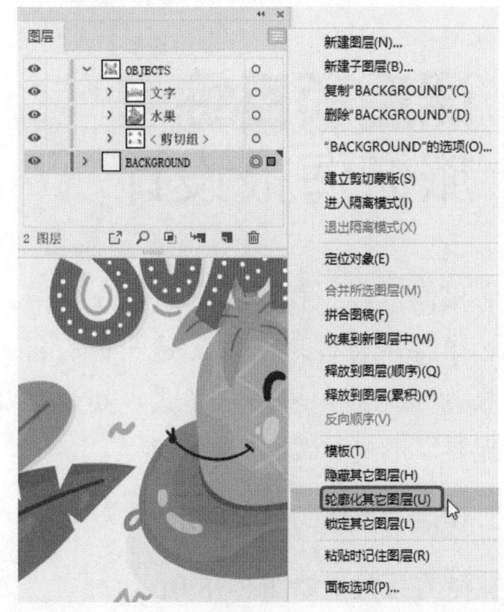

图 8-75

03 切换为轮廓模式的图层前的眼睛图标将变为◦状，切换为轮廓模式的【图层】面板效果如图 8-76 所示。

图 8-76

04 将图层转换为轮廓模式的效果，如图 8-77 所示。按住 Ctrl 键单击◦眼睛图标，可将对象切换为预览模式。

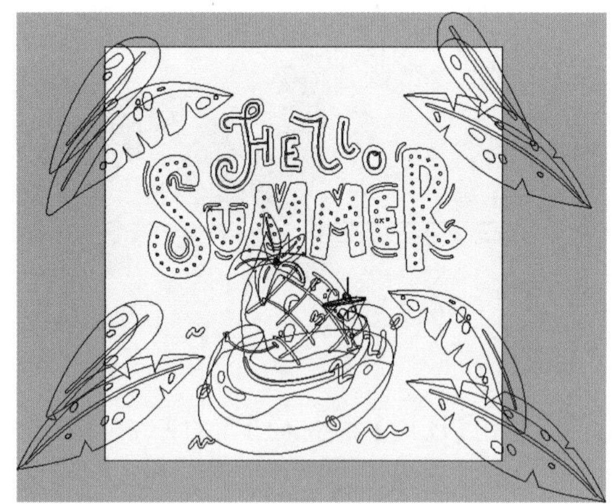

图 8-77

课后项目练习 旅游海报设计

海报同广告一样，具有向群众介绍某一物体、事件的特性，所以又是一种广告。海报是极为常见的一种招贴形式，其语言要求简明扼要，形式要做到新颖美观。

1. 课后项目练习效果展示

旅游海报效果如图 8-78 所示。

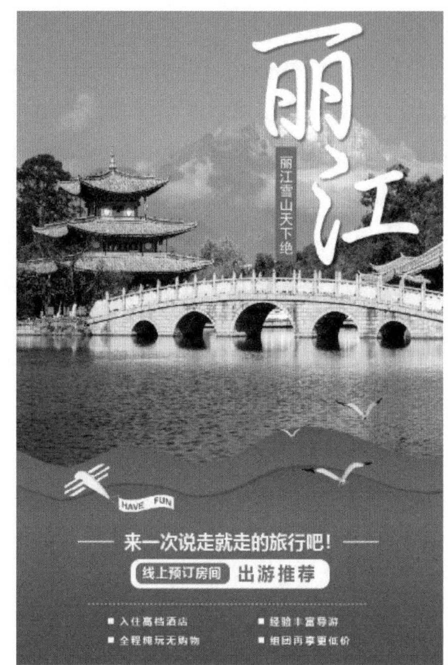

图 8-78

2. 课后项目练习过程概要

01 首先置入【丽江背景 .jpg】素材文件，使用【钢笔工具】绘制旅游海报下方的背景部分，为其添加渐变效果，使整体效果富有层次感。

02 为海报文本选择合适的字体，使宣传广告版面比较活泼。

03 添加素材文件并输入其他的文本对象。

素材	素材 \Cha04\ 丽江背景 .jpg、Q2.png
场景	场景 \Cha08\ 旅游海报设计 .ai
视频	视频教学 \Cha08\ 旅游海报设计 .mp4

3. 课后项目练习操作步骤

01 新建【宽】、【高】为 617px、925px 的文档，置入【素材 \Cha08\ 丽江背景 .jpg】素材文件，在【属性】面板中将【宽】、【高】设置为 1185px、790px，调整对象的位置，单击【嵌入】按钮，在工具箱中单击【矩形工具】，绘制【宽】、【高】为 617px、655px 的矩形，填充任意颜色，将【描边】设置为无，调整对象的位置，如图 8-79 所示。

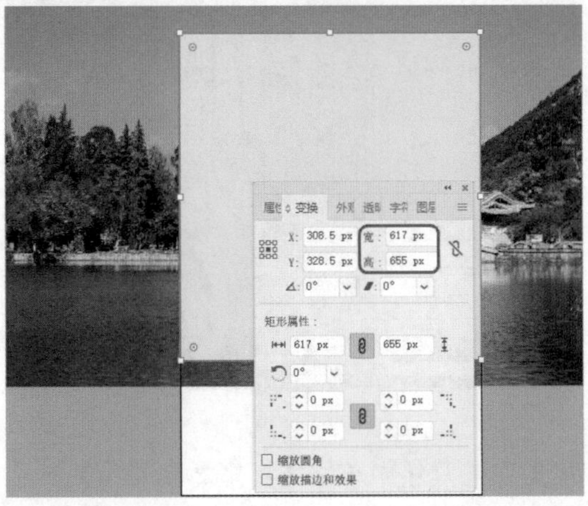

图 8-79

02 选择置入的素材和绘制的矩形，按 Ctrl+7 组合键建立剪切蒙版，如图 8-80 所示。

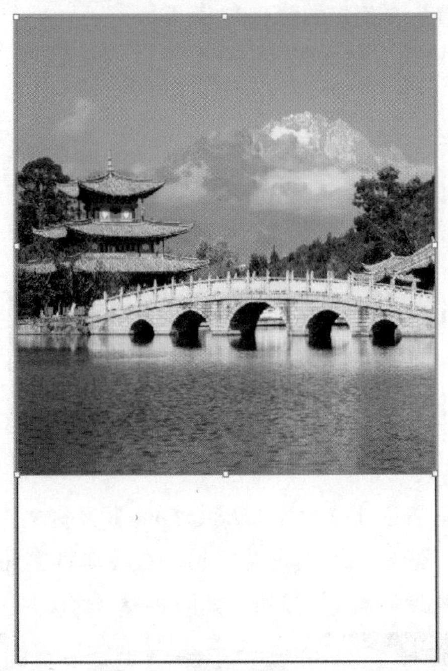

图 8-80

03 使用【钢笔工具】绘制如图 8-81 所示的图形，在【渐变】面板中将填色的【类型】设置为【线性渐变】，将左侧色标的颜色值设置为 #0E519F；在 75% 位置处添加一个色标，将其颜色值设置为 #2970C8；将右侧色标的颜色值设置为 #215EA7，将【角度】设置为 90°，将【描边】设置为无。

图 8-81

04 将图形复制一层，使用【选择工具】适当调整图形，如图 8-82 所示。

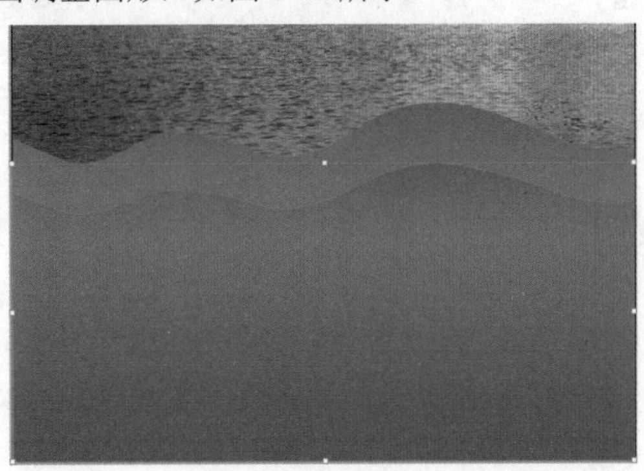

图 8-82

05 打开【外观】面板，单击【添加新效果】按钮，在弹出的下拉菜单中选择【风格化】|【投影】命令，弹出【投影】对话框，将【模式】设置为【正片叠底】，将【不透明度】、【X 位移】、【Y 位移】、【模糊】分别设置为 22%、-3px、-3px、1px，将【颜色】设置为黑色，单击【确定】按钮，如图 8-83 所示。

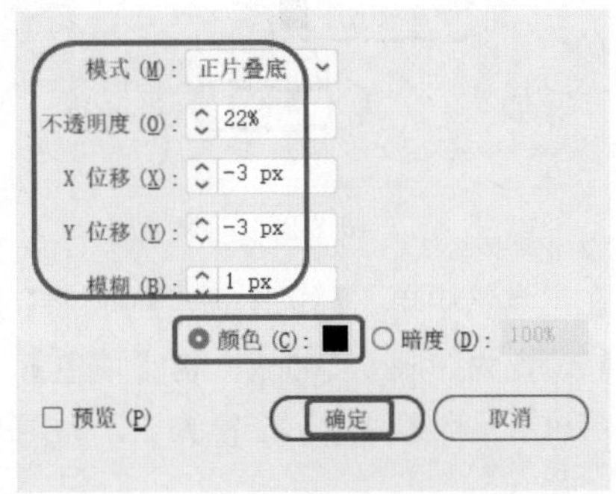

图 8-83

06 在工具箱中单击【文字工具】，输入文本，将【字体】设置为【汉仪细行楷简】，【字体大小】设置为200pt，【字符间距】设置为0，【填色】和【描边】设置为白色，描边【粗细】设置为6pt，如图8-84所示。

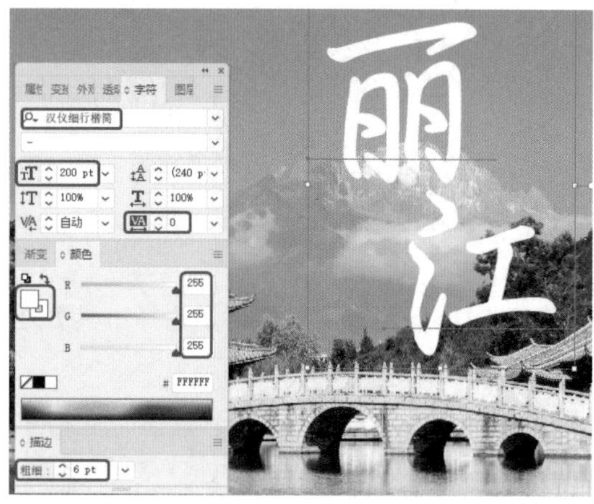

图 8-84

07 打开【外观】面板，单击【添加新效果】按钮，在弹出的下拉菜单中选择【风格化】|【投影】命令，弹出【投影】对话框，将【模式】设置为【正片叠底】，将【不透明度】、【X位移】、【Y位移】、【模糊】分别设置为38%、3px、3px、1px，将【颜色】设置为黑色，单击【确定】按钮，如图8-85所示。

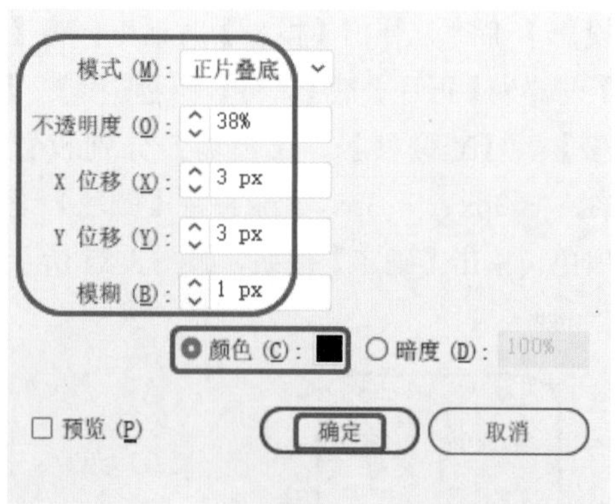

图 8-85

08 在工具箱中单击【矩形工具】，将【宽】、【高】设置为30px、160px，将【填色】设置为#2970C8，将【描边】设置为无，如图8-86所示。

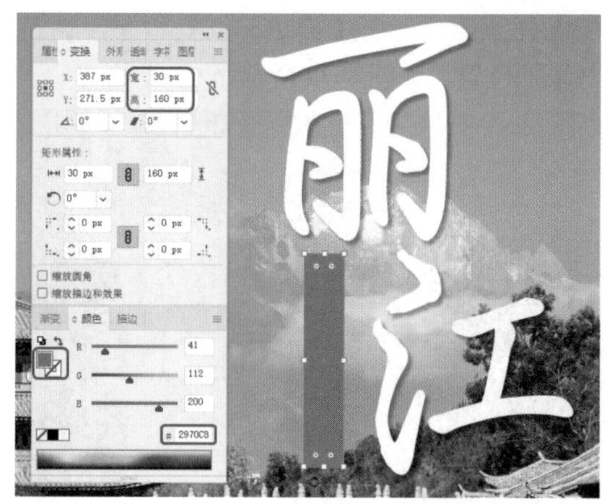

图 8-86

09 在工具箱中单击【直排文字工具】，输入文本，将【字符】面板中的【字体】设置为【黑体】，将【字体大小】设置为20pt，将【字符间距】设置为0，将【填色】设置为白色，如图8-87所示。

图 8-87

10 置入【素材\Cha08\Q2.png】素材文件，并调整对象的大小及位置，在【属性】面板中单击【嵌入】按钮，如图8-88所示。

图 8-88

11 使用【文字工具】输入文本，将【字体】设置为【微软雅黑】，将【字体样式】设置为 Bold，将【字体大小】设置为 26pt，将【字符间距】设置为 0，将【填色】设置为白色，如图 8-89 所示。

图 8-89

12 使用【直线段工具】绘制两条【宽】为 52px 的水平线段，将【描边】设置为白色，描边【粗细】设置为 2pt，如图 8-90 所示。

图 8-90

13 在工具箱中单击【圆角矩形工具】，绘制【宽】、【高】为 281px、37px 的圆角矩形，将圆角半径均设置为 12px，将【填色】和【描边】设置为白色，描边【粗细】设置为 4pt，如图 8-91 所示。

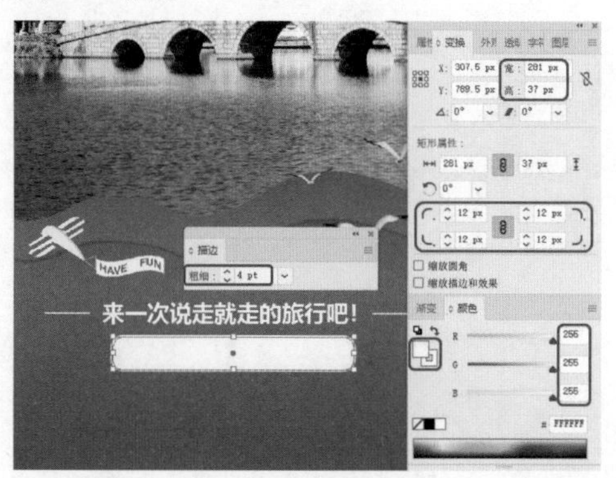

图 8-91

14 使用【圆角矩形工具】绘制【宽】、【高】为 134px、29px 的圆角矩形，将圆角半径均设置为 10px，将【填色】设置为 #276EC6，将【描边】设置为无，如图 8-92 所示。

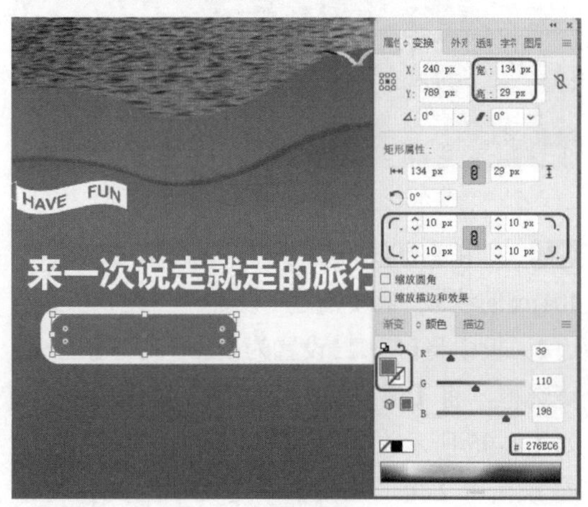

图 8-92

15 使用【文字工具】输入文本，将【字体】设置为【微软雅黑】，将【字体样式】设置为 Bold，将【字体大小】设置为 18pt，将【字符间距】设置为 50，将【填色】设置为白色，如图 8-93 所示。

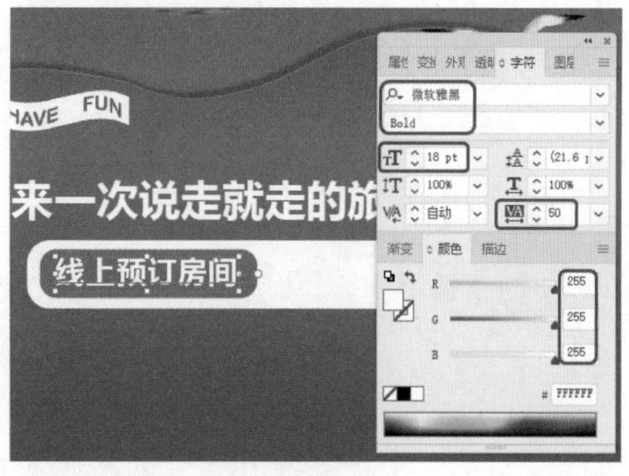

图 8-93

16 使用【文字工具】输入文本，将【字体】设置为【微软雅黑】，将【字体样式】设置为 Bold，将【字体大小】设置为 24pt，将【字符间距】设置为 200，将【填色】设置为 #276EC6，如图 8-94 所示。

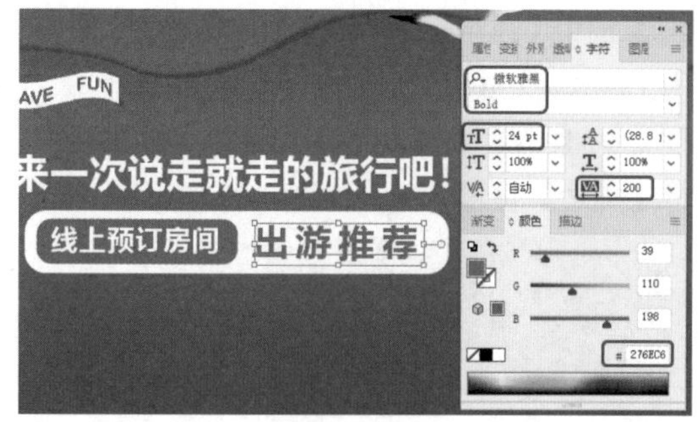

图 8-94

17 使用【直线段工具】绘制【宽】为401px的线段，将【描边】设置为白色，在【描边】面板中将【粗细】设置为1.2pt，勾选【虚线】复选框，将【虚线】、【间隙】设置为3pt，如图8-95所示。

18 使用【矩形工具】和【文字工具】制作其他内容，如图8-96所示。

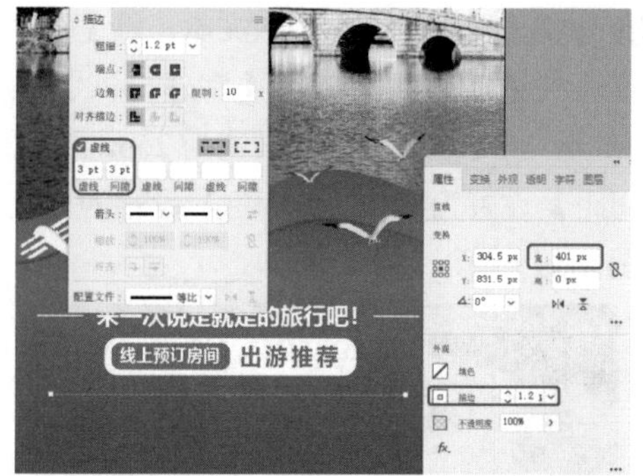

图 8-95

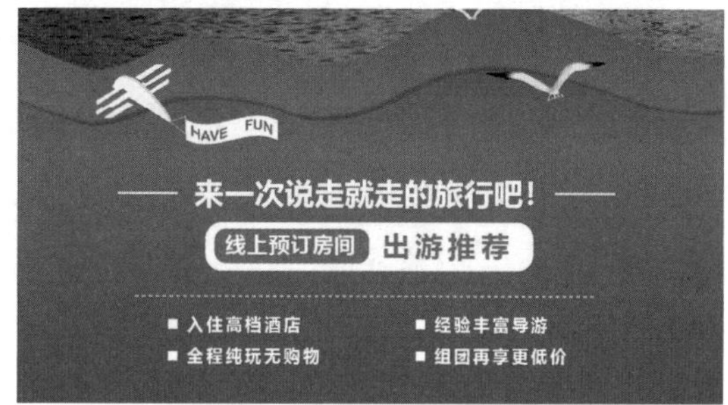

图 8-96

第 9 章
课程设计

本章导读：

本章将通过前面所学的知识来制作酸奶包装设计与企业展架设计，通过本章的案例可以对前面所学内容进行巩固、加深，可以举一反三制作出其他平面设计效果。

9.1 酸奶包装设计

效果展示

操作要领

01 新建文档，利用【矩形工具】绘制包装盒单侧背景。

02 利用【钢笔工具】绘制标题背景与装饰。

03 利用【文字工具】创建标题，并为其创建轮廓，使用【直接选择工具】与【钢笔工具】对其进行调整，产生艺术字效果。

04 使用【文字工具】输入其他文字内容，并进行相应的设置。

05 置入素材文件，并为素材文件创建剪贴蒙版，使其与包装更加贴合，并利用【圆角矩形工具】、【文字工具】在画板中创建其他内容。

9.2 企业展架设计

效果展示

操作要领

01 新建文档，并置入素材文件，为素材文件建立剪切蒙版，去除多余部分图像。

02 使用【钢笔工具】在画板中绘制展架装饰图形，使其层次更加丰富。

03 使用【文字工具】在画板中输入展架文字内容，并在画板中绘制圆角矩形，为其填充渐变颜色，将其作为文字介绍底纹。

04 使用【文字工具】与【钢笔工具】在画板中制作其他内容，并置入相应的素材文件。

附　录

Illustrator CC 常用快捷键

1. 文件

快捷键	功能	快捷键	功能	快捷键	功能
Ctrl+N	新建文件	Ctrl+O	打开文件	Shift+ Ctrl+N	从模板新建
Alt+Ctrl+O	在 Bridge 中浏览	Ctrl+W	关闭	Ctrl+S	存储
Shift+Ctrl+S	存储为	Alt+Ctrl+S	存储副本	Shift+Ctrl+P	置入
Alt+Ctrl+E	导出为多种屏幕所用格式	Alt+Shift+Ctrl+P	打包	Alt+Ctrl+P	文档设置
Alt+Shift+Ctrl+I	文件信息	Ctrl+P	打印	Ctrl+Q	退出

2. 编辑

快捷键	功能	快捷键	功能	快捷键	功能
Ctrl+Z	还原	Shift+Ctrl+Z	重做	Ctrl+X	剪切
Ctrl+C	复制	Ctrl+V	粘贴	Ctrl+F	贴在前面
Ctrl+B	贴在后面	Shift+Ctrl+V	就地粘贴	Alt+Shift+Ctrl+V	在所有画板上粘贴
Ctrl+I	拼写检查	Shift+Ctrl+K	颜色设置	Alt+Shift+Ctrl+K	键盘快捷键
Ctrl+K	常规首选项				

3. 对象

快捷键	功能	快捷键	功能	快捷键	功能
Ctrl+G	编组	Shift+Ctrl+G	取消编组	Ctrl+2	锁定所选对象
Alt+Ctrl+2	全部解锁	Ctrl+3	隐藏所选对象	Alt+Ctrl+3	显示全部
Ctrl+J	连接路径	Alt+Ctrl+J	平均路径	Shift+Ctrl+F8	编辑图案
Alt+Ctrl+B	建立混合	Alt+Shift+Ctrl+B	释放混合	Alt+Shift+Ctrl+W	用变形建立封套扭曲
Alt+Ctrl+M	用网格建立封套扭曲	Alt+Ctrl+C	用顶层对象建立封套扭曲	Alt+Ctrl+X	建立实时上色
Ctrl+7	建立剪切蒙版	Alt+Ctrl+7	释放剪切蒙版	Ctrl+8	建立复合路径
Alt+Shift+Ctrl+8	释放复合路径				

4. 选择

快捷键	功能	快捷键	功能	快捷键	功能
Ctrl+A	选择全部	Alt+Ctrl+A	选择现用画板的全部对象	Shift+Ctrl+A	取消选择
Ctrl+6	重新选择	Alt+Ctrl+]	选择上方的下一个对象	Alt+Ctrl+[	选择下方的下一个对象

5. 视图

快捷键	功能	快捷键	功能	快捷键	功能
Ctrl+Y	轮廓视图	Alt+Shift+Ctrl+Y	叠印预览	Alt+Ctrl+Y	像素预览
Ctrl++	放大视图	Ctrl+-	缩小视图	Ctrl+0	画板适应窗口大小
Alt+Ctrl+0	全部适应窗口大小	Ctrl+1	实际大小	Ctrl+H	隐藏边缘
Shift+Ctrl+H	隐藏画板	Shift+Ctrl+B	隐藏定界框	Shift+Ctrl+D	显示透明度网格
Shift+Ctrl+W	隐藏模板	Alt+Ctrl+G	隐藏渐变批注者	Ctrl+U	智能参考线
Shift+Ctrl+I	显示透视网格	Ctrl+R	显示标尺	Alt+Ctrl+R	更改为画板标尺
Shift+Ctrl+Y	隐藏文本串接	Ctrl+;	隐藏参考线	Alt+Ctrl+;	锁定参考线
Ctrl+5	建立参考线	Alt+Ctrl+5	释放参考线	Ctrl+"	显示网格
Shift+Ctrl+"	对齐网格	Alt+Ctrl+"	对齐点		

6. 窗口

快捷键	功能	快捷键	功能	快捷键	功能
Ctrl+F8	信息	Shift+F8	变换	F7	图层
Shift+F5	图形样式	Shift+F6	外观	Shift+F7	对齐
Ctrl+F10	描边	Alt+Shift+Ctrl+T	OpenType	Shift+Ctrl+T	制表符
Ctrl+T	字符	Alt+Ctrl+T	段落	Ctrl+F9	渐变
Ctrl+F11	特性	F5	画笔	Shift+Ctrl+F11	符号
Shift+Ctrl+F9	路径查找器	Shift+Ctrl+F10	透明度	F6	颜色
Shift+F3	颜色参考				

参考文献

[1] 姜侠，张楠楠 . Photoshop CC 图形图像处理标准教程 [M]. 北京：人民邮电出版社，2016.

[2] 周建国 . Photoshop CC 图形图像处理准教程 [M]. 北京：人民邮电出版社，2016.

[3] 孔翠，杨东宇，朱兆曦 . 平面设计制作标准教程 Photoshop CC + Illustrator CC [M]. 北京：人民邮电出版社，2016.

[4] 沿铭洋，聂清彬 . Illustrator CC 平面设计标准教程 [M]. 北京：人民邮电出版社，2016.